全国公路工程造价人员资格考试培训教材

考试复习指南

Kaoshi Fuxi Zhinan

交 通 部 公 路 工 程 定 额 站
湖南省交通厅交通建设造价管理站

人 民 交 通 出 版 社

内 容 提 要

本书为“全国公路工程造价人员资格考试培训教材”之一，全书分为三篇：《公路工程造价管理相关知识》、《公路工程造价的确定与控制》和《公路工程技术与计量》。较为详细地分析了公路工程造价人员资格考试题型及解题思路。

本书为全国公路工程造价人员资格考试重要备考用书。同时，本书也是从事公路工程造价管理、公路工程设计、施工、监理等工程技术人员学习公路工程造价知识的参考用书，也可供有关院校师生学习参考。

图书在版编目（CIP）数据

考试复习指南/交通部公路工程定额站，湖南省交通厅交通建设造价管理站．—北京：人民交通出版社，2007.5

全国公路工程造价人员资格考试培训教材

ISBN 978-7-114-06502-6

Ⅰ.考… Ⅱ.①交… ②湖… Ⅲ.道路工程-工程造价-资格考核-自学参考资料 Ⅳ.U415.13

中国版本图书馆 CIP 数据核字（2007）第 050251 号

书　　名：全国公路工程造价人员资格考试培训教材
考试复习指南
著 作 者：交通部公路工程定额站　湖南省交通厅交通建设造价管理站
责任编辑：卢仲贤
出版发行：人民交通出版社
地　　址：(100011)北京市朝阳区安定门外外馆斜街 3 号
网　　址：http://www.ccpress.com.cn
销售电话：(010)85285838，85285995
总 经 销：北京中交盛世书刊有限公司
经　　销：各地新华书店
印　　刷：北京鑫正大印刷有限公司
开　　本：787×1092　1/16
印　　张：21.5
字　　数：538 千
版　　次：2007 年 5 月　第 1 版
印　　次：2007 年 6 月　第 2 次印刷
书　　号：ISBN 978-7-114-06502-6
印　　数：3001－7000 册
定　　价：48.00 元

编委会 Bianweihui

前言 Qianyan

公路交通是国民经济和社会发展的重要先导性、基础性产业。公路交通的发展必须贯彻落实党和国家关于构建社会主义和谐社会,建设节约型、创新型国家的伟大战略决策。建立公路工程造价人员培训考试制度,培养一支高素质的造价管理队伍,切实加强公路建设中的投资控制和造价管理,最大限度地节约资金和资源,就是贯彻落实这一战略决策的具体实践。

公路工程造价人员培训考试制度已在全国实施了十余年。为了统一培训内容,提高培训质量,交通部公路工程定额站曾组织力量于1994~1998年编撰了一套五册培训教材和一册复习题集,并于2001~2002年进行修订。这套培训教材的使用效果得到了业内人士的一致认可。

近几年,国家在工程造价领域出台了一些新的法律、法规,交通主管部门也颁布实行了一些新的技术标准。为了在培训教材中吸纳实践中的最新经验和成果,体现国家新的标准和规范,2005年起,交通部公路工程定额站委托湖南省交通厅交通建设造价管理站对原教材和复习题库进行修编。

湖南省交通厅交通建设造价管理站接受任务后,立即组织交通系统有关专家和长沙理工大学等高校有关教授组成编写小组,依据考试大纲的要求制定《修编计划》,分工负责,对原教材进行调整、充实和修改。

2006年交通部公路工程定额站邀请了上海、新疆、湖北、湖南等省公路工程造价专家对新编修教材进行了认真细致的评审。后又经2006年参加公路工程造价人员培训考试的考生试用本新编教材,在广泛收集考生和任课教师意见后,组织考前培训的任课教师对本新编教材做了进一步的修改。这样才形成了新版《全国公路工程造价人员资格考试培训教材》。

新版教材增加了“工程量清单计价、风险管理、市场经济下造价咨询、全寿命周期成本概念、职业道德”等内容;补充了“定额的编制、常用材料参数、决算的编制”;充实了“经济评价、辅助工程量的计算、材料价格的计算”等。在新版教材中对公路施工技术做了较为详细的介绍,特别是隧道的导管、管棚等施工技术,并在有关章节中编入了最新公路工程施工招投标规定。

新版《全国公路工程造价人员资格考试培训教材》分为:《公路工程造价管理相关知识》、《公路工程定额编制与管理》、《公路工程造价编制与项目经济评价》、《公路工程技术》、《公路工程施工招投标与计量》、《复习题库与案例分析》、《考试复习指南》七册。

新版《全国公路工程造价人员资格考试培训教材》保留了原教材的一些内容。修编工作主要由湖南省交通厅交通建设造价管理站、长沙理工大学等专家、教授完成。在编写过程中交通部公路工程定额站的领导和专家多次来长沙进行指导。在此,对交通部公路工程定额站的领导、专家和参加《全国公路工程造价人员资格考试培训教材》的所有原编写人员和修编人员表示感谢。

由于编写时间较短,加上受主客观条件所限,错漏之处在所难免,在使用中如发现问题,请及时与湖南省交通厅交通建设造价管理站联系。

编　者

2007 年 3 月

目录 Mulu

第一篇　公路工程造价管理相关知识

第一章　绪　　论

一、考试大纲要求

1. 熟悉公路工程造价的定义及其构成
2. 了解公路建设项目的划分
3. 了解公路建设项目的建设程序
4. 掌握工程造价计价的特点
5. 掌握工程造价管理的基本内容
6. 熟悉造价工程师执业资格制度和工程造价咨询及其管理制度。

二、知识点提要

1. 公路工程造价的含义及其构成(如图1-1-1所示)。
2. 公路建设项目的划分(如表1-1-1所示)。

表1-1-1

概念	主要内容	
公路工程建设项目	建设项目	建设项目又称基本建设项目,一般指符合国家总体建设规划,能独立发挥生产功能或满足生活需要,其项目建议书经批准立项和可行性研究报告经批准的建设任务
	单项工程	单项工程又称为工程项目,它是建设项目的组成部分,是具有独立的设计文件,在竣工后能独立发挥设计规定的生产能力或效益的工程
	单位工程	单位工程是单项工程的组成部分,它是单项工程中把具有单独设计、可以独立组织施工、并可单独作为成本计算对象的部分
	分部工程	分部工程是单位工程的组成部分,一般是按单位工程中的主要结构、主要部位来划分的
	分项工程	分项工程是分部工程的组成部分,是根据分部工程划分的原则,再进一步将分部工程分成若干个分项工程

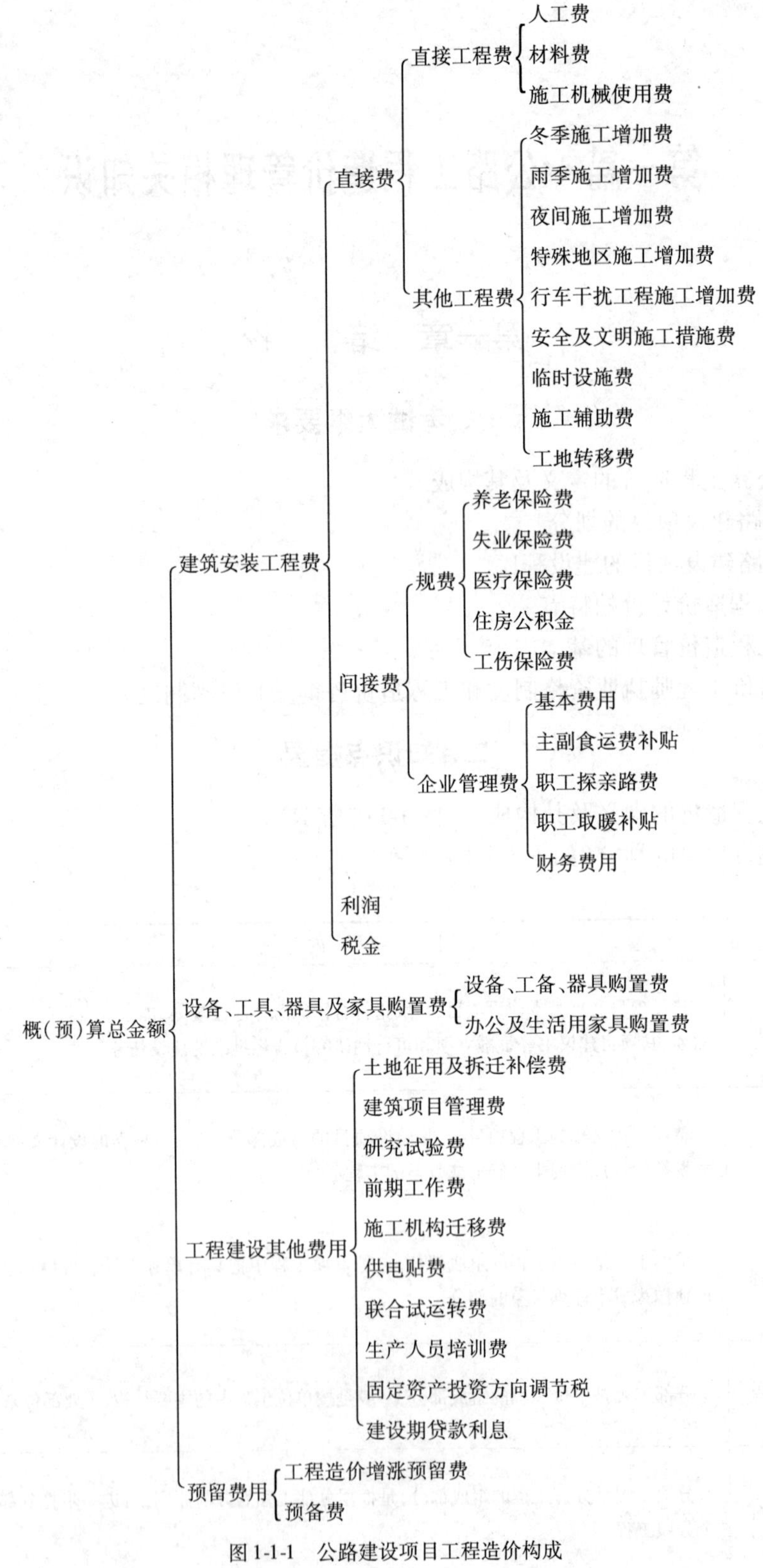

图 1-1-1　公路建设项目工程造价构成

3. 公路建设项目的建设程序(如表 1-1-2 所示)。

表 1-1-2

<table>
<tr><th>概念</th><th colspan="2">主　要　内　容</th></tr>
<tr><td rowspan="2">基本建设程序</td><td>定义</td><td>是指建设项目从设想、选择、评估、决策、设计、施工到竣工验收、投入使用整个建设过程中,各项工作必须遵循的先后次序的法则;建设程序分成若干个阶段,这些发展阶段有严格的先后顺序,可以交叉,但不能任意颠倒</td></tr>
<tr><td>阶段</td><td>公路基本建设程序的具体内容包括项目建议书阶段、可行性研究报告阶段、设计工作阶段、建设前准备工作阶段、编制年度基本建设投资计划阶段、建设实施阶段、竣工验收阶段和后评价阶段</td></tr>
</table>

4. 工程造价(如表 1-1-3 所示)。

表 1-1-3

<table>
<tr><th>概念</th><th colspan="2">主　要　内　容</th></tr>
<tr><td rowspan="3">工程造价</td><td>计价特点</td><td>计价的单件性、计价的多次性、计价的组合性</td></tr>
<tr><td>工程造价管理的基本内容</td><td>合理确定和有效地控制工程造价</td></tr>
<tr><td>有效控制造价的原则</td><td>以设计阶段为重点的建设全过程造价控制;采取主动控制,以取得令人满意的结果;技术与经济相结合是控制工程造价最有效的手段</td></tr>
</table>

5. 造价工程师及其执业范围和权利义务(如表 1-1-4 所示)。

表 1-1-4

<table>
<tr><th>概念</th><th colspan="2">主　要　内　容</th></tr>
<tr><td rowspan="4">造价工程师</td><td>定义</td><td>造价工程师是指经全国造价工程师执业资格统一考试合格,并注册取得《造价工程师注册证》,从事建设工程造价活动的人员</td></tr>
<tr><td>执业范围</td><td>①建设项目投资估算的编制、审核及项目的经济评价;
②工程概算、工程预算、工程结算、竣工决算、工程招标标底价、投标报价的编制、审核;
③工程变更和合同价款的调整和索赔费用的计算;
④建设项目各阶段的工程造价控制;
⑤工程经济纠纷的鉴定;
⑥工程造价计价依据的编制、审核;
⑦与工程造价有关的其他事项</td></tr>
<tr><td>权利</td><td>①使用造价工程师名称;
②依法独立执行业务;
③签署工程造价文件、加盖执业专用章;
④申请设立工程造价咨询单位;
⑤对违反国家法律、法规的不正当计价行为,有权向有关部门举报</td></tr>
<tr><td>义务</td><td>①遵守法律、法规,恪守职业道德;
②接受继续教育,提高业务技术水平;
③在执业中保守技术和经济秘密;
④不得允许他人以本人名义执业;
⑤按照有关规定提供工程造价资料</td></tr>
</table>

三、重点难点分析与例题解析

（一） 了解内容

重点一 基本建设程序

【例题1】 在国家规定的基本建设程序中，各个步骤次序（　　）交叉。

A 可以颠倒，但是不能　　　　B 不能颠倒，但是可以

C 不能颠倒，也不能　　　　D 可以颠倒，也可以

答　　案： B

解题思路： 国家规定的基本建设程序之间存在着严格的先后次序，可以进行合理的交叉，但不能任意颠倒次序。

重点二 了解建设工程造价的含义

【例题1】 建设工程造价有两种含义，从业主和承包商的角度可以分别理解为（　　）。

A 建设工程固定资产投资和建设工程承发包价格

B 建设工程总投资和建设工程承发包价格

C 建设工程总投资和建设工程固定资产投资

D 建设工程动态投资和建设工程静态投资

答　　案： A

解题思路： 第一种含义：工程造价是指建设一项工程预期开支或实际开支的全部固定资产投资费用。显然，这一含义是从投资者——业主的角度来定义的。第二种含义：工程造价是指工程价格。通常，人们将工程造价的第二种含义认定为工程承发包价格。

重点三 造价工程师执业资格制度

【例题1】 根据《造价工程师注册管理办法》的规定，下列工作中属于造价工程师执业范围的是（　　）。

A 工程经济纠纷的调解与仲裁

B 工程造价计价依据的审核

C 工程投资估算的审核与批准

D 工程概算的审核与批准

答　　案： B

解题思路： 造价工程师的执业范围包括：

1）建设项目投资估算的编制、审核及项目经济评价；

2）工程概算、工程预算、工程结算、竣工决算、工程招标标底价的编制、审核；

3）工程变更和合同价款的调整和索赔费用的计算；

4）建设项目各阶段的工程造价控制；

5）工程经济纠纷的鉴定；

6)工程造价计价依据的编制、审核;

7)与工程造价有关的其他事项。

【例题2】 下列(　　)不属于工程造价师享有的权利。

A 工程造价管理执法

B 参与工程项目经济管理

C 依法申请设立工程造价咨询单位

D 独立依法执行造价工程岗位业务

答　　案:A

解题思路:经造价工程师签字的工程造价成本文件,应当作为办理审批、报建、拨付工程款和工程结算的依据。造价工程师应有下列权利:称谓权,即使用造价工程师名称;执业权,即依法独立执业;签章权,即签署工程造价文件、加盖执业专用章;主业权,即申请设立工程造价咨询单位;举报权,即对违反国家法律、法规的不正当计价行为,有权向有关部门举报。

【例题3】 按规定不属于造价工程师执业范围的是(　　)。

A 建设项目投资估算的编制和审核

B 工程标底及投标报价的编制和审核

C 调解有关工程造价的纠纷

D 工程变更及合同价款的调整和索赔费用的计算

答　　案:C

解题思路:造价工程师的执行范围包括:

(1)建设项目投资估算的编制、审核及项目经济评价;

(2)工程概(预)算、工程结算、竣工决算、工程招标标底价、投标报价的编制、审核;

(3)工程变更和合同价款的调整和索赔费用的计算;

(4)建设项目各阶段的工程造控制;

(5)工程经济纠纷的鉴定;

(6)工程造价计价依据的编制、审核;

(7)与工程造价有关的其他事项。

【例题4】 造价工程师享有下列(　　)权利。

A 任意选择工程项目

B 在所经办的工程造价文件上签字

C 自行确认收费标准

D 申请设立工程造价咨询单位

E 允许分他人以本人名义执业

答　　案:BD

解题思路:经造价工程师签字的工程造价成果文件,应当作为办理审批、报建、拨付工程款和工程结算的依据。造价工程师享有下列权利:

(1)称谓权,即使用造价工程师名称;

(2)执业权,即依法独立执业;

(3)签章权,即签署工程造价文件、加盖执业专业章;

(4)立业权,即申请设立工程造价咨询单位;

(5)举报权,即对违反国家法律、法规的不正当行为,有权向有关部门举报。

(三) 掌握内容

重点一 造价管理的基本内容

【例题1】 工程造价的职能有( )职能。

A 预测 B 控制 C 评价 D 调控 E 派生

答 案:ABCD

解题思路:工程造价的职能:预测职能、控制职能、评价职能的调控职能。

【例题2】 工程造价控制的关键在于( )。

A 施工前的投资决策和建设准备阶段

B 施工前的投资决策和设计阶段

C 施工前的投资阶段和建设准备阶段

D 施工前的建设阶段和施工组织设计阶段

答 案:B

解题思路:有效控制工程造价的原则之一:以设计阶段为重点建设全过程造价控制,工程造价的关键在于施工前的投资决策和设计阶段。

【例题3】 工程造价的计算是分部组合完成的,在下述计算顺序中,正确的是( )。

A 分部分项工程造价→单项工程造价→单位工程造价→建设项目总造价

B 单位工程造价→单项工程造价→分部分项工程造价→建设项目总造价

C 分部分项工程造价→单位工程造价→单项工程造价→建设项目总造价

D 单项工程造价→分部分项工程造价→单位工程造价→建设项目总造价

答 案:C

解题思路:工程建设项目组成按照级别从高到低的顺序为:建设项目→单项工程→单位工程→分部分项工程。因此工程造价顺序和该顺序刚才相反,所以应选C。

重点二 工程造价的计价特征

【例题1】 工程造价的计价特征有( )性。

A 单件 B 大额 C 组合 D 兼容 E 多次

答 案:ACE

解题思路:工程造价的计价特征:计价的单件性;计价的多次性;造价的组合性;方法的多样性;依据的复杂性。

第二章 投资管理体制与项目融资

一、考试大纲要求

1. 了解投资运动过程,了解投资分类。
2. 熟悉固定资产的定义与特点,熟悉投资管理体制改革的内容。

3. 了解投资体制，了解投资管理体制改革的指导思想和目标。
4. 熟悉工程建设管理体制的内容。
5. 熟悉项目融资的特点，熟悉项目融资的阶段与步骤。
6. 了解各种项目融资方式的特点。
7. 熟悉资本金制度。
8. 掌握项目资金筹措的渠道，掌握资金成本含义与计算。

二、知识点提要

1. 固定资产投资，见表1-2-1。

表1-2-1

<table>
<tr><th>概念</th><th colspan="4">主　要　内　容</th></tr>
<tr><td rowspan="8">固定资产投资</td><td>投资运动</td><td colspan="3">就是在投资的循环周期中价值川流不息的运动过程；生产经营性投资运动过程包括资金筹集、分配、运用（实施）和回收增值四个阶段</td></tr>
<tr><td rowspan="5">投资的分类</td><td colspan="2">按投资在再生产过程中周转方式不同</td><td>固定资产投资和流动资产投资</td></tr>
<tr><td colspan="2">按照投资的领域来分</td><td>生产经营性投资和非生产经营性投资</td></tr>
<tr><td colspan="2">按投资方式来分</td><td>直接投资和间接投资</td></tr>
<tr><td colspan="2">按投资主体来分</td><td>政府投资、企业（公司）投资、国家授权投资主体投资和个人投资</td></tr>
<tr><td colspan="2">投资来源国别</td><td>国内投资和国外投资</td></tr>
<tr><td rowspan="2">固定资产</td><td>定义</td><td colspan="2">固定资产是指使用期限超过一年，单位价值在规定标准以上，并且在使用过程中保持原有物质形态的资产，包括房屋及建筑物、机器设备、运输设备、工具器具等。不属于生产经营主要设备的物品，单位价值在2000元以上，并且使用期限超过两年的，也应作为固定资产</td></tr>
<tr><td>特点</td><td colspan="2">①一次性投入，且资金数额大；②建设和回收期长；③投资形成的产品具有固定性；④投资产品具有单件性；⑤投资项目的管理比较复杂</td></tr>
</table>

2. 投资体制，见表1-2-2。

表1-2-2

<table>
<tr><th>概念</th><th colspan="2">主　要　内　容</th></tr>
<tr><td rowspan="5">投资体制</td><td>系统组成</td><td>投资决策系统、投资调控系统、投资动力系统、投资信息系统</td></tr>
<tr><td>管理组织</td><td>投资主体的决策层次与结构、投资运行机制、投资领域内各经济实体之间的关系</td></tr>
<tr><td>管理职能</td><td>投资计划管理体制、投资资金管理体制和投资经营管理体制</td></tr>
<tr><td>管理对象</td><td>投资项目管理体制、设计体制、施工管理体制</td></tr>
<tr><td>典型模式</td><td>①高度集权型投资体制模式；②分散型投资体制模式；③综合型投资体制模式</td></tr>
<tr><td colspan="2">投资管理体制改革的内容</td><td>①转变政府管理职能，确立企业的投资主体地位；②完善政府投资体制，规范政府投资行为；③加强和改善投资的宏观调控；④加强和改进投资的监督管理</td></tr>
</table>

3. 项目融资,见表1-2-3。

表1-2-3

<table>
<tr><th>概念</th><th colspan="3">主要内容</th></tr>
<tr><td rowspan="10">项目融资</td><td>基本特点</td><td colspan="2">项目导向特点、有限追索的特点、风险分担的特点、非公司负债型融资的特点、信用结构多样化的特点、融资成本较高的特点</td></tr>
<tr><td>五个阶段</td><td colspan="2">投资决策分析、融资决策分析、融资结构分析、融资谈判和项目融资的执行</td></tr>
<tr><td>融资方式</td><td colspan="2">产品支付、远期购买、融资租赁、BOT方式、ABS方式、TOT方式、PFI方式等</td></tr>
<tr><td rowspan="2">资本金</td><td>定义</td><td>在投资项目总投资中,由投资者认缴的出资额,对投资项目来说属于非债务性资金,项目法人不承担这部分资金的任何利息和债务。投资者可按其出资的比例依法享有所有者权益,也可以转让其出资,但不得以任何方式抽回</td></tr>
<tr><td>筹集方式</td><td>国家财政预算内投资、发行股票、自筹投资和利用外资直接投资</td></tr>
<tr><td rowspan="2">负债</td><td>定义</td><td>是指项目承担的能够以货币计量且需要以资产或者劳务偿还的债务</td></tr>
<tr><td>来源</td><td>银行贷款、发行债券、设备租赁和借入国外资金</td></tr>
<tr><td rowspan="3">资金成本</td><td>定义</td><td>企业为筹集和使用资金而付出的代价</td></tr>
<tr><td>性质</td><td>①资金成本是资金使用者向资金所有者和中介机构支付的占用费和筹资费;②资金成本除可以看作是时间函数外,还表现为资金占用额的函数;③资金成本具有一般产品成本的基本属性。资金成本中只有一部分具有产品成本的性质,即这一部分耗费计入产品成本,而另一部分作为利润的分配,可直接表现为生产性耗费</td></tr>
<tr><td>计算</td><td>其一般计算公式为:
$$K=\frac{D}{P-F}$$
或
$$K=\frac{D}{P(1-f)}$$
式中:K——资金成本率(一般通称为资金成本);
D——使用费;
P——筹集资金总额;
F——筹资费;
f——筹资费费率(即筹资费占筹集资金总额的比率)。</td></tr>
</table>

三、重点难点分析与例题解析

（一） 了解内容

重点一 项目融资方式的特点

【例题1】 BOT、ABS、TOT、PFI等均是项目融资的有效方式，其中能够通过融资获得国外先进技术和管理经验的方式是(　　)。

A ABS和PFI　　B ABS和TOT

C ABS和BOT　　D BOT和TOT

答　　案：D

解题思路：通过外资BOT进行基础设施项目融资可以带来国外先进的技术和管理，但会使外商掌握项目控制权。

在TOT项目融资方式中，由于经营期较长，外商受到利益驱动，常常会将先进的技术、管理引入到投产项目中，并进行必要的维修，从而有助于投产项目的高效运行。使基础设施的建设、经营逐步走向市场化、国际化道路。

【例题2】 广义的项目融资、狭义的项目融资、传统的项目筹资之间的关系是(　　)。

A 传统的项目筹资包括广义的项目融资和狭义的项目融资

B 广义的项目融资包括狭义的项目融资和传统的项目筹资

C 它们之间是并列关系

D 它们之间无关系

答　　案：B

解题思路：广义的项目筹资包括传统的项目融资。

（二） 熟悉内容

重点一 资本金制度

【例题1】 根据我国现行规定，筹集建设项目资本金的方式可以是(　　)。

A 发行股票和债券　　B 银行贷款和发行债券

C 合作经营和发行债券　　D 发行股票和合作经营

答　　案：D

解题思路：根据出资方的不同，项目资本金分为国家出资、法人出资和个人出资根据国家法律、法规规定，建设项目可通过争取国家财政预算内投资、发行股票、自筹投资和利用外资直接投资等多种方式来筹集资本金。

吸收国外资本资本直接投资主要包括与外商合资经营、合作经营、合作开发及外商独资经营等形式。

【例题2】 以下资产中不能作为项目资本金的有(　　)。

A 现金　　B 债权

C 实物　　D 无形资产

答　　案: B

解题思路: 债权不能作为项目资本金。

重点二　项目融资的特点、阶段与步骤

【例题1】 在项目融资决策分析阶段要决定项目的(　　)。

A 融资结构　　B 融资风险

C 投资结构　　D 融资方式

答　　案: D

解题思路: 项目融资决策分析阶段的内容:选择项目的融资方式—决定是否采用项目融资;选择和任命项目融资顾问—明确融资任务和具体目标要求。

【例题2】 在项目的投资决策之后,应该接着进行融资(　　)。

A 结构分析　　B 决策分析

C 谈判　　D 组织安排

答　　案: B

解题思路: 从项目的投资决策起,到选择项目融资方式为项目建设筹集资金,最后到完成该项目融资为止,大致上可以分为五个阶段,即投资决策分析、融资决策分析、融资结构分析、融资谈判和项目融资的执行阶段。

【例题3】 根据现代项目融资特点,在融资项目出现偿债风险时(　　)责任。

A 借款人负无限　　B 借款人根据自身资产负有限

C 借款人不负任何　　D 借款人根据融资项目资产负有限

答　　案: D

解题思路: 现代项目融资出现任何问题,贷款人均不能追索到项目借款人除该项目资产、现金流量以及所承担的义务之外的任何形式的资产。

【例题4】 项目融资的过程分为五个阶段:(1)投资决策分析;(2)融资结构分析;(3)融资决策分析;(4)项目融资的执行;(5)融资谈判,其正确的顺序应该是(　　)。

A (1)(2)(3)(4)(5)　　B (1)(3)(2)(5)(4)

C (1)(2)(5)(3)(4)　　D (1)(5)(2)(3)(4)

答　　案: B

解题思路: 从项目的投资决策起,到选择项目融资方式为项目建设筹集资金,最后到完成该项目融资为止,大致上可以分为五个阶段,即投资决策分析、融资决策分析、融资结构分析、融资谈判和项目融资的执行阶段。

(三) 掌握内容

重点一　资金成本含义与计算

【例题1】 下列关于资金成本的表述中正确的是(　　)。

A 资金成本不具有一般产品成本的基本属性

B 企业融资规模越大,资金成本就越小

C 资金成本是企业进行资金结构决策的基本依据

D 如果市场中的货币需求增加,企业的资金成本就会降低

答　　案: C

解题思路: 资金成本具有一般产品成本的基本属性。资金成本是企业进行资金结构决策的基本依据。具体地说,如果货币需求增加,而供给没有相应增加,投资人便会提高其投资收益率,企业的资金成本就会上升;反之,则会降低其要求的投资收益率,使资金成本下降。

【例题2】 下列关于经营杠杆系数、财务杠杆系数和总杠杆系数的表述中正确的是(　　)。

A 财务杠杆系数越小,表明财务风险越大

B 为达到某一总杠杆系数,财务杠杆和经营杠杆可以有不同的组合

C 经营杠杆系数越大,表明经营风险越小

D 总杠杆系数是经营杠杆系数和财务杠杆系数的比值

答　　案: B

解题思路: 财务杠杆系数越大,表明财务杠杆作用越大,财务风险也就越大;财务杠杆系数越小,表明财务杠杆作用越小,财务风险也就越小。总杠杆作用的程度,可用总杠杆系数表示,它是经营杠杆系数和财务杠杆系数的乘积。

总杠杆作用的意义:首先,在于能够估计出销售额变动对每股收益造成的影响。其次,它可以说明经营杠杆与财务杠杆之间的相互关系;即为了达到某一总杠杆系数,经营杠杆和财务杠杆可以有很多不同的组合。

【例题3】 在息税前盈余相同的情况下,负债比率越(　　),筹资风险越大。

A 高,财务杠杆系数越小　　B 低,财务杠杆系数越小

C 高,财务杠杆系数越大　　D 低,财务杠杆系数越大

答　　案: C

解题思路: 在息税前盈余相同的情况下,负债比率越高,财务杠杆系数越大,筹资风险越大。

【例题4】 某公司发行长期债券600万元,筹资费率为2%,债券利息率为10%,所得税税率为33%,则其成本率为(　　)%。

A 8　　B 6.8

C 5.2　　D 4.6

答　　案: B

解题思路: 资金成本率 $=i_b(1-T)/(1-f)=10\%(1-33\%)/(1-2\%)=6.8\%$

【例题5】 资金成本(　　)。

A 全部计入产品成本

B 由企业财务自主决定如何处理

C 一部分计入产品成本,一部分作为利润分配

D 全部作为利润分配

答　　案： C

解题思路： 资金成本是企业的耗费，企业要为占用资金而付出代价、支付费用，而且这些代价或费用最终也要作为收益的扣除额来得到补偿。但是资金成本只有一部分具有产品成本的性质，即这一部分耗费计入产品成本，而另一部分则作为利润的分配，不能计入产品成本。

【例题6】 某企业适用所得税税率为33%，在项目融资时以下4个备选方案中（　　）最好。

A 发行优先股股票，年利率10%，筹资费率5%

B 平价发行债券，年利率12%，筹资费率5%

C 向银行借款，年利率11%，筹资费率5%

D 发行普通股股票，第一年利率8%，以后每年增长2%，筹资费率8%

答　　案： C

解题思路： 各方案的资金成本率为：

方案A = 10%/(1 - 5%) = 10.53%

方案B = 12%/(1 - 33%)/(1 - 5%) = 8.64%

方案C = 11%/(1 - 33%)/(1 - 5%) = 7.76%

方案D = 8%/(1 - 8%) + 2% = 10.70%

比较可得方案C的资金成本率最低，所以选择方案C。

【例题7】 （　　）等费用属于资金筹集成本。

A 股票发行手续费　　B 银行贷款利息

C 债券发行手续费　　D 股东红利

E 股票发行广告费

答　　案： ACE

解题思路： 资金筹集成本是指在资金筹集过程中所支付的各项费用，如发行股票或债券支付的印刷费、发行手续费、律师费、资信评估费、公证费、担保费、广告费等。资金筹集成本一般属于一次性费用，筹资次数越多，资金筹集成本也就越大。

四、复习题精选

（一）单项选择题

1. 所谓投资是指投资主体为了特定的目标，以达到预期收益的（　　）垫付行为。

A 资金　　B 资产　　C 价值　　D 物质

2. 按投资在再生产过程中周转方式的不同，可分为（　　）。

A 生产性投资和非生产性投资　　B 短期投资和长期投资

C 固定资产投资和流动资产投资　　D 中央投资和地方投资

3. 按投资在再生产过程中主体的不同，可分为（　　）。

A 生产性投资　　B 政府投资　　C 固定资产投资　　D 企业投资

4. 按投资的领域不同，可分为（　　）。

A 生产性投资和非生产性投资　　B 信贷投资和信托投资

C 固定资产投资和流动资产投资　　D 中央投资和地方投资

5. 按投资的方式不同,可分为(　　)。

A 生产性投资和非生产性投资　　B 直接投资和间接投资

C 固定资产投资和流动资产投资　　D 中央投资和地方投资

6. 宏观投资管理是(　　)。

A 对企事业单位和个人的投资管理　　B 行业的投资管理

C 整个国民经济的投资管理　　D 地区的投资管理

7. 对于国家重点公路建设项目,国家实行(　　),对其进行程序性稽查。

A 项目法人责任制　　B 工程监理制

C 稽查特派员制度　　D 合同管理制

8. 下列(　　)是区分项目融资与传统形式融资的重要标志。

A 项目导向　　B 追索形式和程度　　C 信用结构多样化　　D 风险分担

9. 在双方签定的贷款协议中,借款方以其全部收益作为贷款担保时,我们称贷款方对借款方有(　　)。

A 完全追索权　　B 无追索权　　C 有限追索权　　D 特定追索权

10. 在双方签定的贷款协议中,借款方仅以新建工程的收益作为贷款担保时,我们称贷款方对借款方有(　　)。

A 完全追索权　　B 无追索权　　C 有限追索权　　D 特定追索权

11. 在双方签定的贷款协议中,借款方以特定的一部分资产作为贷款担保时,我们称贷款方对借款方有(　　)。

A 完全追索权　　B 无追索权　　C 有限追索权　　D 特定追索权

12. 项目资本金是指投资项目总投资中必须包含一定比例的、由出资方实缴的资金,这部分资金对项目法人而言属(　　)。

A 负债金　　B 非负债金　　C 周转金　　D 流动资金

13. 下列融资方式筹集的资金不形成项目资本金的是(　　)。

A 国家财政预算内投资　　B 自筹投资

C 利用外资直接投资　　D 银行贷款

14. 下列属于发行债券筹资的优点的是(　　)。

A 不改变企业的资产负债率　　B 支出固定

C 是弹性融资方式　　D 是永久性投资

15. 某高速公路公司发行优先股股票,票面额按正常市价计算为 2000 万元,筹资费费率为 3%,股息年利率为 13%,其资金成本率为(　　)。

A 10%　　B 12.61%　　C 13.40%　　D 16%

16. 某高速公路公司发行普通股正常市价计算为 3000 万元,筹资费费率为 3%,股息年利率固定为 13%,其资金成本率为(　　)。

A 10%　　B 12.61%　　C 13.40%　　D 16%

17. 某高速公路公司发行普通股正常市价计算为 3000 万元,筹资费费率为 3%,第一年股息利率为 10%,以后每年增长 3%,其资金成本率为(　　)。

A 10%　　B 12.70%　　C 13.31%　　D 16%

18. 某高速公路公司发行长期债券3000万元,筹资费费率为2%,债券利息率为10%,所得税税率为33%,其资金成本率为(　　)。

A 10.20%　　B 9.80%　　C 6.84%　　D 6.57%

19. 某高速公路公司向银行贷款3000万元,筹资费费率为1%,贷款年利息率为6.03%,所得税税率为33%,其资金成本率为(　　)。

A 6.09%　　B 5.97%　　C 4.08%　　D 4.00%

(二)多项选择题

1. 按投资在再生产过程中周转方式的不同,可分为(　　)。

A 流动资产投资　　B 直接投资　　C 固定资产投资　　D 间接投资

2. 按投资的方式不同,可分为(　　)。

A 流动资产投资　　B 间接投资　　C 固定资产投资　　D 直接投资

3. 按投资的主体不同,可分为(　　)。

A 生产性投资和非生产性投资　　B 企业投资和个人投资

C 固定资产投资和流动资产投资　　D 中央投资和地方投资

4. 生产经营性投资运动过程包括(　　)等阶段。

A 资金筹集　　B 投资分配　　C 投资运用　　D 投资回收

5. 中观投资管理指(　　)。

A 企事业单位的投资管理　　B 地区投资管理

C 行业投资管理　　D 部门投资管理

6. 微观投资管理指(　　)。

A 企事业单位的投资管理　　B 地区投资管理

C 机关团体的投资管理　　D 部门投资管理

7. 下列(　　)属强化投资风险约束机制。

A 加强投资结构的调控　　B 推行项目法人责任制

C 全面推行招投标制　　D 规范项目投融资行为

8. 下列微观投资决策方法属于静态分析方法的是(　　)。

A 年等值比较法　　B 循环比较法　　C 投资回收期法　　D 决策树法

9. 下列微观投资决策方法属于动态分析方法的是(　　)。

A 净现值比较法　　B 循环比较法

C 追加投资回收期法　　D 终值法

10. 中标单位的确定,应综合评价投标者的社会信誉、技术进步和(　　)等,不应单纯以投标报价作为评标和定标的依据。

A 履约能力　　B 资质等级　　C 工程业绩　　D 承包经验

11. 为避免政府投资的无谓浪费,保证投资效果,对于政府投资项目实行严格规范的(　　)等制度。

A 项目法人责任制　B 工程监理制　　C 招标投标制　　D 合同管理制

12. 项目资本金的形式可以是(　　)。

A 现金　　B 实物　　C 递延资产　　D 无形资产

13. 根据出资方的不同,项目资本金分为(　　)。

A 国家出资　　B 法人出资　　C 集体出资　　D 个人出资

14. 投资按投资主体可分为四类,下列(　　)不属于这四类。

A 国家　　B 政府　　C 企业　　D 外商

15. 下列融资方式筹集的资金,属项目资本金的包括(　　)。

A 发行股票　　B 发行债券　　C 银行贷款　　D 保留盈余

16. 发行债券筹资的缺点包括:(　　)。

A 降低企业的财务信誉　　B 承受一定的风险

C 约束了企业从外部筹资的扩展能力　　D 提高企业负债比率

17. 负债筹资是项目筹集资金的重要方式,一般包括:(　　)。

A 银行贷款　　B 发行债券　　C 发行股票　　D 设备租赁

18. 企业自有资金利润率与(　　)有关。

A 息前税前资金利润率　　B 负债比率

C 营业收入总额　　D 贷款利率

19. 若要提高企业自有资金利润率,则应采取(　　)等措施。

A 提高息前税前资金利润率　　B 增加负债比率

C 增加营业收入总额　　D 选择利率低的贷款

(三)判断题(正确者打✓,错误者打×)

1. 投资运动过程就是在投资的循环周期中价值川流不息的运动过程。

2. 固定资产的再生产包括简单再生产和扩大再生产。

3. 不属于生产经营主要设备的物品,单位价值在2000元以上,并且使用期限超过两年的,应作为固定资产。

4. 固定资产投资形成的产品具有固定性。

5. 高等级公路上的收费站、服务房屋属于生产性固定资产。

6. 基本建设投资属于固定资产扩大再生产的投资。

7. 基本建设投资是固定资产投资的一个组成部分。

8. 宏观投资管理是指国家对整个国民经济的投资管理。

9. 地区投资管理的职能是行政指令型。

10. 微观投资管理是指对除事业单位以外的企业单位、机关团体、个人投资的管理。

11. 微观投资管理包含了国家对投资项目的管理和投资者对自己投资的管理两个方面。

12. 自筹资金计划是整个固定资产投资计划的一个组成部分。自筹资金的投资可以不严格按照基本建设程序办事。

13. 项目的资金来源可分为投入资金和借入资金,前者形成项目的负债,后者形成项目的资本金。

14. 项目资本金对项目法人而言属非负债金。

15. 项目资本金形式,可以是现金、实物、无形资产。

16. 举债经营可以给项目带来一定的好处,能提高企业自有资金的使用效果,因此负债越多越有利于企业的生产经营。

17. 资金成本是项目或企业在筹集资金时所支付的筹资费和资金使用费等。

18. 发行股票筹资,融资风险小,可提高企业的财务信用,但会降低原有股东的控制权。

19. 发行债券筹集资金会增加企业的风险,降低企业的财务信誉。

20. 企业自有资金利润率同企业的息前税前资金利润率、借入资金利息率、负债比例成反比。

五、复习题答案与讲评

(一)单项选择题

1. A　投资是一种资金垫付的行为。

2. C　投资在再生产过程中周转方式的不同,可分为固定资产投资和流动资产投资。

3. B　按投资在再生产过程中主体的不同,可分为政府投资和社会投资。

4. A　按投资的领域不同,可分为生产性投资和非生产性投资。

5. B　按投资方式不同,可分为直接投资和间接投资。

6. C　宏观投资管理是国家对整个国民经济的投资管理。

7. C　题目的提示非常明显。

8. B　追索形式和程度是区分项目融资与传统形式融资的重要标志。传统借贷融资是无限追索,投资人风险无限大。项目融资是有限追索,投资人的风险仅限于项目本身。

9. A　项目融资中,贷款人可以在贷款的某个特定阶段对项目借款人实行追索,或在一个规定的范围内对项目借款人实行追索,除此之外,贷款人均不能追索到项目借款人除该项目资产、现金流量以及所承担的义务之外的任何形式的资产。有限追索的特例是无追索。

10. B　同上9题。

11. C　同上9题。

12. B　为非负债资金,也叫自有资金。

13. D　负债筹资都不形成项目资本金。

14. B　债券筹资的优点的是支出固定。

15. C　优先股资金成本率可按下式计算：$K_p = \dfrac{P_0 \cdot i}{P_0(1-f)} = \dfrac{i}{1-f}$

16. C　普通股成本率的公式为:$K_p = \dfrac{P_0 \cdot i}{P_0(1-f)} = \dfrac{i}{1-f}$

17. C　普通股成本率的公式为：$K_C = \dfrac{D_1}{P_0(1-f)} + g = \dfrac{i}{1-f} + g$

18. C　债券成本率可以按下式计算：

$$K_B = \frac{I(1-T)}{B_0(1-f)}$$

$$K_B = i \cdot \frac{(1-T)}{(1-f)}$$

19. C　同上

(二)多项选择题

1. AC　按投资在再生产过程中周转方式的不同,可分为流动资产投资和固定资产投资。

2. BD　按投资的方式不同,可分为间接投资和直接投资。

3. BD　按投资的主体不同,可分为企业投资和个人投资、中央投资和地方投资。

4. ABCD　经营性投资运动过程包括资金筹集、投资分配、投资运用和投资回收等阶段。

5. BC　中观投资管理指地区投资管理和行业投资管理。

6. AC　微观投资管理指企事业单位的投资管理和机关团体的投资管理。

7. BD　强化投资风险约束机制的措施有推行项目法人责任制和规范项目投融资行为。

8. BCD　微观投资决策的静态分析方法有循环比较法、投资回收期法和决策树法。

9. AD　微观投资决策的动态分析方法有净现值比较法和终值法。

10. ACD　中标单位的确定,不应单纯以投标报价作为评标和定标的依据。应综合评价投标者的社会信誉、技术进步、履约能力、工程业绩和承包经验等。

11. ABCD　国家对于政府投资项目实行严格规范的项目法人责任制、工程监理制、招标投标制和合同管理制等四项制度。

12. ABD　国家财务制度规定:现金、实物和无形资产可以作为项目的资本金。

13. ABD　项目资本金的出资方式可以是国家出资、法人出资和个人出资。

14. AD　投资按投资主体分为政府、企业、国家授权、个人等四类。

15. AD　保留盈余和发行股票可以作为项目资本金的来源。

16. ABCD　债券筹资的缺点包括:降低企业的财务信誉、承受一定的风险、约束了企业从外部筹资的扩展能力和提高企业负债比率。

17. ABD　负债筹资的方式,一般包括:银行贷款、发行债券和设备租赁。

18. ABD　企业自有资金利润率与息前税前资金利润率、负债比率和贷款利率有关。

19. ABD　自有资金利润率的计算为:

$$i = [i_j + (i_j - i_0) \cdot \gamma](1 - T)$$

式中:i_j——息前税前资金利润率;

i_0——借入资金利息率;

γ——负债比例;

T——所得税税率。

(三)判断题

1. ✓　　2. ✓　　3. ✓　　4. ✓

5. ×　高等级公路上的收费站、服务房屋属于非生产性固定资产。

6. ✓　　7. ✓　　8. ✓　　9. ×

10. ×　微观投资管理指企事业单位的投资管理和机关团体的投资管理。

11. ✓

12. ×　自筹资金计划是整个固定资产投资计划的一个组成部分。自筹资金的投资也必须严格按照基本建设程序办事。

13. ×　投入资金包括资本金和借入资金。借入资金形成项目的负债。

14. ✓　　15. ✓

16. × 举债经营可以给项目带来一定的好处,能提高企业自有资金的使用效果。但是负债越多越影响企业的财务状况,资金运转和财务负担。

17. ✓ 18. ✓ 19. ✓

20. × 企业的息前税前资金利润率越大、借入资金利息率越低、负债比例越大,则企业自有资金利润率就越大。

第三章 工程经济

一、考试大纲要求

1. 掌握资金时间价值的概念及计算方法;
2. 掌握投资方案的静态与动态评价及方案优选方法;
3. 熟悉不确定性分析方法;
4. 掌握价值工程的理论及其应用。
5. 熟悉生命周期成本的概念及分析方法。

二、知识点提要

1. 资金时间价值论(表 1-3-1)

表 1-3-1

<table>
<tr><th>概念</th><th colspan="2">主 要 内 容</th></tr>
<tr><td rowspan="3">资金时间价值论</td><td>现金流量图</td><td>是描述现金流量作为时间函数的图形,它能表示资金在不同时间点流入与流出的情况;现金流量图包括三大要素:大小、流向、时间点;其中大小表示资金数额,流向指项目的现金流入或流出,时间点指现金流入或流出所发生的时间</td></tr>
<tr><td>实际利率与名义利率</td><td>名义利率是指计息周期的实际利率乘以一个利率周期内的计息期数所得的利率周期利率;如月利率为1%时,年利率为1% ×12 =12%,该年利率称为“名义利率”;不考虑年内计息周期间的复利影响;通常所说的利率周期利率都是名义利率;所谓实际利率是指利率周期和计息周期一致时对应的利率;如年利率为12%,按年计息时,年利率 =12%称为“实际利率”;实际利率又叫有效利率</td></tr>
<tr><td>资金时间价值计算</td><td>
<table>
<tr><th>公式名称</th><th>已知项</th><th>欲求项</th><th>系数符号</th><th>公式</th></tr>
<tr><td>一次支付终值</td><td>P</td><td>F</td><td>$(F/P,i,n)$</td><td>$F=P(1+i)^{n}$</td></tr>
<tr><td>一次支付现值</td><td>F</td><td>P</td><td>$(P/F,i,n)$</td><td>$P=F(1+i)^{-n}$</td></tr>
<tr><td>等额支付序列终值</td><td>A</td><td>F</td><td>$(F/A,i,n)$</td><td>$F=A\frac{(1+i)^{n-1}}{i}$</td></tr>
<tr><td>偿债基金</td><td>F</td><td>A</td><td>$(A/F,i,n)$</td><td>$A=F\frac{i}{(1+i)^{n}-1}$</td></tr>
<tr><td>资金回收</td><td>P</td><td>A</td><td>$(A/P,i,n)$</td><td>$A=P\frac{i(1+i)^{n}}{(1+i)^{n}-1}$</td></tr>
<tr><td>年金现值</td><td>A</td><td>P</td><td>$(P/A,i,n)$</td><td>$P=A\frac{(1+i)^{n}-1}{i(1+i)^{n}}$</td></tr>
</table>
</td></tr>
</table>

2. 经济效果评价(表1-3-2)

表1-3-2

<table>
<tr><th>概念</th><th colspan="3">主　要　内　容</th></tr>
<tr><td rowspan="14">经济效果评价</td><td>主要内容</td><td colspan="2">(1)赢利能力分析;(2)清偿能力分析;(3)抗风险能力分析</td></tr>
<tr><td rowspan="2">评价指标</td><td>静态</td><td>投资收益率、静态投资回收期</td></tr>
<tr><td>动态</td><td>净现值(率)、内部收益率、净年值、动态投资回收期、效益费用比</td></tr>
<tr><td>单方案检验</td><td colspan="2">对某个初步选定的投资方案,根据项目收益与费用情况,通过计算其经济评价指标,确定项目的可行性</td></tr>
<tr><td>多方案比选</td><td colspan="2">指对根据实际情况所提出的多个备选方案,通过选择适当的经济评价方法与指标,来对各个方案的经济效益进行比较,最终选择出具有最佳投资效益的方案</td></tr>
<tr><td rowspan="3">备选方案之间的关系</td><td colspan="2">互斥关系是指各个方案之间存在着互不相容、互相排斥的关系,进行方案比选时,在多个备选方案中只能选择一个,其余的均必须放弃,不能同时存在</td></tr>
<tr><td colspan="2">独立关系是指各个投资方案的现金流量是独立的,不具相关性,其中任一方案的采用与否与其自己的可行性有关,而与其他方案是否采用没有关系</td></tr>
<tr><td colspan="2">相关关系是指在各个投资方案之间,其中某一方案的采用与否会对其他方案的现金流量带来一定的影响,进而影响其他方案的采用或拒绝</td></tr>
<tr><td rowspan="3">备选方案评价方法</td><td colspan="2">寿命期相同的互斥方案的比选方法一般有:净现值法、净现值率法、差额内部收益率法、差额效益费用比法、最小费用法等</td></tr>
<tr><td colspan="2">对寿命期不相同的互斥方案常用的有:年值法、最小公倍数法和研究期法等</td></tr>
<tr><td colspan="2">独立方案互斥化法是指在有资金限制的情况下,将相互独立的方案组合成总投资额不超过投资限额的组合方案,这样各个组合方案之间的关系就变成了互斥的关系,然后利用互斥方案的比选方法(如净现值法等),对方案进行比选,选择出最佳方案</td></tr>
<tr><td rowspan="2">不确定性分析</td><td>分类</td><td>盈亏平衡分析、敏感性分析和概率分析</td></tr>
<tr><td>应用</td><td>盈亏平衡分析只适用于项目的财务评价,而敏感性分析和概率分析则可同时用于财务评价和国民经济评价</td></tr>
</table>

3. 价值工程(表1-3-3)

表1-3-3

<table>
<tr><th>概念</th><th colspan="2">主　要　内　容</th></tr>
<tr><td rowspan="4">价值工程</td><td>定义</td><td>是研究如何以最少的人力、物力、财力和时间获得必要功能的技术经济分析方法,它强调产品的功能分析和功能改进。价值工程通过各相关领域的协作,对所研究对象的功能与费用进行系统分析,不断创新,是旨在提高所研究对象价值的思想方法和管理技术</td></tr>
<tr><td>目的</td><td>其目的是以研究对象的最低寿命周期成本可靠地实现使用者所需功能,以获取最佳的综合效益</td></tr>
<tr><td>特点</td><td>1. 着眼于寿命周期成本;2. 价值工程的核心是功能分析;3. 价值工程是一项有组织的管理活动;4. 价值工程的目标表现为产品价值的提高</td></tr>
<tr><td>提高产品价值有五种途径</td><td>(1)在提高产品功能的同时,降低产品成本;这可使价值大幅度提高,是最理想的提高价值的途径;(2)提高功能,同时保持成本不变;(3)在功能不变的情况下,降低成本;(4)成本略有增加,同时功能大幅度提高;(5)功能略有下降,同时成本大幅度降低</td></tr>
</table>

续上表

<table>
<tr><th>概念</th><th colspan="3">主　要　内　容</th></tr>
<tr><td rowspan="7">价值工程</td><td rowspan="4">功能评价</td><td>价值评价</td><td>价值评价是通过计算和分析对象的价值,分析成本功能的合理匹配程度</td></tr>
<tr><td>成本评价</td><td>成本评价是通过核算和确定对象的实际成本和功能评价值,分析、测算成本降低期望值,从而排列出改进对象的优先次序</td></tr>
<tr><td>功能评价值</td><td>指可靠地实现用户要求功能的最低成本,它可以理解为是企业有把握,或者说应该达到的实现用户要求功能的最低成本,又称为目标成本</td></tr>
<tr><td>功能评价的方法</td><td>功能成本法与功能指数法</td></tr>
<tr><td rowspan="3">方案评价的内容</td><td>技术评价</td><td>是对方案功能的必要性及必要程度(如性能、质量、寿命等)以及实施的可能性进行分析评价</td></tr>
<tr><td>经济评价</td><td>是对方案实施的经济效果(如成本、利润、节约额等)的大小进行分析评价</td></tr>
<tr><td>社会评价</td><td>是对方案给国家和社会带来的影响(如环境污染、生态平衡、国民经济效益等)进行分析评价</td></tr>
</table>

4. 寿命周期成本(表1-3-4)

表1-3-4

<table>
<tr><th>概念</th><th colspan="2">主　要　内　容</th></tr>
<tr><td>设备的经济寿命</td><td colspan="2">设备从开始使用到其年度费用最小的使用年限;年度费用由资金恢复费用和年度使用费组成;资金恢复费用是指设备的原始费用扣除设备更新时的预计净残值后分摊到设备使用各年的费用,年度使用费是指设备的年度运行费和维修费</td></tr>
<tr><td rowspan="4">寿命周期成本</td><td>定义</td><td>工程设计、开发、建造、使用、维修和报废等过程中发生的费用,也即该项工程在其确定的寿命周期内或在预定的有效期内所需支付的研究开发费、制造安装费、运行维修费、报废回收费等费用的总和</td></tr>
<tr><td>构成</td><td>寿命周期成本的一级构成包括建设成本(或购置费)和使用成本(或维持费)在工程建设竣工验收之前发生的成本归入建设成本,在工程建设竣工验收之后发生的成本(建设期贷款利息除外)归入使用成本;在一般情况下,运营及维护成本往往大于项目建设的一次性投入</td></tr>
<tr><td>评价方法</td><td>常用的寿命周期成本评价方法有费用效率(CE)法、固定效率法和固定费用法、权衡分析法等</td></tr>
<tr><td>局限性</td><td>1. 假定项目方案有确定的寿命周期;2. 由于在项目寿命周期早期进行评价,可能会影响评价结果的准确性;3. 进行工程寿命周期成本分析的高成本使得其未必适用于所有的项目;4. 高敏感性使其分析结果的可靠性、有效性受到影响</td></tr>
</table>

三、重点难点分析与例题解析

（一） 熟悉内容

重点一　不确定性分析方法

【例题1】 盈亏平衡分析分线性盈亏平衡分析和非线性盈亏平衡分析。其中，线性盈亏平衡分析的前提条件之一是(　　)。

A 只生产单一产品，且生产量等于销售量

B 单位可变成本随生产量的增加成比例降低

C 生产量与销售量之间成线性比例关系

D 销售收入是销售量的线性函数

答　　案：D

解题思路：线性盈亏平衡分析的前提条件：

(1)生产量等于销售量；

(2)生产量变化，单位可变成本不变，从而使总生产成本成为生产量的线性函数；

(3)生产量变化，销售单价不变，从而使销售收入成为销售量的线性函数；

(4)只生产单一产品，或者生产多种产品，但可以换算为单一产品计算。

【例题2】 在投资项目经济评价中进行敏感性分析时，首先应确定分析指标。如果要分析产品价格波动对投资方案超额净收益的影响，可选用的分析指标是(　　)。

A 投资回收期　　B 净现值　　C 内部收益率　　D 借款偿还期

答　　案：B

解题思路：如果主要分析方案状态和参数变化对方案投资回收快慢的影响，则可选用投资回收期作为分析指标；如果主要分析产品价格波动对方案超额净收益的影响，则可选用净现值作为分析指标；如果主要分析大小对方案资金回收能力的影响，则可选用内部收益率指标等。

【例题3】 生产性建设项目的市场需要量距离盈亏平衡点越远，则项目(　　)。

A 安全性越小　　B 抗风险能力越小

C 安全性越大　　D 发生亏损的可能性越大

答　　案：C

解题思路：盈亏平衡点反映了项目对市场变化的适应能力和抗风险能力。盈亏平衡点越低，达到此点的盈亏平衡产量和收益或成本也就越少，项目投产后的盈利的可能性越大，适应市场变化的能力越强。抗风险能力也越强。市场需求量距离盈亏平衡点越远，则项目安全性越大。根据经验，若 QBEP(%)≤70%，则项目相当安全。

【例题4】 某工业项目年设计能力为生产某种产品 3 万件，估计销售总收入为 7800 万元，年固定总成本为 3000 万元，单位产品售价为 3000 元，总成本费用、生产能力利用率、单位产品变动成本表示的盈亏平衡点分别是(　　)。

A 2.14 万件,71.33%,1600 元　　B 2.14 万件,71.33%,2000 元

B 2 万件,60%,1600 元　　D 2 万件,60%,2000 元

答　　案: B

解题思路: 根据 Q = 年固定总成本/(单位产品销售价格 - 单位产品可变成本),本题的年固定总成本为3000万元,单位产品可变成本 = (7800 - 3000)/3 = 1600(元/件),单位产品销售价为3000元,则 Q_{BEP} = 3000/(3000 - 1600) = 2.14(万件),生产能力利用率 = 2.14/3 = 71.33%,单位产品变动成本 VBEP = (3000 × 3 - 3000)/3 = 2000(元)。

【例题5】 在敏感分析中,下列因素最敏感的是(　　)。

A 产品价格下降30%,使 NPV = 0

B 经营成本上升50%,使 NPV = 0

C 寿命缩短80%,使 NPV = 0

D 投资增加120%,使 NPV = 0

答　　案: A

解题思路: 可能因发生较小幅度的变化就可能引起经济评价指标发生大的变动的影响因素,称为敏感性因素;而即使发生了较大幅度的变化,对经济评价指标的影响也不是太大的影响因素,则称为非敏感因素。因为A发生变化的幅度最小,而产生的效果与其他相同。

重点二　生命周期成本的概念及分析方法

【例题1】 在工程寿命周期成本分析中,进行系统设置费与该系统开发、设置所用全部时间之间的权衡分析时采用的主要方法是(　　)。

A 计划评审技术　　B 价值分析法

C 赢得值分析法　　D 因素分析法

答　　案: A

解题思路: 从开发到系统设置完成这段时间与设置费之间的权衡如果要在短期内实现从开发到设置完成的全过程,往往就得增加设置费。如果将开发到设置完成这段期限规定得太短,便不能有充裕的时间进行充分研究,致使设计有缺陷,将会造成维持费增加的不利后果。因此,这一期限与费用之间也有着重要的关系。进行这项权衡分析时,可以运用计划评审技术。

【例题2】 某企业在对其生产的某种设备进行设置费与维持费之间的权衡分析时,为了提高费用效率可采取的措施包括(　　)。

A 改善原设计材质,降低维修频度

B 制定防震、防尘等对策,提高可靠性

C 采用整体结构,减少安装费

D 进行防止操作和维修失误的设计

E 实施计划预修,减少停机损失

答　　案: ABD

解题思路: 为了提高费用效率,该机加工产品生产线还可以采用以下各种有效手段:

1)改善原设计材质,使维修频度降低。

2)支出适当的后勤支援费,改善作业环境,减少维修作业。

3)制定防震、防尘、冷却等对策,提高可靠性。

4)进行维修性设计。

5)置备备用的配套件、部件和整机,设置迂回的工艺路线,使可维修性得以提高。

6)进行节省劳力的设计,使操作人员的费用减少。

7)进行节能设计,节省运行所需的动力费用。

8)进行防止操作和维修失误的设计。

(二) 掌握内容

重点一 资金时间价值的概念及计算方法

【例题1】 在工程经济学中,作为衡量资金时间价值的绝对尺度,利息是指(　　)。

A 占用资金所付的代价

B 放弃使用资金所得的补偿

C 考虑通货膨胀所得的补偿

D 资金的一种机会成本

E 投资者的一种收益

答　　案: ABD

解题思路: 从本质上看,利息是由贷款发生利润的一种再分配。在工程经济研究中,利息常常被看作是资金的一种机会成本。这是因为如果放弃资金的使用权力,相当于失去收益的机会,也就相当于付出了一定的代价。比如资金一旦用于投资就不能用于现期消费,而牺牲现期消费又是为了能在将来得到更多的消费。从投资者的角度来看,利息体现为对放弃现期消费的损失所作的必要补偿。所以,利息就成了投资分析平衡现在与未来的杠杆,事实上,投资就是为了在未来获得更大的收益而对目前的资金进行的某种安排。显然,未来的收益应当超过现在的投资,正是这种预期的价值增长才能刺激人们从事投资。因此,在工程经济学中,利息是指占用资金所付的代价或者是放弃使用资金所得的补偿。

【例题2】 如果 $i_1=2i_2$, $n_1=\frac{1}{2}n_2$,则当 P 相同时,(　　)。

A $(F/P,i_1,n_1)<(F/P,i_2,n_2)$

B $(F/P,i_1,n_1)=(F/P,i_2,n_2)$

C $(F/P,i_1,n_1)>(F/P,i_2,n_2)$

D 不能确定 $(F/P,i_1,n_1)$ 与 $(F/P,i_2,n_2)$ 的大小

答　　案: A

解题思路: $(F/P,i_1,n_1)=(1+i_1)^{n_1}$; $(F/P,i_2,n_2)=(1+i_2)^{n_2}=\left(1+\frac{1}{2}i_1\right)^{2n_1}=\left(1+i_1+\frac{1}{4}i_1^2\right)^{n_1}>(1+i_1)^{n_1}$

【例题3】 在下述关于名义利率与实际利率的说法中,正确的是(　　)。

A 在计息周期为一年时,名义利率等于实际利率

B 实际利率真实地反映了资金的时间价值

C 名义利率真实地反映了资金的时间价值

D 名义利率相同时,计息周期越短,与实际利率和差值就越大

E 名字利率越小,计息周期越短,与实际利率的差值就越大

答　　案: ABD

解题思路: 所谓名义利率(r),是指计息周期率(i)乘以一个利率周期内的计息周期数(m)所得的利率周期利率。用计息周期利率来计算利率周期利率,并将利率周期内的利息再生因素考虑进去,所得到的利率就是利率周期实际利率(又称有效利率,i_{eff})。

【例题4】 下列关于时间价值的关系式中,表达正确的有(　　)。

A $(F/A,i,n)=(F/P,i,n)\times(P/A,i,n)$

B $(F/P,i,n)=(F/P,i,n_1)\times(F/P,i,n_2)$,其中 $n_1+n_2=n$

C $(P/F,i,n)=(P/F,i,n_1)\times(P/F,i,n_2)$,其中 $n_1+n_2=n$

D $(P/A,i,n)=(P/F,i,n)\times(A/F,i,n)$

E $1/(F/A,i,n)=(F/A,i,1/n)$

答　　案: AB

解题思路: $(F/P,i,n)\times(P/A,i,n)=(1+i)^n\times[(1+i)^n-1]/[i(1+i)^n]=[(1+i)^n-1]/i=(F/A,i,n)$;

$(F/P,i,n_1)\times(F/P,i,n_2)=(F/P,i,n_1+n_2)=(F/P,i,n)$;$1/(F/A,i,n)=(A/F,i,n)$

【例题5】 现金流量图的构成要素不包括(　　)。

A 大小　　B 流向　　C 时间点　　D 利率

答　　案: D

解题思路: 现金流量的三个要素包括:大小、流向和时间点

重点二　投资方案的静态与动态评价及方案优选方法

【例题1】 在下列投资方案评价指标中,反映借款偿债能力的指标是(　　)。

A 偿债备付率和投资收益率　　B 利息备付率和偿债备付率

C 利息备付率和投资收益率　　D 内部收益率和借款偿还期

答　　案: B

解题思路: 偿债能力指标包含:借款偿还期;利息备付率;偿债备付率。

【例题2】 在投资方案评价中,投资回收期只能作为辅助评价指标的主要原因是(　　)。

A 只考虑投资回收前的效果,不能准确反映方案在整个计算期内的经济效果。

B 忽视资金具有时间价值的重要性,在回收期内未能考虑投资收益的时间点。

C 只考虑投资回收的时间点,不能系统反映投资回收之前的现金流量。

D 基准投资回收期的确定比较困难,从而使方案选择的评价准则不可靠。

答　　案: A

解题思路：投资回收期没有全面地考虑投资方案整个计算期内的现金流量，即：只考虑回收之前的效果，不能反映投资回收之后的情况，即无法准确衡量方案在整个计算期内的经济效果。所以，投资回收期作为方案选择和项目排队的评价准则是不可靠的，它只能作为辅助评价指标，或与其他评价方法结合应用。

【例题3】 下列关于基准收益率的表述中正确的是（ ）。

A 基准收益率是以动态的观点所确定的投资资金应当获得的平均赢利率水平

B 基准收益率应等于单位资金成本与单位投资的机会成本之和

C 基准收益率是以动态的观点所确定的可接受的投资项目最低标准的效益水平

D 评价风险小、赢利大的项目时，应适当提高基准收益率

答　　案：C

解题思路：基准收益率也称基准折现率，是企业或行业或投资者以动态的观点所确定的、可所接受的投资项目最低利率水平。它表明投资决策者对项目资金时间价值的估价，是投资资金应当获得的最低赢利率水平，是评价和判断投资方案在经济上是否可行的依据，是一个重要的经济参数。基准收益率的确定一般以行业的平均收益率为基础，同时综合考虑资金成本、投资风险、通货膨胀以及资金限制等因素。

【例题4】 某项目初期投资额为2000万元，从第1年年末开始每年净收益为480万元。若基准收益率为10%，并已知$(P/A,10\%,5)=3.7908$和$(P/A,10\%,6)=4.3553$，则该项目的静态投资回收期和动态投资回收期分别为（ ）年。

A 4.17和5.33　　B 4.17和5.67

C 4.83和5.33　　D 4.83和5.67

答　　案：B

解题思路：项目建成投产后各年的净收益（即净现金流量）均相同，则静态投资回收期的计算公式为$P_t=K/R$（式中K为全部总投资；R为每年净收益）。

动态投资回收期的计算表达式为：

$$P_t'=\text{累计净现金流量现值开始出现正值的年份数}-1+\frac{\text{上一年累计净现金流量现值的绝对值}}{\text{当年净现金流量现值}}$$

【例题5】 下列关于互斥方案经济效果评价方法的表述中正确的是（ ）。

A 采用净年值法可以使寿命期不等的互斥方案具有可比性

B 最小公倍数法适用于某些不可再生资源开发型项目

C 采用研究期法时不需要考虑研究期以后的现金流量情况

D 方案重复法的适用条件是互斥方案在某时间段具有相同的现金流量

答　　案：A

解题思路：净年值。尽管方案年限不同，都可用净年值反映出来。用净年值进行寿命不等的互斥方案比选，实际上隐含着这样一种假定：各备选方案在其寿命结束时均可按原方案重复实施或以与原方案经济效果水平相同的方案接续。由于净年值法是以“年”为时间单位比较各方案的经济效果，一个方案无论重复实施多少次，其净年值是不变的，从而使寿命不等的互斥方案间具有可比性。

【例题6】 某企业有一台设备，目前的实际价值为38万元，预计残值为2.5万元，第一年

的使用费为 1.8 万元,在不考虑资金时间价值的情况下经估算得到该设备的经济寿命为 12 年,则该设备的资金恢复费用为(　　)万元/年。

A 2.81　　B 2.96　　C 3.02　　D 4.76

答　　案: B

解题思路: $(P-F)/n$ 为设备的资金恢复费用(其中 P 为原始费用;F 为预计净残值; n 为使用年限)。

【例题7】 对承租人而言,与购买设备相比,租赁设备的优越性在于(　　)。

A 租赁期间所交的租金总额一般低于直接购置设备的费用

B 租用设备在租赁期间虽然不能用于担保,但可用于贷款抵押

C 可以加快设备更新,减少或避免技术落后的风险

D 租赁合同的规定对承租人的毁约有一定的保护

答　　案: C

解题思路: 对于承租人来说,设备租赁与设备购买相比的优越性在于:

1)在资金短缺的情况下,既可用较少资金获得生产急需的设备,也可以引进先进设备加快技术进步的步伐;

2)可享受设备试用的优惠,加快设备更新,减少或避免设备陈旧、技术落后的风险;

3)可以保持资金的流动状态,防止呆滞,也不会使企业资产负债状况恶化;

4)保值,既不受通货膨胀也不受利率被动的影响。

【例题8】 在下列投资方案经济效果评价方法中,属于动态评价方法的有(　　)。

A 增量投资收益率法　　B 增量内部收益率法

C 最小公倍数法　　D 增量投资回收期法

E 综合总费用法

答　　案: BC

解题思路: 动态评价方法:净现值、增量内部收益率、净年值。

净现值是价值型指标,用于互斥方案评价时,必须考虑时间的可比性,即相同的计算期下比较净现值的大小。常用的比较方法有最小公倍数法和研究期法。

【例题9】 净现值和内部收益率作为评价投资方案经济效果的主要指标,二者的共同特点有(　　)。

A 均考虑了项目在整个计算期内的经济状况

B 均取决于投资过程的现金流量而不受外部参数影响

C 均可用于独立方案的评价,并且结论是一致的

D 均能反映投资过程的收益程度

E 均能直接反映项目在运营期间各年的经营成果

答　　案: AC

解题思路: 净现值(NPV)指标考虑了资金的时间价值,并全面考虑了项目在整个计算期内的经济状况;经济意义明确直观,能够直接以货币额表示项目的赢利水平。

内部收益率指标考虑了资金的时间价值以及项目在整个计算期内的经济状况;能够直接衡量项目未回收投资的收益率。

综上分析,用 NPV、IRR 均可对独立方案进行评价,且结论是一致的。NPV 法计算简便,但得不出投资过程收益程度大小的指标,且受外部参数的影响;IRR 法较为麻烦,但能反映投资过程的收益程度,而 IRR 的大小不受外部参数的影响,完全取决于投资过程的现金流量。

【例题 10】 进行设备租赁与购置决策分析时,通过定性分析筛选方案所考虑的主要因素包括(　　)。

A 设备使用成本　　B 设备保修方式

C 企业财务能力　　D 设备技术风险

E 设备使用维修特点

答　　案: CDE

解题思路: 定性分析筛选方案,包括:(1)分析企业财务能力。如果企业不能一次筹集并支付全部设备价款,则去掉一次付款购置方案;(2)分析设备技术风险、使用维修特点。

【例题 11】 某企业进行设备更新,一次性投入 10 万元购买设备,铺底流动资金 2 万元,预计投产后年平均税后利润为 3 万元,该设备寿命期 10 年,期末无残值,用直线法折旧,则该项目的投资利润为(　　)%。

A 16.17　　B. 30　　C. 25　　D. 33

答　　案: C

解题思路: 投资利润率 = 3/12 = 25%。

【例题 12】 建设项目的经济评价计算期是指从(　　)所经历的时间。

A 建成投产到主要固定资产报废为止

B 开始施工到建成投产

C 开始施工到建成投产,直到主要固定资产报废为止

D 开始施工到建成投产,直到全部固定资产报废为止

答　　案: C

解题思路: 建设项目的经济评价计算期指从开始施工到建成投产,直到主要固定资产报废为止所经历的时间。

【例题 13】 当存在着若干个互斥投资方案,而又有明显资金约束时,应采用(　　)法进行方案选择。

A 净年值　　B 差额内部收益率

C 净现值　　D 净现值率

答　　案: D

解题思路: 对混合相关型方案进行评价,不管项目间是独立的或是互斥的或是有约束的,它们的解法都一样,即把所有的投资项目的组合排列出来,然后进行排序和取舍。综上所述,进行多方案经济比选应注意如下问题:

(1)方案经济比选既可按各方案所含的全部因素计算的效益与费用进行全面对比;也可就选定的因素计算相应的效益和费用进行局部对比。

(2)在项目不受资金约束的情况下,一般可采用增量内部收益率法、净现值法或净年值法进行比较。当有明显的资金约束时,一般宜采用净现值率法。

(3)对计算期不同的方案进行比选时,宜采用净年值法或年费用法。如果采用增量内部

收益率、净现值率等方法进行比选,则应对各方案的计算期进行适当处理。

(4)对效益相同或效益基本相同,但难以具体估算的方案进行比选时,可采用最小费用法,包括费用现值比较法和年费用比较法。

【例题14】 设备及工器具的租赁或购买,一般从经济意义上来讲,优越性较多的方案是(　　)。

A 贷款购买　　B 自有资金购买

C 租赁　　D 自行制造

答　　案:C

解题思路:一般从经济意义上来进,设备租赁与设备购买相比的优越性在于:在资金短缺的情况下,既可用较少资金获得生产急需的设备,也可以引进先进设备,加快技术进步的步代;可享受设备试用的优惠,加快设备更新,减少或避免设备陈旧、技术落后的风险;可以保持资金的流动状态,防止呆滞,也不会使企业资产负债状况恶化;保值,既不受通货膨胀也不受利率波动的影响;手续简便,设备进货速度快;设备租金可在所得税前扣除,能享受税上的利益。

【例题15】 某工程寿命期10年,从第一年开始每年收益2万元,按折现率10%刚好能在寿命期内把期初投资全部收回,则该工程期初投入为(　　)万元。$(P/A, 10\%, 10) = 6.145$。

A 10　　B 12.29　　C 18.42　　D 20

答　　案:B

解题思路:期初投入 $= A(P/A, 10\%, 10) = 2 \times 6.145 = 12.29$(万元)

【例题16】 某建设项目在基准折现率 $i_c = 10\%$ 的条件下,净现值 NPV = 620 万元,可知该项目的内部收益率IRR(　　)i_c。

A >　　B <　　C ≥　　D ≤

答　　案:A

解题思路:内部收益率计算出来后,与基准收益率进行比较;

①若 $IRR > i_c$,则项目或方案在经济上可以接受;

②若 $IRR = i_c$,则项目或方案在经济上勉强可行;

③若 $IRR < i_c$,则项目或方案在经济上应拒绝。

【例题17】 对寿命期不同的互斥方案进行比选时可选用(　　)法。

A 净年值　　B 最小公倍数

C 研究期　　D 净现值

E 增量内部收益率

答　　案:AB

解题思路:对于寿命期不同的互斥方案经济效果的评价,常用的经济效果评价方法有:净年值(NPV)法、最小公倍数法和研究期法。

【例题18】 已知某建设项目计算期为 n,基准收益率为 i_c,内部收益率为IRR,则下列关系正确的有当(　　)。

A $i_c = IRR$ 时,$NPV = 0$

B $i_c > IRR$ 时,动态投资回收期小于 n

C i_c < IRR 时,NPV > 0

D NPV < 0 时,i_c < IRR

E NPV > 0 时,动态投资回收期小于 n

答　　案:ACE

解题思路:投资方案的净现值(NPV)是指用一个预定的基准收益率(或设定的折现率)i_c,

分别把整个计算期间内各年所发生的净现金流量都折现到投资方案开始实施时的现值之和。它反映的是投资方案在计算期内获利能力,根据 $NPV=\sum(CI-CO)_t(1+i_c)^{-t}$ 和 $NPV=\sum(CI-CO)_t(1+IRR)^{-t}=0$ 可知:

若 IRR > i_t,则动态投资回收期小于项目计算期,项目或方案在经济上可行;

若 IRR = i_t,则动态投资回收期等于项目计算期,项目或方案在经济上勉强可行;

若 IRR < i_t,则动态投资回收期等于项目计算期,项目或方案在经济上应拒绝。

【例题 19】 年利率为 6%,每季度计息一次,若 10 年内每季度都能得到 500 元,则现在应存款(　　)元。

A 12786　　B 13469　　C 14958　　D 15697

答　　案:C

解题思路:根据 $P=A[(1+i)^n-1]/[i(1+i)^n]$,本题 A = 500,计息期末一个季度的有效利率为 $i=6\%/4=1.5\%$,计息期数 $n=4\times10=40$,则 $P=500\times[(1+1.5\%)^{40}-1]/[1.5\%\times(1+1.5\%)^{40}]=14958$(元)。

【例题 20】 在财务评价中,项目可行的标准是(　　)。

A IRR < i_c　　B IRR < 0　　C IRR ≥ 0　　D IRR ≥ i_c

答　　案:D

解题思路:内部收益计算出来后应与基准收益率进行比较:若 IRR > i_c,则项目或方案在经济上可以接受;若 IRR = i_c,则项目或方案在经济上勉强可行;若 IRR < i_c,则项目方案在经济上应拒绝。

【例题 21】 某建设项目年产量为 6000 件,每件产品的售价为 4000 元,单位产品可变费用为 2400 元,预计年固定成本为 320 万元,则该项目的盈亏平衡点产量是(　　)件。

A 3000　　B 6500　　C 2000　　D 5200

答　　案:C

解题思路:根据 Q = 年固定总成本/(单位产品销售价格 − 单位产品可变成本),则 $Q=320/(0.4-0.24)=2000$(件)。

【例题 22】 现有两个互斥的投资方案 A 和 B,A 方案的投资为 1000 万元,年净收益为 200 万元,寿命期为 8 年;B 方案的投资为 1800 万元,年净收益为 280 万元,寿命期也为 8 年,则增量投资收益率为(　　)%。

A 8　　B 10　　C 12　　D 16

答　　案:B

解题思路:增量投资收益率 = $(280-200)/(1800-1000)\times100\%=10\%$。

【例题23】 某方案实施后有三种可能性:情况好时,净现值为1200万元,概率为0.4;情况一般时,净现值为400万元,概率为0.3;情况差时,净现值为-800万元,则项目的期望现值为(　　)万元。

A 600　　B 400　　D 360　　D 500

答　　案:C

解题思路:期望的净现值 = 1200 × 0.4 + 400 × 0.3 + (-800) × 0.3 = 360(万元)。

【例题24】 下列关于内部收益率的表述中,不正确的是(　　)。

A 内部收益率是使净现值为零的收益率

B 内部收益率是该项目能够达到的最大收益率

C 内部收益率是说明该方案的实际获利水平

D 内部收益率小于基准收益率时,应该拒绝该项目

答　　案:C

解题思路:所谓内部收益率(IRR)是指:在项目的整个计算期内,如果按利率 $i = i^*$ 计算,始终存在未回收投资,且仅在计算期终时,投资才恰被完全收回,那么 i^* 便是项目的内部收益率(IRR)。其实质就是使投资方案在计算期内各年净现金流量的现值累计等于零时的折现率。其经济含义就是使未回收投资余额及其利息恰好在项目计算期末完全收回的一种利率,也即是项目为其所占有资金(不含逐年已回收可作他用的资金,即占用的尚未回收资金)所提供的盈利率(获得能力)。它取决于项目内部,是项目对贷款利率的最大承担能力。内部收益率应大于等于基准收益率,否则应该拒绝该项目。

【例题25】 寿命期相同的互斥方案的比较与选择的方法可采用(　　)法。

A 年值　　B 最小公倍数　　C 研究期　　D 最小费用

答　　案:D

解题思路:对于寿命期相同的互斥方案的比较与选择可采用最小费用法,包括费用现值比较法和年费用比较法。

【例题26】 租赁方案与购买方案的现金流量差异主要表现在(　　)。

A 购买方案需一次投入大量资金

B 租赁方案比购买方案每年多提一笔租金,因而少交所得税

C 租赁方案与购买方案所得税的差异主要是租赁费与折旧的差异

D 租赁方案的现金流出为经营成本、租赁费和所得税

E 购买方案的现金流出为经营成本、租赁费和所得税

答　　案:ABCD

解题思路:对于承租人来说,设备租赁与设备购买相比的优越性在于:

(1)在资金短缺的情况下,既可用较少资金获得生产急需的设备,也可以引进先进设备,加快技术进步的步伐;

(2)可享受设备试用的优惠,加快设备更新,减少或避免设备陈旧、技术落后的风险;

(3)可以保持资金的流动动态,防止呆滞,也不会使企业资产负债状况恶化;

(4)保值,即不受通货膨胀也不受利率波动的影响;

(5)手续简便,设备进货速度快;

(6)设备租金可在所得税前扣除,能享受税上的利益。

对于承租人来说,设备租赁与设备购买相比的不足之处则在于:

(1)在租赁期间承租人对租用设备无所有权,只有使用权。故承租人无权随意对设备进行改造,不能处置设备,也不能用于担保、抵押贷款;

(2)承租人在租凭期间所交的租金总额一般比直接购置设备的费用要高,即资金成本较高;

(3)长年支付租金,形成长期负债;

(4)租赁合同规定严格,毁约要赔偿损失,罚款较多等。

【例题27】 可行性研究是(　　)的重要依据。

A 财务评价　　B 国民经济评价

C 确定建设项目　　D 编制设计文件

答　　案: CD

解题思路: 可行性研究报告编制完成后,要按照规定的程序进行报批。可行性研究报告经过正式批准后,将作为初步设计的依据,不得随意修改和变更。可行性研究报告经批准,建设项目才算正式"立项"。

【例题28】 下列关于净现值的论述,正确的有(　　)。

A 净现值是投资项目各年净现金流量之和

B 净现值非负时,说明该项目没有亏损

C 基准收益率水平越高,净现值越低

D 两方案比选时,净现值越大的方案越优

E 净现值大的方案,其内部收益率也一定高

答　　案: BCD

解题思路: (1)投资方案的净现值(NPV)是指用一个预定的基准收益率(或设定的折现率)i_c,分别把整个计算期间内各年所发生的净现金流量都折现到投资方案开始实施时的现值之和。它反映的是投资方案在计算期内的获利能力。净现值非负时,说明该项目没有亏损。因此A错BD对。

(2)基准收益率(也称基准折现率)是指企业或行业或投资者以动态的观点所确定的、可接受的投资项目最低标准的收益水平,它反映的是投资资金应当获得的最低盈利水平。资金成本和目标利润是确定基准收益率的基础,投资风险、通货膨胀和资金限制是确定基准收益率必须考虑的因素。因此C对E错。

【例题29】 下列指标中,不考虑资金时间价值的指标有(　　)。

A 动态投资回收期　　B 净年值　　C 净现值

D 投资收益率　　E 投资利润率

答　　案: DE

解题思路: 动态投资回收期、净年值和净现值都是要考虑资金的时间价值。

重点三　价值工程的理论及其应用

【例题1】 价值工程的三个基本要素是指(　　)。

A 生产成本、使用成本和维护成本

B 必要功能、生产成本和使用价值

C 价值、功能和寿命周期成本

D 基本功能、辅助功能和必要功能

答　　案: C

解题思路: 价值工程涉及价值、功能和寿命周期成本三个基本要素。

【例题2】 进行对象的选择是价值工程活动的关键环节之一,适用于价值工程对象选择的方法是(　　)。

A 香蕉曲线法　　B 经验分析法

C 目标管理法　　D 决策树法

答　　案: B

解题思路: 因素分析法,又称经验分析法。

【例题3】 某产品各零部件功能重要程度采用0-4评分法评分的结果见下表。

零部件	I	II	III	IV	V
I	X				
II	1	X			
III	2	3	X		
IV	0	1	2	X	
V	4	3	0	1	X

在不修正各功能累计得分的前提下,零部件IV的功能重要性系数为(　　)。

A 0.15　　B 0.20　　C 0.23　　D 0.28

答　　案: A

解题思路: 功能重要性系数又称功能评价系数或功能指数,是指评价对象(如甲部件等)的功能在整体功能中所的比率。

以各部件功能得分占总分的比例确定各部件功能评价系数。

第 i 个评价对象的功能指数 F_t = 第 i 个评价对象的功能得分值 F_i/全部功能得分值

【例题4】 在价值工程活动中,功能整理需要完成下列工作:①选出最基本的功能;②编制功能卡片;③明确各功能之间的关系;④绘制功能系统图;⑤补充、修改功能定义。进行上述工作的正确顺序是(　　)。

A ③—①—⑤—④—②　　B ②—①—③—⑤—④

C ⑤—②—①—③—④　　D ①—③—②—④—⑤

答　　案: B

解题思路: 功能整理的主要任务就是建立功能系统图。因此,功能整理的过程也就是绘制功能系统图的过程,其工作程序如下:

1)编制功能卡片;

2)选出最基本的功能;

3)明确各功能之间的关系;

4)对功能定义作必要的修改、补充和取消;

5)把经过调整、修改和补充的功能,按上下位关系,排列成功能系统图。

【例题5】 在价值工程活动中,所绘制的功能系统图是指按照一定的原则和方式将定义的功能连接起来的一个完整的功能体系。在该体系中,上级功能和下级功能分别是指(　　)。

A 目标功能和手段功能　　B 基本功能和辅助功能

C 必要功能和过剩功能　　D 使用功能和美学功能

答　　案:A

解题思路:从整体功能 F 开始,由左向右逐级展开,在位于不同级的相邻两个功能之间,左的功能(上级)是右边功能(下级)的目标,而右的功能(下级)是左边功能(上级)的手段。

【例题6】 在价值工程活动中进行功能评价时,可用于确定功能重要性系数的方法有(　　)。

A 强制打分法　　B 排列口图法

C 多比例评分法　　D 因素分析法

E 环比评分法

答　　案:ACE

解题思路:功能重要性系数又称功能评价系数或功能指数,是指评价对象的功能在整体功能中所的比率。确定功能重要性系数的关键是对功能进行打分,常用的打分方法有强制打分法(0-1 评分法或0-4 评分法)、多比例评分法、逻辑评分法、环比评分法等。

【例题7】 现有甲、乙、丙、丁四种方案,其功能指数分别为0.24、0.18、0.22、0.36,其成本指数分别为0.288、0.126、0.146、0.422,则最优的方案为(　　)。

A 甲　　B 乙　　C 丙　　D 丁

答　　案:C

解题思路:功能指数法又称相对值法。在功能指数法中,功能的价值用价值指数 V_i 来表示,它是通过评定各对象功能的重要程度,用功能指数来表示其功能程度的大小,然后将评价对象的功能指数与相对应的成本指数进行比较,得出该评价对象的价值指数,从而确定改进对象,并求出该对象的成本改进期望值。其表达式如下:

第 i 个评价对象的价值指数 V_i = 第 i 个评价对象的功能指数 F_i/第 i 个评价对象的成本指数 V_i

$V_{i甲} = 0.24/0.288 = 0.833$　　$V_{i乙} = 0.18/0.126 = 1.429$

$V_{i丙} = 0.22/0.126 = 1.507$　　$V_{i丁} = 0.36/0.422 = 0.853$

所以最优方案为丙。

【例题8】 功能分析是价值工程活动的一个重要环节,它包括功能(　　)。

A 分类　　B 定义　　C 整理

D 价值分析　　E 评价

答　　案:BC

解题思路:功能分析是价值工程活动的核心和基本内容。功能分析包括功能定义、功能整理和功能计量等内容。

【例题9】 利用功能价值指数法进行价值分析时，如果 $V_i > 1$，则可能的原因有（　　）。

A 目前成本偏低，不能满足评价对象应该具有的功能要求

B 功能过剩，已经超过了其应该具有的水平

C 功能成本比较好，正是价值分析所追求的目标

D 功能很重要但是成本很低，不必列为改进对象

E 实现功能的条件或方法不佳，致使成本过高

答　　案： ABD

解题思路： 价值指数 $V_i > 1$。此时评价对象的成本比重小于其功能比重。出现这种结果的原因有三种：

①由于现实成本偏低，不能满足评价对象实现其应具有的功能要求，致使对象功能偏低，这种情况应列为改进对象，改善方向是增加成本；

②对象目前具有的功能已经超过了其应该具有的水平，也即存在过剩功能，这种情况也应列为改进对象，改善方向是降低功能水平；

③对象在技术、经济等方面具有某些特征，在客观上存在着功能很重要而需要消耗的成本却很少的情况，这种情况一般就不应列为改进对象。

【例题10】 已知某产品的零件甲功能评分为5，成本为20元，该产品各零部件功能积分之和为30，产品成本100元，则零件甲的价值指数为（　　）。

A 0.25　　B 0.33　　C 0.83　　D 1.2

答　　案： C

解题思路： 价值指数 V_i = 功能指 F_i/成本指数 $C_i = (5/30) \div (20/100) = 0.83$

【例题11】 一般建筑安装企业采用价值工程以超高技术经济效果最适宜的阶段是（　　）阶段。

A 图纸设计　　B 施工组织设计

C 施工　　D 验收

答　　案： B

解题思路： 建筑安装企业利用价值工程来提高技术经济效果最适宜的阶段是施工组织设计阶段。

【例题12】 功能评价的目标是（　　）。

A 找出低价值功能区域　　B 找出高价值功能区域

C 找出产品使用功功能　　D 找出产品美学功能

答　　案： A

解题思路： 功能评价，即评定功能的价值，是指找出实现功能的最低费用作为功能的目标成本（又称功能评价值），以功能目标成本为基准，通过与功能现实成本的比较，求出两者的比值（功能价值）和两者的差异值（改善期望值），然后选择功能价值低、改善期望值大的功能作为价值工程活动的重点对象。

【例题13】 价值工程的目的是以最低的（　　）。

A 生产成本实现最好的经济效益

B 生产成本实现使用者所需的功能

C 寿命周期成本实现使用者所需的最高功能

D 寿命周期成本可靠地实现使用者所需的功能

答　　案： D

解题思路： 价值工程是以提高产品或作业价值为目的，通过有组织的创造性工作，寻找用最低的寿命周期成本，可靠地实现使用者所需功能的一种管理技术。

【例题 14】 在对零件 A、B、C、D 进行成本评价时，它们的成本降低期望值分别为 $\Delta C_A = 19$，$\Delta C_B = -12$，$\Delta C_C = -80$，$\Delta C_D = 30$，则优先改进的对象为（　　）。

A A　　B B　　C C　　D D

答　　案： C

解题思路： 选择功能价值低、改善期望大的功能作为价值工程活动的重点对象。

【例题 15】 某产品共有五项功能 F_1、F_2、F_3、F_4、F_5，采用 0－1 评分法时，其功能正得分分另为 3、5、4、1、2，则 F_3 的功能评价系数为（　　）。

A 0.20　　B 0.13　　C 0.27　　D 0.33

答　　案： C

解题思路： 以各部件功能得分占总分的比例确定各部件功能评价指数：第 i 个评价对象的功能指数 F_i = 第 i 个评价对象的功能得分值 F_i/全部功能得分值。则 F_3 的功能评价指数 = $4/(3+5+4+1+2)=0.27$。

【例题 16】 价值工程的核心是（　　）。

A 经济分析　　B 功能分析　　C 功能评价　　D 经济评价

答　　案： B

解题思路： 价值工程的特点：价值工程的目标，是以最低的寿命周期成本，使产品具备它所必须具备的功能。价值工程的核心，是对产品进行功能分析。价值工程将产品价值、功能和成本作为一个整体同时来考试。价值工程强调不断改革和创新，开拓新构思和新途径，获得新方案，创造新功能载体，从而简化产品结构，节约原材料，提高产品的技术经济效益。价值工程要求将功能定量化。价值工程是以集体的智慧开展的有计划、有组织的管理活动。

【例题 17】 关于设备经济寿命的论述正确的有（　　）。

A 当使用年限小于经济寿命时，年度使用费大于资金恢复费

B 当使用年限小于经济寿命时，等值成本是下降的

C 当使用年限大于经济寿命时，等值成本是下降的

D 当使用年限大于经济寿命时，等值成本是上升的

E 当使用年限大于经济寿命时，年度使用费大于资金恢复费

答　　案： AC

解题思路： 设备的经济寿命是指设备从投入使用开始，到因继续使用经济上不合理而被更新所经历的时间。它是由维护费用的提高和使用价值的降低决定的。它是设备从开始使用到其等值年成本最小（或年盈利最高）的使用年限。因此，设备的使用年限如果小于经济寿命时，年度使用费将大于资金恢复费；当大于经济寿命时，等值年成本将下降。

四、复习题精选

(一)单项选择题

1. 某企业向银行借贷一笔资金,按月计息,月利率为1.2%,则年名义利率和年实际利率分别为( )。

A 13.53%和14.40%　　B 13.53%和15.39%

C 14.40%和15.39%　　D 14.40%和15.62%

2. 现有甲、乙、丙、丁四个相互独立的投资项目,其投资额和净现值见下表(单位:万元)。由于可供投资的资金只有1800万元,则采用净现值率排序法得到的最佳投资组合方案为( )。

方案	甲	乙	丙	丁
投资额	500	550	600	650
净现值	239	246	320	412

A 项目甲、项目乙和项目丙　　B 项目甲、项目乙和项目丁

C 项目甲、项目丙和项目丁　　D 项目乙、项目丙和项目丁

3. 每期期初有等额收付款项的现金流量称为( )。

A 普通年金　B 延期年金　C 永续年金　D 预付年金

4. 每期期末有等额收付款项的现金流量称为( )。

A 普通年金　B 延期年金　C 永续年金　D 预付年金

5. 某高速公路公司向银行贷款1000万元,单利年利率为2.5%,其5年末本利和为( )。

A 1191万元　B 1146万元　C 1125万元　D 1025万元

6. 某高速公路公司从现在开始每年年末均等地存入银行500万元,假设年利率为6%,则4年末复本利和为( )。

A 2391万元　B 2336万元　C 2187万元　D 2134万元

7. 投资利润率是反映公路建设项目( )的重要指标。

A 盈利能力　B 偿债能力　C 营运能力　D 负债多少

8. 公路建设项目的投资回收期是指( )所需的时间。

A ≤规定的标准投资回收期　　B 累计净现金流量>0

C 累计净现金流量<0　　D 累计净现金流量=0

9. 公路建设项目在计算期内净现值为零时的折现率指( )。

A 静态收益率　　B 动态收益率

C 内部收益率　　D 基准折现率

10. 某投资项目,现时点投资1000万元,第一年年末投资500万元,第二年投入使用后每年年末的净收益为600万元,寿命期6年,净残值为0,假设年利率为6%,则该项投资的净现值为( )万元。

已知:$(P/F,6\%,1)=0.9434$,$(P/A,6\%,6)=4.917$

A 3468　B 2255　C 1687　D 1311

11. 某公路建设项目,$i_1=12\%$时,净现值为700万元;$i_2=15\%$时,净现值为-500万元,

平均资本成本率为12%,基准收益率为10%,则该项目(　　)。

A 内部收益率在12% ~15%之间　　B 不可行

C 内部收益率 <12%　　D 可行

12. 公路建设项目清偿能力的主要评价指标是(　　)。

A 资产负债率　　B 内部收益率　　C 投资回收期　　D 平均报酬率

13. 对于设备更新方案比选的方法一般有(　　)。

A 差额内部收益率法　　B 年值法

C 年费用比较法　　D 研究期法

14. 某集团公司拟建一座生产单一产品的工厂,工程总投资800万元,投产后预计每件产品的销售价格为1300元,生产单位产品消耗材料320元、加工费115元、交纳税金等65元,则该工厂产量的盈亏平衡点为(　　)件。

A 6154　　B 7143　　C 8163　　D 10000

15. 进行敏感性分析时采用的变化率(β)表述的是(　　)。

A 评价指标的变化幅度

B 变量因素的变化幅度

C 变量因素变化幅度对评价指标变化幅度的反映程度

D 评价指标变化幅度对变量因素变化幅度的反映程度

16. 在概率分析中,不确定因素的概率分布是(　　)。

A 未知的　　B 已知的　　C 不确定的　　D 随机的

(二)多项选择题

1. 进行多方案经济效果评价时,下列做法中正确的有(　　)。

A 评价现金流量相关型方案时,将现金流量间具有正影响的方案视为独立方案

B 比选有资金限制的独立方案时,用独立方案互斥化法能保证获得最佳组合方案

C 评价经济上互补而又对称的互补型方案时,可将其结合为一个综合体来考虑

D 评价经济上互补又不对称的互补型方案时,可以分别组成独立方案来考虑

E 评价现金流量相关型方案时,将现金流量间具有负影响的方案视为互斥方案

2. 资金之所以具有时间价值,概括地讲是基于(　　)的原因。

A 对牺牲现期消费的损失所作的必要补偿

B 利润的产生需要时间

C 资金作为生产的基本要素进入生产和流通领域会产生利润

D 时间与利润成正比

3. 资金的(　　)是具体体现资金时间价值,衡量资金时间价值的绝对尺度。

A 利息　　B 利率　　C 利润　　D 利润率

4. 资金的(　　)是具体体现资金时间价值,衡量资金时间价值的相对尺度。

A 利息　　B 利率　　C 利润　　D 利润率

5. 关于名义利率与实际利率的表述中,下列正确的是(　　)。

A 在计息周期为一年时,名义利率等于实际利率

B 实际利率真实地反映了资金的时间价值

C 名义利率真实地反映了资金的时间价值

D 名义利率相同时,周期越短与实际利率的差值越大

6. 公路建设项目常用的静态评价指标是(　　)。

A 净现值　　B 内部收益率　　C 投资回收期　　D 投资利润率

7. 公路建设项目常用的动态评价指标是(　　)。

A 净现值　　B 内部收益率　　C 速动比率　　D 流动比率

8. 公路建设项目常用的动态评价指标是(　　)。

A 净现值比率　　B 内部收益率

C 投资收益率　　D 投资利润率

9. 下列单方案投资决策中,(　　)是可以接受的。

A 投资收益率≤行业平均投资收益率　　B 净现值≥0

C 内部收益率≤基准收益率　　D 投资回收期≤标准回收期

10. 对于寿命期相同的互斥方案的比选方法一般有(　　)。

A 差额内部收益率法　　B 净现值法

C 最小费用法　　D 净现值率法

11. 对于寿命期不同的互斥方案的比选方法一般有(　　)。

A 差额内部收益率法　　B 年值法

C 最小公倍数法　　D 研究期法

12. 公路建设项目不确定性分析主要包括(　　)。

A 盈亏平衡分析　　B 敏感性分析

C 相关性分析　　D 风险分析

13. 对公路建设项目进行不确定性分析的目的在于(　　)。

A 减少不确定性因素对项目经济效果的影响

B 预测项目承担风险的能力

C 提高项目决策的科学性和可靠性

D 提高项目的经济效益

14. 概率分析是在对不确定因素的概率大致估计的情况下,研究和计算各种经济效益指标的(　　)的一种分析方法。

A 期望值　　B 风险程度　　C 效益率　　D 实现率

(三)判断题(正确者打✓,错误者打×)

1. 资金时间价值的计算一般应采用复利法计算。

2. 资金的时间价值体现了对牺牲现期消费的损失所应作出的必要补偿。

3. 建设项目在建设期内,一般只有投入没有或很少有产出,因此建设期越短越好,这样可以早投产、早创利,减少资金的占用。

4. 在多方案投资决策中,投资回收期最短的方案一定是最佳的方案。

5. 项目建设期是指项目从开始施工到全部建成投产所需的时间。

6. 建设项目各年的净现金流量大于零时,表示未来的净收益不能将投资全部收回,项目亏损。

7. 用内部收益率指标用于多方案排序时,有时会得出错误的结论。

8. 对建设项目进行不确定性分析就是尽量弄清和减少不确定因素对经济效果评价的影响,预测项目承担风险的能力,确定项目在财务、经济上的可靠性。

9. 盈亏平衡点的高低反映了项目风险性的大小。

10. 不确定性与风险没有区别。

11. 一般来讲,盈亏平衡分析只适用于项目的财务评价,而敏感性分析和概率分析则可适用于财务评价和国民经济评价。

12. 价值工程是研究如何以最少的人力、物力、财力和时间获得最大的使用价值的技术经济分析方法。

13. 价值工程既强调"物美",又强调"价廉"。

14. 功能分析是价值工程的核心。

五、复习题答案与讲评

(一)单项选择题

1. C 年名义利率为 $1.2\% \times 12 = 14.4\%$,年实际利率为 $(1+1.2\%)^{12}-1=15.39\%$

2. C 按净现值率最大的排列依次为丁、丙、甲、乙。

3. D 第一期初零时点有等额收付款项的现金流量为预付值。

4. A

5. C 单利为利不生利。每年利息 $2.5\% \times 1000 = 25$ 万元,有 5 年 $25 \times 2 = 125$ 万元,本利和合计 1125 万元。

6. C 直接套用年金终值公式。

7. A 投资利润率是反映项目盈利能力的重要指标。

8. D 建设项目的投资回收期是指累计净现金流量等于 0 所需的时间。

9. C 项目在计算期内净现值为零时的折现率指项目的内部收益率。这是 IRR 的定义。

10. D 先画现金流量图,再列式计算。

$$NPV = -1000 - 500(P/F,6\%,1) + 600(P/A,6\%,5)(P/F,6\%,1)$$

11. D 根据 IRR 曲线图的特点直接判断,不必计算。

12. B 内部收益率是公路建设项目清偿能力的主要评价指标之一。

13. C 设备更新方案比选的方法一般用年费用法。假设效用相同,只比较费用大小。

14. D 收入 = 支出。800 万 $+(320+115+65)\times Q = 1300 \times Q$

15. D 敏感性系数 β 表述的是评价指标变化幅度对变量因素变化幅度的反映程度,是百分率比百分率。

16. B

(二)多项选择题

1. ABCE 进行多方案经济效果评价时:①评价现金流量相关型方案时,将现金流量间具有正影响的方案视为独立方案。②比选有资金限制的独立方案时,用独立方案互斥化法能保证获得最佳组合方案。③评价经济上互补而又对称的互补型方案时,可将其结合为一个综合体来考虑。④评价现金流量相关型方案时，将现金流量间具有负影响的方案视为互斥方案。

2. AC　资金的时间价值，主要体现对牺牲现期消费的损失所作的必要补偿和资金作为生产的基本要素进入生产和流通领域会产生利润。

3. AC　利息和利润是资金时间价值的具体体现方式，是衡量资金时间价值的绝对尺度。

4. BD　在实际中往往用利率和利润率两个量来作为衡量时间价值的相对尺度。

5. ABD　实际利率是计息周期与利率周期相同的利率；名义利率是计息周期与利率周期不相同的利率。因此，在计息周期为一年时，名义利率等于实际利率。实际利率真实地反映了资金的时间价值。名义利率相同时，周期越短与实际利率的差值越大。

6. CD　7. AB　8. AB

9. BD　都是判断方案可行的标准。

10. AB　寿命期相同的互斥方案的比选方法有：净现值法、净现值率法、差额内部收益率法、差额效益费用比法、最小费用法等。

11. BCD　对寿命不同的相互斥方案进行处理有：年值法、最小公倍数法和研究期等。

12. ABD　这是不确定性分析一章的几个大的内容，每个都有各自的标题。

13. ABC

14. AB　概率分析用期望值来判断项目风险大小。

(三)判断题

1. ✓　2. ✓

3. ×　建设项目的建设期越短，成本越大，质量可能越低，因此建设期长短应符合客观规律。

4. ×　在多方案投资决策中，投资回收期最短的方案不一定是总收入最大的方案。

5. ✓

6. ×　建设项目各年的累计净现金流量才能表示未来的净收益能否将投资全部收回。

7. ✓　8. ✓　9. ✓

10. ×　风险是指已知事件但不知道它发生与否和何时发生；不确定性是指未知事件是否发生和何时发生。

11. ✓

12. ×　价值工程是研究如何以最少的人力、物力、财力和时间获得对象必要的而不是最大的使用价值的技术经济分析方法。

13. ✓　14. ✓

第四章　工 程 财 务

一、考试大纲要求

1. 了解企业财务通则和企业会计准则的主要内容。

2. 熟悉资产的分类与管理的主要内容。

3. 掌握存货管理方法,固定资产的折旧与计算。
4. 熟悉机器、土地、建筑物的评估方法。
5. 了解施工企业成本管理的内容与方法。
6. 掌握成本费用分析的连环代替法,掌握施工企业利润及利润的分配。
7. 熟悉与工程财务有关的税收和保险规定。

二、知识点提要

1. 资产的分类与管理(表 1-4-1)

表 1-4-1

概念	主要内容		
会计原理	财务通则	是设立在中华人民共和国境内的各类企业财务活动必须遵循的原则和规范	
	会计准则	是关于企业会计核算的规范,是企业进行会计要素价值确认、计量、记录和报告的依据	
	会计核算的前提	会计主体、持续经营、会计分期和货币计价	
	会计要素	企业会计准则将会计对象划分为资产、负债、所有者权益、收入、费用和利润六个会计要素	
资产的分类与管理	流动资产	定义	是指可以在一年内或者超过一年的一个营业周期内变现或者耗用的资产,包括现金及各种存款、短期投资、存货、应收及预付款项等
		坏账准备金	企业提取坏账准备金,应与潜在的坏账损失相一致。建立坏账准备金的企业,可以于年度终了按照年末应收账款(即应收工程款、应收销货款)余额的 1% 提取坏账准备金,计入管理费用
		存货管理	存货管理的 ABC 法是运用数理统计的方法,按照一定目的和要求,对存货进行分析排队,找出主要矛盾,确定管理重点和管理成本,从而最经济、最有效地管理存货
			经济采购批量又称最优订购量,是指在保证生产需要的条件下,总费用(指采购费用与仓储保管费用之和)最低的合理订购量;决定物资订购量的大小,要统一考虑仓储保管费用与采购费用。应在两种费用增减之间寻求总费用最低的最佳采购批量

续上表

<table>
<tr><th>概念</th><th colspan="4">主　要　内　容</th></tr>
<tr><td rowspan="6">资产的分类与管理</td><td rowspan="6">流动资产</td><td rowspan="4">固定资产</td><td>定义</td><td>使用期限超过一年的房屋及建筑物、机器设备、运输设备及其他与生产经营有关的设备、工具、器具等；其他与生产经营没有直接关系的主要设备和物品，单位价值在2000元以上并且使用期限超过两年的，也应作为固定资产</td></tr>
<tr><td>计提折旧的范围</td><td>A.房屋及建筑物；B.在用固定资产；C.季节性停用和修理停用的固定资产；D.以融资租赁方式租入的固定资产；E.以经营租赁方式租出的固定资产</td></tr>
<tr><td>时段</td><td>固定资产折旧，从固定资产投入使用月份的次月起，按月计提；停止使用的固定资产，从停用月份的次月起，停止计提折旧</td></tr>
<tr><td>方法</td><td>①平均年限法，也称使用年限法；②工作量法；③双倍余额递减法；④年数总和法</td></tr>
<tr><td>大修理费用的处理方式</td><td colspan="2">①类似固定资产中小修理费，把发生的大修理费用直接计入当期成本或有关费用；
②预提大修理费用，通过对机器设备等固定资产在全部使用期间必须进行的若干次大修理费用的预测，求得每年(月)的平均数，预提大修理费用；
③待摊大修理费用，采用待摊的办法，即先据实支出发生的固定资产大修理费作为递延资产入账，然后再分摊到有关成本费用中</td></tr>
<tr><td>无形资产的计价</td><td colspan="2">①投资者作为资本金或合作条件投入的，按照评估确认或合同、协议约定的金额计价；
②购入的，按照实际支付价款计价；
③自行开发并依法申请取得的，按开发过程中的实际支出计价；
④接受捐赠的，按发票账单所列金额或同类无形资产市价计价；
⑤除企业合并外，商誉不得作价入账；
⑥非专利技术和商誉的计价，应当经法定评估机构评估确认</td></tr>
</table>

2. 资产评估(表1-4-2)

表1-4-2

<table>
<tr><th>概念</th><th colspan="2">主　要　内　容</th></tr>
<tr><td rowspan="4">资产评估</td><td>分类</td><td>机器设备评估、土地使用权评估、建筑物及在建工程评估、无形资产评估、长期投资及递延资产的评估、流动资产评估</td></tr>
<tr><td>机器设备评估的方法</td><td>主要采用成本法，也可采用市场法。成本法，也称重置成本法。是指在评估资产时按被评估资产的现时重置成本扣除其各项损耗价值来确定被评估资产价值的方法。市场法，又称现行市价法或市场价格比较法。是指通过比较被资产评估与最近售出类似资产的异同，并将类似资产的市场价格进行调整，从而确定被评估资产价值的一种资产评估方法。</td></tr>
<tr><td>土地使用权评估的方法</td><td>(1)市场比较法；(2)收益法也称收益还原法，收益资本化法；(3)成本法也称重置成本法；(4)假设开发法；(5)路线价评估法</td></tr>
<tr><td>建筑物的评估的方法</td><td>(1)成本法；(2)残余估价法；(3)单位造价调整法；(4)市场房价对照法</td></tr>
</table>

3. 施工企业财务(表1-4-3)

表1-4-3

概念	主要内容	
施工企业成本	定义	广义成本指企业为实现生产经营目的而取得各种特定资产(固定资产、流动资产、无形资产、制造产品)或劳务所发生的费用支出,它包含了企业生产经营过程中一切对象化的费用支出,所谓对象化是指成本以特定的承受载体来归集和计算。狭义成本指为制造产品所发生的费用支出,包括为生产产品所耗费的直接人工、直接材料、其他直接费用、制造费用。其中直接人工、直接材料、其他直接费用直接计入产品成本,制造费用分配计入产品成本
	成本管理环节	成本费用预测、成本费用计划、成本费用控制、成本费用核算、成本费用分析与成本费用考核等六个环节,成本费用预测与成本费用计划为成本费用控制与成本费用核算提出要求和目标,成本费用控制与成本费用核算为成本费用分析与考核提供依据;成本费用分析与考核的结果,反馈给成本费用预测与计划环节,作为下一阶段预测预和计划的参考
	成本费用分析的方法	包括比较分析法、相对数分析法和因素分析法,因素分析法也叫连环代替法,是把某产品成本综合指标分解为各个相互联系的原始因素,以确定引起指标变动的各个因素的影响程度的一种成本费用分析方法
施工企业的营业收入	主营业务收入主要指工程价款结算收入,此外还包括工程索赔收入、向发包单位收取的临时设施基金、劳动保险基金、施工机构调遣费等,其中工程价款结算收入是指施工企业在建筑安装工程全部或部分完工时,按照承包合同所签订的投标价格或按照国家和地区规定的预算单价和取费标准,向发包单位办理工程结算所得的价款收入	
	其他营业收入指除工程价款收入之外的施工企业其他各种营业收入,是对工程价款收入的补充,一般每笔业务金额较小,收入不太稳定,服务对象不十分固定;主要包括:劳务作业收入、设备租赁收入、产品销售收入、材料销售收入、多种经营收人和其他业务收入等	
企业利润	利润总额	施工企业的利润总额,由营业利润、投资净收益和营业外收支净额组成,即:利润总额 = 营业利润 + 投资净收益 + 营业外收支净额
	营业利润	营业利润 = 工程结算利润 + 其他业务利润 − 管理费用 − 财务费用
	投资净收益	投资净收益是指企业对外投资收益减去投资损失后的余额对外投资分得的利润
	营业外收支净额	营业外收支净额指营业外收入减去营业外支出后的差额
	税后利润分配顺序	(1)弥补企业以前年度亏损;(2)提取法定公积金;(3)提取任意公积金;(4)向投资者分配利润

4. 与工程有关的主要税种(表1-4-4)

表1-4-4

概念	主要内容	
与工程有关的主要税种	营业税	指对工商营利事业按营业额为征税对象征收的一种流转税;营业税的纳税人,是指在我国境内提供应税劳务、转让无形资产或销售不动产的单位和个人;其中,提供应税劳务指交通运输业、建筑业、金融保险业、邮电通信业、文化体育业、娱乐业、服务业所提供的属于营业税征收范围内的劳务
	所得税	是以单位(法人)或个人(自然人)在一定时期内的纯收入额为征税对象的各个税种的总称;凡在我国境内设立的企业,除外商投资企业和外国企业外,应当就其生产、经营所得和其他所得(包括来源于我国境内、境外的所得),依照规定缴纳企业所得税
	城市维护建设税	是指为筹集城市维护和建设资金而开征的一种附加税;城市维护建设税以实际缴纳的增值税、消费税和营业税之和为计税依据,与上述三种税同时缴纳
	教育费附加	指为了发展地方教育事业,扩大地方教育经费来源而征收的一种附加税;教育费附加以实际缴纳的增值税、营业税、消费税的税额为计征依据,与上述三种税同时缴纳

三、重点难点分析与例题解析

(一) 了解内容

重点一 施工企业成本管理的内容与方法

【例题1】 项目施工成本过程控制应遵循的原则包括(　　)。

A 最优化原则　　B 例外管理原则

C 适时原则　　D 成本目标风险分担原则

E 全过程控制原则

答　　案: BCDE

解题思路: 为了搞好项目施工成本的过程控制,在管理过程中应遵循以下原则:

1)项目全员成本控制原则;

2)项目全过程成本控制原则;

3)适时原则;

4)成本目标风险分担的原则,即责、权、利相结合的原则;

5)例外管理原则;

6)开源与节流相结合的原则。

【例题2】 施工企业成本管理围绕6个环节进行,其中第一个环节是成本费用(　　)。

A 目标　　B 预测　　C 计划　　D 分析

答　　案: B

解题思路: 施工企业在工程项目施工过程中,要通过有效的管理活动,对所发生的各种成本信息,有组织、有系统地进行预测、计划、控制、核算和分析、考核等一系列工作,使工程项目施工过程中的各种要素按照一定的目标运行,工程项目施工的实际成本能够控制在预定的计划成本范围内。

(二) 熟悉内容

重点一 资产的分类与管理

【例题1】 根据我国现行《企业会计准则》的规定,施工企业的流动负债中不包括( )。

A 应付票据　　B 应付债券

C 应付账款　　D 应交税金

答 案: B

解题思路: 流动负债。流动负债是指在一年(含一年)或者超过一年的一个营业周期内偿还的债务,包括短期借款、应付票据、应付账款、应付工资、应付福利费、应付股利、应交税金、其他暂收应付款项、预提费用和一年内到期的长期借款等。

长期负债。长期负债是指偿还期在一年或者超过一年的一个营业周期以上的负债,包括长期借款、应付债券、长期应付借款等。

【例题2】 企业流动资产包括( )。

A 存款　　B 存货

C 应收及预付账款　　D 运输车辆

E 房屋

答 案: ABC

解题思路: 流动资产主要包括:货币资金(现金、银行存款等)、短期投资、应收及预付账款(即结算债权)、待摊费用和存贷等。

重点二 与工程建设有关的税收与保险的规定

【例题1】 根据现行税收规定,施工企业应按建筑、安装、修缮、装饰和其他工程作业的营业额的( )主管税务机关申报缴纳营业税。

A 3%向工程所在地　　B 5%向工程所在地

C 3%向企业所在地　　D 5%向企业所在地

答 案: C

解题思路: 施工企业应按建筑、安装、修缮、装饰和其他工程作业的营业额的3%向企业所在地主管税务机关申报缴纳营业税。

【例题2】 施工企业即从事建筑安装又从事货物销售,如果企业不分别核算或不能准确核算营业税和增值税的,则( )。

A 同时征收营业税和增值税

B 一并征收增值税,但是不征收营业税

C 按高税率征收营业税,不征收增值税

D 只征收增值税,但是不扣除当期进项税款

答　　案：B

解题思路：施工企业从事多种经营，即在从事营业税应税项目的同时也从事增值税应税项目，如施工企业既搞建筑安装，从事应纳营业税的建筑业，又搞建筑材料销售，从事应纳增值税的货物销售等，这就需要对企业不同的经营行为分别核算、分别申报、分别缴纳营业税和增值税。如企业不分别核算或不能准确核算的，则一并征收增值税，不征收营业税。

【例题3】 在土地增值税的计算中，按规定可以扣除的项目有（　　）。

A 所支付的土地使用权的价格

B 新建房屋本身及室外配套设施的成本、费用

C 开发土地的成本费用

D 旧房及建筑物的评估价格

E 旧房及建筑物的历史成本

答　　案：ABCD

解题思路：税法规定的各项扣除项目金额包括：取得土地使用权所支付的金额；开发土地的成本、费用；新建房屋本身及室内外配套设施的成本、费用；旧房及建筑物的评估价格；与转让房地产有关的营业税、城市维护建设税、教育费附加等。

【例题4】 营业税的应税劳务是指（　　）。

A 工业交通运输业　　B 工业员

C 建筑业员　　D 农业

E 金融保险业

答　　案：ACE

解题思路：营业税的应税劳务是指工业交通运输业、建筑业和金融保险业。

【例题5】 在计算所得税时，应纳税所得额中包括（　　）。

A 向非金融机构筹借的高于金融机构利率的借款利息

B 给职工的计税工资以外的工资

C 年度应纳税所得额3%以内的公益性捐赠

D 非公益性捐赠

E 各项税款的罚款和滞纳金

答　　案：ABDE

解题思路：所得税准予扣除的项目：

（1）向非金融机构借款利息在不高于按照金融机构同类、同期贷款利率计算的数额以内的部分准予扣除；

（2）纳税人支付给职工的工资，按照计税工资扣除。所谓计税工资，是指在计算应纳所得额时，允许扣除的工资标准。计税工资由省、自治区、直辖市人民政府在财政部规定的范围内规定、并报财政部备案；

（3）纳税人的职工福利费、工会经费、职工教育经费，分别按照计税工资总额的14%、2%、1.5%计算扣除；

（4）纳税人用于公益、救济性的捐赠，在年度应纳税所得额3%以内的部分，准予扣除；

（5）纳税人发生的业务招待费、坏账损失、财产清查净损失、上级管理费等，经主管税务机

关审核后准予扣除。

不得扣除的项目包括:资本性支出,无形资产受让、开发支出,违法经营的罚款和被没收财产的损失,各项税收的滞纳金、罚金和罚款,自然灾害或意外事故损失有赔偿的部分,超过国家规定允许扫除的公益、救济性捐赠,以及非公益、救济性捐赠,各种赞助支出,与取得收入无关的各项支出。

【例题 6】 城市维护建设税采用(　　)税率的形式。

A 比例　　B 全额累进　　C 超额累进　　D 定额

答　案:A

解题思路:城市维护建设税采用比例税率的形式。

【例题 7】 (　　)税率的计税方式是以征税对象的全额适用相应等级的税率计征税款。

A 比例　　B 全额累进　　C 超额累进　　D 定额

答　案:B

解题思路:全额累进税的计税方式是以征税对象的全额适用相应等级的生产率计征税款。

【例题 8】 建筑工程一切险属于(　　)。

A 人身保险　　B 第三方责任险　　C 财产保险　　D 意外险

答　案:C

解题思路:建筑工程一切险属于财产保险。

(三) 掌握内容

重点一　固定资产的折旧与计算

【例题 1】 按照现行财务制度规定,对于停止使用的固定资产,应从(　　)起停止计提折旧。

A 停止使用的当月　　B 停用月份的次月

C 停用年度的次年　　D 停止使用的当年

答　案:B

解题思路:固定资产折旧,从固定资产投入使用月份的次月起,按月计提。停止使用的固定资产,从停用月份的次月起,停止计提折旧。

【例题 2】 在施工企业中,对于技术进步较快或其使用寿命受工作环境影响较大的施工机械和运输设备,经财政部批准,可采用(　　)计提折旧。

A 年数总和法　　B 工作量法

C 平均年限法　　D 双倍年数总和法

答　案:A

解题思路:现行财务制度规定,施工企业计提折旧一般采用平均年限法和工作量法。技术进步较快或使用寿命受工作环境影响较大的施工机械和运输设备,经财政部批准,可采用双倍余额递减法或年数总和法计提折旧。

【例题 3】 某固定资产原值为 10 万元,净残值为 1 万元,使用年限为 6 年,按年数总和法计提折旧,则第3年应提取折旧额为(　　)元。

A 19420　　B 21456　　C 16423　　D 17143

答　案: D

解题思路: 年数总和法(也称年数总额法)是以固定资产原值减去预计净残值后的余额为基数,按照逐年递减的折旧率计提折旧。

年折旧率 = {(折旧年限 - 已使用年限)/[折旧年限 × (折旧年限 + 1) ÷ 2]} × 100%

年折旧率 = (固定资产原值 - 预计净残值) × 年折旧率

第三年折旧额 = (10 - 1) × {(6 - 2)/[6 × (6 + 1) ÷ 2]} × 100% = 1.7143(万元)

= 17143(元)

【例题4】 某固定资产原值10000元,净残值800元,预计使用4年,采用双倍余额递减法计提折旧,第2年应提折旧额为(　　)元。

A 2300　　B 2500　　C 2100　　D 3600

答　案: B

解题思路: 根据双倍余额递减法的公式:年折旧率 = 2/折旧年限 × 100%,年折旧额 = 固定资产账面净值 × 年折旧率。所以本题的年折旧率 = 2/4 × 100% = 50%,则第一年折旧额 = 10000 × 50% = 5000(元),第二年折旧额 = (10000 - 5000) × 50% = 2500(元),第三、第四年折旧额都为(10000 - 5000 - 2500 - 800)/2 = 850(元)。

【例题5】 施工企业对(　　)可以计提折旧。

A 季节性停用的施工机械　　B 未使用的公司管理用房屋

C 以经营租赁方式租入的施工设备　　D 提前已经估价单独入账的土地

E 以融资租赁方式租入的施工设备

答　案: ABE

解题思路: 根据规定,不计提折旧的固定资产:除房屋及建筑物以外的未使用、不需用的固定资产;以经营租赁方式租入的固定资产;已提足折旧但继续使用的固定资产;破产、关停企业的固定资产;提前报废的固定资产。

【例题6】 某大型设备原值40万元,折旧年限8年,预计月平均工作250小时,残值率3%,该设备某月实际工作280小时,则用工作量法计算的该月折旧额为(　　)元。

A 5000　　B 4527　　C 1386　　D 4042

答　案: B

解题思路: 工作量法按照固定资产生产经营过程中所完成的工作量计提折旧。

每小时折旧额 = [原值 × (1 - 预计净残值率)] ÷ 规定的总工作小时数

该月折旧额 = 280 × {[400000 × (1 - 3%)] ÷ (8 × 12 × 250)} = 4527(元)

【例题7】 按照我国财务制度规定,施工企业下列固定资产中不应计提折旧的是(　　)。

A 停用的房屋建筑物　　B 季节性停用的施工机械

C 以经营租赁方式租入的施工机械　　D 以融资租赁方式租入的施工机械

答　案: C

解题思路：根据规定，不计提折旧的固定资产包括：除房屋及建筑物以外的未使用、不需用的固定资产；以经营租赁方式租入的固定资产；已提足折旧但继续使用的固定资产；破产、关停企业的固定资产；提前报废的固定资产。

【例题8】 某企业在某年2月1日购入一台设备，3月12日投入使用，到当年12月5日停止使用，该设备应该提取(　　)个月的固定资产折旧。

A 11　　B 10　　C 9　　D 8

答　　案：B

解题思路：机具设备计提折旧时间按购入时间起算。

【例题9】 下列固定资产折旧方法中属于加速折旧的方法有(　　)法。

A 年数总和　　B 平均年限

C 双倍余额递减　　D 工作量

E 直线

答　　案：AC

解题思路：固定资产折旧方法加速折旧的方法有：年数总和法和双倍余额递减法。

【例题10】 下列固定资产需要计提折旧的是(　　)。

A 以传统经营租赁方式租入的房屋　B 已停用的设备

C 已提足折旧的机械　　D 季节性停用的机械

答　　案：D

解题思路：根据规定，不计提折旧的固定资产：除房屋及建筑物以外的使用、不需用的固定资产；以经营租赁方式租入的固定资产；已提足折旧但继续使用的固定资产；破产、关停企业的固定资产；提前报废的固定资产。

【例题11】 某施工企业有一台挖掘机于2002年3月已提足折旧，从(　　)该挖掘机停止提取折旧。

A 2002年2月　B 2002年3月　C 2002年4月　D 企业自定

答　　案：C

解题思路：当提足折旧后，应从提足折旧月份的下个月开始停止提取折旧。

重点二　施工企业利润和利润分配

【例题1】 企业利润包括营业利润、营业外收支净额和(　　)。

A 对外投资净收益　　B 企业投资净收益

C 工程结算利润　　D 其他业务利润

答　　案：A

解题思路：企业利润包括营业利润、营业外收支净额和对外投资净收益。

【例题2】 下列表达式正确的是(　　)。

A 营业利润 = 工程结算利润 + 投资净收益 = 营业外收支净额

B 营业利润 = 工程结算利润 + 其他业务利润 - 管理费用 - 财务费用

C 营业利润 = 营业收入 - 营业成本 - 营业税金及附加

D 营业利润 = 工程结算利润 + 其他业务利润

答　　案:B

解题思路:施工企业的营业利润由工程结算利润加其他业务利润减管理费用和财务费用组成。施工企业的营业利润=工程结算利润+其他业务利润-管理费用-财务费用。

【例题3】 施工企业的利润总额包括(　　)。

A 管理费用　　B 营业利润

C 投资净收益　　D 营业外收支净额

E 财务费用

答　　案:BCD

解题思路:施工企业利润总额包括营业利润、投资净收益和营业外收支净额,它是衡量企业生产经营管理的重要综合指标。

重点三　施工成本费用分析方法

【例题1】 当实际进展点落在S曲线左侧表示此时实际进度比计划(　　)。

A 超前　　B 拖后　　C 二者一致　　D 其他

答　　案:A

解题思路:对一个工程项目而言,如果以横坐标表示时间,纵坐标表示累计完成的工程数量或投资(成本),即可形成一条形如"S"的曲线。S曲线可用于控制工程造价和工程进度。当实际进展点落在S曲线左侧表示此时实际进度比计划超前。

【例题2】 某企业生产A产品300件,实际耗用680个工时,共支付人工费6630元,人工费标准9.45元/小时。如果已知人工效率差异为顺差-378元,则人工成本差异为(　　)元。

A 204　　B -378　　C -374　　D -174

答　　案:D

解题思路:人工成本差异=(6630-680×9.45)-378=-174(元)

【例题3】 施工成本管理包含的内容有:a.成本核算;b.成本核算;c.成本预测;d.成本分析;e.成本控制;f.成本考核。成本管理的流程是(　　)。

A abcdef　　B cabedf　　C caebdf　　D cadebf

答　　案:C

解题思路:工程项目施工成本管理的内容的先后顺序如下:成本预测→成本计划→成本控制→成本核算→成本分析→成本考核。

【例题4】 作为工程结算依据的是(　　)。

A 设计概算　　B 设计预算　　C 预算成本　　D 合同价

答　　案:D

解题思路:合同价是工程结算的依据。

【例题5】 可以同时用于工程项目进度和造价控制的方法有(　　)法。

A 网络计划　　B S曲线　　C 香蕉曲线

D 控制图　　E 直方图

答　　案:BC

解题思路:(1)网络计划技术是一种用于工程进度控制的有效方法,有助于工程成本的控制和资源的优化配置。

(2)S 曲线法可用于控制工程造价和工程进度。

(3)香蕉曲线法的原理与 S 曲线法的原理基本相同,其主要区别在于:香蕉曲线是以工程网络计划为基础绘制的。

(4)排列图法、直方图法是质量控制的静态分析方法,反映的是质量在某一段时间里的静止状态。控制图法是一种典型的质量控制的动态分析方法。

(5)直方图又叫频数分布直方图。它以直方图形的高度表示一定范围内数值所发生的频数,据此可掌握产品质量的波动情况,了解质量特征的分布规律,以便对质量状况进行分析判断。

【例题6】 控制成本的方法包括( )法。

A 网络计划　　B 香蕉曲线　　C S 曲线

D 直方图　　E 控制图

答　案:ABC

解题思路:(1)网络计划技术是一种用于工程进度控制的有效方法,有助于工程成本的控制和资源的优化配置。

(2)S 曲线法可用于控制工程造价和工程进度。

(3)香蕉曲线法的原理与 S 曲线法的原理基本相同,其主要区别在于:香蕉曲线是以工程网络计划为基础绘制的。

(4)排列图法、直方图法是质量控制的静态分析方法,反映的是质量在某一段时间的静止状态。控制图法是一种典型的质量控制的动态分析方法。

(5)直方图又叫频数分布直方图。它以直方图形的高度表示一定范围内数值所发生的频数,据此可掌握产品质量的波动情况,了解质量特征的颁规律,以便对质量状况进行分析判断。

四、复习题精选

(一)单项选择题

1. 城市维护建设税根据纳税人所在地的不同,分别规定不同的税率。其中,纳税入所在地在市区或县城的,其税率分别为( )。

A 3% 和 1%　　B 5% 和 1%　　C 5% 和 3%　　D 7% 和 5%

2. ( )是企业财务制度体系中最基本、最高层次的法规。

A 企业财务通则　　B 企业财务制度　　C 企业会计准则　　D 财务管理规定

3. ( )是企业会计核算工作的基本规范。

A 企业财务通则　　B 企业财务制度　　C 企业会计准则　　D 财务管理规定

4. 我国会计核算工作的基本规范是( )。

A 企业财务通则　　B 企业会计准则　　C 企业会计制度　　D 会计法

5. 工程财务与企业财务在本质上是( )。

A 不同的　　B 相同的　　C 相似的　　D 有很大区别的

6. 下列费用内容中不属于流动资产的是( )。

A 货币资金　　B 预付账款　　C 应付账款　　D 存货

7. 企业列作待摊费用的支出,属于流动资产的摊销期限是(　　)。

A 一年以上　　B 一年以内　　C 半年以内　　D 半年至一年

8. 企业列作待摊费用的支出,属于递延资产的摊销期限是(　　)。

A 一年以上　　B 一年以内　　C 半年以内　　D 半年至一年

9. 待摊费用是指企业支付的数额较大,应在(　　)内分期摊入成本的各项支出。

A 一年　　B 二年　　C 半年　　D 五年

10. 摊销期超过一年的待摊费用属于(　　)。

A 固定资产　　B 递延资产　　C 流动资产　　D 无形资产

11. 坏账准备金应计入企业的(　　)。

A 制造费用　　B 财务费用　　C 管理费用　　D 销售费用

12. 根据规定,(　　)可按年末应收帐款余额的 1% 提取坏帐准备金,计入管理费用中。

A 商品流通企业　　B 运输企业　　C 房地产开发企业　D 工业企业

13. 下列(　　)不属于存货。

A 在建工程　　B 施工机械　　C 设备　　D 商品

14. 存货中应给予重点管理的是(　　)的存货。

A 品种少、占用额大、采购比较困难　　B 对企业一般重要

C 品种多、资金占用少的低值　　D 品种和资金占用中等

15. 固定资产是指使用期限超过(　　)年,单位价值在规定标准以上,并且在使用过程中保持原有物质形态的劳动资料。

A 半　　B 一　　C 二　　D 三

16. 某施工企业有一台施工机械于 1998 年 6 月已按规定提足折旧,从(　　)起应停止提取其折旧。

A 1998 年 7 月　　B 1998 年 6 月　　C 1998 年 5 月　　D 企业自定

17. 某固定资产原值 10 000 元,净残值 800 元,预计使用 4 年,若采用双倍余额递减法提取折旧,第二年应提取的折旧额为(　　)。

A 2 300 元　　B 2 500 元　　C 2 100 元　　D 3 680 元

18. 某固定资产原值 20 000 元,净残值 2 000 元,预计使用 5 年,若采用年数总和法提取折旧,第二年应提取的折旧额为(　　)。

A 6 000 元　　B 4 800 元　　C 5 000 元　　D 3 600 元

19. 以下(　　)不属于无形资产。

A 非专利权技术　　B 开办费　　C 土地使用权　　D 商誉

20. 商誉作为无形资产作价入帐的条件是(　　)。

A 企业通过自身信誉的调查作出评价确定

B 经过法定资产评估机构评估确定

C 当企业购买或兼并另一企业时,支付的价款超过对方净资产公允价值总额,其差额经法定评估机构确认

D 社会权威机构通过广泛调查作出评估

21. 无形资产计价,原则上按(　　)计价。

A 取得时的市场价　B 取得时的实际成本 C 取得后获得的利润　D 市场平均价

22. 无形资产计价入账后按(　　)计算每期摊销额。

A 双倍余额递减法　B 直线法　C 工作量法　D 年数总和法

23. 企业常用的固定资产评估方法有(　　)种。

A 二　B 三　C 四　D 五

24. 资产评估最基本的方法是(　　)。

A 现行市价法　B 重置成本法　C 收益现值法　D 清算价格法

25. 对已建成的公路或桥梁做资产评估,最基本的方法是(　　)。

A 现行市价法　B 重置成本法　C 收益现值法　D 清算价格法

26. 最适合于破产企业资产评估的方法是(　　)。

A 现行市价法　B 重置成本法　C 收益现值法　D 清算价格法

27. 重置成本法的计算公式是(　　)。

A 资产价值 = 重置全价 - 无形损耗 - 功能性损耗

B 资产价值 = 重置全价 - 有形损耗 - 功能性损耗

C 资产价值 = 重置全价 × (1 - 折旧率)

D 资产价值 = 重置全价 - 功能性损耗

28. 重置成本法计算公式中的重置全价应采用(　　)价格计算。

A 政府规定的　B 原来修建时的　C 影子　D 现时

29. 下列费用中,需分配计入生产经营成本的是(　　)。

A 直接费用　B 制造费用　C 财务费用　D 管理费用

30. 下列费用中,应直接计入生产经营成本的是(　　)。

A 直接费用　B 制造费用　C 财务费用　D 管理费用

31. 按照制造成本法,下列哪些费用应直接计入当期损益(　　)。

A 直接费用　B 制造费用　C 期间费用　D 间接费用

32. 下列(　　)是成本管理的最基层单位,这一级成本的节约和浪费,直接影响成本的高低,所以要加强对这一级的成本控制。

A 公司总部　B 施工队　C 工程处(工区)　D 班组

33. 在施工企业,一般应以施工预算所列的(　　)工程作为成本核算对象。

A 单项　B 单位　C 分项　D 分部

34. 衡量公路施工企业生产经营管理的重要财务指标是(　　)。

A 营业收入　B 利润总额　C 施工成本　D 纳税总额

35. 衡量公路施工企业生产经营管理的重要综合指标是(　　)。

A 营业收入　B 利润总额　C 施工成本　D 纳税总额

(二)多项选择题

1. 企业会计核算的基本前提包括(　　)。

A 会计主体　B 持续经营　C 会计分期　D 货币计价

2. 以下(　　)属于流动资产。

A 银行存款　B 交通运输工具　C 库存材料　D 短期投资

3. 下列费用内容中属于流动资产的是(　　)。

A 预收账款　　B 预付账款　　C 应收账款　　D 应付账款

4. 待摊费用属于(　　)。

A 固定资产　　B 递延资产　　C 流动资产　　D 无形资产

5. 应收帐款虽然能给企业带来积极影响,但同时会使企业牺牲一定的经济利益,主要因素有(　　)。

A 占压致使资金不能参加其他投资获利的机会成本

B 占压资金的利息支出

C 迫使企业支付收款费用

D 可能变成坏帐而损失

6. 应收帐款既能给企业带来积极的影响,也会使企业牺牲一定的经济利益,包括(　　)。

A 减少销售　　B 机会成本

C 增加收款费用　　D 坏帐损失

7. 下列(　　)属于固定资产。

A 非生产用固定资产　　B 租出固定资产

C 不需用固定资产　　D 未使用固定资产

8. 下列(　　)属于生产性固定资产。

A 公路　　B 学校

C 医院　　D 汽车

9. 下列(　　)属于生产用固定资产。

A 施工机械　　B 办公楼

C 职工宿舍　　D 医院

10. 下列(　　)属于非生产用固定资产。

A 施工机械　　B 办公楼

C 职工宿舍　　D 医院

11. 下列(　　)属于计提折旧范围的固定资产。

A 以经营租赁方式租入的固定资产　　B 以融资租赁方式租入的固定资产

C 以经营租赁方式租出的固定资产　　D 不使用的厂房

12. 新财务制度规定,施工企业计提固定资产折旧一般采用(　　)。

A 平均年限法　　B 五五摊销法　　C 双倍余额递减法　　D 工作量法

13. 以下(　　)属于无形资产。

A 专利权　　B 土地使用权

C 生产经营方式等保密知识　　D 特殊技术的专业人员

14. 下列(　　)属于递延资产。

A 筹建期间计入资产价值的利息支出　　B 企业的开办费

C 库存的机械设备　　D 租入机械设备的改装费用

15. 下列(　　)属于递延资产。

A 待摊费用　　B 企业的开办费

C 超过一年的待摊费用　　D 租入机械设备的改装费用

16. 递延资产包括开办费，以经营租赁方式租入的固定资产的(　　)工程支出等。

A 改装　　B 翻修　　C 改建　　D 扩建

17. 下列费用中，不能计入生产经营成本的是(　　)。

A 直接费用　　B 制造费用　　C 财务费用　　D 管理费用

18. 公路施工企业工程价款收入包括(　　)。

A 工程价款结算收入　　B 索赔收入

C 劳务作业收入　　D 设备租赁收入

19. 下列关于企业利润表述正确的是(　　)。

A 利润总额 = 营业利润 + 投资净收益 + 营业外收支净额

B 工程结算利润 = 工程价款收入 - 工程实际成本 - 工程结算税金及附加

C 营业利润 = 工程结算利润 + 其他业务利润 - 管理费用 - 财务费用

D 税后利润 = 利润总额 - 所得税

20. 公路施工企业的利润总额包括(　　)。

A 营业外收支净额　　B 营业利润

C 工程结算利润　　D 投资净收益

(三)判断题(正确者打√，错误者打×)

1. 企业财务与会计是紧密联系的，可形象地比喻为财务是形式、会计是内容。

2. 企业财务是企业筹集、分配和使用资金的一种日常业务活动，企业会计是利用价值指标对企业的各种业务活动进行核算和监督的管理活动。

3.《企业财务通则》不适用于我国境内的外商投资企业。

4. 为便于企业的生产发展，新财务制度规定企业必须划出专用基金，专款专用，不得转为他用。

5. 根据新的《企业财务通则》，企业固定资产折旧年限在现行折旧年限的基础上平均缩短了20% ~30%。

6. 历史成本原则是《企业财务通则》的一般原则之一。

7. 待摊费用的摊销期限可以根据项目的具体情况确定。

8. 坏帐准备金 = 年末应收帐款余额 ×1% - 坏帐准备金年末余额。

9. 企业的专利权属于无形资产，而非专利技术则属于递延资产。

10. 重置成本法是固定资产评估中最基本的方法。

五、复习题答案与讲评

(一)单项选择题

1. D　城市维护建设税根据纳税人所在地在市区、县城或农村的，其税率分别为7%，5%和1%。

2. A　企业财务通则是企业财务制度体系中最基本、最高层次的法规。

3. C　企业会计准则是企业会计核算工作的基本规范。

4. B　财政部制定了企业会计准则，又称会计标准，是企业会计核算工作的基本规范。

5. B　工程财务与企业财务在本质上是相同的。

6. C　应付账款不属于资产，是负债。

7. B　企业列作待摊费用的支出，属于流动资产的摊销期限是一年以内。

8. A　企业列作待摊费用的支出，属于递延资产的摊销期限是一年以上。

9. A　待摊费用是指企业支付的数额较大，应在一年内分期摊入成本的各项支出。

10. B　摊销期超过一年的待摊费用属于递延资产。

11. C　坏账准备金计入企业的管理费用。

12. C　根据规定，房地产开发企业可按年末应收帐款余额的1%提取坏帐准备金，计入管理费用中。

13. B　施工机械不属于存货，属于固定资产。

14. A　存货中应给予重点管理的是品种少、占用额大、采购比较困难的，即A类存货。

15. B　固定资产是指使用期限超过一年，单位价值在规定标准以上，并且在使用过程中保持原有物质形态的劳动资料。

16. A　国家规定已经提足折旧的施工机械，从次月起停止提取其折旧。

17. B　预计使用4年，年折旧率25%，双倍50%，

第一年折旧 $10000 \times 50\% = 5000$，第二年折旧 $(10000 - 5000) \times 50\% = 2500$

第三年，第四年折旧 $(10000 - 5000 - 2500 - 800)/2 = 850$

18. B　年数总和法 $20000 - 2000 = 18000$　$5 + 4 + 3 + 2 + 1 = 15$

第一年折旧 $18000 \times 5/15 = 6000$

第二年折旧 $18000 \times 4/15 = 4800$

19. B　开办费不属于无形资产，应计入递延资产。

20. C　当企业购买或兼并另一企业时，支付的价款超过对方净资产公允价值总额，其差额经法定评估机构确认，此时商誉可以作为无形资产作价入帐。

21. B　无形资产计价，原则上按取得时的实际成本计价。

22. B　无形资产计价入账后按直线法计算每期摊销额。

23. C　企业常用的固定资产评估方法有四种。

24. B　资产评估最基本的方法是重置成本法。

25. B　对已建成的公路或桥梁做资产评估，最基本的方法是重置成本法。

26. D　最适合于破产企业资产评估的方法是清算价格法 。

27. B　重置成本法的计算公式是资产价值 = 重置全价 - 有形损耗 - 功能性损耗。

28. D　重置成本法计算公式中的重置全价应采用现时价格计算。

29. B　制造费用需分配计入生产经营成本。

30. A　直接费用可以直接计入生产经营成本。

31. C　按照制造成本法，期间费用可直接计入当期损益。

32. D　班组是成本管理的最基层单位，这一级成本的节约和浪费，直接影响成本的高低，所以要加强对这一级的成本控制。

33. B　在施工企业，一般应以施工预算所列的单位工程作为成本核算对象。

34. A　衡量公路施工企业生产经营管理的重要财务指标是营业收入。

35. B　衡量公路施工企业生产经营管理的重要综合指标是利润总额 。

(二)多项选择题

1. ABCD　企业会计核算的基本前提包括会计主体、持续经营、会计分期、货币计价。

2. ACD　流动资产包括现金及各种存款、短期投资、存贷、应收及预付款项等。

3. BC　　4. BC

5. ABCD　应收帐款虽然能给企业带来积极影响,但同时会使企业牺牲一定的经济利益,主要因为:①占压致使资金不能参加其他投资获利的机会成本;②占压资金的利息支出;③迫使企业支付收款费用;④可能变成坏帐而损失。

6. BCD　　7. ABCD　　8. AD

9. AB　生产用固定资产指施工生产单位和为生产服务的行政管理部门使用的各种固定资产。

10. CD

11. BCD　属于计提折旧范围的固定资产有:以经营租赁方式租入的固定资产、以融资租赁方式租入的固定资产、以经营租赁方式租出的固定资产、不使用的厂房。

12. AD　新财务制度规定,施工企业计提固定资产折旧一般采用平均年限法和工作量法。

13. ABC　　14. BD　　15. BCD

16. ABC　递延资产包括开办费,以经营租赁方式租入的固定资产的改装、翻修、改建工程支出等。

17. CD

18. AB　公路施工企业工程价款收入包括工程价款结算收入和索赔收入。注意不是同经营收入。

19. ABCD

20. AB　公路施工企业的利润总额包括营业外收支净额和营业利润。

(三)判断题

1. ×　　2. ✓

3. ×《企业财务通则》适用于我国境内的一切投资企业。

4. ×　　5. ✓　　6. ×

7. × 待摊费用的摊销期限根据项目的实际受益期限确定。

8. ✓

9. × 企业的专利权和非专利技术都属于无形资产。

10. ✓

第五章　建设项目管理

一、考试大纲要求

1. 了解项目的概念和特征,了解建设项目的特征和分类。

2. 熟悉组织的基本原理,熟悉目标控制的程序和控制的类型,熟悉目标控制措施。

3. 了解项目计划的基本内容,了解项目控制的内容。
4. 掌握项目管理的组织机构形式和组织管理模式的特点,掌握目标控制的方法。
5. 熟悉风险的分类,熟悉风险管理过程。
6. 掌握建设工程风险识别的内容,掌握建设工程风险评价和风险对策。
7. 了解建设工程监理的概念,了解建设工程监理的性质。

二、知识点提要

1. 项目管理基本知识(表 1-5-1)

表 1-5-1

<table>
<tr><th>概念</th><th colspan="3">主　要　内　容</th></tr>
<tr><td rowspan="9">项目</td><td>定义</td><td colspan="2">是指在一定的约束条件下具有专门组织、具有特定目标的一次性任务</td></tr>
<tr><td>特征</td><td colspan="2">①单件性和一次性;②具有一定的约束条件;③具有生命周期</td></tr>
<tr><td>施工项目</td><td colspan="2">是指建筑施工企业对一个建筑产品的施工过程或成果,也就是建筑施工企业的生产对象,它可能是一个建设项目的施工,也可能是其中一个单项工程或单位工程的施工</td></tr>
<tr><td rowspan="6">建设项目</td><td>定义</td><td>也称为基本建设项目,指按一个总体设计进行建设的各个单项工程所构成的总体</td></tr>
<tr><td>组成</td><td>建设项目一般可以进一步划分为单项工程、单位工程、分部工程和分项工程</td></tr>
<tr><td>特征</td><td>①投资额巨大,建设周期长;②建设项目是按照一个总体设计建设的,是可以形成生产能力或使用价值的若干单项工程的总体;③建设项目一般在行政上实行统一管理,在经济上实行统一核算,因此有权统一管理总体设计所规定的各项工程</td></tr>
<tr><td>分类</td><td>建设项目按其建设性质不同,可划分成基本建设项目和更新改造项目两大类</td></tr>
<tr><td>基本建设项目</td><td>是指用于以扩大生产能力或增加工程效益为主要目的的新建、扩建工程及有关工作;具体包括新建项目、扩建项目、迁建项目、恢复项目、更新改造项目;基本建设项目按其投资在国民经济各部门中的作用,分为生产性建设项目和非生产性建设项目;按照国家规定的标准,基本建设项目按投资规模划分为大型、中型、小型三类</td></tr>
<tr><td>更新改造项目</td><td>划分为限额以上和限额以下两类</td></tr>
<tr><td>项目经理的任务</td><td colspan="3">①确定项目组织机构并配置相应人员,组织项目经理班子;②制定各项规章制度和岗位责任制,组织项目,有序地开展工作;③制定项目的总目标和阶段性目标,进行目标分解,制定总体控制计划,并实施控制,保证项目目标的实现;④及时、准确地作出项目管理决策,严格管理,保证合同的顺利执行;⑤协调项目组织的内部及外部各方面的关系,并代表企业法人在授权范围内进行有关签证;⑥建立完善的内部及外部信息管理系统,确保信息畅通无阻,保证工作高效率进行</td></tr>
</table>

2. 组织结构模式与组织管理模式(表1-5-2)

表1-5-2

<table>
<tr><th>概念</th><th colspan="3">主　要　内　容</th></tr>
<tr><td rowspan="4">组织</td><td rowspan="2">含义</td><td colspan="2">是指组织机构,即按一定的领导体制、部门设置、层次划分、职责分工等构成的有机整体,其目的是处理人和人、人和事、人和物的关系;</td></tr>
<tr><td colspan="2">是指组织行为,即通过一定权力和影响力,为达到一定目标,对所需要资源进行合理配置,目的是处理人和人、人和事、人和物关系的行为</td></tr>
<tr><td>职能</td><td colspan="2">有计划、组织、控制、指挥、协调</td></tr>
<tr><td>组织要素</td><td colspan="2">管理层次、管理跨度、管理部门、管理职责</td></tr>
<tr><td rowspan="3">组织结构模式</td><td>直线制组织形式</td><td colspan="2">主要优点是机构简单、权力集中、命令统一、职责分明、决策迅速、隶属关系明确。缺点是专业分工差,横向联系困难,该组织适用于中小型项目</td></tr>
<tr><td>职能制项目组织</td><td colspan="2">主要优点是强调管理业务的专业化,注意发挥各类专家在项目管理中的作用,但是这种机构没有处理好管理层次和管理部门之间的关系,形成多头领导,下级执行者接受多人指令,容易造成职责不清</td></tr>
<tr><td>矩阵式组织</td><td colspan="2">优点是根据工程任务的实际情况灵活地组建与之相适应的管理机构,具有较大的机动性和灵活性,他体现了集权与分权的最优组合,有利于调动各种人员的积极性,使得项目管理工作顺利进行,但是矩阵式组织机构经常变动,稳定性差,业务人员工作调动频繁,此外,组织中任何一个成员都受两个领导指挥,如果处理不当,会造成矛盾,产生扯皮现象</td></tr>
<tr><td rowspan="7">组织管理模式</td><td>总分包</td><td colspan="2">①有利于项目的组织管理;②有利于控制工程造价,由于总包合同价格可以较早确定,业主可以承担较少风险;③有利于控制工程质量;④有利于缩短建设工期;⑤招标发包工作难度大。对业主而言,尽管合同量最少,但合同管理的难度一般较大;⑥对总承包商而言,责任重、风险大,需要具有较高管理水平和丰富的实践经验</td></tr>
<tr><td>平行承包</td><td colspan="2">①有利于业主择优选择承包商;②有利于控制工程质量;③有利于缩短建设工期;④组织管理和协调工作量大;⑤工程造价控制难度大;相对于总承包模式而言,平行承包模式不利于发挥那些技术水平高、综合管理能力强的承包商的综合优势</td></tr>
<tr><td>联合体承包</td><td colspan="2">①对业主而方,与总分包模式相同,合同结构简单,组织协调工作量小,而且有利于工程造价和建设工期的控制;②对联合体而言,可以集中各成员单位在资金、技术和管理等方面的优势,克服单一公司力不能及的困难,不仅增强了竞争力,同时也增强了抗风险能力</td></tr>
<tr><td>合作体承包</td><td colspan="2">①业主的组织协调工作量小,但风险较大;②各承包商之间既有合作的愿望,又不愿意组成联合体</td></tr>
<tr><td>EPC 模式</td><td colspan="2">①业主的组织协调工作量少,但合同管理难度大;②有利于控制工程造价;③有利于缩短建设工期;④对总承包商而言,责任重、风险大,需要具有较高的管理水平和丰富的实践经验</td></tr>
<tr><td rowspan="2">CM 管理模式</td><td>特点</td><td>是由业主委托一家 CM 单位承担项目管理工作,该 CM 单位以承包商的身份进行施工管理,并在一定程度上影响工程设计活动,组织快速路径(Fast - Track)的生产方式,使工程项目实现有条件的“边设计、边施工”</td></tr>
<tr><td>造价控制的意义</td><td>①与施工总承包相比,采用 CM 承包模式合同价更具合理性;②CM 单位不赚取总包与分包之间的差价;③应用价值工程方法挖掘节约投资的潜力;④GMP 大大减少了业主在工程造价控制方面的风险;⑤采用现代化管理方法和手段控制工程费用</td></tr>
</table>

3. 项目控制(表 1-5-3)

表 1-5-3

概念	主要内容	
进度控制计划体系	前期工作计划	对可行性研究及初步设计的工作进度安排，通过这个计划，使建设前期的各项工作相互衔接，时间得到控制，前期工作计划由建设单位在预测的基础上进行编制
	总进度计划	初步设计被批准后、编制上报年度计划以前，根据初步设计对工程项目从开始建设(设计、施工)准备至竣工投产(动用)全过程的统一部署，以安排各单项工程和单位工程的建设进度，合理分配年度投资，组织各方面的协作
	年度计划	依据工程项目总进度计划由建设单位进行编制
控制过程	基本环节	投入、转换、反馈、对比、纠正
	控制类型	按事物发展过程，可将控制分为事前控制、事中控制、事后控制；按照是否形成闭合回路，控制可分成开环控制和闭环控制；按照纠正措施或控制信息的来源，控制可分成前馈控制和反馈控制，归纳起来，控制可分为两大类，即主动控制和被动控制
	控制措施	组织方面的措施、技术方面的措施、经济方面的措施和合同方面的措施等
	控制方法	①网络计划法；②香蕉曲线控制图；③S 形曲线控制法；④项目责任控制图；⑤直方图控制法；⑥控制图控制方法

4. 风险管理(表 1-5-4)

表 1-5-4

概念	主要内容		
风险管理	风险分类	按风险所造成的不同后果可将风险分为纯风险和投机风险；按风险产生的不同原因可将风险分为政治风险、社会风险、经济风险、自然风险、技术风险等；按风险的影响范围大小可将风险分为基本风险和特殊风险	
	风险管理过程	包括风险识别、风险评价、风险对策决策、实施决策、检查五方面内容	
	风险识别	特点	①个别性；②主观性；③复杂性；④不确定性
		方法	①专家调查法；②财务报表法；③流程图法；④初始清单法；⑤经验数据法
	风险概率	根据风险事件发生的频繁程度，将风险事件发生概率分为 5 个等级，即经常、很可能、偶然、极小、不可能	
	风险损失	按照风险事故发生后果的严重程度划分为 5 级，即灾难性的、关键的、严重的、次要的、可忽略的	
	风险度量	就是定量确定风险事件发生的概率和风险事件造成损失的大小，根据项目风险重要性评定结果，可以进行项目风险可接受评定，一般情况下，项目风险重要性评分值在 8 分以上的风险因素表示风险重要性较高，是不可以接受的风险，需要给予重点关注	
	风险对策	包括风险回避、损失控制、风险自留、风险转移	

5. 建设工程监理(表1-5-5)

表1-5-5

概念	主 要 内 容	
建设工程监理	定义	是指具有相应资质的工程监理企业,接受建设单位的委托,承担其项目管理工作,并代表建设单位对承建单位的建设行为进行监控的专业化服务活动
	必须实行监理的项目	①国家重点建设工程;②大中型公用事业工程;③成片开发建设的住宅小区工程;④利用外国政府或者国际组织贷款、援助资金的工程;⑤国家规定必须实行监理的其他工程
	适用范围	工程建设投资决策阶段和实施阶段,但目前主要是建设工程施工阶段
	性质	①服务性;②科学性;③独立性;④公正性

三、重点难点分析与例题解析

(一) 了解内容

重点一 建设项目的分类

【例题1】 小型和限额以下项目的竣工验收由( )完成。

A 建设部　　B 项目主管部门

C 国家发改委托项目主管部门　　D 国家发改委

答　案: B

解题思路: 大、中型和限额以上项目由国家发改委或由其委托项目主管部门、地方政府组织验收。小型和限额以下项目,由项目主管部门或地方政府组织验收。

重点二 项目经理

【例题1】 根据我国《关于实行建设项目法人责任制的暂行规定》的要求,项目经理的职权包括( )。

A 组织项目管理班子　　B 组织单项工程预验收

C 提出项目竣工验收申请报告　　D 提出项目开工报告

答　案: A

解题思路: ①确定项目组织机构并配置相应人员,组织项目经理班子;②制定各项规章制度和岗位责任制,组织项目,有序地开展工作;③制定项目的总目标和阶段性目标,进行目标分解,制定总体控制计划,并实施控制,保证项目目标的实现;④及时、准确地作出项目管理决策,严格管理,保证合同的顺利执行;⑤协调项目组织的内部及外部各方面的关系,并代表企业法人在授权范围内进行有关签证;⑥建立完善的内部及外部信息管理系统,确保信息畅通无阻,保证工作高效率进行。

重点三 项目计划基本体系

【例题1】 在下列计表中,工程项目年度计划的内容包括( )表。

A 年度计划项目　　B 施工项目进度计划

C 工程项目一览　　D 投资计划年度分配

答　　案:A

解题思路:工程项目年度计划是依据工程项目建设总进度计划和批准的设计文件进行编制的。该计划既要满足工程项目建设总进度计划的要求,又要与当年可能获得的资金、设备、材料、施工力量相适应。主要包括文件和表格两部分内容:

文字部分。说明编制年度计划的依据和原则,建设进度、本年计划高额及计划建造的建筑面积,施工图、设备、材料、施工力量等建设条件的落实情况,动力资源情况,对外部协作配合项目建设进度的安排或要求,需要上级主管部门协助解决的问题,计划中存在的其他问题,以及为完成计划而采取的各项措施等。

表格部分。包括年度计划项目表、年度竣工投产交会使用计划表、年度建设资金平衡表和年度设备平衡表。

【例题2】 下列内容中,( )表属于项目年度计划。

A 年度竣工投产交会使用计划　　B 投资计划年度分配

C 年度建设资金平衡　　D 年度设备平衡

E 工程项目进度平衡

答　　案:ACD

解题思路:工程项目年度计划包括年度计划项目表、年度竣工投产交付使用计划表、年度建设资金平衡表和年度设备平衡表。

重点四 监理工程师的造价控制任务

【例题1】 造价工程师在施工阶段的监理工作的职责包括( )。

A 设计方案优选

B 对工程变更、设计修改事前进行技术经济合理性预测分析

C 严格控制经费签证

D 及时向承包人支付进度款

E 合理确定合同价

答　　案:BCD

解题思路:监理工程师在施工阶段的监理工作和职责包括:严格控制经费签证;对工程变更、设计修改事前进行技术经济合理性预测分析;及时向承包人支付进度款;制定资金使用计划等。

【例题2】 在工程建设监理中,协助业主确定对目标控制有利的承包模式,是目标控制的( )措施。

A 组织　　B 技术　　C 经济　　D 合同

答　　案:D

解题思路：监理单位根据合同规定协助业主进行目标控制。

(二) 熟悉内容

重点一 风险管理

【例题1】 既可能造成损失也能创造额外收益的风险为( )。

A 纯风险　　B 特殊风险　　C 基本风险　　D 投机风险

答　　案：D

解题思路：投机风险是指可能造成损失也可能带来收益的风险。

【例题2】 "在施工过程中，施工单位建立相应的工作制度和会议制度"这是建设工程风险对策中预防损失的( )。

A 组织措施　　B 经济措施　　C 技术措施　　D 合同措施

答　　案：A

解题思路：组织措施的首要任务是明确各部门和人员在损失控制方面的职责分工，以使各方人员都能为实施预防计划而有效地配合；还需要建立相应的工作制度和会议制度；必要时，还应对有关人员(尤其是现场工人)进行安全培训；等等。

【例题3】 下列属于基本风险的是( )。

A 偷车　　B 战争　　C 房屋失火　　D 抢银行

答　　案：B

解题思路：基本风险是指作用于整个经济或大多数人群的风险，具有普遍性，如战争、自然灾害、高通胀率等。显然，基本风险的影响范围大，其后果严重。特殊风险是指仅作用于某一特定单体(如个人或企业)的风险，不具有普遍性，例如，偷车、抢银行等。特殊风险的影响范围小，虽然就个体而言，其损失有时亦相当大，但相对于整个经济而言，其后果不严重。

【例题4】 建设工程实施阶段的风险主要表现为( )。

A 纯风险　　B 投机风险　　C 基本风险　　D 特殊风险

答　　案：A

解题思路：纯风险是指只会造成损失而不会带来收益的风险。例如自然灾害，一旦发生，将会导致重大损失，甚至人员伤亡；如果不发生，只是不造成损失而已，但不会带来额外的收益。此外，政治、社会方面的风险一般也都表现为纯风险。

【例题5】 第三方担保在风险对策中属于( )。

A 保险转移　　B 非保险转移　　C 风险回避　　D 损失控制

答　　案：B

解题思路：建设工程风险最常见的非保险转移有以下三种情况：(1)业主将公司责任和风险转移给对方当事人；(2)承包商进行合同转让或工程分包；(3)第三方担保。

【例题6】 ( )，建设工程风险管理的目标通常表述为："实际投资不超过计划投资；实际工期不超过计划工期，实际质量满足预期的质量要求；建设过程安全"。

A 从风险管理目标与风险管理主体总体目标的一致性

B 从目标的现实性

C 目标的明确性

D 目标的层次性

答　　案：A

解题思路：从风险管理目标与风险管理主体总体目标一致性的角度，建设工程风险管理的目标通常更具体地表述为：(1)实际投资不超过计划投资；(2)实际工期不超过计划工期；(3)实际质量满足预期的质量要求；(4)建设过程安全。

【例题7】 对建设工程风险的识别来说，风险识别的结果是(　　)。

A 建立风险量函数　　B 进行风险评价

C 建立建设工程初始风险清单　　D 明确建设工程风险事件

答　　案：C

解题思路：在风险识别过程中应遵循以下原则：由粗及细，由细及粗。由粗及细是指对风险因素进行全面分析，并通过多种途径对工程风险进行分解，逐渐细化，获得对工程风险的广泛认识，从而得到工程初始风险清单。

【例题8】 根据已建各类建设工程为风险有关的统计资料来识别拟建建设工程的风险，是采用的(　　)的方法来识别风险。

A 专家调查法　　B 流程图法

C 经验数据法　　D 初始清单法

答　　案：C

解题思路：①专家调查法；②财务报表法；③流程图法；④初始清单法；⑤经验数据法。经验数据法也称为统计资料法，即根据已建各类建设工程与风险有关的统计资料来识别拟建建设工程的风险。

【例题9】 (　　)就是一个识别、确定和度量风险，并制定、选择和实施风险处理方案的过程。

A 实施决策　　B 风险评价　　C 进度风险　　D 风险管理

答　　案：D

解题思路：风险管理就是一个识别、确定和度量风险，并制定、选择和实施风险处理方案的过程。建设工程风险管理在这一点上并无特殊性。

【例题10】 在建设工程风险管理中，(　　)不属于非保险转移。

A 业主将合同责任和风险转移给对方当事人。

B 承包商进行合同转让或工程分包。

C 第三方担保

D 承包商将应自己承担的工资风险转移给保险公司

答　　案：D

解题思路：通过购买保险，建设工程业主或承包商作为投保人将本应由自己承担的工程风险(包括第三方责任)转移给保险公司，从而使自己免受风险损失。

【例题11】 在相对比较法中，如果认为风险事件在关注期间偶尔会发生，并且能预期将来有时会发生，这种风险事件发生的概率属于(　　)。

A 很可能　　B 偶然　　C 极小　　D 不可能

答　　案：B

解题思路：风险事件发生概率的指数

风险事件发生的概率		
说　明	简单描述	等级指数
经常	很可能频繁的出现，在所关注的期间多次出现	4
很可能	在所关注的期间出现几次	3
偶然	在所关注的期间偶尔出现	2
极小	不太可能但还有可能在所关注的期间出现	1
不可能	由于不太可能所以假设他不会出现或不可能出现	0

【例题12】 从建设工程风险的识别来说，风险识别的特点有（　　）。

A 个别性　　B 客观性　　C 主观性

D 复杂性　　E 不确定性

答　　案：ACDE

解题思路：风险识别的特点：①个别性；②主观性；③复杂性；④不确定性。

重点二　组织理论

【例题1】 "直接调动和组织人力、财力、物力等具体活动内容"坚决贯彻管理指令是组织中（　　）的任务。

A 决策层　　B 执行层　　C 协调层　　D 操作层

答　　案：B

解题思路：决策层的任务是确定管理组织的目标和大政方针，它必须精干、高效；协调层主要是参谋、咨询职能，其人员应有较高的业务工作能力，执行层是直接调动和组织人力、财力、物力等具体活动内容的，其人员用有实干精神并能坚决贯彻管理指令；操作层是从事操作 和完成具体任务的，其人员应有熟练的作业技能。

【例题2】 组织的最高管理者到最基层的实际工作人员（　　）。

A 权责逐层递减，人数逐层递减　　B 权责逐层递减，人数逐层递增

C 权责逐层递增，人数逐层递减　　D 权责逐层递增，人数逐层递增

答　　案：B

解题思路：管理层次通常分为决策层、协调层和执行层、操作层。这三个层次的职能和要求不同，标志着不同的职责和权限，同时也反映出组织系统中的人数变化规律。它有如一个三角形，从上至下权责递减，人数递增。

【例题3】 组织机构简单，权力集中，命令统一，决策迅速的监理组织形式是（　　）。

A 直线制　　B 职能制　　C 直线职能制　　D 矩阵制

答　　案：A

解题思路：直线制组织形式的主要优点是机构简单、权力集中、命令统一、职责分明、决策迅速、隶属关系明确。缺点是实行没有职能机构的"个人管理"，这就要求决策者懂得各种业务，懂得多种知识技能，成为"全能"式人物。缺点是专业分工差，横向联系困难。该组织适用于中小型

项目。

【例题4】 直线职能制监理组织形式的缺点之一是(　　)。

A 多头领导　　B 纵横向协调工作量大

C 职能部门与指挥部易产生矛盾　　D 总监理工程师负担大

答　　案: D

解题思路: 直线制组织形式的主要优点是机构简单、权力集中、命令统一、职责分明、决策迅速、隶属关系明确。缺点是实行没有职能机构的“个人管理”,这就要求决策者懂得各种业务,懂得多种知识技能,成为“全能”式人物。缺点是专业分工差,横向联系困难。该组织适用于中小型项目。

【例题5】 矩阵制监理组织机构形式具有(　　)的优点。

A 集中领导,权力集中　　B 命令系统单一

C 有较大机动性与适应性　　D 协调工作量小

答　　案: C

解题思路: 矩阵式组织机构形式的优点是根据工程任务的实际情况灵活地组建与之相适应的管理机构,具有较大的机动性和灵活性。

【例题6】 在建设工程目标控制措施中(　　)是其他措施的前提和保障。

A 组织措施　　B 技术措施　　C 经济措施　　D 合同措施

答　　案: A

解题思路: 采取适当的组织措施,保证目标控制的组织工作明确、完善,才能使目标控制有效发挥作用。

(三) 掌握内容

重点一　项目管理组织机构模式

【例题1】 下列工程项目组织机构形式中,能够实现集权和分权的有效结合,能够根据任务的实际情况组建和调整组织机构,但稳定性差、其成员容易受双重领导的组织机构是(　　)。

A 直线制　　B 职能制　　C 直线职能制　　D 矩阵制

答　　案: D

解题思路: 矩阵式组织体现了集权与分权的最优组合,有利于调动各种人员的积极性,使得项目管理工作顺利进行。

重点二　项目管理组织管理模式

【例题1】 采取“边设计、边施工”的快整路径实施的工程项目管理组织模式是(　　)模式。

A 总分包　　B 联合体承包　　C EPC 承包　　D CM

答　　案: D

解题思路: 总分包模式是将工程项目全过程或其中某个阶段(如设计或施工)的全部工作发

包给一家资质条件符合要求的承包单位，由该承包单位再将若干专业性较强的部分工程任务发包给不同的专业承包单位去完成，并统一协调和监督各分包单位的工作；联合体承包模式是由几家公司建立联合体组织机构，产生联合体代表，以联合体的名义与业主签订工程承包合同；EPC承包模式是一家总承包商或承包商联合体对整个工程的设计（Engineering）、材料设备采购（Procurement）、工程施工（Construrion）实行全面、全过程的“交钥匙”承包；CM 承包模式是由业主委托一家 CM 单位承担项目管理工作，该 CM 单位以承包商的身份进行施工管理，并在一定程度上影响工程设计活动，组织快速路径的生产方式，使工程项目实现有条件的“边设计、边施工”。

【例题2】 工程项目参与各方有关可能实现资源共享、风险分担的工程项目管理组织是（ ）模式。

A 总分包　B EPC 承包　C CM　D partnering

答　案： D

解题思路： 总分包模式：优点：有利于项目的组织管理、控制工程造价、控制工程质量、缩短建设工期。缺点：招标发包工作难度大；总承包商责任重、风险大。联合体承包模式（Partnering 模式）的优点：合同结构简单，业主组织协调工作量小；有利于工程造价和建设工期的控制；增强了企业的竞争能力和抗风险能力。EPC 承包模式的特点：业主的组织协调工作量少，但合同管理难度大；有利于控制工程造价及缩短建设工期；总承包商责任重、风险大；CM 承包模式的特点：采用快速路径法施工；有代理型（Agency）和非代理型（Non-Agency）两种；CM 合同采用成本加酬金方式。

【例题3】 以下以 EPC 承包模式描述正确的是（ ）。

A 业主的组织协调工作量小　B 业主的合同管理难度小

C 总承包商的风险大　D 有利于缩短建设工期

E 总承包商的责任大

答　案： ACDE

解题思路： EPC 承包模式的特点为：业主的组织协调工作量少，但合同管理难度大；有利于控制工程造价及缩短建设工期；总承包商责任重、风险大。

四、复习题精选

（一）单项选择题

1. 工程项目有多种组织管理模式，并各具特点。下列有关组织管理模式特点的评价中，不恰当的是（ ）。

A 与平行承包模式相比，EPC 模式中业主控制工程造价的难度大

B 与总分包模式相比，平行承包模式扩大了业主选择承包商的范围

C EPC 模式和 CM 模式都可以实现有条件的边设计、边施工

D 与 EPC 模式相比，平行承包模式不利于承包商设计施工综合管理能力的发挥。

2. 根据我国《建设工程项目管理规范》的规定，项目管理实施规划的内容应包括（ ）。

A 项目风险因素识别一览表　B 项目组织结构

C 项目投标报价策略　D 施工合同策略

3. 在控制工程项目目标的措施中，审核工程概预算，编制资金使用计划属于（ ）。

A 组织措施　　B 技术措施　　C 合同措施　　D 经济措施

4. 风险识别是一项复杂的工作,常见的可用于风险识别的技术和工具包括(　　)。
A 层次分析法　　B 项目工作分解结构(WBS)
C 看板管理　　D 模糊数学法

5. 下列风险中,属于承包商责任风险的是(　　)。
A 中介与代理责任风险　　B 报价失误责任风险
C 替代责任风险　　D 信息取舍失误责任风险

6. 根据现行有关规定,下列项目中属于基本建设大中型项目或限额以上更新改造项目的是(　　)。
A 能源部门投资额为4000万元的某生产性建设项目
B 投资额为4000万元的某公共事业建设项目
C 交通部门投资额为4000万元的某更新改造项目
D 原材料部门投资额为4000万元的某更新改造项目

7. 属于施工企业项目管理目标体系组成部分的是(　　)。
A 风险控制　　B 信息管理
C 安全和现场标准化　　D 环境影响评价

8. 项目是指(　　)。
A 一种具有约束条件的活动
B 一种具有约束条件的任务
C 具有组织和目标的一次性任务
D 在一定约束条件下,具有专门组织和特定目标的一次性任务

9. 项目管理的目的是(　　)。
A 保证项目目标的实现　　B 优化资源配置
C 计划、组织、指挥、协调和控制　　D 动态管理

10. 项目管理以(　　)为中心。
A 项目法人　　B 项目经理　　C 企业经理　　D 工长

11. 建设项目是指(　　)。
A 单项工程　　B 单位工程
C 有总体设计的各个单项工程的集合　　D 施工项目

12. 建设项目的管理者是(　　)。
A 建设项目主管部门　　B 国家计委
C 项目法人　　D 主管部门

13. 下列可称为施工项目的是(　　)。
A 各主要工序和工种的施工任务　　B 分部工程
C 单位工程　　D 分项工程

14. 施工项目的任务范围是(　　)。
A 各主要工序和工种的施工任务　　B 建设项目
C 由合同确定　　D 由招标文件确定

15. 公路建设项目按(　　)可分为新建、改建、扩建等项目。
A 建设程序　B 建设阶段　C 建设性质　D 建设规模

16. 公路建设项目按(　　)可分为筹建、设计、施工、竣工等项目。
A 建设程序　B 建设阶段　C 建设性质　D 建设规模

17. 公路建设项目按(　　)可分为大、中、小型项目。
A 建设程序　B 建设阶段　C 建设性质　D 建设规模

18. 工程项目又称(　　),是建设项目的组成部分。
A 单项工程　B 单位工程　C 分项工程　D 分部工程

19. 单项工程是由若干个(　　)组成。
A 工程细目　B 单位工程　C 分项工程　D 分部工程

20. 单位工程是由若干个(　　)组成 。
A 单项工程　B 工程细目　C 分项工程　D 分部工程

21. 按公路建设项目划分原则,桥梁的桥墩是(　　)。
A 单项工程　B 单位工程　C 分项工程　D 分部工程

22. 具有独立设计文件,建成后可独立发挥效益,可生产单一产品的工程称为(　　)。
A 建设项目　B 单位工程　C 单项工程　D 分项工程

23. 公路工程施工项目管理的管理者是(　　)。
A 建设单位　B 设计单位　C 监理单位　D 施工单位

24. 业主向国家或主管部门提出,要求建设某一项目的文件指(　　)。
A 可行性研究报告　B 设计任务书
C 项目建议书　D 技术说明书

25. 可行性研究报告属于项目的(　　)。
A 计划阶段　B 准备阶段　C 决策阶段　D 实施阶段

26. 建设项目总承包是指(　　)。
A 对建设项目全部设计和施工任务总承包
B 从建设项目立项到交付使用全过程承包
C 对建设项目全部施工任务总承包
D 对建设项目的设计、施工、设备采购的总承包

27. 被称之为"交钥匙"承包方式的是(　　)。
A 建设工程勘察、设计招投标　B 建设工程招投标
C 建设项目总承包招投标　D 建设工程施工招投标

28. 公路建设项目管理中交钥匙管理方式是指(　　)。
A 设计——施工总承包　B 施工总承包
C 业主仅提使用要求,其余全发包　D 工程任务总承包

29. 标准 BOT 投资方式是指(　　)。
A 建设—经营—拥有—移交　B 建设—经营—移交
C 建设—拥有—经营—移交　D 建设—拥有—移交

30. 下列建设任务中适用 BOT 方式的是(　　)。

A 住宅工程　　B 高速公路工程　　C 航天工程　　D 写字楼工程

(二)多项选择题

1. 根据我国现行规定,下列关于建设项目分类原则的表述中正确的是(　　)。

A 产品种类多的项目按其产品的折算设计生产能力划分

B 更新改造项目可根据投资额划分,也可按对生产能力的改善程度划分

C 对社会发展有特殊意义并已列入国家重点建设工程的,均按大中型项目管理

D 无论生产单一产品还是多种产品,均按投资总额划分

E 城市立交桥梁在国家统一下达的计划中,不作为大中型项目安排

2. 主动控制和被动控制是项目目标的两种重要控制方式,下列措施中属于主动控制措施的是(　　)。

A 进行风险识别,在计划实施过程中做好风险管理工作

B 分析外界环境条件,找出其对项目目标实现不利的因素,并制定项目计划

C 根据项目管理组织中出现的问题,积极采取处理措施

D 针对可能出现的偏离,制定备用方案

E 根据近期发生的不可预见事件对进度的影响,对计划进行调整

3. 下列方法中,属于风险评价方法的有(　　)。

A 决策树法　　B 价值工程法　　C 敏感性分析法

D 直方图法　　E 控制区间与记忆模型法

4. 项目的基本特征是(　　)。

A 单件性　　B 一次性

C 具有一定的约束条件　　D 具有生命周期

5. 下列可称为施工项目的是(　　)。

A 分部工程和分项工程　　B 建设项目

C 单位工程　　D 单项工程

6. 公路建设项目中的(　　)不能称为项目。

A 单项工程　　B 单位工程　　C 分项工程　　D 分部工程

7. 关于组织的含义,下列表述中正确的是(　　)。

A 组织机构　　B 企事业单位　　C 组织行为　　D 党组织

8. 项目经理是企业法人代表在项目上的(　　)。

A 部分权利委托代理人　　B 委托代理人

C 全权委托代理人　　D 最高责任者和组织者

9. 项目经理是(　　)。

A 企业法人代表在项目上的全权利委托代理人

B 是项目实施全过程全部工作的总负责人

C 对建设项目的筹划、资金筹措、归还贷款和债务本息负责

D 对资产的保值增值实行全过程管理

10. 公路建设项目管理的指标有很多,其最核心的是(　　)目标。

A 质量　　B 工期　　C 投资　　D 效益

(三)判断题(正确者打✓,错误者打×)

1. 所有建设项目都必须进行两阶段设计即初步设计和施工图设计。

2. 国外工程的建设程序与我国有许多不同之处,一般划分为项目计划阶段、执行阶段、生产阶段。

3. 工程建设项目是先有企业法人而后定项目。

4. 符合国家产业政策的竞争性项目,其可行性研究报告和初步设计由项目法人自行决策。

5. 任何单位和个人不得干预项目法人依法自行决策和建设项目实施。

6. 项目法人与所有与建设项目生产有关的企事业单位的关系是平等的主体或经济合同关系。

7. 工程建设监理和施工项目管理是项目管理的两个分支。

8. 项目管理组织职能是计划、组织、控制、指挥、协调。

9. 项目经理是企业法人代表在项目上的全权委托代理人,是项目实施最高责任者和组织者。

10. 项目经理不一定要具备较深的本专业技术知识。

五、复习题答案与讲评

(一)单项选择题

1. A　与平行承包模式相比,EPC 模式中业主控制工程造价的难度更小。

2. A

3. D　在控制工程项目目标的措施中,审核工程概预算,编制资金使用计划属于经济措施。

4. B　项目工作分解结构(WBS)方法是一种常见的可用于风险识别的技术和工具。

5. C

6. B　根据现行有关规定,投资额为 4000 万元的某公共事业建设项目达到基本建设项目大中型项目的标准。

7. C

8. D　项目是指在一定约束条件下,具有专门组织和特定目标的一次性任务。

9. A　项目管理的目的是保证项目目标的实现。

10. B　项目管理以项目经理为中心。

11. C　　12. C　　13. C

14. C　施工项目的任务范围由合同确定。干扰项是招标文件。

15. C

16. B　公路建设项目按建设阶段可分为筹建、设计、施工、竣工等项目。

17. D

18. A　工程项目又称单项工程 ,是建设项目的组成部分。

19. B　单项工程是由若干个单位工程组成。

20. D　单位工程是由若干个分部工程组成 。

21. C　按公路建设项目划分原则,桥梁的桥墩是分项工程。

22. C　具有独立设计文件,建成后可独立发挥效益,可生产单一产品的工程称为单项工程。

23. D

24. C　业主向国家或主管部门提出，要求建设某一项目的文件指项目建议书。

25. C　可行性研究报告属于项目的决策阶段。

26. B　建设项目总承包是指从建设项目立项到交付使用全过程承包。

27. C

28. C　公路建设项目管理中交钥匙管理方式是指业主仅提使用要求，其余全发包。

29. B　标准 BOT 投资方式是指建设—经营—移交。

30. B　下列建设任务中适用 BOT 方式的是高速公路工程。

(二)多项选择题

1. CE

2. ABD　主动控制是预先控制，是积极的控制。进行风险识别，在计划实施过程中做好风险管理工作、分析外界环境条件，找出其对项目目标实现不利的因素，并制定项目计划、针对可能出现的偏离，制定备用方案，都属于主动控制措施。

3. AC　风险评价方法的有决策树法和敏感性分析法。

4. ABCD

5. BCD　建设项目、单位工程、单项工程都可称为施工项目。

6. CD　分项工程、分部工程不能称为项目。

7. AC

8. CD　项目经理是企业法人代表在项目上的全权委托代理人和最高责任者和组织者。

9. AB

10. ABC　公路建设项目管理的指标有很多，其最核心的是质量、工期、投资、目标。

(三)判断题

1. ×　一般建设项目进行两阶段设计即初步设计和施工图设计。复杂项目在初步设计之后增加技术设计阶段，即三阶段设计。

2. ×　国外工程的建设程序与我国有许多相同之处，一般划分为项目决策阶段、实施阶段和交付使用阶段。

3. ✓　4. ✓　5. ✓　6. ✓　7. ✓　8. ✓　9. ✓

10. ×　项目经理是企业法人代表在项目上的全权委托代理人和最高责任者和组织者，他一定要具备较深的本专业技术知识。

第六章　经济法律法规

一、考试大纲要求

1. 熟悉经济法律关系、经济法律事实、代理、财产所有权和债权、诉讼时效等基本概念。

2. 掌握合同法的有关内容，包括合同、合同的种类、订立、效力、履行、变更和转让、终止，违约责任，以及合同争议的解决等。

3. 熟悉土地管理法、城市规划法、建筑法、公路法、招标投标法。

4. 了解城市房地产管理法、保险法、与税收有关法律、价格法。

二、知识点提要

1. 经济法律关系(表1-6-1)

表1-6-1

<table>
<tr><th>概念</th><th colspan="3">主　要　内　容</th></tr>
<tr><td rowspan="9">经济法律关系</td><td rowspan="3">三要素</td><td colspan="2">经济法律关系主体,是指参与经济法律关系,依法享有经济权利、承担经济义务的当事人,包括国家机关、法人、其他社会组织、个体工商户、农村承包经营户、自然人等</td></tr>
<tr><td colspan="2">经济法律关系客体是指经济法律关系主体的权利义务共同指向的事物,包括财和物、行为、智力成果等</td></tr>
<tr><td colspan="2">经济法律关系内容,是指经济法律关系主体间的经济权利和经济义务</td></tr>
<tr><td>经济法律事实</td><td colspan="2">是指能够引起经济法律关系产生、变更或消灭的客观现象</td></tr>
<tr><td rowspan="3">代理</td><td>定义</td><td>是代理人在代理权限内,以被代理人的名义实施的、其民事责任由被代理人承担的法律行为</td></tr>
<tr><td>特征</td><td>①代理人必须在代理权限范围内实施代理行为;②代理人以被代理人的名义实施代理行为;③代理人在被代理人的授权范围内独立地表现自己的意志;④被代理人对代理行为承担民事责任</td></tr>
<tr><td>分类</td><td>以代理权产生的依据不同,可将代理分为委托代理、法定代理和指定代理</td></tr>
<tr><td rowspan="2">无权代理</td><td>定义</td><td>是指行为人没有代理权而以他人名义进行民事、经济活动</td></tr>
<tr><td>情况</td><td>①没有代理权的代理行为;②超越代理权限的代理行为;③代理权终止后的代理行为</td></tr>
<tr><td>财产所有权</td><td colspan="3">是指财产的所有人依照法律对其财产享有占有、使用、收益和处分的权利,所有权具有绝对性,所有人无须其他人的积极协助就可以实现其所有权,其权利可以对抗其他任何人,所有权是一种最全面、最充分的物权</td></tr>
<tr><td rowspan="2">债</td><td>定义</td><td colspan="2">是在当事人之间产生的特定的权利和义务关系</td></tr>
<tr><td>产生根据</td><td colspan="2">①合同;②侵权;③无因管理;④不当得利</td></tr>
<tr><td rowspan="3">诉讼时效</td><td>定义</td><td colspan="2">是指权利人在法定期间内不行使权利,法律规定消灭其胜诉权的制度</td></tr>
<tr><td>期间</td><td colspan="2">我国《民法通则》规定,我国的诉讼时效期间为二年,下列的诉讼时效期间为一年:①身体受到伤害要求赔偿的;②出售质量不合格的商品未声明的;③延付或者拒付租金的;④寄存财物被丢失或者损毁的;我国《合同法》规定,因国际货物买卖合同和技术进口合同争议提起起诉的期限为四年</td></tr>
<tr><td>计算</td><td colspan="2">诉讼时效期间从权利人知道或者应当知道其权利受到侵害之日起开始计算,但是,从权利被侵害之日起超过二十年的,人民法院不予保护。诉讼时效的中止是指在诉讼期间的最后六个月内,由于不可抗拒力或其他障碍,权利人不能行使请求权,诉讼时效期暂停计算,从障碍消除之日起,诉讼时效继续计算</td></tr>
</table>

2. 合同法(表1-6-2)

表1-6-2

概念	主要内容	
合同	定义	是平等主体的、自然人、法人、其他组织之间设立、变更、终止民事权利义务关系的协议
	种类	①计划与非计划合同;②双务合同与单务合同;③诺成合同与实践合同;④主合同与从合同;⑤有偿合同与无偿合同;⑥要式合同与不要式合同
	形式	合同的形式可分为书面形式、口头形式和其他形式
合同订立	格式条款	是指当事人为了重复使用而预先拟定,并在订立合同时未与对方协商的条款
		提供格式条款的相对人只能在接受格式条款和拒签合同两者之间进行选择;提供格式条款一方免除其责任、加重对方责任、排除对方主要权利的,该条款无效;对格式条款的理解发生争议的,应当按照通常的理解予以解释,对格式条款有两种以上解释的,应当作出不利于提供格式条款的一方的解释;在格式条款与非格式条款不一致时,应当采用非格式条款
	订约责任	以下情形当事人应当承担损害赔偿责任: ①假借订立合同,恶意进行磋商;②故意隐瞒与订立合同有关的重要事实或提供虚假情况;③有其他违背诚实信用原则的行为
	合同生效	①当事人具有相应的民事权利能力和民事行为能力;②意思表示真实;③不违反法律或者社会公共利益
	合同无效	①一方以欺诈、胁迫的手段订立合同,损害国家利益;②恶意串通,损害国家、集体或第三人利益的;③以合法活动掩盖非法目的;④损害社会公共利益;⑤违反法律、行政法规的强制规定
	无效免责条款	①造成对方人身伤害的;②因故意或者重大过失造成对方财产损失的
	合同撤销	①因重大误解而订立的;②在订立合同时显失公平的。一方以欺诈、胁迫等手段或乘人之危,使对方在违背真实意思的情况下订立的合同,受损害方有权请求人民法院或仲裁机构变更或者撤销
合同履行	一般规定	合同生效后,当事人就质量、价款或者报酬、履行地点等内容没有约定或者约定不明的,可以协议补充,不能达成补充协议的,按照合同有关条款或者交易习惯确定;如果按照上述办法仍不能确定合同如何履行的,适用下列规定进行履行:价款或报酬不明的,按订立合同时履行地的市场价格履行;依法应当执行政府定价或政府指导价的,按规定履行;履行地点不明确的,给付货币的,在接收货币一方所在地履行;交付不动产的,在不动产所在地履行;其他标的在履行义务一方所在地履行;履行费用的负担不明确的,由履行义务一方承担

续上表

<table>
<tr><th>概念</th><th colspan="2">主　要　内　容</th></tr>
<tr><td rowspan="7">合同履行</td><td>价格规定</td><td>合同在履行中如果是按照市场行情约定价格履行，则市场行情的波动不应影响合同价，合同仍执行原价格；如果执行政府定价或政府指导价的，在合同约定的交付期限内政府价格调整时，按照交付时的价格计价；逾期交付标的物的，遇价格上涨时按照原价格执行；遇价格下降时，按新价格执行；逾期提取标的物或者逾期付款的，遇价格上涨时，按新价格执行；价格下降时，按原价格执行</td></tr>
<tr><td>合同变更</td><td>是指当事人对已经发生法律效力，但尚未履行或尚未完全履行的合同，进行修改或补充所达成的协议；合同法规定，当事人协商一致可以变更合同；合同变更是狭义的合同变更，仅指合同内容和客体的变更，不包括合同主体的变更</td></tr>
<tr><td>合同解除</td><td>①因不可抗力致使不能实现合同目的的；②在履行期限届满之前，当事人一方明确表示或以自己的行为表明不履行主要债务；③当事人一方延迟履行主要债务，经催告后在合理的期限内仍未履行；④当事人一方延迟履行债务或有其他违法行为，致使不能实现合同目的的；⑤法律规定的其他情形的</td></tr>
<tr><td>承担违约责任的方式</td><td>①继续履行；②采取补救措施，采取补救措施的责任形式，主要发生在质量不符合约定的情况下；③赔偿损失，包括合同履行后可以获得的利益，但不得超过违反合同一方订立合同时预见或应当预见的因违反合同可能造成的损失，这种方式是承担违约责任的主要方式，当事人一方违约后，对方应采取适当措施防止损失的扩大，没有采取措施致使损失扩大的，不得就扩大的损失请求赔偿，当事人因防止扩大而支出的合理费用，由违约方承担；④支付违约金；⑤定金罚则。当事人既约定违约金，又约定定金的，一方违约时，对方可以选择适用违约金或定金条款，但是，这两种违约责任不能合并使用</td></tr>
<tr><td>中止履行</td><td>法律上或事实上不能履行；债务的标的不适于强制履行或履行费用过高；债权人在合理期限内未要求履行。当事人就迟延履行约定违约金的，违约方支付违约金后，还应当履行债务</td></tr>
<tr><td>争议解决</td><td>合同争议的解决方式有和解、调解、仲裁、诉讼四种</td></tr>
</table>

3. 公路建设相关法规（表 1-6-3）

表 1-6-3

概念	主　要　内　容
土地管理法	征用下列土地的，由国务院批准：基本农田；基本农田以外的耕地超过 35 公顷的；其他土地超过 70 公顷的
	可以收回国有土地使用权的情形：①为公共利益需要使用土地的；②为实施城市规划进行旧城区改建，需要调整土地使用土地的；③土地出让等有偿使用合同约定的使用期限届满，土地使用者未申请续期或申请续期未获批准的；④因单位撤销、迁移等原因，停止使用原划拨的国有土地的；⑤公路、铁路、机扬、矿场等经核准报废的

续上表

概念		主 要 内 容
城市规划法		城市规划一般分为总体规划和详细规划，大中城市根据城市的实际情况和实施管理的需要，可以在总体规划基础上编制不同地段的分区规划，为详细规划和规划管理提供比较具体的依据
		城市规划的实施包括：①选址意见书制度；②建设用地规划许可证制度；③建设工程规划许可证制度
建筑法		建筑许可包括建筑工程施工许可和从业资格两种建筑工程施工许可，建筑工程施工许可是指建筑行政主管部门对建筑工程是否具备施工条件进行审查，对符合条件者准许开始施工并颁发施工许可证的一种制度，从业资格制度是指国家对从事建筑活动的单位（企业）和人员实行资质或资格审查，并许可其按照相应的资质、资格条件从事相应的建筑活动的制度
公路法		公路按其在公路路网中的地位分为国道、省道、县道和乡道，并按技术等级分为高速公路、一级公路、二级公路、三级公路和四级公路
		可以依法收取车辆通行费的公路有：①由县级以上地方人民政府交通主管部门利用贷款或向企业、个人集资建成的公路；②由国内外经济组织依法受让前项收费公路收费权的公路；③由国内外经济组织依法投资建成的公路
招投标法	必须招标项目	在我国境内进行下列工程建设项目，包括项目的勘察、设计、施工、监理以及与工程建设有关的重要设备、材料等的采购，必须进行招标：①大型基础设施、公用事业等关系社会公共利益、公共安全的项目；②全都或者部分使用国有资金投资或者国家融资的项目；③使用国际组织或者外国政府贷款、援助资金的项目
	招标方式	公开招标是指招标人以招标公告的方式邀请不特定的法人或其他组织投标，所有符合条件的承包商均可以平等参加投标竞争，从中择优选择中标者的招标方式
		邀请招标是指招标人以投标邀请书的方式邀请特定的法人或其他组织投标，邀请招标必须向三个以上的潜在投标人发出邀请，邀请招标只有在有些项目不适合公开招标时才可以采用
	评标委员会	评标委员会由招标人和招标代理机构的代表，以及受聘或应邀参加该委员会的技术、经济等方面的专家组成，评标委员会的成员人数为五人以上单数，其中技术、经济等方面的专家不得少于成员总数的三分之二，并且这些专家应当从事相关领域工作满八年、具有高级职称或具有同等专业水平
	中标	中标人的投标应当符合下列条件之一：①能够最大限度地满足招标文件中规定的各项综合评标标准；②能够满足招标文件的实质性要求，并且经评审的投标价格最低，但是投标价格低于成本的除外
城市房地产管理法		下列建设用地的土地使用权，确需必要的，可以由县级人民政府依法批准划拨：①国家机关用地和军事用地；②城市基础设施用地和公益事业用地；③国家重点扶持的能源、交通、水利等项四用地；④法律、行政法规规定的其他用地
与工程建设相关的重要税种		①城镇土地使用税；②城市维护建设税；③房产税；④土地增值税

三、重点难点分析与例题解题思路

(一) 了解内容

重点一 土地管理法

【例题1】 建设征用( )公顷,由省、自治区、直辖市人民政府批准,并报国务院备案。

A 基本农田3　　B 基本农田以外的耕地40

C 草原40　　D 荒地80

答　案: C

解题思路: 涉及农用地转为建设用地,应当办理农用地转用审批手续。征用下列土地的,由国务院批准:基本农田;基本农田以外的耕地超地过35公顷的;其他土地超过70公顷的。征用上述规定以外的土地,由省、自治区、直辖市人民政府批准,并报国务院备案。因此ABD都属于需要国务院批准的用地,所以选C。

重点二 建筑法的施工许可

【例题1】 工程建设项目施工许可证的申请者是( )。

A 建设单位　　B 施工单位

C 监理单位　　D 建设行政主管部门

答　案: A

解题思路: 工程建设项目施工许可证由建设单位申请。

【例题2】 建设施工许可证由工程所在地( )人民政府建设行政主管部门审批。

A 乡镇一级　　B 县级　　C 县级以上　　D 省级以上

答　案: C

解题思路: 除国务院建设行政主管部门确定的限额以下的小型工程外,建筑工程开工前,建设单位应当按照国家有关规定向工程所在地县级以上人民政府建设行政主管部门申请领取施工许可证。

(二) 熟悉内容

重点一 经济法律关系

【例题1】 建设工程承包合同包括勘察设计、建筑、安装合同,其法律关系的客体是( )。

A 劳务　　B 行为　　C 建筑物　　D 智力成果

答　案: C

解题思路: 建设工程承包合同中法律关系的客体是建筑物。

【例题2】 经济权利是指法律赋予经济法律关系主体的某种经济权益,表现为权利的主体有权( )。

A 作出一定的行为　　B 要求他人作出一定的行为
C 要求他人不得作出一定的行为　　D 请求法院用强制力协助实现其权益
E 请求仲裁机构用强制力协助实现其权益

答　　案：ABCD

解题思路：经济权利是权利的主体有权作出一定的行为并要求他人作出一定的行为或要求他人不得作出一定的行为，并有权请求法院用强制力协助实现其权益。

【例题3】 在下列经济法律关系主体中，作为书面合同当事人最普遍的是（　　）。
A 法人　　B 其他社会组织
C 个体工商户　　D 公民

答　　案：A

解题思路：经济法律关系的主体主要包括：国家、法人、其他社会组织、个体经营户和农村承包经营户和公民。其中国家是重要的经济法律关系主体；法人是最普遍的合同当事人；公民在一定范围内亦可成为经济法律关系主体。

重点二　诉讼时效

【例题1】 诉讼时效是指权利人在法定期间内不行使权利，法律规定取消其（　　）权的规定。
A 起诉　　B 上诉　　C 胜诉　　D 抗辩

答　　案：C

解题思路：诉讼时效是指权利人在法定期内不行使权利就丧失请求人民法院保护其民事权利的法律制度，也就是在法定期内不行使权利，根据我国法律规定取消其胜诉权。作用：有助于促使财产所有人及时行使权利；为法院准确、及时地审理民事纠纷提供便利，有效地保护当事人的财产权利。

重点三　代理

【例题1】 招标代理行为属于（　　）代理。
A 委托　　B 法定　　C 指定　　D 复

答　　案：A

解题思路：代理是指代理人在代理权限内，以被代理人的名义实施民事法律行为。代理包括以下几种类型：委托代理、法定代理、指定代理。委托代理是根据被代理人对代理人的委托授权而产生的代理；法定代理是指按照法律的规定而产生的代理；指定代理是指按照人民法院或者有关单位的指定而产生的代理。

重点四　招投标法

【例题1】 评标委员会的成员中，技术、经济等方面的专家不得少于成员总数的（　　）。
A 1/2　　B 1/3　　C 2/3　　D 2/5

答　　案：C

解题思路：评标委员会由招标人员或其委托的招标代理机构熟悉相关业务的代表和有关

技术、经济等方面的专家组成,成员人数为5以上的单数,其中技术、经济等方面的专家不得少于成员总数的三分之二。

【例题2】 下列情形中,一般不作为废标处理的是(　　)。

A 没有提供投标担保

B 投标文件没有投标人授权代表签字加盖公章

C 没有按招标文件规定的期限投标

D 投标文件中存在细微偏差

答　　案: D

解题思路: 投标文件发生以下重大偏差情况的,应视为废标:

①没有按照招标文件要求提供投标担保或所提供的投标担保有瑕疵;

②投票文件没有投票人授权代表签字和加盖公章;

③投标文件载明的招标项目完成期限超过招标文件规定的期限;

④明显不符合技术规格、技术标准的要求;

⑤投标文件载明的货物包装方式、检查标准和方法等不符合招标文件的要求;

⑥投标文件附有招标人不能接受的条件;

⑦不符合招标文件中规定的其他实质性要求

【例题3】 根据我国《招标投标法》的规定,以下工程建设项目必须进行招标的有(　　)。

A 大型基础设施、公用事业等关系社会公共利益、公众安全的项目

B 全部或部分使用国有资金投资或者国家融资项目

C 某企业职工集体建立的职工住宅项目

D 使用国际组织或者国外政府贷款、援助资金的项目

E 小型工程

答　　案: ABD

解题思路: 在中华人民共和国境内进行下列工程建设项目(包括项目的勘察、设计、施工、监理以及与工程建设有关的重要设备、材料等的采购),必须进行招标:

(1)大型基础设施、公用事业等关系社会公共利益、公众安全的项目;

(2)全部或者部分使用国有资金投资或者国家融资的项目;

(3)使用国际组织或者外国政府贷款、援助资金的项目。

对上述必须进行招标的建设项目,任何单位或者个人不得将其化整为零或者以其他任何方式规避招标。有关行政监督部门依法对招标投标活动实施监督。

【例题4】 在招标投标过程中,评标的方法主要有(　　)。

A 最低投标价法　　B 综合评估法　　C 成本加酬金法

D 行政法规允许的其他评标方法　　E 头脑风暴法

答　　案: ABD

解题思路: 评标方法主要有:最低投标价法、综合评估法和行政法规允许的其他评标方法。

（三） 掌握内容

重点一 合同的订立

【例题1】 当事人在订立合同的过程中，应当承担缔约责任的情形有（　　）。

A 假借订立合同，恶意进行磋商

B 泄露对方商业秘密

C 提供虚假情报

D 故意隐瞒与订立合同有关的重要事实

E 经过艰苦谈判却未订立合同

答　　案： ACD

解题思路： 当事人在订立合同过程中有下列情况之一，给对方造成损失的，应当承担缔约赔偿责任：假借订立合同，恶意进行磋商；故意隐瞒与订立合同有关的重要事实或者提供虚假情况；有其他违背诚实、信用原则的行为。

重点二 合同的效力

【例题1】 根据《合同法》的规定，一方以欺诈、胁迫的手段订立合同，但不损害其他第三者利益的，则该合同（　　）。

A 无效　　B 有效

C 可撤销或变更　　D 据具体情况确定

答　　案： C

解题思路： 《合同法》规定：一方以欺诈、胁迫的手段订立合同，但是不损害其他第三方利益的，该合同可撤销或变更。

【例题2】 合同有效的前提之一要求当事人具有相应的民事行为能力，下列表述中不正确的是（　　）。

A 无民事行为能力人可以签订任何内容的合同

B 限制民事行为能力的人只能签订与其年龄、智力和精神状况相适应的合同

C 法人签订合同时，应具有法人资格

D 限制民事行为能力的人签订的合同与其民事行为能力不符，须经其法定代理人追认

答　　案： A

解题思路： 合同的有效条件：主体要合格。即签订合同的当事人应当具有相应的民事权利能力和民事行为能力。意思表示真实。合同的内容合法。合同的内容确定、可能。

【例题3】 合同终止后，合同中结算和清理条款的效力（　　）。

A 不受影响　　B 同时终止　　C 部分无效　　D 需新约定

答　　案： A

解题思路： 合同终止后，合同中结算和清理条款的效力不受影响。

重点三　合同的履行

【例题1】　合同标的执行政府指导价的，如果逾期交付，遇价格下降时应按(　　)执行。

A 新价格　　B 合同价格　　C 原价格　　D 成本加酬金

答　案：A

解题思路：按照订立合同时履行地市场价格履行，依法应当执行政府指导的按照规定执行(惩罚有过错一方的原则)：在合同约定的交付期限内政府价格调整时，按照交付时的价格计价；逾期交付标的物的，遇价格上涨时按照原价格执行、遇价格下降时按照新价格执行；逾期提取标的物或逾期付款的，遇价格上涨时按照新价格执行、遇价格下降时按照原价格执行。

【例题2】　下列不属于同时履行抗辩权的适用条件的是(　　)。

A 由同一商业合同产生互付的对价给付债务

B 合同中约定了先后履行顺序

C 双方当事人没有履行或没有完全履行债务

D 对价给付是可能履行的义务

答　案：B

解题思路：同时履行抗辩权又叫做不履行抗辩权，是指在没有规定履行顺序的双务合同中，当事人一方在对当事人未予给付之前，有权拒绝先给付。根据该定义可知B不符合同时履行抗辩权的条件。

【例题3】　若甲、乙双方在合同中约定的违约金为5万元，由于甲方不履行合同，造成了乙方3万元损失，则甲方应向乙至少支付(　　)万元。

A 3　　B 5　　C 8　　D 10

答　案：A

解题思路：损失赔偿额应当相当于因违约所造成的损失(实际损失)，包括直接损失(原有财产的减少)和间接损失(合同履行后可以获得的利益)，但不得超过违反合同一方订立合同时预见到或者应当预见到的因违反合同可能造成的损失。

【例题4】　合同生效后，当事人对合同价款约定不明确，且无法通过其他方法确定时，可以按照(　　)价格履行。

A 订立合同时订立地的市场　　B 履行合同时履行地的市场

C 履行合同时订立地的市场　　D 订立合同时履行地的市场

答　案：D

解题思路：合同生效后，当事人对合同价款或者报酬不明确时，按照订立合同时履行地的市场价格履行，应当执行政府指导价的按照规定执行(惩罚有过错一方的原则)：在合同约定的交付期限内政府价格调整时，按照交付的价格计价：逾期交付标的物的，遇价格上涨时按照原价格执行、遇价格下降时按新价执行；逾期提取标的物或者逾期付款的，遇价格上涨时按照新价格执行、遇价格下降时按照原价格执行。

【例题5】　合同生效后，当事人对合同的内容没有约定或者约定不明确的，可以(　　)。

A 按照债权人的理解确定　　B 按照债务人的理解确定

C 按照交易习惯确定　　D 将未约定的内容视为无效

答　　案: C

解题思路: 若合同约定不够明确,应采取补救措施:由当事人协议补充;按照合同有关条款或者交易习惯确定。

【例题6】 当事人在合同中既约定违约金,又约定定金的,当一方违约时,对方可以选择(　　)条款。

A 采用违约金或者定金　　B 同时采用违约金和定金

C 先采用违约金再采用定金　　D 先采用定金再采用违约金

答　　案: A

解题思路: 合同法规定:当事人即约定违约金,又约定定金的,一方违约时,对方可以选择适用违约金或者定金条款。

重点四　合同争议的解决

【例题1】 某建设工程的工程所在地是北京,投资方(甲)是上海的企业,施工方(乙)是天津的企业,甲方双方因工程施工合同纠纷需提起诉讼,应由(　　)的人民法院管辖。

A 北京　　B 上海

C 天津　　D 上述三地中的任何一个地点

答　　案: A

解题思路: 诉讼是合同当事人各方将合同争议提交人民法院受理,由人民法院依司法程序通过调查、作出判决、采取强制措施等来处理纠纷的方法。对于一般的合同争议,由被告住所地或合同履行地人民法院管辖;对于建设工程合同的纠纷一般都适用不动产所在地的专属管辖,由工程所在地人民法院管辖。

【例题2】 当事人一方在规定的期限内,没有履行仲裁裁决的,(　　)。

A 另一方可请求人民法院强制执行　B 仲裁机构可以强制执行

C 另一方面可向人民法院提起诉讼　D 另一方可请求公安机关强制执行

答　　案: A

解题思路: 当事人一方在规定的期限内,没有履行仲裁裁决的,另一方可请求人民法院强制执行。

重点五　合同的终止

【例题1】 损害国家利益的合同,如果只有一方是故意的,故意的一方将从对方处取得的财产还给对方,非故意的一方取得的约定财产应该(　　)。

A 返还给对方　B 协商解决　C 收归国家所有　D 仲裁解决

答　　案: C

解题思路: 《合同法》规定:损害国家利益的合同,如果只有一方是故意的,故意的一方将从对方处得财产还给对方,非故意一方取得的约定财产应该收归国家所有。

【例题2】 合同终止最主要和最常见的原因是(　　)。

A 清偿　B 采取补救措施　C 合同变更　D 混同

答　　案:A

解题思路:《合同法》规定了合同终止的几种情形:债务已经按照约定履行;合同解除;债务相互抵消;债务人依法将标的物得存;债权人免除债务;债权债务同归于一人;法律规定或者当事人约定终止的其他情形。其中最常见和最主要的原因是清偿。

四、复习题精选

(一)单项选择题

1. 在实施委托代理行为的过程中,因委托书授权不明而引发民事责任的法律后果是(　　)。
   A 代理人向第三人承担民事责任,被代理人承担连带责任
   B 被代理人向第三人承担民事责任,代理人承担连带责任
   C 代理人独立向第三人承担民事责任
   D 被代理人独立向第三人承担民事责任

2. 属于我国《合同法》调整范围的是指由(　　)产生的债权债务关系。
   A 双方当事人协商一致　　B 侵权行为
   C 不当得利　　D 无因管理

3. 根据我国《合同法》的规定,属于可变更、可撤销合同的是(　　)的合同。
   A 以欺诈、胁迫的手段订立损害国家利益
   B 以合法形式掩盖非法目的
   C 因重大误解订立或订立时显失公平
   D 恶意串通,损害国家、集体或第三人利益

4. 当建设工程施工合同因工程价款结算引起双方当事人发生争议而通过仲裁机构裁决后,如果当事人一方不执行,另一方当事人可以向(　　)人民法院申请强制执行。
   A 合同签订地　　B 工程所在地
   C 发包人住所地　　D 承包人住所地

5. 根据我国《合同法》的规定,对于无效合同或者被撤销的合同,其中仍具有法律效力的是独立存在的有关(　　)的条款。
   A 违约责任　　B 履行期限和地点
   C 解决争议方式　　D 质量保修范围

6. 根据我国《合同法》的规定,构成违约责任的核心要件是(　　)。
   A 违约方当事人客观上存在违约行为
   B 违约方当事人主观上有过错
   C 守约方当事人客观上存在损失
   D 由合同当事人在法定范围内自行约定

7. 根据我国《城市房地产管理法》的规定,下列关于城市房地产交易的表述中正确的是(　　)。
   A 房地产权利人转让房地产,应当报县级以上人民政府审批
   B 房地产转让、抵押时,该房屋占用范围内的土地使用权可不转让、抵押
   C 房屋重置价格是指前一年新建同样房屋的价格

D 房地产权利人转让房地产,应当将成交价在县级以上人民政府备案

8. 根据我国《保险法》的规定,下列关于保险合同的表述中正确的是(　　)。

A 人身保险的受益人只能由投保人指定

B 保险合同成立后,投保人可以按照合同规定分期支付保险费

C 在合同有效期内,如果保险标的危险程度增加,保险人无权要求增加保险费

D 保险合同成立后,投保人可以根据需要无条件地随时转让保险标的

9. 经济法是调整(　　)的法律规范的总称。

A 完全平等的经济关系　　B 全部经济关系

C 特定的经济关系　　D 全部财产关系

10. 法人的定义是(　　)。

A 具有独立享有民事权利和承担民事义务的人

B 守法的公民

C 依法独立享有民事权利和承担民事义务的组织

D 企业的领导人

11. 法人的变更是指(　　)。

A 依据行政机关的命令撤销　　B 法人法定存在期限届满

C 法人改变经营性质或范围　　D 法人依法宣告破产

12. 法人对其代表人在法人权限范围内进行的各种业务活动的一切行为(不管是违法行为,还是合法行为),均应(　　)法律责任。

A 与其代表人共同承担　　B 不承担

C 根据具体情况确定是否承担　　D 承担

13. 法人对其代表人在法人经营范围之外,从事非法经营,或有其他违反国家法律、法令行为,从而使利害关系人遭受重大损失时,应(　　)法律责任。

A 与其代表人共同承担　　B 不承担

C 根据具体情况确定是否承担　　D 承担

14. 下列(　　)是指能够引起经济法律关系产生、变更或消灭的客观现象。

A 经济法律事实　　B 客观事件

C 经济法律规范　　D 法律行为

15. 下列情况中(　　)属于对经济法律关系产生影响的“事件”。

A 不可抗力阻碍当事人履行义务　　B 当事人的违法行为

C 当事人双方通过洽商签订补充协议　　D 当事人之间发生合同争议

16. 被代理人对代理人的代理行为(　　)民事责任。

A 与代理人共同承担　　B 不承担

C 根据代理协议确定是否承担　　D 承担

17. 招标代理行为属于(　　)。

A 法定代理　　B 指定代理

C 根据代理协议确定　　D 委托代理

18. 无权代理行为必须得到(　　)的追认,方为有效。

A 上级主管部门　　B 第三人
C 无权代理人　　D 被代理人

19. 财产所有权的权能不包括(　　)。
A 占有权　　B 使用权　　C 收益权　　D 撤销权

20. 诉讼时效是指权利人在法定期间内不行使权利,法律规定消灭其(　　)的制度。
A 起诉权　　B 上诉权　　C 撤销权　　D 胜诉权

21. 公民身体受到伤害要求赔偿的诉讼时效期间为(　　)。
A 四年　　B 两年　　C 半年　　D 一年

22. 下列(　　)是指在诉讼时效期间的最后六个月内,由于不可抗力或其他障碍,权利人不能行使请求权,诉讼时效期暂停计算,从障碍消除之日起,诉讼时效继续计算。
A 诉讼时效起算　　B 诉讼时效延长
C 诉讼时效中断　　D 诉讼时效中止

23. 某公路工程施工合同约定,业主应于1997年5月10日支付工程款,但业主一直未按约定支付。1998年9月10日发生了持续一个月阻碍施工单位提起诉讼的不可抗力事件,则该欠款纠纷的诉讼时效期限至(　　)。
A 2000年9月9日　　B 1998年5月9日
C 1999年6月9日　　D 1999年5月9日

24. 第九届全国人大第二次会议通过了《中华人民共和国合同法》,于(　　)起施行。
A 1999年3月15日　　B 1999年8月1日
C 2000年1月1日　　D 1999年10月1日

25. 要约是指(　　)。
A 希望和他人订立合同的意思表示
B 同意和他人订立合同的意思表示
C 希望他人向自己发出订立合同的意思表示
D 招标公告

26. 根据《合同法》的规定,要约在(　　)时生效。
A 受要约人确认受到要约　　B 要约到达受要约人
C 受要约人作出承诺　　D 要约人发出要约

27. 附生效条件的合同,自(　　)时生效。
A 当事人不正当促成生效条件成就　　B 生效条件成就
C 生效期限届满　　D 合同成立

28. (　　)是指要约生效前,要约人欲使其不发生法律效力而取消要约的意思表示。
A 要约邀请　　B 要约撤回　　C 要约撤销　　D 要约生效

29. 下列(　　)是指要约在发生法律效力后,要约人欲使其丧失法律效力而取消该项要约的意思表示。
A 要约邀请　　B 要约撤销　　C 要约撤回　　D 要约生效

30. 下列可能成为要约的是(　　)。
A 招标公告　　B 拍卖广告　　C 招股说明书　　D 商业广告

31. 接受要约的受要约人作出承诺后,要约和承诺的内容(　　)产生法律效力。

A 仅对要约人　　B 对双方　　C 仅对受要约人　D 对双方都不

32. 因重大误解订立的合同,(　　)有权作出变更或撤销的决定。

A 合同当事人　　B 工商行政管理部门

C 仲裁机构　　D 人民法院

33. 合同无效或合同被撤销后,因该合同取得的财产不能返还或没有必要返还的,应(　　)。

A 追缴财产　　B 赔偿损失　　C 必须返还　　D 折价补偿

34.《合同法》规定,在合同履行过程中债权人的撤销权自债务人的行为发生之日起(　　)内没有行使撤销权,该撤销权消灭。

A 四年　　B 三年　　C 两年　　D 一年

35. 某单位受委托与供货商签订供货合同时,事先必须从委托单位取得(　　)后,签订的供货合同对委托单位才能产生法律效力。

A 货物需求计划　　B 委托授权书　　C 履约保证书　　D 订货单

36. 如果合同标的执行政府定价或政府指导价,逾期交付标的物的,遇价格下降时应按(　　)执行。

A 合同价格　　B 原价格　　C 成本加酬金　　D 新价格

37. 如果合同标的执行政府定价或政府指导价,逾期交付标的物的,遇价格上涨时应按(　　)执行。

A 合同价格　　B 新价格　　C 成本加酬金　　D 原价格

38. 如果合同标的执行政府定价或政府指导价,逾期提取标的物或逾期付款的,遇价格上涨时应按(　　)执行。

A 合同价格　　B 原价格　　C 成本加酬金　　D 新价格

39. 如果合同标的执行政府定价或政府指导价,逾期提取标的物或逾期付款的,遇价格下降时应按(　　)执行。

A 合同价格　　B 新价格　　C 成本加酬金　　D 原价格

40. 合同约定由债务人向第三方履行债务的,当债务人未履行债务或履行债务不符合约定时,应由(　　)承担违约责任。

A 债权人　　B 债务人　　C 第三方　　D 公证人

(二)多项选择题

1. 根据我国《合同法》的规定,在使用格式条款合同时,由提供格式条款合同的一方当事人在合同中设定、但不具备法律效力的条款有(　　)的条款。

A 免除对方责任　　B 免除自己责任　　C 加重对方责任

D 排除自己主要权利　　E 排除对方主要权利

2. 根据我国《建筑法》的规定,下列行为中属于禁止性行为的有(　　)。

A 施工企业允许其他单位使用本企业的营业执照,以本企业的名义承揽工程

B 施工企业联合高资质等级的企业承揽超出本企业资质等级许可范围的工程

C 两个以上的建筑施工企业联合承包大型或结构复杂的建筑工程

D 总承包单位自行将承包工程中的部分工程发包给有相应资质条件的分包单位

E 分包单位将承包的工程根据工程实际再分包给具有相应资质条件的分包单位

3. 根据我国《土地管理法》的规定，在下列可以收回国有土地使用权的情形中，收回土地使用权后应对土地使用人给予适当补偿的有（　　）。

A 因单位撤销、迁移等原因，停止使用原划拨的国有土地

B 土地出让合同约定的使用期届满后使用者未申请续期的土地

C 为公共利益需要而使用的土地

D 公路、铁路、机场、矿场等经核准报废的土地

E 为实施城市规划进行旧城区改建，需要调整的土地

4. 经济法体系包括规范（　　）的法律。

A 市场经济主体　　B 市场行为

C 国家机关经济管理行为　　D 社会保障体系

5. 经济法律关系是指社会关系为经济法律规范调整时所形成的权利义务关系，其组成要素包括（　　）。

A 主体　　B 内容　　C 客体　　D 事件

6. 下列（　　）是经济法律关系的当事人。

A 国家机关　　B 法人　　C 个体工商户　　D 公民

7. 根据法律规定，法人应具备的条件是（　　）。

A 依法成立　　B 应有自己的名称、组织机构和场所

C 有必要的财产或经费　　D 能够独立承担民事责任

8. 经济法律关系的客体包括（　　）。

A 与之有经济关系的组织或个人　　B 物

C 智力成果　　D 行为

9. 下列（　　）属无效的代理合同。

A 虽然事后被代理人追认，但代理人是在代理权消失后签订的合同

B 代理人以被代理人的名义同自己或同自己代理的其他被代理人签订的合同

C 被代理人知道代理人以自己的名义签订合同的行为未经授权，但不做否认表示的合同

D 代理人未经授权或超越代理权限签订的合同

10. 财产所有权的权能包括（　　）。

A 占有权　　B 使用权　　C 收益权　　D 处分权

11. 合同是平等主体的（　　）之间设立、变更、终止民事权利义务关系的协议。

A 自然人　　B 法人　　C 其他组织　　D 国家机关

12. 经济法律关系的主体是（　　）。

A 农村承包经营户　　B 个体工商户　　C 其他经济组织　　D 法人

13. 合同的书面形式包括（　　）。

A 电话　　B 合同书　　C 信件　　D 数据电文

14. 按照《合同法》的规定，下列（　　）等内容属于各类合同一般应包括的条款。

A 合同价款和支付方法　　B 数量和质量的约定

C 解决合同争议的方法　　　　D 合同担保方式

15. 当事人对合同的格式条款的理解发生争议时,(　　)。

A 应按通常的理解予以解释

B 有两种以上解释的,应作出有利于提供格式条款的一方的解释

C 有两种以上解释的,应作出不利于提供格式条款的一方的解释

D 在格式条款与非格式条款不一致时,应采用非格式条款

16. 无效合同的确认权属于(　　)。

A 合同当事人双方的上级　　　　B 公安、检查机关

C 仲裁机构　　　　D 人民法院

17. 下列(　　)可以作为保险合同的受益人。

A 投保人　　B 保险人　　C 被保险人　　D 承包人

18. 税所具有的特点是(　　)。

A 强制性　　B 固定性　　C 无偿性　　D 统一性

19. 从价格管理的角度,价格可以分为(　　)。

A 市场调节价　　B 政府定价　　C 政府指导价　　D 协议价格

20.《招标投标法》规定,以下(　　)工程建设项目必须进行招标。

A 大型基础设施、公用事业等关系社会公共利益、公众安全的

B 全部或部分使用国有资金投资或国家融资的

C 企业职工集资建设的

D 使用国际金融组织或外国政府贷款、援助资金的

(三)判断题(正确者打✓,错误者打×)

1. 经济法是调整国家管理机关、社会组织和具有合法资格的生产经营者,在经济管理、经济协作以及市场经济运作中所发生的经济关系的法律规范的总称。

2. 法人是指具有民事权利能力和民事行为能力,依法独立享有民事权利和承担民事义务的组织。

3. 法定代表人的一切行为都应视为法人的行为,其法律后果都应由法人承担。

4. 经济法律关系的内容是指经济法律关系主体间的经济权利和经济义务。

5. 经济权利是指经济法律关系主体依法必须为一定行为或不为一定行为。

6. 经济义务是指经济法律关系主体依法必须为一定行为或不为一定行为。

7. 被代理人是指由他人代替自己实施民事法律行为的人。

8. 被代理人不对代理人的代理行为承担民事责任。

9. 对于无权代理行为,被代理人可以不承担法律责任。

10. 财产所有权具有绝对性。

11. 诉讼时效中断后,从障碍消除之日起,诉讼时效继续计算。

12. 当事人之间签订的合同受法律的保护。

13. 要约撤回是指要约在发生法律效力之前,欲使其不发生法律效力而取消要约的意思表示。

14. 要约撤销是指要约在发生法律效力之后,欲使其丧失法律效力而取消要约的意思

表示。

15. 在格式条款与非格式条款不一致时,应采用格式条款。

五、复习题答案与讲评

(一)单项选择题

1. B　在实施委托代理行为的过程中,因委托书授权不明而引发民事责任,被代理人向第三人承担民事责任,代理人承担连带责任。

2. A　我国《合同法》调整范围的是指由双方当事人协商一致产生的债权债务关系。

3. C　《合同法》的规定,因重大误解订立或订立时显失公平的合同属于可变更、可撤销的合同。以欺诈、胁迫的手段订立损害国家利益,以合法形式掩盖非法目的,恶意串通,损害国家、集体或第三人利益都是无效合同。

4. B　当建设工程施工合同因工程价款结算引起双方当事人发生争议而通过仲裁机构裁决后,如果当事人一方不执行,另一方当事人可以向工程所在地人民法院申请强制执行。

5. C　《合同法》的规定,对于无效合同或者被撤销的合同,其中仍具有法律效力的是独立存在的有关解决争议方式的条款。

6. A　《合同法》的规定,构成违约责任的核心要件是只要违约方客观上存在违约行为。

7. C

8. B　人身保险的受益人只能由被保险人指定;保险合同成立后,投保人可以按照合同规定分期支付保险费;在合同有效期内,如果保险标的危险程度增加,保险人可以要求增加保险费;保险合同成立后,投保人不可以根据需要转让保险标的。

9. C

10. C　法人的定义是依法独立享有民事权利和承担民事义务的组织,不是个人。

11. C

12. D　法人对其代表人在法人权限范围内进行的各种业务活动的一切行为(不管是违法行为,还是合法行为),均应承担法律责任。

13. A　法人对其代表人在法人经营范围之外,从事非法经营,或有其他违反国家法律、法令行为,从而使利害关系人遭受重大损失时,应与其代表人共同承担法律责任。

14. A　这是法律事实的定义。

15. A　事件是指不以当事人意志为转移的客观现象。

16. D

17. D　招标代理行为属于委托代理。

18. D

19. D　所有权的权能包括占有、使用、收益与处分权。

20. D　诉讼时效是指权利人在法定期间内不行使权利,法律规定消灭其胜诉权的制度。

21. D　公民身体受到伤害要求赔偿的诉讼时效期间为一年。

22. D

23. D　诉讼时效期间的最后六个月内，由于不可抗力或其他障碍，权利人不能行使请求权，诉讼时效期暂停计算，从障碍消除之日起，诉讼时效继续计算。

24. D

25. A　要约是指希望和他人订立合同的意思表示。

26. B　要约在要约到达受要约人时生效。我国采用到达主义。

27. B

28. B　要约撤回是指要约生效前，要约人欲使其不发生法律效力而取消要约的意思表示。

29. B　要约撤销是指要约在发生法律效力后，要约人欲使其丧失法律效力而取消该项要约的意思表示。

30. D　31. B

32. A　因重大误解订立的合同，合同当事人有权作出变更或撤销的决定。仲裁机构介入必须有仲裁协议，人民法院介入必须有当事人的起诉，民事合同一般原则是民不告官不究。

33. B　合同无效或合同被撤销后，因该合同取得的财产不能返还或没有必要返还的，应赔偿损失 。

34. D　《合同法》规定，在合同履行过程中债权人的撤销权自债务人的行为发生之日起一年内没有行使撤销权，该撤销权消灭。

35. B　36. D　37. D　38. D　39. D

40. B　合同约定由债务人向第三方履行债务的，当债务人未履行债务或履行债务不符合约定时，应由债务人承担违约责任。第三人履行债务并不改变合同关系，即不消灭原来的债权债务关系。

(二)多项选择题

1. BCE　《合同法》规定，在使用格式条款合同时，由提供格式条款合同的一方当事人在合同中设定的免除自己责任、加重对方责任、排除对方主要权利的条款都不具备法律效力。

2. ABDE

3. CE　根据我国《土地管理法》的规定，五种情形都可以收回国有土地使用权，但为公共利益需要而使用的土地和为实施城市规划进行旧城区改建，需要调整的土地应对土地使用人给予适当补偿。

4. ABCD

5. ABC　经济法律关系的组成要素包括主体、内容和客体。

6. ABCD　7. ABCD

8. BCD　经济法律关系的客体包括物、智力成果和行为。

9. BD　10. ABCD

11. ABC　国家机关不能作为平等主体。

12. ABCD

13. BCD　电话是口头形式。

14. ABC　合同的基本条款中不一定有担保方式。

15. ACD　当事人对合同的格式条款的理解发生争议时，应按通常的理解予以解释；有两种以上解释的，应作出不利于提供格式条款的一方的解释；在格式条款与非格式条款不一致时，应采用非格式条款。

16. CD　无效合同的确认权属于仲裁机构和人民法院。除此以外没有其他的机构。

17. AC　被保险人和投保人都可以是收益人。没有约定时前者优先于后者。

18. ABC　　19. ABC

20. ABD　《招标投标法》规定，必须进行招标工程建设项目有：1）大型基础设施、公用事业等关系社会公共利益、公众安全的；2）全部或部分使用国有资金投资或国家融资的；3）使用国际金融组织或外国政府贷款、援助资金的。

（三）判断题

1. ✓　2. ✓　3. ✓　4. ✓

5. ×　经济义务是指经济法律关系主体依法必须为一定行为或不为一定行为。

6. ✓　7. ✓

8. ×　被代理人应该对代理人的代理行为承担民事责任。

9. ✓　10. ✓

11. ×　诉讼时效中断后，从障碍消除之日起，诉讼时效重新计算。

12. ×　当事人之间签订的有效合同受法律的保护，无效合同自始不受法律保护。

13. ✓　14. ✓

15. ×　在格式条款与非格式条款不一致时，应采用非格式条款。

第七章　工程合同管理

一、考试大纲要求

1. 了解建设工程合同的概念及分类，了解总承包合同的管理。

2. 熟悉建设工程勘察和设计合同的管理。

3. 掌握施工合同管理。包括：施工合同文件的组成及解释顺序，施工合同类型与条件的选择。

4. 掌握施工合同主要条款。包括：双方的一般权利和义务，施工组织设计和工期，质量和检验，合同价款与支付，竣工验收及结算，索赔和争议。

5. 掌握施工合同的订立和履行，掌握施工合同的违约责任，掌握施工合同的变更与解除。

6. 了解承揽合同、委托合同、租赁合同、借款合同、运输合同、担保合同、买卖合同、仓储合同的内容。

7. 了解 FIDIC 合同条件的基本内容及其具体应用。

8. 了解 FIDIC 合同条件中涉及费用管理、工程进度控制和法规性的条款。

二、知识点提要

1. 建设工程合同（表 1-7-1）

表 1-7-1

<table>
<tr><th>概念</th><th colspan="2">主　要　内　容</th></tr>
<tr><td rowspan="5">建设工程合同</td><td rowspan="2">分类</td><td>建设工程合同从承发包的不同范围和数量,可以分为建设工程总承包合同、建设工程承包合同、分包合同</td></tr>
<tr><td>从完成承包的内容来划分,建设工程合同可以分为建设工程勘察合同、建设工程设计合同和建设工程施工合同三类</td></tr>
<tr><td>总承包合同</td><td>是指由建设单位和总承包单位签订的、为完成从工程立项到交付使用全过程承包而明确双方权利、义务关系的协议</td></tr>
<tr><td>建设工程勘察、设计合同</td><td>委托方一般是项目业主(建设单位)或建设工程承包单位;承包方是持有国家认可的勘察、设计证书的勘察设计单位</td></tr>
<tr><td>施工合同</td><td>当事人是发包方和承包方,双方是平等的民事主体</td></tr>
</table>

2. 公路工程施工合同(表 1-7-2)

表 1-7-2

<table>
<tr><th>概念</th><th colspan="2">主　要　内　容</th></tr>
<tr><td rowspan="3">公路工程施工合同</td><td>组成</td><td>①施工合同协议书;②中标通知书;③投标书及其附件(含承包人在评标期间和合同谈判过程中递交并确认且经业主同意的对有关问题的补充资料和澄清文件等,如果有);④施工合同专用条款;⑤施工合同通用条款;⑥技术规范(含招标文件补遗书中与此有关的部分,如果有);⑦图纸(含招标文件补遗书中与此有关的部分,如果有);⑧标价的工程量清单</td></tr>
<tr><td>效力</td><td>双方有关工程的洽商、变更等书面协议或文件视为协议书的组成部分,当合同文件中出现不一致时,上面的顺序就是合同的优先解释顺序</td></tr>
<tr><td>主要条款</td><td>双方的一般权利和义务,施工组织设计和工期,质量和检验,合同价款与支付,竣工验收及结算,索赔和争议;施工合同的订立和履行,掌握施工合同的违约责任,掌握施工合同的变更与解除</td></tr>
</table>

3. 其他合同(表 1-7-3)

表 1-7-3

概念	主　要　内　容
买卖合同	它以转移财产所有权为目的,合同履行后,标的物的所有权转移归买受人
借款合同	是借款人向贷款人借款,到期返还借款并支付利息的合同
租赁合同	是转让财产使用权的合同
运输合同	是承运人将旅客或货物从起运点运输到约定地点,旅客、托运人或收货人支付票款或运输费用的合同
担保合同	是指由担保人和被担保人约定,以自己的信誉或财产保证被担保人的债权实现的合同
仓储合同	储存期间届满,存货人或仓单持有人应凭仓单提取仓储物
委托合同	其核心内容就是由委托人和受托人事先约定,由受托人有偿或无偿代理委托人处理事务
承揽合同	是承揽人按照定做人的要求完成工作,交付工作成果,定做人给付报酬的合同
FIDIC 合同	条件由通用合同条件和专用合同条件两部分构成

三、重点难点分析与例题解析

(一) 了解内容

重点一 建设工程合同

【例题1】 以付款方式进行划分,工程项目合同可分为:(1)总价合同;(2)单价合同;(3)成本加酬金合同三种。以承包商所承担的风险从小到大的顺序来排列,应该是( )。

A (1)-(2)-(3)　　B (3)-(2)-(1)

C (2)-(3)-(1)　　D (1)-(2)-(3)

答　案:D

解题思路:在以付款方式进行划分的工程项目合同中,承包商所承担的风险大小顺序:总价合同 > 单价合同 > 成本加酬金合同。

重点二 FIDIC 合同条件

【例题1】 FIDIC 合同条件规定,合同的有效期是指从合同签字之日起到( )日止。

A 颁发工程移交证书

B 颁发解除缺陷责任证书

C 承包商提交给业主的“结清单”生效

D 工程移交证书注明的竣工之日

答　案:C

解题思路:自合同签字日起至承包商提交给业主的“结清单”生效日止,施工承包合同对业主和承包商均具有法律约束力。

【例题2】 FIDIC 合同条件规定的“暂列金额”特点之一是( )。

A 该笔费用的金额包括在中标的合同价价内

B 业主有权根据施工的实际需要控制使用

C 此项费用的支出只能用于中标承包商的施工

D 工程竣工前该笔费用必须全部使用

答　案:A

解题思路:某些项目的工程量清单中包括有“暂列金额”款项,尽管这笔款额计入在合同价格内,但其使用却归工程师控制。施工过程中工程师有权依据工程进展的实际需要经业主同意后,将其用于施工或提供物资、设备,以及技术服务等内容的开支,也可以作为供意外用途的开支。他有权全部使用、部分使用或完全不用。

【例题3】 在 FIDIC 合同条件中,( )属于承包商应承担的风险。

A 施工遇到图纸上未标明的地下构筑物

B 社会动乱导致施工暂停

C 专用条款内约定为固定汇率,合同履行过程中汇率的变化

D 施工过程中当地税费的增长。

答　　案：C

解题思路："施工遇到图纸上未标明的地下构筑物""社会动乱导致施工暂停"和"施工过程中当地税费的增长"属于业主承担的风险。

【例题4】 FIDIC 合同条件规定：当颁发部分工程移交证书时，(　　)。

A 不应返还保留金

B 应退还一半保留金

C 应退还该部分工程占合同工程相应比例保留金的一半

D 应全部退还保留金

答　　案：C

解题思路：颁发了整个工程的接收证书时，将保留金的前一半支付给承包商；如果颁发的接收证书只是限于一个区段或工程的一部分，则：

返还金额 = 保留金总额的一半 ×（移交工程区段或部分的合同价值/最终合同价值的估算值）×40%

【例题5】 FIDIC 合同条件规定，(　　)之后，工程师就无权再指示承包商进行任何施工工作。

A 颁发工程移交证书　　B 颁发解除履约证书

C 签发最终支付证书　　D 承包商提交结清单

答　　案：B

解题思路：履约证书是承包商已按合同规定完成全部施工义务的证明，因此该证书颁发后工程师就无权再指示承包商进行任何施工工作，承包商即可办理最终结算手续。

【例题6】 F1DIC 施工合同条件规定的合同文件组成部分包括(　　)。

A 规范　　B 图纸

C 资料表　　D 投标保函

E 中标函

答　　案：ABCE

解题思路：合同文件包括：①合同协议书；②中标函；③投标函；④合同专用条件；⑤合同通用条件；⑥规范；⑦图纸；⑧资料表以及其他构成合同一部分的文件等。

【例题7】 FIDIC 施工合同条件规定的"不可预见物质条件"范围包括(　　)。

A 不利于施工的自然条件　　B 招标文件未说明的污染物影响

C 不利的气候条件　　D 招标文件未提供的地质条件

E 战争或外敌入侵

答　　案：ABD

解题思路：不可预见物质条件的范围：承包商施工过程中遇到不利于施工的外界自然条件、人为干扰、招标文件和图纸均未说明的外界障碍物、污染物的影响、招标文件未提供或与提供资料不一致的地表以下的地质和水文条件，但不包括气候条件。

【例题8】 FIDIC 施工合同条件规定的指定分包商，其特点为(　　)。

A 由业主选定并管理

B 与承包商签订合同

C 其工程款从工程量清单中的工作内容项目内开支

D 承担不属于承包商应完成工作的施工任务

E 由承包商负责协调管理

答　　案： BDE

解题思路： 虽然指定分包商与一般分包商处于相同的合同地位，但二者并不完全一致，主要差异体现在：①选择分包单位的权利不同；②分包合同的工作内容不同；③工程款的支付开支项目不同；④业主对分包商利益的保护不同；⑤承包商对分包商违约行为承担责任的范围不同。

【例题 9】 在 FIDIC 合同条件中，工程接收证书的主要作用有(　　)。

A 指明竣工日期

B 转移工程照管责任

C 颁发证书日即缺陷责任期起始日

D 作为办理竣工结算的依据

E 意味着承包商与合同有关的实际义务已经完成

答　　案： ABD

解题思路： 工程接收证书中包括确认工程达到竣工的具体日期，该证书颁发后，意味着承包商按合同规定的工期完成施工义务，可以办理竣工结算手续了。同时，也意味着工程照管责任由承包商转移给业主。该证书中指明的竣工日期即为缺陷责任期的起始日。

【例题 10】 在 FIDIC 合同条件中，对于颁发工程移交证书的程序，下列提法正确的有(　　)。

A 工程达到基本竣工要求后，承包商以书面形式向工程师申请颁发移交证书

B 工程师接到申请后的 28 天内，如认为已满足基本竣工条件，即可颁发证书

C 如工程师认为没有达到基本竣工条件则指出还应完成哪些工作

D 承包商按工程师指示完成相应工作并得到其认可后，需再次提出申请

E 承包商按工程师指示完成相应工作并得到其认可后，不一定需要再次提出申请

答　　案： ABC

解题思路： 工程师接到承包商申请后的 28 天内，如果认为已满足竣工条件，即可颁发工程接收证书；若不满意，则应书面通知承包商，指出还需完成哪些工作后才能达到基本竣工条件。承包商按工程师的要求完成未尽义务后，工程师应及时签发接收证书，不需再次申请。

（二） 熟悉内容

重点一　勘察设计合同当事人的权利和义务

【例题 1】 建设工程设计合同履行时，(　　)是设计人的责任或义务。

A 提供有关设计的技术资料

B 修改预算

C 向有关部门办理各设计阶段设计文件的审批工作

D 确定设计深度与范围

答　　案：B

解题思路："提供有关设计的技术资料""向有关部门办理各设计阶段设计文件的审批工作"和"确定设计深度与范围"属于发包人的责任或义务。

【例题2】 设计合同规定，设计人承担合同义务的期限至（　　）日止。

A 交付设计文件　　B 设计文件审查通过

C 完成设计变更　　D 工程竣工验收合格

答　　案：D

解题思路：在合同正常履行的情况下，工程施工完成竣工验收工作，或委托专业建设工程设计完成施工安装验收，设计人为合同项目的服务结束。

【例题3】 依据设计合同的规定，（　　）是发包人的责任。

A 对设计依据资料的正确性负责

B 保证设计质量

C 提出技术设计方案

D 解决施工中出现的设计问题

E 提供必要的现场工作条件

答　　案：AE

解题思路：依据设计合同的规定，发包人的责任包括：①提供设计依据资料，并对正确性负责；②提供必要的现场工作条件；③外部协调工作；④保护设计人的知识产权；⑤遵循合理设计周期规律等。

【例题4】 设计合同履行过程中，发包人要求变更部分委托的设计工作内容。由于设计人不具备相应的资质，发包人准备将这部分设计任务转委托给另一设计人。设计合同范本针对此情况的规定包括（　　）。

A 发包人与设计人协商并经设计人同意

B 设计人必须与发包人选择的另一设计人签订合同

C 该部分设计成果须经设计人审查批准

D 设计人不对该部分的设计质量承担责任

E 设计人对该部分设计未能按时完成承担责任

答　　案：AD

解题思路：根据规定，在某些特殊情况下（例如，变更增加的设计内容专业性特点较强，超过了设计人资质条件允许承接的工作范围），发包人经原设计人书面同意后，也可以委托其他的具有相应资质等级的勘察设计单位修改。修改单位对修改的勘察、设计文件承担相应责任，设计人不再对修改的部分负责。

【例题5】 依据设计合同的规定，设计人应配合施工，包括（　　）。

A 负责设计变更　　B 负责修改预算

C 参加隐蔽工程验收　　D 参加施工组织设计审查

E 参加工程竣工验收

答　　案：ABCE

解题思路：设计人配合施工的义务包括：①设计交底；②解决施工中出现的设计问题；③

工程验收等。

【例题6】 依据勘察合同的规定,发包人应为勘察人提供的现场工作条件包括(　　)。

A 落实土地征用、青苗补偿

B 项目的可行性研究报告或项目建议书

C 处理施工扰民问题

D 平整施工现场

E 提供便利的交通与通讯条件

答　　案: ACD

解题思路: 根据项目的具体情况和合同的约定,发包人应提供的条件可能包括:①落实土地征用、青苗树木赔偿;②拆除地上地下障碍物;③处理施工扰民及影响施工正常进行的有关问题;④平整施工现场;⑤修好通行道路、排水沟渠以及水上作业用船等。

【例题7】 设计合同履行过程中,设计人的责任包括(　　)等。

A 保证设计质量　　B 负责设计交底

C 协调工程施工　　D 负责施工中发生的设计变更

E 确认承包人施工工艺的可靠性

答　　案: ABD

解题思路: 设计合同履行过程中,设计人的责任包括:①保证工程质量;②对外商的设计资料进行审查;③配合施工的义务(设计交底,解决施工中出现的设计问题,工程验收等);④保护发包人的知识产权等。

【例题8】 依据设计合同的规定,设计人在初步设计阶段的工作任务包括(　　)。

A 总体设计(大型工程)　　B 方案设计

C 建筑和工艺设计　　D 分专业设计并汇总

E 编制初步设计文件

答　　案: ABE

解题思路: 设计任务:(1)初步设计:①总体设计(大型工程);②方案设计,包括建筑设计、工艺设计、方案比选等;③编制初步设计文件,包括完善选定的方案、分专业设计并汇总、编制说明与概算、参加初步设计审查会议、修正初步审计等。(2)技术设计:提出技术设计计划,包括:工艺流程试验研究、特殊设备的研制、大型建(构)筑物关键部位的试验研究;编制技术设计文件;参加初步审查,并作必要修正。(3)施工图设计,包括建筑、结构和设计,专业的协调,编制施工图设计文件。

重点二　勘察设计合同的履行

【例题1】 下列关于建设工程勘察设计合同的说法,错误的是(　　)。

A 是委托人与承包人为完成一定的勘察设计任务,明确双方权利、义务关系的协议

B 委托人一般是项目业主,即建设单位,但不可能是建设工程承包单位

C 承包人是持有国家认可的勘察设计证书的勘察设计单位

D 合同的委托人、承包人一般均应具有法人地位

答　　案：B

解题思路：委托人一般是项目业主，即建设单位，但有可能是建设工程承包单位。因为取得勘察设计、施工任务的总承包单位，可以按规定将设计任务分包给具有资质的勘察设计单位进行勘察设计。

【例题2】 设计人的设计工作进展不到委托设计任务的一半时，发包人由于项目建设资金的筹措发生问题而决定停建项目，单方发出解除合同的通知。设计人应(　　)。

A 没收全部定金补偿损失

B 要求发包人支付双倍的定金

C 要求发包人补偿实际发生的损失

D 要求发包人付给约定设计费用的50%

答　　案：D

解题思路：在合同履行期间，发包人要求终止或解除合同则：①设计人未开始设计工作的，不退还已付的定金；②已开始设计工作的，发包人应根据设计人已进行的实际工作量，不足一半时，按该阶段设计费的一半支付；超过一半时，按该阶段设计费的全部支付。

【例题3】 设计文件批准后，不得任意修改和变更。如果发包人根据工程的实际需要确需修改时，必须经(　　)批准。

A 初步设计的批准单位　　B 原审批机关

C 建设单位　　D 原设计单位

答　　案：B

解题思路：设计文件批准后，不得任意修改和变更。如果发包人根据工程的实际需要确需修改时，必须经原审批机关批准。

【例题4】 委托配合引进项目的设计任务，委托人从询价、对外谈判、国内外技术考察直至建投产的各阶段，应吸收(　　)的单位参加。

A 承担监理业务　　B 有对外经营权

C 承担有关设计任务　　D 承担有关施工任务

答　　案：C

解题思路：委托配合引进项目的设计任务，委托人从询价、对外谈判、国内外技术考察直至建投产的各阶段，应吸收设计人参加；除制装费外，其他费用由发包人承担。

【例题5】 建设工程设计合同中，委托人应提供的文件和资料包括(　　)。

A 可行性研究报告或项目建议书　　B 工程选址报告

C 工程的概预算　　D 地下管线资料

答　　案：A

解题思路：发包人应提供的文件资料：1)设计依据文件和资料为，包括：(1)经批准的项目可行性研究报告或项目建议书；(2)限额设计的要求；(3)工程勘察资料等。2)项目设计要求文件，包括：(1)工程范围和规模；(2)限额设计的要求；(3)设计依据的标准等。

【例题6】 依据设计合同规定，办理各设计阶段设计文件的审批工作应由(　　)负责。

A 发包人　　B 承包人

C 监理人　　　　　　　　　　　　　　D 承包人的委托人

答　　案: A

解题思路: 依据设计合同规定,办理各设计阶段设计文件的审批工作应由发包人负责。

【例题7】 依据设计合同的规定,因发包人原因造成重大设计变更时,(　　)。

A 双方当事人不需另行协商签订补充协议或另签合同

B 发包人应按设计人因变更所耗的工作量向设计人增付设计费

C 在未签合同前,设计人为发包人所作的各项设计工作,发包人应按收费标准支付相应的设计费

D 在未签合同前经发包人同意,设计人为发包人所作的各项设计工作,发包人应按收费标准支付相应的设计费

E 双方当事人需另行协商签订补充协议或另签合同

答　　案: BDE

解题思路: 发包人变更委托设计项目、规模、条件或因提交的资料错误,或所提交资料作较大修改,以致造成设计人设计需返工时,双方除需另行协商签订补充协议外,发包人应按设计人所耗工作量增付设计费。在未签合同前发包人已同意,设计人所作的各项设计工作,发包人应按收费标准支付设计费。

重点三　勘察设计合同的违约责任

【例题1】 关于勘察设计合同的定金说法,不正确的是(　　)。

A 合同生效后,委托人应向承包人付出定金

B 勘察设计合同履行后,定金抵作勘察设计费

C 设计任务的定金为估算设计费的30%

D 委托人不履行合同,无权要求返还定金;承包人不履行,应当双倍返还定金

答　　案: C

解题思路: 设计任务的定金为估算设计费的20%。

【例题2】 依据勘察设计合同的规定,下列关于委托人的责任的说法中,不正确的是(　　)。

A 向设计人提供开展设计工作所需的有关资料,并对提供的时间、进度与资料的可靠性负责

B 勘察设计人员进入现场作业或配合施工,其费用自理,委托人不对其工作及生活条件承担责任

C 按照国家有关规定支付勘察设计费

D 维护承包人的勘察和设计文件,不得擅自修改,不得转让给第三方重复使用

答　　案: B

解题思路: 勘察设设计人员进入现场作业或配合施工,委托人应对其工作及生活条件提供一定的便利条件。

【例题3】 依据设计合同的规定,设计工作正式开始前,委托人按规定给设计人支付定金。合同履行过程中进行阶段支付时,对于定金(　　)。

A 按已完成设计工作的价值占合同总价的比例扣回

B 按定金总额除以合同约定的阶段支付次数的平均数扣回

C 每次阶段支付时均不许扣减定金

D 每次阶段支付时可将一定比例定金充抵部分设计费

答　　案: C

解题思路: 定金担保是对整个合同的全面、实际履行担保,故在最后一次支付设计费时,才结算(扣回)定金。

【例题4】 依据设计合同的规定,对于因设计错误而造成的工程重大质量事故、损失严重的,设计人应承担的违约责任为(　　)。

A 只需免收直接受损失部分的设计费

B 只需免收全部的设计费

C 除免收直接受损失部分的设计费外,还应支付工程实际损失一定比例的赔偿金

D 支付与全部损失相当的赔偿金

答　　案: C

解题思路: 依据设计合同的规定,对于因设计错误而造成的工程重大质量事故、损失严重的。设计人应承担的违约责任为除免收直接受损失部分的设计费外,还应支付工程实际损失一定比例的赔偿金。

【例题5】 某建设工程设计合同中规定的设计费为10万元,委托人已按规定的比例付给设计人定金。合同开始履行后设计人违约,设计人应返还委托人(　　)万元。

A 10　　B 20　　C 2　　D 4

答　　案: D

解题思路: 设计合同的定金比例为设计费的20%。

【例题6】 设计合同中,判定设计人是否按时完成设计任务,计算设计期限的开始时间是(　　)日。

A 设计人收到定金　　B 合同签订

C 设计人勘察现场　　D 场址选择

答　　案: A

解题思路: 设计合同采用定金担保,合同总价的20%为定金。设计合同将在双方当事人签字盖章,并且发包人支付定金后生效。

(三) 掌握内容

重点一　施工合同的订立

【例题1】 对工程招标来说,(　　)是承诺。

A 招标是要约,投标　　B 投标是要约,中标通知书

C 招标是要约邀请,投标　　D 开标是要约,中标通知书

答　　案: B

解题思路：在工程招标中，投标是要约，中标通知书是承诺。

【例题2】 （　　）属于非法分包的情况。

A 将承包的全部工程给其他单位

B 将工程的主要部分给其他单位实施

C 按合同约定将特殊专业工程分包给其他单位

D 将群体工程中半数以上的单位工程交给其他单位实施

E 承接分包工程后进行再分包

答　　案：ABDE

解题思路：建筑工程总承包单位可以将承包工程的部分工程发包给具有相应资质条件的分包单位；但是，除总承包合同中已约定的分包外，必须经建设单位认可。禁止分包单位将其承包的工程再分包。禁止承包单位将其承包的全部建筑工程转包给他人，或将其承包的全部建筑工程肢解以后分包的名义分别转包给他人。

重点二　承发包双方的权利和义务

【例题1】 在项目施工过程中由于设计单位没有按时提供图纸，导致监理工程师未能按时将图纸提供给施工单位，造成施工单位损失，则施工单位向（　　）提出索赔。

A 监理工程师　　B 监理单位　　C 建设单位　　D 设计单位

答　　案：C

解题思路：在项目施工过程中由于设计单位没有按时提供图纸，导致监理工程师未能按时将图纸提供给施工单位，造成施工单位损失，则施工单位向建设单位提出索赔。

【例题2】 建设项目在开工之前的准备工作包括（　　）。

A 征地、拆迁和场地平整

B 完成施工用水、电、路等工程

C 准备必要的施工图纸

D 组织施工招标投标，择优选定施工单位

E 组织监理招标投标，择优选定监理单位

答　　案：ABCD

解题思路：建设项目准备阶段的主要内容包括：征地、拆迁和场地平整；完成施工用水、电、路等工程；组织设备、材料订货；准备必要的施工图纸；组织施工招标投标，择优选定施工单位。

重点三　施工合同的履行

【例题1】 根据《建设工程施工合同条件》，乙方应在工程款可以调整的情况发生后（　　）天内将调整的原因、金额以书面形式通知工程师。

A 7　　B 10　　C 14　　D 20

答　　案：C

解题思路：《建设工程施工合同条件》规定：乙方应在工程款可以调整的情况发生后14天

内将调整的原因、金额以书面形式通知工程师。

【例题2】 下列行为中不符合暂停施工规定的是(　　)

A 工程师在确有必要时,应以书面形式下达停工指令

B 工程师应在提出暂停施工要求后48小时内提出书面处理意见

C 承包人实施工程师处理意见,提出复工后可复工

D 工程师在承包人提出复工要求后48小时内给予答复

答　　案: C

解题思路: 承包人实施工程师作出的处理意见后,可提出书面复工要求。工程师应当在收到复工通知后的48小时内给予相应的答复。如果工程师未能在规定的时间内提出处理意见,或收到承包人复工要求后48小时内未予答复,承包人可以自行复工。

【例题3】 在建筑工程施工合同的执行中,如遇工程师要求以隐蔽工程重新检验,应接(　　)原则执行。

A 承包人应按要求进行剥露或开孔,并在检验后重新覆盖或修复

B 若工程师已参加验收又提出重新检验,承包人可不予配合

C 如重新检验工程合格,发包人承担由此发生的全部追加合同价款,工期顺延

D 如重新检验工程不合格,承包人承担由此发生的全部费用,工期不顺延

E 如重新检验工程合格,承包人承担由此发生的全部费用,但工期顺延

答　　案: ACD

解题思路: 在建设工程施工合同执行中,工程师要求对隐蔽工程重新检验,应按如下原则执行:承包人应按要求进行剥露或开孔,并检验后重新覆盖或修复;如重新检验合格,发包人承担由此发生的全部追加合同价款,工期顺延;如重新检验不合格,承包人承担由此发生的全部费用,工期不顺延。

【例题4】 在施工过程中,工程师发现曾检验合格的工程部位仍存在施工质量问题,则修复该部位工程质量缺陷时应由(　　)

A 发包人承担费用和工期损失　　B 承包人承担费用和工期损失

C 承包人承担费用,工期给予顺延　　D 发包人承担费用,工期给予顺延

答　　案: B

解题思路: 经工程师检查检验合格后,又发现因承包人原因出现的质量问题,仍由承包人承担责任,赔偿发包人的直接损失,工期不予顺延。

【例题5】 依据施工合同示范文本的规定,某设备安装工程试车时发现,由于设计原因试车达不到验收要求,则应由(　　)。

A 发包人承担修改设计、拆除及重新安装的全部费用和追加合同价款,工期相应顺延

B 承包人承担修改设计、拆除及重新安装的全部费用,工期相应顺延

C 设计人承担修改设计、拆除及重新安装的全部费用,工期不予顺延

D 设计人承担修改设计、拆除及重新安装的全部费用,工期相应顺延

答　　案: A

解题思路: 设计原因达不到验收要求,发包人应要求设计单位修改设计,承包人按修改后

的设计重新安装。发包人承担修改设计、拆除及重新安装的全部费用和追加合同价款。

【例题6】 施工中承包人要求使用特殊工艺,经工程师认可后实施,应由(　　)。

A 发包人办理申报手续,发包人承担相关费用

B 发包人办理申报手续,承包人承担相关费用

C 承包人办理申报手续,承包人承担相关费用

D 承担人办理申报手续,发包人承担相关费用

答　　案: C

解题思路: 如果发包人要求承包人使用专利技术或特殊工艺施工,应负责办理相应的申报手续,承担申报、试验、使用等费用。若承包人提出使用专利技术或特殊工艺施工,应首先取得工程师认可,然后由承包人负责办理申报手续并承担有关费用。

【例题7】 施工合同示范文本规定,因发包人原因不能按协议书约定的开工日期开工,(　　)后推迟开工日期。

A 承包人以书面形式通知工程师

B 发包人以书面形式通知承包人

C 工程师以书面形式通知承包人

D 工程师征得承包人同意

答　　案: C

解题思路: 因发包人的原因施工现场尚不具备施工的条件,导致了承包人不能按照协议书约定的日期开工,工程师应以书面形式通知承包人推迟开工日期。发包人应当赔偿承包人因此造成的损失,相应顺延工期。

【例题8】 施工合同示范文本规定,工程竣工验收时,验收委员会提出了修改意见,承包人修复后达到验收要求的,其竣工日期为(　　)。

A 送达竣工验收报告日　　B 修改后提请发包人验收日

C 修改后验收合格日　　D 办理竣工移交手续日

答　　案: B

解题思路: 工程竣工验收通过,承包人送交竣工验收报告的日期为实际竣工日期。工程按发包人要求修改后通过竣工验收的,实际竣工日期为承包人修改后提请发包人验收的日期。

【例题9】 施工合同示范文本规定,工程实际进度与计划进度不符时,承包人按工程师的要求提出改进措施,经工程师认可后执行,事后发现改进措施有缺陷,应由(　　)承担责任。

A 发包人　　B 承包人

C 工程师　　D 承包人和工程师

答　　案: B

解题思路: 因承包人自身的原因造成工程实际进度滞后于计划进度,所有的后果都应由承包人自行承担。工程师不对确认后的改进措施效果负责,这种确认并不是工程师对延期的批准,而仅仅是要求承包人在合理的状态下施工。

【例题10】 工程竣工验收之前,承包人和发包人应签订房屋建筑工程质量保修书,其中工程质量保修的(　　)。

A 范围和内容应按国家规定确定

B 范围和内容应由当事人约定

C 范围按国家规定,内容由当事人约定

D 范围由当事人约定,内容按国家规定

答　　案:C

解题思路:建设工程实行质量保修制度,具体的保修范围和最低保修期限由国务院规定,保修内容由当事人约定。

重点四　竣工验收和交付使用

【例题1】 工业项目竣工验收、交付使用应达到(　　)标准。

A 生产性工程和辅助公用设施已按设计要求建完,能满足要求

B 主要工艺设备已安装无比,经单机无负试车合格

C 职工宿舍和其他必要的生产福利设施能适应投产初期的要求

D 接收使用单位已经落实

E 签订了质量保修书

答　　案:AC

解题思路:工程项目竣工验收、交付使用应达到的标准:

(1)生产性项目和辅助公用设施已按设计要求建完,能满足生产要求;

(2)主要工艺设备已安装配套,经联动负荷试车合格,形成生产能力,能够生产出设计文件规定的产品;

(3)职工宿舍和其他必要的生产福利设施能适应投产初期的需要;

(4)生产准备工作能适应投产初期的需要;

(5)环境保护设施、劳动安全卫生设施、消防设施已按设计要求与主体工程同时建成使用。

四、复习题精选

(一)单项选择题

1. 建设工程合同不是(　　)。

A 诺成合同　　B 从合同　　C 双务合同　　D 有偿合同

2. 有关施工合同中当事人的论述,不正确的是(　　)。

A 施工合同的当事人是发包人和承包人,双方是平等的民事主体

B 承发包双方签订施工合同,必须具备相应资质条件和履行施工合同的能力

C 对合同范围内的工程实施建设时,发包人必须具备组织协调能力;承包人必须具备有关部门核定的资质等级并持有营业执照等证明文件

D 发包人必须是建设单位,不得是项目总承包单位

3. 关于建设工程合同订立的下列表述中,正确的是(　　)。

A 建设工程合同可采用书面形式或口头形式

B《建筑法》提倡对建设工程实行总承包

C 建设工程合同的订立,由发包人发出要约

D 发包人可以将一个单位工程的主体部分肢解发包

4. 有关施工合同的订立不正确的一项为(　　)。

A 施工合同作为合同的一种,其订立也要经过要约和承诺两个阶段

B 中标通知书发出 30 天内,中标单位应与建设单位依据招标文件、投标书等签订工程承包合同

C 签订合同的必须是中标的施工企业,合同价应与中标价相一致,投标书中已确定的合同条款一般不做修改,如需修改须经双方协商解决

D 如果中标施工企业拒绝与建设单位签订合同,则建设单位将不退还其投标保证金

5. 下列关于施工合同的论述,不正确的为(　　)。

A 总价合同适用于工程量不太大且能够精确计算、工期较短、技术不太复杂、风险不大的项目

B 单价合同适用范围比较宽,其风险可以得到合理的分摊,并且能够鼓励承包人通过提高工效等手段从成本节约中提高利润

C 成本加酬金合同的缺点是业主对工程总造价不易控制,承包人也往往不注意降低项目成本

D 在成本加酬金合同中,风险由业主与承包方共同承担

6. 施工合同的合同工期是判定承包人提前或延误竣工的标准。订立合同时约定的合同工期概念应为从(　　)的日历天数计算。

A 合同签字日起并按投标文件中承诺

B 合同签字日起并按招标文件中要求

C 合同约定的开工日起并按投标文件中承诺

D 合同约定的开工日起并按招标文件中要求

7. 施工合同示范文本中,“费用”一词体现的是合同履行过程中的责任,其含义是(　　)。

A 包括在合同价款内应给承包人的支付款

B 包括在合同价款内应给承包人增加的合同价款

C 包括在合同价款内应由承包人或发包人承担的经济支出

D 不包括在合同价款内应由发包人或承包人承担的经济支出

8. 依据施工合同示范文本的规定,承包人有权(　　)。

A 自主决定分包所承包的部分工程

B 自主决定分包和转让所承担的工程

C 经发包人同意转包所承担的工程

D 经发包人同意分包所承担的部分工程

9. 中标通知书、施工图纸和工程量清单是建设工程施工合同文件的重要组成部分,就这三部分而言,如果在施工合同文件中出现不一致时,其优先解释顺序为(　　)。

A 施工图纸、工程量清单、中标通知书

B 工程量清单、中标通知书、施工图纸

C 中标通知书、施工图纸、工程量清单

D 施工图纸、中标通知书、工程量清单

10. 按照施工合同规定,项目经理是由(　　)授权的派驻施工现场代表承包人的总负责人。

A 监理单位　　B 发包人　　C 承包人　　D 工程师

11. 总包单位必须自行完成建设项目的主要部分,其(　　)可以分包。

A 非主要部分或专业性较强的工程

B 群体工程中半数以上的单位工程(指主体结构)

C 风险性较大的工程

D 有危险性的工程

12. 工程师在施工阶段进行进度控制的依据是(　　)施工进度计划。

A 承包商编制的　　B 业主编制的

C 监理单位制定并由承包商认可的　　D 承包人提交并经工程师批准的

13. 工程师通知承包商进行工程计量后,承包商在约定时间未派人参加计量,则(　　)。

A 工程师应推迟计量时间　　B 工程师单独计量无效

C 工程师单独计量有效　　D 工程师可不必再计量

14. 工程师对承包商(　　)的工程量,不予计量。

A 经批准超出设计图纸　　B 自身原因造成的返工

C 设计变更而增加　　D 业主原因造成的返工

15. 承包人按照工程师的指示对已隐蔽的工程部分进行剥露后的重新检验。该工程部位隐蔽前曾得到工程师质量认可,但重新检验后发现质量未达到合同规定的要求,则全部剥露、修复和重新隐蔽的费用损失和工期处理为(　　)。

A 费用和工期损失全部由业主承担

B 费用和工期损失全部由承包人承担

C 费用由承包人承担,工期给予顺延

D 工期不予顺延,但费用由业主给予补偿

16. 因承包人的施工质量未达到合同要求,工程师发布了暂时停工通知。承包人按工程师的指示修复质量缺陷后,向工程师发出了要求复工的书面通知。工程师接到请求复工通知后的48小时内未及时作出任何答复,此时承包人(　　)。

A 可以恢复工程的施工

B 向发包人发出请求复工的通知

C 停工等待工程师的指示并要求顺延工期

D 停工等待工程师的指示,但不得要求顺延工期

17. 某分部工程合同规定的竣工时间为8月1日。承包商在7月15日就完成了工程施工,并向工程师提交了竣工验收报告。由于外部配合条件不具备竣工检验的要求,到8月15日工程师才发出竣工检验的通知。经过3天检验后表明质量合格,于8月18日有关各方在验收记录上签字。工程师颁发工程移交证书中注明的竣工日期应为(　　)。

A 7月15日　　B 8月1日　　C 8月15日　　D 8月18日

18. 如果发包人更换驻施工现场的代表,正确的作法是( )。

A 至少提前7天通知承包人,后任继续履行合同约定的前任的权利和义务

B 至少提前7天通知承包人,后任不必履行合同约定的前任的权利和义务

C 不必提前通知承包人,后任继续履行合同规定的前任的权利和义务

D 不必提前通知承包人,后任也不必履行合同约定的前任的权利和义务

19. 按照施工合同规定,工程师未按合同规定,及时向承包人提供所需指令,( )应承担延误造成的追加合同价款。

A 发包人 B 工程师 C 承包人 D 监理单位

20. 在建设工程施工合同履行中,工程师接到承包人延期开工申请后,以书面形式答复承包人的时限为( )。

A 24小时 B 48小时 C 3天 D 7天

21. 因设计变更造成的延误,经( )确认,工期相应顺延。

A 发包人 B 工程师 C 承包人 D 项目经理

22. 在工程施工中,工程师及其委派人员对工程的检查检验,如影响到施工正常进行,检查检验合格时,( )承担影响正常施工的费用。

A 发包人 B 工程师 C 承包人 D 监理单位

23. 设备安装工程具备单机无负荷试车条件的,由( )组织试车。

A 发包人 B 工程师 C 设计人 D 承包人

24. 工程预付款的支付时间,应不迟于( )前7天。

A 承包人开始现场工作 B 承包人进驻现场

C 约定的开工日期 D 发包人提供场地

25. ( )是发包人支付工程款的前提。

A 工程量清单 B 对承包人完成工程量的核实确认

C 承包人提交已完工程量报告 D 工程师自行计量结果

26. 发包人应在( )14天内,向承包人支付工程进度款。

A 每个月的月末 B 承包人完成工程施工

C 工程师对已完工程检验后 D 双方计量确认后

27. 建设工程未经验收或者验收不合格,不得交付使用。发包人强行使用的,由此发生的质量问题及其他问题,由( )承担责任。

A 发包人 B 工程师 C 承包人 D 分包人

28. 工程具备竣工验收条件,承包人应按国家工程竣工验收的有关规定,向发包人提供完整的( )。

A 竣工验收报告及竣工图 B 竣工资料及竣工验收报告

C 竣工验收报告及结算资料 D 竣工验收报告及质量保证书

29. 承包人实施爆破作业前应书面通知工程师,并提出相应的安全保护措施,经工程师认可后实施。( )费用由发包人承担。

A 实施爆破 B 制定安全防护措施

C 安全防护措施 D 清理现场

30. 承包人提出使用专利技术，报工程师认可后实施，(　　)承担有关费用。

A 承包人　　B 工程师　　C 发包人　　D 专利权人

31. 在施工中发现文物，承包人应立即保护好现场，并及时通知工程师，工程师报告当地文物管理部门，承发包双方按文物管理部门要求采取妥善保护措施，(　　)。

A 文物管理部门承担由此发生的费用，延误的工期相应顺延

B 承包人承担由此发生的费用，延误的工期相应顺延

C 承包人承担由此发生的费用，延误的工期不予顺延

D 发包人承担由此发生的费用，延误的工期相应顺延

32. 发包人不能按时支付工程款，可通过协议延期支付，协议须明确延期支付时间和从发包人代表计量签字后第(　　)天起计算应付款的贷款利息。

A 10　　B 15　　C 20　　D 25

33. 关于施工合同的违约责任不正确的是(　　)。

A 承包人不能按合同工期竣工，工程质量达不到约定的质量标准，或由于承包人原因导致合同无法履行，承包人承担违约责任，双倍赔偿因其违约给发包人造成的损失

B 发包人不按合同约定支付工程款，双方又未达成延期付款协议，导致施工无法进行，承包人可停止施工，由发包人承担违约责任

C 如果发包人不履行或者不按照约定履行合同中要求完成的所有义务，应当赔偿违约行为给承包人造成的经济损失，延误的工期相应顺延

D 双方应当在专用条款内约定承包人赔偿发包人损失的计算方法或者承包人应当支付违约金的数额和计算方法

34. 下列关于施工合同的变更不正确的是(　　)。

A 承包人不得对原工程设计进行变更

B 施工中承包人提出的合理化建议涉及到对设计图纸或者施工组织设计的变更及对原材料、设备的换用，须经工程师同意

C 承包人未经工程师同意擅自变更设计的，因擅自变更设计发生的费用和由此导致发包人的直接损失，由承包人承担，延误的工期不予顺延

D 工程师同意采用承包人合理化建议，所发生的费用由发包人承担

35. 要求承包商实施新增工程项目施工的变更指令应由(　　)签发。

A 业主　　B 工程师　　C 承包商　　D 设计单位

36. 根据施工合同范本的规定，工程竣工结算应遵循的程序是，当竣工验收合格后由(　　)编制竣工结算报告。

A 业主　　B 承包商　　C 工程师　　D 设计单位

37. 当承包人对工程师的指令有异议时，应当将有关事宜书面通知工程师并(　　)。

A 精心继续组织施工，执行工程师作出的每一项此类决定

B 放慢施工速度，等待有利于自己的新指令的到来

C 不执行自己认为有异议的指令

D 为避免损失扩大，在新指令的到来之前停止施工

38. 当工程分包时，分包单位应当对(　　)负责。

A 设计单位　　B 建设单位　　C 总包单位　　D 工程师

39. 当(　　)时,总承包商可提出终止合同。

A 出现恶劣的天气　　B 发生严重的工伤事故

C 业主严重拖欠承包商应得的工程款　　D 承包商与工程师关系紧张

40. 下列行为中,(　　)不符合暂停施工的规定。

A 工程师在确定有必要时,可要求乙方暂停施工

B 工程师未能在规定时间内提出处理意见,乙方可自行复工

C 乙方交送复工要求后,可自行复工

D 施工过程中发现有价值的文物,乙方应暂停施工

41. 发包人按照合同约定采购的门窗,现场交货前未通知承包人派代表共同进行现场交货清点,单方与供货人检验接收后,口头指令承包人的仓库保管员负责保管,施工使用时发现部分门窗损坏,则应由(　　)。

A 发包人承担损失责任　　B 保管员负责赔偿损失

C 承包人负责赔偿损失　　D 发包人和承包人各承担损失的50%

42. 发包人供应的材料设备使用前,由(　　)负责检验,费用由(　　)负责。

A 工程师,承包人　　B 发包人,承包人

C 工程师,发包人　　D 承包人,发包人

43. 承包人采购的材料设备与设计要求或者标准要求不符时,工程师可以拒绝验收,由(　　)重新采购符合要求的产品。

A 工程师　　B 发包人　　C 承包人　　D 分包人

44. 承包人采购的材料设备到货,工程师不能按时到场验收,事后发现不符合设计要求时,(　　)。

A 承包人承担发生的费用,工期顺延

B 发包人承担发生的费用,工期顺延

C 发包人承担发生的费用,工期不予顺延

D 承包人承担发生的费用,工期不予顺延

45. 下列事件中,由于(　　)导致的损失不属于不可抗力范畴。

A 地震　　B 洪水

C 施工爆破作业　　D 现场毗邻建筑物的火灾

46. (　　)不属于不可抗力事件。

A 战争、动乱　　B 乙方责任造成的爆炸

C 正常的阴雨天气　　D 雨天积水

47. 在工程施工过程中,由于不可抗力事件的发生导致的费用中,(　　)需要由承包人承担。

A 工程所需清理、修复　　B 承包人施工人员伤亡损失

C 第三方人员伤亡和财产损失　　D 现场施工材料损失

48. 在工程施工过程中,由于不可抗力事件的发生导致下列费用发生,需要由承包人承担的有(　　)。

A 工程所需清理、修复费用

B 应工程师要求留在施工场地的管理人员费用

C 承包人施工人员伤亡损失

D 现场施工材料损失

49. 不可抗力事件持续发生时，承包人应每隔 7 天向工程师报告受害情况，于不可抗力事件结束后(　　)内，向工程师提交清理和修复费用的正式报告及有关资料。

A 48 小时　　B 7 天　　C 14 天　　D 30 天

50. 由于设备制造原因导致试车达不到验收要求，则该项拆除、修理或重新安装费用应由(　　)承担。

A 业主　　B 承包商　　C 设备采购方　　D 设计方

51. 施工合同示范文本规定，(　　)应由承包方承担。

A 承包方在地下管道附近施工的防护措施费用

B 承包方由于安全措施不力造成事故而发生的费用

C 在有毒有害环境中施工的防护措施引起的经济支出

D 第三方责任造成伤亡事故发生的费用

52. 工程师根据施工现场实际情况发布暂停施工指令后，由于(　　)而发布的指令不应对承包商的停工损失给予补偿。

A 两个独立承包人发生施工干扰而暂停某一承包人的施工

B 承包人在同一空间不同高程上同时作业，为了施工安全而暂停某一作业面的施工

C 等待设计图纸的变更而暂停某一作业面的施工

D 为了保护基础开挖时遇到有文物保护价值的古迹

(二) 多项选择题

1. 建设工程合同的主要特征有(　　)。

A 合同主体的严格性　　B 合同标底的特殊性

C 合同履行期限的长期性　　D 合同内容的复杂性

E 计划和程序的严格性

2. 在施工合同的实施过程中，关于工程师及其职责提法正确的有(　　)。

A 如果发包人须更换工程师代表，应至少提前 7 天以书面形式通知承包人，后任继续履行前任的权利和义务，并且不得更改前任作出的书面承诺

B 因工程师指令错误发生的费用和给承包人造成的损失由发包人承担，延误的工期顺延

C 工程师应按合同约定，及时向承包商提供所需指令、批准并履行其他约定义务

D 工程师未及时向承包商提供所需指令时，工程师应承担由此延误造成的追加合同价款，并赔偿承包人有关损失，顺延延误的工期

E 对于工程师要求立即执行的指令承包人有异议时，若工程师不能更改决定，则承包人仍应继续执行

3. 承包人按合同规定，在开始施工前将编制好的施工进度计划提交给工程师。经工程师审核签字同意的进度计划，在合同管理中的作用表现为(　　)。

A 承包人应该按计划施工

B 工程师应按计划进行协调管理

C 施工过程中工程师无权要求承包人修改计划

D 发包人应按计划中要求的时间移交施工现场

E 承包人未能按计划完成,工程师应承担部分责任

4. 工程师对已同意承包人覆盖的隐蔽工程质量有怀疑,致使承包人进行剥露后重新取样试验。试验结果表明该部分的施工质量虽满足规范的要求,但未达到合同约定的标准。工程师应决定(　　)。

A 质量合格　　B 需重新整改修复

C 不补偿费用但顺延合同工期　　D 顺延合同工期并追加合同价款

E 承包人损失的工期与费用均不予补偿

5. 发生(　　)等情况后,工程师应批准承包商合理顺延工期。

A 增加额外工作的工程变更　　B 业主延误移交施工现场

C 因承包商责任引起的暂停　　D 需要拆除图纸中未标明的地下构筑物

E 因业主订购的设备延误到货导致的暂停施工

6. 因(　　)造成工期延误,经工程师确认,工期相应顺延。

A 承包人经工程师同意更换项目经理　　B 设计变更

C 不可抗力　　D 工程师未按约定提供批准、指示

E 隐蔽工程验收不合格返工

7. 施工合同履行过程中,由于不可抗力事件造成了损害,下列(　　)等费用应由业主负责。

A 业主工作人员的人身伤亡　　B 承包商工作人员的人身伤亡

C 承包商的施工机械损坏　　D 事件前已被认定为合格工程的损害修复

E 事件前已被工程师判定为不合格工程部分的损害修复

五、复习题答案与讲评

(一)单项选择题

1. B　建设工程合同是主合同、诺成合同、双务合同、有偿合同。

2. D　在一定条件下,项目总承包单位也可以是发包人。

3. B　建设工程合同只能采用书面形式;建设工程合同的订立,由承包人发出要约,发包人承诺;发包人不可以将一个单位工程的主体部分肢解发包。

4. C　签订合同的必须是中标的施工企业,合同价应与中标价相一致,投标书中已确定的合同条款中,涉及到工期、质量、造价等实质性内容的条款不得修改或谈判。

5. D　在成本加酬金合同中,风险主要由业主承担。

6. C　订立合同时约定的合同工期概念应为从合同约定的开工日起并按投标文件(非招标文件)中承诺的日历天数计算。

7. D　施工合同示范文本中,“费用”是不包括在合同价款内应由发包人或承包人承担的经济支出。

8. D　依据施工合同示范文本的规定,承包人有权经发包人同意分包所承担的部分工程,

但不得转包。

9. C　　10. C

11. A　总包单位必须自行完成建设项目的主要部分和主体结构，非主要部分或专业性较强的工程可以分包。

12. D　工程师在施工阶段进行进度控制的依据是承包人提交并经工程师批准的施工进度计划。

13. C　工程师通知承包商进行工程计量后，承包商在约定时间未派人参加计量，则工程师单独计量有效。

14. B　工程师对承包商自身原因造成的返工或超出设计图纸的工程量，不予计量。

15. B　重新检验的责任承担是根据检验结果区分：合格（或符合合同要求），费用和工期损失全部由业主承担；否则。费用和工期损失全部由承包人承担。

16. A　工程师接到请求复工通知后的 48 小时内未及时作出任何答复，此时承包人可以恢复工程的施工。

17. A　工程竣工验收通过，承包人送交竣工验收报告的日期为实际竣工日期。工程按发包人要求修改后通过竣工验收的，实际竣工日期为承包人修改后提请发包人验收的日期。

18. A　如果发包人更换驻施工现场的代表，至少提前 7 天通知承包人，后任继续履行合同约定的前任的权利和义务。

19. A　按照施工合同规定，工程师未按合同规定，及时向承包人提供所需指令，发包人应承担延误造成的追加合同价款。

20. B

21. B　因设计变更造成的延误，经工程师确认，工期相应顺延。

22. A　在工程施工中，工程师及其委派人员对工程的检查检验，如影响到施工正常进行，根据检验结果区分责任承担：检查检验合格时，发包人承担影响正常施工的费用；否则，由承包人承担，工期不予顺延。

23. D　设备安装工程具备单机无负荷试车条件的，由承包人组织试车。

24. C　工程预付款的支付时间，应不迟于约定的开工日期前 7 天。

25. B　对承包人完成工程量的核实确认是发包人支付工程款的前提。

26. D　发包人应在双方计量确认后 14 天内，向承包人支付工程进度款。

27. A　建设工程未经验收或者验收不合格，不得交付使用。发包人强行使用的，由此发生的质量问题及其他问题，由发包人承担责任。

28. B　工程具备竣工验收条件，承包人应按国家工程竣工验收的有关规定，向发包人提供完整的竣工资料及竣工验收报告。

29. C　承包人实施爆破作业前应书面通知工程师，并提出相应的安全保护措施，经工程师认可后实施。安全防护措施费用由发包人承担。

30. A　使用专利技术或特殊工艺，谁提出使用、谁就承担有关费用。

31. D　在施工中发现文物，承包人应立即保护好现场，并及时通知工程师，工程师报告当地文物管理部门，承发包双方按文物管理部门要求采取妥善保护措施，发包人承担由此发生的费用，延误的工期相应顺延。

32. B　发包人不能按时支付工程款，可通过协议延期支付，协议须明确延期支付时间和从发包人代表计量签字后第 15 天起计算应付款的贷款利息。

33. A　承包人不能按合同工期竣工，工程质量达不到约定的质量标准，或由于承包人原因导致合同无法履行，承包人承担违约责任，赔偿因其违约给发包人造成的损失。

但"双倍赔偿"的提法欠妥。

34. D　承包人在施工中提出的合理化建议被发包人采纳，若建议涉及到对设计图纸或施工组织设计的变更及对材料、设备的换用，须经工程师同意；所发生的费用和获得收益的分担或分享，由发包人和承包人另行约定。

35. B　要求承包商实施新增工程项目施工的变更指令应由工程师签发。

36. B　根据施工合同范本的规定，工程竣工结算应遵循的程序是，当竣工验收合格后由承包商编制竣工结算报告。

37. A　当承包人对工程师的指令有异议时，应当将有关事宜书面通知工程师并精心继续组织施工，执行工程师作出的每一项此类决定。

38. C　当工程分包时，分包单位应当对总包单位负责。

39. C

40. C　乙方交送复工要求后，工程师在规定的时间内未给予答复，乙方可自行复工。

41. A　发包人采购供应材料设备的，现场交货前未按规定通知承包人验收的，发生损坏丢失的由发包人负责。

42. D　发包人供应的材料设备使用前，由承包人负责检验，费用由发包人负责。

43. C　承包人采购的材料设备与设计要求或者标准要求不符时，工程师可以拒绝验收，由承包人重新采购符合要求的产品。

44. D　承包人采购的材料设备到货，工程师不能按时到场验收，事后发现不符合设计要求时，承包人承担发生的费用，工期不予顺延，即"谁采购谁负责"。

45. C　不可抗力，是指合同当事人不能预见、不能避免并且不能克服的客观情况，包括因战争、动乱、空中飞行物坠落或其他非发包人责任造成的爆炸、火灾以及专用条款约定的风、雨、雪、洪水、地震等自然灾害。

46. B

47. B　不可抗力事件发生后，工程本身的损失及后续费用、第三方人员伤亡及财产损失由发包人承担，双方的财产损失及人员伤亡由双方分别负责，工期顺延。

48. C

49. C　不可抗力事件持续发生时，承包人应每隔 7 天向工程师报告受害情况，于不可抗力事件结束后 14 天内，向工程师提交清理和修复费用的正式报告及有关资料。

50. C　由于设备制造原因导致试车达不到验收要求，则该项拆除、修理或重新安装费用应由设备采购方承担。

51. B　承包人按工程质量、安全、消防管理有关规定组织施工，承担由于自身的安全措施不力造成事故的责任和因此发生的费用。非承包人责任造成安全事故，由责任方承担责任和发生的费用。正常情况下安全保护、防护措施费由发包人承担。

52. B　暂停施工导致的损失是根据其原因确定的：停工责任在发包人，由发包人承担所发生的追加合同价款，赔偿承包人由此造成的损失，相应顺延工期；如果停工责任在承包人，由承包人承担发生的费用，工期不予顺延。如果因工程师未及时作出答复，导致承包人无法复工，由发包人承担违约责任。

(二)多项选择题

1. ACD　建设工程合同的主要特征：①合同标的的特殊性；②合同履行期限的长期性；③合同内容的复杂性；④合同主体的严格性，尤其是承包人要具有与项目相适应的资质等级等。另注意，"标的"不同于"标底"。

2. ABCE　施工过程中，如果发包人须更换工程师，应至少提前 7 天以书面形式通知承包人，后任继续履行前任的权利和义务，并且不得更改前任作出的书面承诺。因工程师指令错误发生的费用和给承包人造成的损失由发包人承担，延误的工期顺延。工程师应按合同约定，及时向承包商提供所需指令、批准、图纸并履行其他约定义务，否则发包人应承担延误造成的追加合同价款，并赔偿承包人有关损失，顺延延误的工期。

3. ABD　承包人按合同规定，在开始施工前将编制好的施工进度计划提交给工程师。经工程师审核签字同意后的，就成为重要的合同文件，对三方均有约束力，即承包人应该按计划施工；工程师应按计划进行协调管理；发包人应按计划中要求的时间移交施工现场。不管实际进度超前还是滞后于计划进度，工程师均有权通知承包人修改进度计划，以便更好地进行后续施工的协调管理；并且，工程师不对确认后的改进措施效果负责。

4. BE　属于重新检验的问题，未达到合同约定的标准，由此产生的一切后果由承包人承担。

5. ABDE　下列情况出现了并经工程师确认的，工期可以顺延：①发包人不能按约定提供开工条件；②发包人不按约定支付工程预付款、进度款，致使工程不能正常进行；③设计变更和工程量增加；④一周内非承包人原因停水、停电、停气造成停工累计超过 8 小时；⑤不可抗力事件等。

6. BCD

7. AD　质量合格是工程计量的前提，因此事件前被判定为不合格的工程的损害修复费用就由承包人承担。

第二篇　公路工程造价的确定与控制

第一章　公路工程造价计价依据

一、考试大纲要求

1. 掌握(熟悉)我国建设主管部门对各项计价依据的管理规定,包括全国统一定额、全国专业统一定额、地方专业统一定额、专业专用定额的含义、适用范围和管理部分。

2. 了解各相关专业的工程造价计价依据的表现形式和使用方法。

3. 掌握工程造价计价依据(包括投资估算指标、概算定额、预算定额、施工定额、费用定额及造价编制办法)的内容、编制原则与方法;掌握编制补充定额、指标的条件及编制原则和方法。

4. 掌握劳动定额、施工机械台班产量定额、材料消耗定额的测定和编制方法。

二、知识点提要

1. 计价依据的基本概念(表 2-1-1)

表 2-1-1

<table>
<tr><th>类别</th><th colspan="2">主　要　内　容</th></tr>
<tr><td rowspan="6">计价依据</td><td>概念</td><td>所谓计价依据系指用以计算工程造价的基础资料的总称,除包括定额、指标、费率、基础单价外,还包括工程量数据以及政府主管部门颁发的各种有关经济法规、政策、计价办法等</td></tr>
<tr><td>定额</td><td>定额是在正常的生产(施工)技术和组织条件下为完成单位合格产品所规定的人力、机械、材料资金等消耗量的标准</td></tr>
<tr><td>定额分类</td><td>1. 按定额反映的物质消耗内容分:劳动消耗定额(劳动定额)、材料消耗定额(材料定额)、机械消耗定额(机械定额);
2. 按定额的编制程序和用途分:施工定额、预算定额、概算定额、投资估算指标、万元指标、工期定额</td></tr>
<tr><td>定额作用</td><td>1. 定额是节约社会劳动和提高劳动生产率的工具;
2. 定额是国家对工程建设项目进行宏观调控和管理的手段;
3. 定额是对市场行为的规范;
4、定额有利于市场公平竞争;
5. 定额有利于完善市场的信息系统;
6. 定额有利于推广先进的施工技术和工艺</td></tr>
<tr><td>特点</td><td>科学性、系统性、统一性、权威性、稳定性和时效性的特点</td></tr>
<tr><td>定额的二重性</td><td>自然属性
社会属性</td></tr>
</table>

2. 工程材料和工程机械(表 2-1-2)

表 2-1-2

类别	主要内容	
工程材料	分类	1. 按材料来源分:外购材料、地方性材料、自采加工材料 2. 按材料在设计和施工中所起的作用分:主要材料、次要材料、周转性材料、辅助材料、金属设备
	物理性质	1. 密度:$\rho = m/V$ 2. 视密度:$\rho_0 = m/V_0$ 3. 密实度:$D = \rho_0/\rho \times 100\%$ 4. 孔隙率:$P = 1 - D$ 5. 吸水性:材料吸收水分的能力称为吸水性。吸水性的大小用吸水率表示; 6. 吸湿性:材料在潮湿空气中吸收水气的能力称为吸湿性。吸湿性的大小用含水率表示; 7. 耐水性:材料长期在饱和水作用下不破坏,其强度也不显著降低的性质称为耐水性; 8. 抗渗性:材料抵抗压力水渗透的性质称为抗渗性。用渗透系数表示
	力学性质	1. 强度:指在外力作用下材料抵抗破坏的能力; 2. 刚度:指在外力作用下材料抵抗变形的能力; 3. 比强度:按单位质量计算的材料强度,是衡量材料轻质高强性能的指标; 4. 弹性:弹性是指在外力作用下材料产生变形,外力取消后变形消失,材料能完全恢复原来形状的性质,这种变形属可逆变形,称为弹性变形; 5. 塑性:是指在外力作用下材料产生变形,外力取消后仍保持变形后的形状和尺寸,但不产生裂隙的性质,这种变形称为塑性变形
施工机械	土方机械	1. 推土机:主要进行 50 ~ 100m 短距离推运土方、石渣等作业,还可进行局部碾压,给铲运机助铲和预松土,以及牵引各种拖式土方机械等作业; 2. 铲运机:是一种循环作业式的铲土运输机械,主要用于中距离的大规模土方转移工程,它能综合地完成铲土、装土、运土和卸土四个工序,能控制填土铺筑厚度和进行平土作业,对卸下的土壤进行局部碾压; 3. 单斗挖掘机:挖掘机主要用来进行挖掘土料、剥除采石的覆盖层及在料场进行装载作业等;注意区分正铲挖掘机、反铲挖掘机、拉铲挖掘机和抓斗挖掘机的特点; 4. 装载机:装载机常用于公路工程施工中土、石方铲运,以及推土、起重等多种作业; 5. 平地机:主要用于修筑路基横断面,帮刷边坡,开挖边沟及路槽,平整场地等,还可用来在路基上拌合路面材料,摊铺材料,修整和养护土路,推土、疏松土壤、清除杂草、石块和积雪等
	其他机械	了解

3. 施工定额的编制(表 2-1-3)

表 2-1-3

类别	主要内容	
基本概念	定义	建筑安装工人合理的劳动组织和工人小组在正常施工条件下,为完成单位合格产品所需劳动、机械、材料消耗的数量标准。是根据专业施工的作业对象和工艺制定
	性质	企业定额的性质,表明赋予施工企业自主确定定额的权力;施工定额是保密的;不同企业的施工定额应有差异
	作用	施工定额是企业计划管理的依据;是组织和指挥施工生产的有效工具;计算工人劳动报酬的依据;是企业激励工人的条件;有利于推广先进的施工技术;是编制施工预算,加强企业成本管理和经济核算的基础;是编制工程建设定额体系的基础

续上表

<table>
<tr><th>类别</th><th colspan="2">主　要　内　容</th></tr>
<tr><td>基本概念</td><td>表现形式</td><td>劳动定额的表现形式:时间定额、产量定额;
机械定额的表现形式:时间定额、产量定额;
关系:时间定额与产量定额互为倒数</td></tr>
<tr><td rowspan="2">施工定额编制</td><td>编制原则</td><td>1. 平均先进性原则,所谓平均先进水平:就是在正常的施工条件下,大多数施工队和大多数生产者经过努力能够达到或超过的水平;
2. 简明适用性原则,贯彻定额的简明适用性原则,关键是做到定额项目设置齐全,项目划分粗细适当,定额步距合理;
3. 以专家为主编制定额的原则;
4. 独立自主的原则</td></tr>
<tr><td>定额时间</td><td>基本工作时间、准备与结束工作时间、辅助工作时间、不可避免的中断时间、休息时间</td></tr>
<tr><td rowspan="2">劳动编制方法</td><td>计时观测法</td><td>1. 计时观察法的目的:查明工作时间消耗的性质、数量;查明和确定各种因素对工作时间消耗量的影响;找出工时损失的原因和研究缩短工时、减少损失的可能性;
2. 计时观察的步骤:确定计时观察的施工过程、划分施工过程的组成部分、选择正常的施工条件、选择观察对象、观察测时、整理和分析观察资料、编制定额;
3. 计时观测方法:
测时法:测定那些定时重复的循环工作的工时消耗,精度比较高,有选择测时法和接续测时法;
写实记录法:是研究各种性质的工作时间消耗的方法,有数示法写实记录、图示法写实记录和混合法写实记录;
工作日写实法:是研究整个工作班内的各种工时消耗的方法。具有技术简单,费力不多,应用广泛和资料全面的优点,在我国采用较广</td></tr>
<tr><td>其他方法</td><td>统计分析法:该方法简单、速度快,但易受参加制定人员主观因素和局限性影响,使制定的定额出现偏高或偏低现象;
经验估计法:该法是以积累的大量统计资料为基本依据,这些资料提供数据的准确性和真实性直接影响到定额的精度,凡是施工条件比较正常,定额比较稳定,原始资料比较真实的单位,采用统计分析法比采用经验估计法科学和先进</td></tr>
<tr><td rowspan="2">材料定额编制</td><td>消耗性质</td><td>净用量,直接用于建筑和安装工程的材料;
损耗量(场内运输及操作损耗)包括不可避免的施工废料和不可避免的材料损耗</td></tr>
<tr><td>测定方法</td><td>1. 现场技术测定法,主要是编制材料损耗定额;
2. 实验室试验法,主要是编制材料净用量定额;
3. 现场统计法,是通过对现场进料、用料的大量统计资料进行分析计算,获得材料消耗的数据,这种方法由于不能分清材料消耗的性质,因而不能作为确定材料净用量定额和材料损耗定额的依据;
4. 理论计算法,是运用一定的数学公式计算材料消耗定额,是一般常用的方法。理论计算中有以下三种具体方法,即:直数法、样板裁截法、统筹下料法</td></tr>
<tr><td>机械定额编制</td><td>编制步骤</td><td>1. 拟定机械工作的正常条件
机械工作和人工操作相比,劳动生产率在更大的程度上要受到施工条件的影响。所以编制施工定额时更应重视确定出机械工作的正常条件;拟定机械工作正常条件,主要是拟定工作地点的合理组织和合理的工人编制;
2. 确定机械一小时纯工作正常生产率;
3. 确定施工机械的正常利用系数;
4. 计算施工机械定额</td></tr>
</table>

4. 机械台班费用定额的编制(表 2-1-4)

表 2-1-4

<table>
<tr><th>类别</th><th colspan="2">主　要　内　容</th></tr>
<tr><td rowspan="2">费用项目划分</td><td>不变费用</td><td>折旧费、大修理费、经常修理费和安装拆卸及辅助设施费</td></tr>
<tr><td>可变费用</td><td>人工费、动力燃料费和养路费及车船使用税</td></tr>
<tr><td rowspan="2">计算方法</td><td>折旧费</td><td>$台班折旧费=\frac{机械预算价格\times(1-残值率)}{耐用总台班}\times 贷款利息系数$
$贷款利息系数=1+\frac{n+1}{2}\times i$ 其中 i 为贷款利率;n 为折旧年限</td></tr>
<tr><td>大修理费</td><td>$台班大修理费=\frac{大修理一次费用\times(使用周期-1)}{耐用总台班}$</td></tr>
<tr><td rowspan="4">基本参数</td><td colspan="2">耐用总台班:指机械设备从开始投入使用至报废前所使用的总台班数
耐用总台班=年工作台班×折旧年限</td></tr>
<tr><td colspan="2">年工作台班:指机械在规定的使用期内,每年应作业的平均台班数</td></tr>
<tr><td colspan="2">大修理间隔台班:指机械从开始投入使用至第一次大修理或自上次大修理起至下次大修理止的使用台班数
大修理间隔台班=耐用总台班÷使用周期</td></tr>
<tr><td colspan="2">使用周期:即为大修理周期,是指机械在正常施工作业的条件下,在其寿命期(耐用总台班)内,按规定的大修理次数划分的工作周期数
使用周期=大修理次数+1</td></tr>
</table>

5. 预算定额的编制(表 2-1-5)

表 2-1-5

<table>
<tr><th>类别</th><th colspan="2">主　要　内　容</th></tr>
<tr><td rowspan="3">基本概念</td><td>定义</td><td>预算定额是规定消耗在单位的工程基本构造要素上的劳动力、材料和机械的数量标准,是计算建筑安装产品价格的基础,所谓工程基本构造要素,就是通常所说的分项工程和结构构件</td></tr>
<tr><td>性质</td><td>计价定额</td></tr>
<tr><td>作用</td><td>是编制施工图预算,确定和控制项目建筑安装工程造价的基础;是对设计方案进行技术经济比较和技术经济分析的依据;是编制施工组织设计的依据;是施工企业进行经济活动分析的依据;是合理编制标底、投标报价的基础;是编制概算定额和估算指标的基础</td></tr>
<tr><td rowspan="2">预算定额编制</td><td>编制原则</td><td>按社会平均确定预算定额水平的原则;简明适用性原则;坚持统一性和因地制宜相结合原则;专家编审责任制原则;与公路建设相适应的原则;贯彻国家政策、法规的原则</td></tr>
<tr><td>编制依据</td><td>国家的有关规定;技术标准和规范;设计施工图纸;公路工程施工定额;施工方法的选择</td></tr>
<tr><td rowspan="2">编制方法</td><td>幅度差</td><td>由施工定额综合为预算定额,其中人工和机械定额,考虑到一些琐碎的工作难以一一计算,而且在施工中可能出现一些事先无法估计的工作及影响效率的各种因素,因此人工工日和机械台班数,应以施工定额综合后的数量,增加一定的百分数,增加的幅度与原数之比即为幅度差</td></tr>
<tr><td>编制步骤</td><td>1. 确定预算定额的计量单位;2. 按典型设计图纸和资料计算工程数量;3. 进行子目平衡计算;4. 计算定额工料机数量;5. 计算定额基价</td></tr>
</table>

6. 概算定额的编制(表 2-1-6)

表 2-1-6

类别		主 要 内 容
基本概念	定义	概算定额,是在预算定额基础上以主要工序为准综合相关分项的扩大定额,全称是建筑安装工程概算定额,是按主要分项工程规定的计量单位及综合相关工序的劳动、材料和机械台班的消耗标准
	性质	计价定额
	作用	是编制建设项目设计概算和修正概算的依据;是设计方案比较的依据;是编制主要材料需要量的计算基础;是编制建设项目投资估算指标的基础;在不具备施工图预算的情况下,概算定额可以作为制定工程标底的基础;在实行建设项目投资包干时,其项目包干费通常也以概算定额为计算依据
预算定额编制	编制原则	与设计深度相适应的原则;满足概算能控制工程造价的原则;简明适用的原则;贯彻国家政策、法规的原则;贯彻社会平均水平的原则
	编制依据	国家的有关规定;技术标准和规范;设计施工图纸;公路工程预算定额;施工方法的选择;编制期人工工资标准、机械台班费用、材料预算价格等
	编制步骤	确定概算定额的计量单位;按典型设计图纸和资料计算工程数量;进行子目平衡计算;计算定额工料机数量;计算定额基价

7. 估算指标的编制(表 2-1-7)

表 2-1-7

类别		主 要 内 容
基本概念	性质	计价定额
	作用	编制项目建议书和可行性研究报告阶段,它是多方案比选、优化设计方案、正确编制投资估算、合理确定项目投资额的重要基础;建设项目评价、决策过程中,它是评价建设项目投资可行性、分析投资效益的主要经济指标;实施阶段,它是限额设计和工程造价与控制的依据
估算指标工程量计算规则	综合指标	1. 路线工程项目 路线工程综合指标的计量单位为 1km,其工程量按建设项目路线总长度扣除路线工程中桥梁长度≥1 000m 的特大桥工程、隧道工程长度的公路公里计算; 2. 独立大(中)桥工程项目 独立大(中)桥工程项目中的桥梁工程按分项指标的大(中)桥工程的有关项目计算;调治工程(如导流坝等)按分项指标路基工程的土方及防护工程项目计算;引道工程按综合指标中相应等级公路的指标计算; 3. 隧道工程项目 隧道工程项目中的隧道工程按分项指标的隧道工程的有关项目计算;接线工程按综合指标中相应等级公路的指标计算
	分项指标	1. 路基工程 路基土方,指标计量单位为 1 000m^3,工程量按设计断面计价方数量计算。路基石方,指标计量单位为 1 000m^3,按开挖天然密实断面方计算; 2. 路面工程 沥青路面及水泥混凝土路面指标计量单位为 100m^3,工程量按路面设计实体计算。基层、垫层及其他路面指标计量单位为 1 000m^2 工程量按面积计算。拦水带、沥青路面镶边及路缘石指标计量单位为1 000m,工程量按需要设置的长度(指单边长度)计算; 3. 隧道工程 洞身和装饰、照明及通风指标计量单位均为 100m^2,工程量按隧道正洞面积计算。洞门指标计量单位为每端,一座隧道应按两端洞门计算

续上表

类别		主　要　内　容
估算指标工程量计算规则	分项指标	4. 涵洞工程 指标计量单位为1道,工程量不分涵洞类型按总道数计算。跨径小于0.5m的灌溉涵已综合在指标中,不得将这些灌溉涵的道数计入工程量内; 5. 桥梁工程 小桥及标准跨径小开20m的中桥、标准跨径大于20m的一般结构中桥及大桥指标计量单位为$100m^2$桥面、工程量按各种结构桥梁的桥面面积之和计算; 技术复杂大桥分为基础工程、下部构造的指标计量单位为$10m^3$实体,工程量按设计混凝土圬工实体计算。上部构造指标计量单位为100桥面,工程量按桥面面积计算

8. 费用定额的编制(表2-1-8)

表2-1-8

类别		主　要　内　容
组成	其他工程费定额	其他工程费内容包括:冬季施工增加费;雨季施工增加费;夜间施工增加费;特殊地区施工增加费;行车干扰工程施工增加费;安全及文明施工措施费;临时设施费;施工辅助费;工地转移费等九项
	间接费定额	间接费由规费和企业管理费两项组成: 规费包括:养老保险费;失业保险费;医疗保险费;住房公积金,工伤保险费; 企业管理费内容包括:基本费用;主副食运费补贴;职工探亲路费;职工取暖补贴;财务费用
费用定额编制	其他工程费定额	$其他工程费费率=\frac{建筑安装生产工人人均其他工程费}{全年有效施工天数\times日平均工资}\times\frac{人工费}{直接工程费}\times100\%$
	间接费定额	$间接费费率=\frac{建安生产工人人均间接费开支额}{全年有效施工天数\times日平均工资}\times\frac{人工费}{直接费}\times100\%$

9. 估算、概算与预算编制办法(表2-1-9)

表2-1-9

类别		主　要　内　容
单价组成	人工	基本工资、工资性津贴、生产工人辅助工资、职工福利费
	材料	原价、运杂费、场外运输损耗、采购及保管费
	机械	1. 不变费用:折旧费、大修理费、经常修理费、按照拆卸费及辅助设施费等;2. 可变费用:包括机上作业人员工资、动力燃料费、养路费及车船使用税
单价计算	人工	人工单价=(基本工资+地区生活补贴+工资性津贴)×(1+14%)×12/225
	材料	材料预算单价=(材料原价+运杂费)×(1+场外运输损耗率)×(1+采购保管费率)-包装品回收价值
	机械	机械台班单价=不变费用+可变费用
建筑安装工程费用	组成	直接工程费、间接费、施工技术装备费、计划利润、税金
	计算	1. 直接工程费=直接费+其他直接费+现场经费 (1)直接费=人工费+材料费+施工机械使用费 (2)其他直接费=定额直接费×其他直接费的综合费率 (3)现场经费=定额直接费×现场经费的综合费率 (4)定额直接工程费=定额直接费+其他直接费+现场经费 2. 间接费=定额直接工程费×间接费的综合费率 3. 施工技术装备费=(定额直接工程费+间接费)×施工技术装备费费率 4. 计划利润=(定额直接工程费+间接费)×计划利润率 5. 税金=(直接工程费+间接费+计划利润)×税率

三、重点难点分析与例题解析

（一） 了解内容

重点一 了解计价依据的内容

【例题1】 下列属于工程造价计价依据的是（ ）。

A 工程量　　B 施工组织设计
C 有关的政策法规　　D 工程量计算规则

答　　案：ABCD

解题思路：了解计价依据的概念，所谓计价依据系指用以计算工程造价的基础资料的总称，除包括定额、指标、费率、基础单价外，还包括工程量数据以及政府主管部门颁发的各种有关经济法规、政策、计价办法、施工组织设计、工程量计算规则等。

【例题2】 定额是在正常的生产（施工）技术和组织条件下为完成（ ）所规定的人力、机械、材料资金等消耗量的标准。

A 单位合格产品　　B 规定产品
C 合格工程　　D 分项工程

答　　案：A

解题思路：掌握定额的定义，具体见本书表2-1-1中所列的内容。

重点二 了解定额的管理与定额的二重性

【例题1】 定额管理的（ ）是生产和劳动社会化的客观要求。

A 自然属性　　B 社会属性　　C 管理属性　　D 经济属性

答　　案：A

解题思路：定额管理的二重性主要取决于管理的二重属性。管理的二重性即自然属性和社会属性。管理的自然属性是生产和劳动社会化的客观要求。凡是人类共同劳动，就需要管理。它不受社会经济形态和社会制度不同的影响。管理的社会属性，主要取决于生产关系。

【例题2】 工程建设定额是一种（ ）。

A 技术定额　　B 经济定额　　C 技术经济定额　　D 基本定额

答　　案：C

解题思路：工程建设定额既不是纯技术定额，也不是纯经济定额，而是是一种技术经济定额。基本定额指的是施工定额，不能代表所有工程建设定额。

【例题3】 工程建设定额管理人员的素质要求主要包括（ ）。

A 领导素质　　B 文化素质　　C 专业素质
D 品德素质　　E 身体素质

答　　案：BCDE

解题思路：了解定额工程建设定额改革的内容及定额管理人员的素质要求。

重点三　了解工程材料的分类

【例题1】　按建筑工程材料的来源分类,可分为(　　)。

A 外购材料　　B 地方性材料
C 自采加工材料　　D 周转性材料

答　　案:ABC

解题思路:了解工程材料的分类,按建筑工程材料的来源分类,可分为外购材料、地方性材料和自采加工材料。

【例题2】　按工程材料在设计和施工中所起的作用分类,可分为(　　)。

A 主要材料、次要材料、周转性材料、辅助材料、金属设备
B 金属材料、有机材料、周转性材料、无机材料、机械设备
C 建工材料、化学材料、合成材料、辅助材料、金属材料
D 主要材料、次要材料、周转性材料、辅助材料、机械设备

答　　案:A

解题思路:了解材料的分类,具体见本书表2-1-2中所列的内容。

重点四　了解施工机械的分类、作用和性能

【例题1】　大型推土机一般配备(　　)司机进行作业。

A 1名　　B 2名　　C 3名　　D 4名

答　　案:B

解题思路:了解土方机械的分类、作用和性能。

【例题2】　能够综合完成土方作业中的挖、运、卸、压实的土方机械是(　　)。

A 推土机　　B 铲运机　　C 平地机　　D 挖掘机

答　　案:AB

解题思路:熟悉土方机械的分类、作用和性能。推土机和铲运机能综合完成土方作业的挖、运、卸、压实等工序。平地机不进行挖土作业,挖掘机不进行运输作业。

【例题3】　前进向上,强制切土。挖掘力大,生产率高,可开挖停机面以上的Ⅰ~Ⅳ类土是(　　)的挖土特点。

A 正铲挖掘机　　B 反铲挖掘机
C 拉铲挖掘机　　D 抓斗挖掘机

答　　案:A

解题思路:熟悉土方机械的分类、作用和性能。具体见本书表2-1-2。

【例题4】　后退向下,强制切土。可开挖停机面以下Ⅰ~Ⅱ类土,深度在4m左右的基坑、基槽、管沟,也可用于地下水位较高的土方开挖是(　　)的挖土特点。

A 正铲挖掘机　　B 反铲挖掘机
C 拉铲挖掘机　　D 抓斗挖掘机

答　　案:B

解题思路:熟悉土方机械的分类、作用和性能。具体见本书表2-1-2。

重点五　了解施工定额的作用、内容与表现形式

【例题1】　以下有关施工定额的作用叙述正确的是(　　)。

A 施工定额是企业计划管理、组织和指挥施工生产的有效工具
B 施工定额是企业激励工人的条件,也是计算劳动报酬的依据
C 施工定额有利于推广先进的技术
D 施工定额是计算企业总劳动量的依据
E 施工定额是企业计算社会劳动量的依据

答　　案:ABC

解题思路:了解施工定额的作用,具体见本书表2-1-3。

【例题2】　某机械的时间定额为20m^3/台班,则产量定额为(　　)。

A 0.05 台班/m^3　B 0.5 台班/m^3　C 5 台班/m^3　D 80 台班/m^3

答　　案:A

解题思路:了解施工定额的表现形式,具体见本书表2-1-3。

重点六　了解预算定额的作用、内容与表现形式

【例题1】　以下有关预算定额的作用叙述正确的是(　　)。

A 是施工企业进行经济活动分析的依据
B 是合理编制标底、投标报价的基础
C 是编制施工组织设计的依据
D 是编制施工图预算,确定和控制项目建筑安装工程造价的基础
E 是企业投标报价依据

答　　案:ABCD

解题思路:了解预算定额的作用,具体见见本书表2-1-5。预算定额只是投标报价的计算基础,施工企业可以参照预算定额进行报价,但不能依据预算定额进行报价。

重点七　了解概算定额的作用、内容与表现形式

【例题1】　以下有关概算定额的作用叙述正确的是(　　)。

A 概算定额是设计方案比较的依据
B 概算定额是合理编制标底、投标报价的基础
C 概算定额是编制主要材料需要量的计算基础
D 概算定额是编制建设项目投资估算指标的基础
E 概算定额是企业投标报价依据

答　　案:ACD

解题思路:了解概算定额的作用,具体见见本书表2-1-6。

重点八　了解估算指标的作用、内容与表现形式

【例题1】　公路工程估算指标根据基本建设前期工作的深度和要求,分为综合指标和

(　　)两类。

A 分项指标　　B 分部指标　　C 概算指标　　D 分解指标

答　　案: A

解题思路: 了解估算指标的概念,具体见表2-1-7。公路工程估算指标根据基本建设前期工作的深度和要求,分为综合指标和分项指标两类。综合指标是编制项目建议书投资估算的依据,主要用于在经济上研究建设项目的选择、研究建设项目建设的合理性、研究全国公路网布局的合理性、以及研究建设规模和编制长远发展规划等。分项指标是编制建设项目可行性研究报告投资估算的依据,也可作为技术方案比较的参考,主要用于在经济上确定近期建设方案和建设项目的成本,以便研究经济效益是否可行。

【例题2】 以下有关投资估算指标的作用叙述正确的是(　　)。

A 是多方案比选、优化设计方案的基础

B 是正确编制投资估算、合理确定项目投资额的重要基础

C 是评价建设项目投资可行性、分析投资效益的主要经济指标

D 概算定额是编制主要材料需要量的计算基础

E 在实施阶段,是限额设计和工程造价与控制的依据

答　　案: ACDE

解题思路: 了解投资估算的作用,具体见本书表2-1-7。

重点九　了解公路工程费用定额的作用、组成

【例题1】 公路工程费用定额是公路工程建设项目在编制工程造价中除人工、材料、机械消耗以外的其他费用需要量计算的标准。根据交通主管部门规定现行公路工程费用定额包括有(　　)等。

A 其他工程费定额

B 企业管理费定额

C 办公和生活用家具购置费定额

D 建安费定额

E 工程建设其他费用中各项指标和定额

答　　案: CDE

解题思路: 了解公路工程费用定额的概念与组成,具体见表2-1-8。公路工程费用定额包括有其他直接费定额、间接费定额、办公和生活用家具购置费定额以及工程建设其他费用中各项指标和定额等。但其他直接费定额和间接费定额组成了建安费定额。所以该题应选择C、D和E。

(二)熟悉内容

重点一　熟悉估算指标的编制方法

【例题1】 在编制投资估算指标时,(　　)需要计算幅度差。

A 人工　　B 材料　　C 机械　　D 都不

答　　案：D

解题思路：熟悉幅度差的概念。编制定额时，由项目划分较细的定额综合扩大过程中，有一些琐碎的工作难以一一计算，而且可能出现一些事先无法估计的工作及影响效率的各种因素，所以在综合过程中需要增加一定的工料机消耗。但是在估算指标编制中，估算指标是一种比概算定额、预算定额更综合、更扩大，适用于基本建设项目前期工作阶段估算工程投资的计价依据。而对于一个建设项目而言，所涉及到的工程项目甚多，但并不是所有的工程项目对工程投资都产生重大的影响，因此就需要确定出对工程造价变化影响较大的主要工程项目和对工程造价变化影响不大的次要工程项目，在估算指标中仅综合主要工程项目，将次要工程项目综合在其他工程指标内，不列工、料、机消耗量，以主要工程费的百分率计算。

【例题2】 在分项指标中，涵洞工程是按(　　)编制的。

A 不同跨径　　B 不同结构

C 不同地区　　D 不同施工方法

答　　案：C

解题思路：熟悉投资估算指标项目的划分。在分项指标中，涵洞工程只是按不同地区进行项目划分的，不区分跨径、结构与施工方法。

重点二　熟悉公路工程费用定额的编制方法

【例题1】 某公路施工企业全员人数4 000人，建筑安装生产工人占70%，全年现场管理费开支1 160万元，生产工人日平均工资20元，年有效施工天数230天，测得人工费占直接费的比例为10%，则间接费定额应为(　　)。

A 9.01%　　B 6.30%　　C 3.97%　　D 21.01%

答　　案：A

解题思路：熟悉公路工程费用定额的编制。具体见本书表2-1-8。

【例题2】 某公路施工企业全员人数5 000人，建筑安装生产工人占70%，全年冬季施工增加费额开支280万元，生产工人日平均工资20元，年有效施工天数230天，测得人工费占直接费的比例为8%，则冬季施工增加费定额应为(　　)。

A 1.39%　　B 0.97%　　C 0.87%　　D 3.25%

答　　案：A

解题思路：熟悉公路工程费用定额的编制。具体见本书表2-1-8。

【例题3】 某公路施工企业全员人数4 000人，非生产工人占20%，全年企业管理费开支680万元，生产工人日平均工资10元，年有效施工天数230天，测得人工费占直接工程费的比例为8%，则间接费定额应为(　　)。

A 7.47%　　B 7.39%　　C 5.91%　　D 9.39%

答　　案：B

解题思路：熟悉公路工程费用定额的编制。具体见本书表2-1-8。

（三） 掌握内容

重点一 掌握定额的分类

【例题1】 按定额所消耗的物质内容分,定额可分为( )。

A 预算定额 B 劳动定额 C 材料定额 D 施工定额

答 案:BC

解题思路:掌握定额的分类,具体见本书表2-1-8中所列的内容。

【例题2】 定额按使用要求分类可分为( )。

A 施工定额 B 预算定额 C 材料定额

D 估算指标 E 机械定额

答 案:ABD

解题思路:定额的分类应熟悉,具体分类见本书表2-1-1。

重点二 掌握定额的作用

【例题1】 以下有关定额作用的说法不正确的是( )。

A 预算定额是施工企业投标报价的依据

B 定额有利于推广先进的施工技术与施工工艺

C 定额是节约社会劳动和提高劳动生产率的工具

D 定额是国家对工程建设项目进行宏观调控和管理的手段

答 案:A

解题思路:施工定额的定额水平是平均先进水平,是施工企业投标报价的依据,而预算定额的定额水平是社会平均水平,不是投标报价的依据,定额的作用具体见表2-1-1。

【例题2】 定额在现代管理中的重要地位表现在( )。

A 定额是节约社会劳动、提高劳动生产率的重要手段

B 定额是组织和协调社会化大生产的工具

C 定额是宏观调控的依据

D 定额是实现分配,兼顾效率与社会公平的手段

E 定额是实现管理的有效手段

答 案:ABCD

解题思路:定额是节约社会劳动、提高劳动生产率的重要手段;定额是组织和协调社会化大生产的工具;定额是宏观调控的依据;定额是实现分配,兼顾效率与社会公平的手段。定额在现代管理中的地位不表现为实现管理的有效手段。

重点三 掌握定额的特点

【例题1】 工程建设定额是由多种类、多层次定额结合而成的有机整体,其结构复杂、层次鲜明、目标明确。这体现工程建设定额的( )的特点。

A 统一性 B 科学性 C 稳定性 D 系统性

答　　案：D

解题思路：定额的特点具体见本书表2-1-1。

【例题2】 工程建设定额的权威性的客观基础是定额的(　　)。

A 统一性　　B 科学性　　C 稳定性　　D 系统性

答　　案：B

解题思路：定额的特点具体见本书表2-1-8。

重点四　掌握材料的物理和力学性质

【例题1】 某种材料的密度是1.8t/m³，表观密度是1.44t/m³，则该材料的孔隙率为(　　)。

A 80%　　B 20%　　C 36%　　D 25%

答　　案：B

解题思路：掌握材料的物理性质，材料表观密度与密度的比值是材料的密实度，而密实度和孔隙率的和为1。

【例题2】 材料吸湿性的大小用(　　)表示。

A 吸水率　　B 含水率　　C 渗透系数　　D 孔隙率

答　　案：B

解题思路：掌握材料的物理性质，吸水率表示的是材料吸水性的大小，含水率表示的是材料吸湿性的大小，渗透系数表示材料抵抗压力水渗透的性质，密实度和孔隙率表示的是材料的密实程度。材料的密实程度与材料的吸水性有关，材料含水率的大小，除与材料本身组织、结构和成分有关外，还与周围环境的湿度、温度有关。

【例题3】 衡量材料轻质高强性能的重要指标是(　　)。

A 刚度　　B 比强度　　C 强度　　D 韧度

答　　案：B

解题思路：掌握材料的力学性质，强度是指在外力作用下材料抵抗破毁的能力，强度分为抗压、抗拉、抗剪和抗弯四种。刚度是指在外力作用下材料抵抗变形的能力，比强度是衡量材料轻质高强性能的重要指标。

【例题4】 材料在外力作用下产生变形，外力消失后，变形消失，材料能完全恢复原来形状的性质是(　　)。

A 弹性　　B 塑性　　C 弹塑性　　D 刚性

答　　案：A

解题思路：掌握材料的力学性质，具体见本书表2-1-2。

重点五　掌握材料在估算指标、概算定额和预算定额中综合范围

【例题1】 材料在综合指标和分项指标中的综合范围是一致的，而概算定额与预算定额中的材料综合范围不同。(　　)

答　　案：对

解题思路：熟悉材料在估算指标、概算定额和预算定额中综合范围与扩大原则。

重点六　掌握施工定额的概念、性质和编制原则

【例题1】　施工定额是(　　)。

A 计价定额　　B 技术定额　　C 企业定额　　D 经济定额

答　　案：A

解题思路：掌握施工定额的性质，施工定额这种企业定额的性质，要求明确地赋予企业以施工定额的管理权限，其中包括编制和颁发施工定额的权限。允许同类企业和同一地区的企业之间存在施工定额水平的差距，这样在市场上才能具有竞争能力，允许企业就施工定额的水平对外作为商业秘密进行保密。

【例题2】　施工定额的性质是企业定额，则表明(　　)。

A 赋予施工企业自主编制定额和确定定额水平的权力

B 施工定额是企业研发的技术产(商)品

C 同一资质等级的施工定额应该相同

D 企业应根据国家计价定额编制施工定额

答　　案：A

解题思路：掌握施工定额的性质，解题思路同上例。

【例题3】　施工定额的定额水平是(　　)。

A 平均先进水平　B 平均水平　　C 先进平均水平　D 先进水平

答　　案：A

解题思路：掌握施工定额的定额水平。具体见本书表2-1-3。

【例题4】　施工的定额水平是平均先进水平，所谓平均先进水平是指(　　)。

A 在正常的施工条件下，60% ~80%的生产工人能够达到的水平

B 在正常的施工条件下，60% ~80%的生产工人达不到的水平

C 在正常的施工条件下，60% ~80%的生产工人能够超过的水平

D 在正常的施工条件下，60% ~80%的生产工人经过努力能够达到或超过的水平

答　　案：BD

解题思路：掌握平均先进水平定额的有关表述，在正常的施工条件下，60% ~80%的生产工人达不到的水平是平均先进水平，换句话说，也就是60% ~80%的生产工人经过努力能够达到或超过的水平也是平均先进水平。

【例题5】　编制施工定额需要贯彻的编制原则有(　　)。

A 坚持社会平均水平确定定额水平的原则

B 独立自主编制定额的原则

C 符合国家有关政策、法规的原则

D 坚持简明实用的原则

答　　案：BD

解题思路：施工定额的定额水平是平均先进水平，是施工企业投标报价的依据，不是社会平均水平，不需要符合国家有关政策、法规的原则，所以BD选项的正确的。

【例题6】 施工定额的定额水平是平均先进水平，则是指有60% ~80%的施工企业达不到的水平(　　)。

答　　案：错

解题思路：掌握施工定额的性质，施工定额是企业定额的性质，所反映的是施工企业内部的情况，反映的是企业劳动生产率，不是企业间的情况。

【例题7】 在施工定额的编制时，需要进行定额子目的划分，这是满足编制定额(　　)原则。

A 平均先进性原则　　B 简明适用原则

C 专家为主编制定额的原则　　D 独立自主原则

答　　案：B

解题思路：掌握施工定额的编制原则。本题的四个选项都是编制施工定额的原则，贯彻定额的简明适用性原则，关键是做到定额项目设置齐全，项目划分粗细适当。定额子目的划分实际上是确定定额步距，保证项目划分粗细适当。

【例题8】 施工定额的编制应贯彻独立自主编制的原则，自主确定施工定额水平，在编制过程中，不需要执行国家统一的技术标准、规范及验收标准等。(　　)

答　　案：错

解题思路：掌握施工定额的编制原则，施工企业作为具有独立法人地位的经济实体，应根据企业的具体情况和需要，结合国家的技术经济政策和产业导向，以赢利为目标，自主地制定施工定额。贯彻这一原则有利于企业自主经营，有利于执行现代企业制度，有利于施工企业摆脱过多的行政干预，更好地面对建筑市场竞争的环境，也有利于促进新的施工技术和施工方法的采用。但是，在编制过程中，仍然需要执行国家统一的技术标准、规范及验收标准等。

重点七　掌握施工定额的编制方法及定额时间的组成

【例题1】 用计时观察法编制施工定额，(　　)是主要的研究对象。

A 动作　　B 操作　　C 工序　　D 工作过程

答　　案：C

解题思路：施工动作就是施工工序中最小的可以测算的部分，是工人接触材料、构配件等劳动对象的举动，目的使之移位、固定或对之进一步加工。施工操作是一个施工动作接一个施工动作的综合。每一个动作和操作都是完成施工工序的一部分。而动作又是由许多动素组成的。工作过程是由同一工人或同一小组所完成的在技术操作上相互有机联系的工序的总合体。在用计时观察法来编制施工定额时，工序是主要的研究对象。

【例题2】 对施工过程的研究常常采用模型分析的方法，其中(　　)是常用的基本方法。

A 实物模型　　B 图式模型　　C 数学模型　　D 物理模型

答　　案：B

解题思路：熟悉施工过程的研究方法。

【例题3】 搭设小型脚手架的工作时间属于(　　)。

A 必须消耗时间　　B 基本工作时间

C 准备结束时间　　　　　　　　　　D 合理中断时间

答　　案：A

解题思路：掌握定额时间的组成。工人在工作班内消耗的工作时间，按其消耗的性质，基本可以分为两大类：必需消耗的时间（定额时间）和损失时间（非定额时间）。必需消耗的工作时间里，包括有效工作时间，休息和不可避免中断时间的消耗。有效工作时间是从生产效果来看与产品生产直接有关的时间消耗。其中包括基本工作时间、辅助工作时间、准备与结束工作时间的消耗。基本工作时间是工人完成能生产一定产品的施工工艺所消耗的时间。辅助工作时间是为保证基本工作能顺利完成所做的辅助性工作消耗的时间。准备与结束工作时间是执行任务前或任务完成后所消耗的工作时间。不可避免的中断（合理中断）时间是由于施工工艺特点引起的工作中断所必需的时间。休息时间是工人在工作过程中为恢复体力所必需的短暂休息和生理需要的时间消耗。损失时间中包括有多余和偶然工作、停工、违背劳动纪律所引起的工时损失。搭设小型脚手架的工作时间属于辅助工作时间，而该题的选项中没有辅助工作时间，辅助工作时间属于必须消耗时间，所以应选 A。

【例题 4】　与工作量大小有关，但不成比例的是（　　）。

A 辅助工作时间　　　　　　　　　　B 基本工作时间

C 准备结束时间　　　　　　　　　　D 休息时间

答　　案：A

解题思路：掌握定额时间的组成及有关关系。基本工作时间的长短和工作量大小成正比。辅助工作时间长短与工作量大小有关，但不成比例。准备和结束工作时间的长短与所担负的工作量大小无关，但往往和工作内容有关。休息时间的长短和劳动条件有关。

【例题 5】　下列属于定额时间的有（　　）。

A 午休时间　　　　　　　　　　　　B 检查工程质量的时间

C 偶然及多余工作时间　　　　　　　D 整修不平架板工作时间

答　　案：D

解题思路：定额时间包括基本工作时间、辅助工作时间、准备与结束工作时间，不可避免的中断时间与休息时间。休息时间是指正常工作班 8 小时以内的休息时间，而午休时间不属于 8 小时以内的时间，检查工程质量而不能完成产品也与完成产品无关，也不属于定额时间，偶然及多余工作时间属于非定额时间，整修不平架板工作时间属于辅助工作时间，所以只有 D 选项是正确的。

【例题 6】　机械工作中，低负荷下的工作时间属于（　　）。

A 必须消耗时间　　　　　　　　　　B 违背劳动纪律损失时间

C 损失时间　　　　　　　　　　　　D 不可避免的无负荷时间

答　　案：A

解题思路：掌握机械定额时间的组成。必需消耗的工作时间包括有效工作、不可避免的无负荷工作和不可避免的中断三项时间消耗。而有效工作的时间消耗中又包括正常负荷下、有根据地降低负荷下和低负荷下工作的工时消耗。

【例题 7】　以下有关计时观察法的说法不正确的是（　　）。

A 能够查明工作时间消耗的性质和数量

B 能够查明和确定各种因素对工作时间消耗数量的影响

C 能够找出工时损失的原因和研究缩短工时、减少损失的可能性

D 该方法简单,技术含量低,但工作量大,工作周期也长

答　　案: D

解题思路: 掌握计时观察法的目的与用途,计时观察法的方法比较复杂,技术性比较强,工作量大,工作周期也长。

【例题8】 (　　)具有技术简便、费力不多、应用面广和资料全面的优点。在我国是一种采用较广的编制定额的方法。

A 选择法测时　　　　B 写实记录法

C 工作日写实法　　　　D 接续测时法

答　　案: C

解题思路: 掌握计时观察方法各自的特点。测时法主要适用于测定那些定时重复的循环工作的工时消耗,是精确度比较高的一种计时观察法。有选择法和接续法两种。写实记录法是一种研究各种性质的工作时间消耗的方法,精确程度比测时法低,写实记录法按记录时间的方法不同分为数示法、图示法和混合法三种。工作日写实法,是一种研究整个工作班内的各种工时消耗的方法。精确程度比写实记录法低。工作日写实法和测时法、写实记录法比较,具有技术简便、费力不多、应用面广和资料全面的优点。在我国是一种采用较广的编制定额的方法。

【例题9】 以下不属于影响工时消耗的因素是(　　)。

A 工程质量　　　　B 施工组织与管理

C 合同条件　　　　D 工资分配及奖励制度

答　　案: C

解题思路: 掌握影响工时消耗的因素。在施工现场,影响工时消耗的因素可以按性质分为两大类,即技术因素和施工因素。技术因素包括:①完成产品(实物产品和劳务)的类别;②材料、制品和预制构、配件的种类和型号等级;③机器和机械化工具的种类、型号和尺寸;④产品质量。施工因素包括:①操作方法和施工的管理与组织;②工作地点的组织;③人员组成和分工;④工资和奖励制度;⑤原材料和构配件的质量和供应的组织;⑥气候条件等。

【例题10】 以下有关计时观察法观测次数与精度的说法不正确的是(　　)。

A 对于工程量大、精确度要求高施工过程,观察次数应多

B 精确度要求高,数据离散性较大,观察次数应多

C 能够达到精度要求,观察对象人数多,观察次数可以减少

D 能够达到精度要求,数据离散性较小,观察次数应多

答　　案: D

解题思路: 掌握计时观察法的观察精度与观察次数、观察对象等关系。

重点八　掌握劳动定额、材料定额和机械定额的编制方法

【例题1】 以下(　　)不是编制劳动定额的方法。

A 计时观察法　　B 经验估工法　　C 统计分析法　　D 理论计算法

答　　案: D

解题思路: 计时观察法、经验估工法和统计分析法都是劳动定额编制的方法。计时观察法是编制劳动定额最主要的方法,该法具有精度高,测定的劳动定额水平合理。经验估工法(经验估计法)简单、速度快,但易受参加制定人员主观因素和局限性影响,使制定的定额出现偏高或偏低现象。统计分析法是以积累的大量统计资料为基本依据,这些资料提供数据的准确性和真实性直接影响到定额的精度。凡是施工条件比较正常,定额比较稳定,原始资料比较真实的单位,采用统计分析法比采用经验估计法科学和先进。理论计算法是材料消耗定额的编制方法。

【例题 2】 测定材料的损耗量定额一般采用(　　)。

A 现场技术测定法　　B 实验室试验法

C 现场统计法　　D 理论计算法

答　　案: B

解题思路: 四种方法是材料消耗定额的测定方法。利用现场技术测定法,主要是编制材料损耗定额。利用实验室试验法,主要是编制材料净用量定额。采用现场统计法,是通过对现场进料、用料的大量统计资料进行分析计算,获得材料消耗的数据。这种方法由于不能分清材料消耗的性质,因而不能作为确定材料净用量定额和材料损耗定额的依据。理论计算法,是运用一定的数学公式计算材料消耗定额,是一般常用的方法。

【例题 3】 已知完成某项任务的悲观时间为 14h,乐观时间为 6h,正常工作时间 7h,用经验估计法确定的平均工作时间为(　　)。

A 8h　　B 9h　　C 10h　　D 6.5h

答　　案: A

解题思路: 掌握经验估计法编制劳动定额的方法。按照华罗庚教授的假定,经验估计法估计的正常工作时间(c)出现的概率分别是乐观时间(a)和悲观时间(b)出现概率的两倍。所以;平均工作时间 $M=(a+4c+b)/6$。据此计算得 8h。

【例题 4】 据上例给定的已知条件,假定完成工作的概率为 30%,即有 70% 的工人达不到的水平,$P(30\%)=-0.47$,则下达工时定额为(　　)。

A 7.4h　　B 8h　　C 8.7h　　D 6.5h

答　　案: A

解题思路: 掌握经验估计法编制劳动定额的方法。上例中计算出平均工作时间 M 后,即可计算标准偏差 $\delta=(b-a)/6=1.3$。则工时定额 $T=M+\delta\lambda$,λ 为完成工作的概率所对应的系数。所以:$T=8+[1.3\times(-0.47)]=7.4\text{h}$。

【例题 5】 某单位产品在 10 个月的实耗工时统计资料为:10,11,14,10.5,12,13,12.5,11.5,13,12h,则该产品平均先进定额工时为(　　)。

A 11.95h　　B 10.75h　　C 11.35h　　D 12.75h

答　　案: C

解题思路: 掌握统计分析法编制劳动定额的方法。统计分析法编制定额的方法如下:

$$\text{平均实耗工时}=\frac{\sum_{i=1}^{n}t_i}{n}=\frac{10+11+14+10.5+12+13+12.5+11.5+13+12}{10}=11.95\text{h}$$

先进平均工时 $=\frac{10+11+10.5+11.5}{4}=10.75\text{h}$

平均先进定额工时 $=\frac{\text{平均实耗工时}+\text{先进平均工时}}{2}=\frac{11.95+10.75}{2}=11.35\text{h}$

【例题 6】 某工作测时法测定劳动定额，测时资料表明：完成 1m^3 消耗基本工作时间 60min，辅助工作时间占定额时间的 2%，准备与结束工作时间占定额时间的 2%，不可避免中断时间占 1%，休息占 20%，则该工作的时间定额为(　　)。

A 0.166 工日/m^3　　B 0.156 工日/m^3

C 1.66 工日/m^3　　D 0.125 工日/m^3

答　　案： A

解题思路： 掌握时间定额的拟定。确定的基本工作时间、辅助工作时间、准备与结束工作时间、不可避免中断时间和休息时间之和，就是劳动定额的定额时间。根据定额时间可轻松确定时间定额。

【例题 7】 某混凝土配合比设计，已知砂的质量为 300kg，砂率 30%，则碎石的质量为(　　)。

A 700kg　　B 1 000kg　　C 714kg　　D 900kg

答　　案： A

解题思路： 掌握主要材料消耗定额的编制方法。砂率的概念是砂占砂和碎石总量的比例。

【例题 8】 某路面基层为 15cm 厚的 6% 水泥稳定土，已知混合料的干密度为 2.2t/m^3，土的干密度为 1.4t/m^3，土的场内运输及操作损耗率为 3%，场外运输损耗率为 2%，则 3 500m^2 路面基层中土的定额用量为(　　)。

A 775.5m^3　　B 798.8m^3　　C 791m^3　　D 814.3m^3

答　　案： B

解题思路： 掌握主要材料消耗定额的编制方法。路面材料消耗定额的确定按公式 $Q=\frac{V\times\rho_{11}\times k}{\rho_1}$ 计算，式中 V 表示路面结构的体积，ρ_{11} 表示路面基层的干密度，表示 ρ_1 材料的干密度，k 表示路面基层材料中某种材料的含量。但应注意按公式计算的是路面材料的净用量，定额用量应包括净用量和损耗量，在计算定额用量时只计算场内运输及操作损耗即可。

【例题 9】 已知水泥消耗量是41 200t，损耗率是 3%，那么水泥的净用量是(　　)t。

A 39 964　　B 42 436　　C 40 000　　D 42 474

答　　案： C

解题思路： 材料消耗量 = 材料净用量 ×(1 + 损耗率)。

重点九　掌握机械台班费用的组成

【例题 1】 不属于机械台班费用定额的不变费用是(　　)。

A 折旧费　　B 大修理费

C 经常修理费　　D 施工机械进退场费

答　　案：D

解题思路：掌握机械台班费用定额中各项费用的组成，具体见本书表2-1-4。

【例题2】 不属于机械台班费用定额的可变费用是（　　）。

A 经常修理费　　B 养路费及车船使用税

C 动力燃料费　　D 机上作业人员工资

答　　案：A

解题思路：掌握机械台班费用定额中各项费用的组成，具体见本书表2-1-4。

重点十　掌握机械台班费用定额中各项费用的计算

【例题1】 某施工企业贷款购买施工机械，机械的预算单价为50万元，残值率为3%，贷款利率为6%，机械的年工作台班为200台班，机械的折旧年限为10年，则该机械的台班折旧费为（　　）元。

A 250　　B 242.5　　C 322.5　　D 332.5

答　　案：C

解题思路：掌握机械台班费用定额中各项费用的计算，具体见本书表2-1-4。

【例题2】 机械的预算单价为40万元，机械的年工作台班为200台班，机械的折旧年限为12年，机械的大修理间隔台班为600台班，大修理一次的费用为8000元，则该机械的台班大修理费为（　　）元。

A 10　　B 13.3　　C 13.9　　D 40

答　　案：A

解题思路：掌握机械台班费用定额中各项费用的计算，具体见本书表2-1-4。

重点十一　掌握预算定额的概念、性质和编制原则

【例题1】 以下不属于计价定额是（　　）。

A 预算定额　　B 概算定额　　C 施工定额　　D 估算指标

答　　案：C

解题思路：掌握预算定额的性质，施工定额是企业定额的性质，预算定额、概算定额和估算指标属于计价定额的性质。

【例题2】 以下关于预算定额水平的说法正确的是（　　）。

A 预算定额的定额水平是平均先进水平

B 预算定额的定额水平是先进平均水平

C 预算定额的定额水平是社会平均水平

D 预算定额的定额水平比施工定额水平高

E 预算定额的定额水平比施工定额水平低

答　　案：CE

解题思路：掌握预算定额的性质，预算定额是计价定额，决定了预算定额的定额水平是社会平均水平。而施工定额的定额水平是平均先进水平，预算定额的定额水平比施工定额的定额水平低。

【例题 3】 以下属于预算定额编制依据的是(　　)。

A 公路工程施工定额　　B 概算定额

C 设计与施工图纸　　D 国家有关规定

E 施工方法选择

答　　案：ACDE

解题思路：熟悉预算定额的编制依据。具体见表 2-5。

【例题 4】 预算定额是规定消耗在单位的工程基本构造要素上的劳动力、材料和机械的数量标准，是计算建筑安装产品价格的基础。所谓工程基本构造要素，就是通常所说(　　)。

A 分项工程　　B 结构构件　　C 分部过程　　D 施工工序

答　　案：AB

解题思路：掌握预算定额的概念。具体见本书表 2-1-5。

【例题 5】 预算人工、材料、机械台班定额是在正常生产条件下分项工程所需(　　)标准。

A 人工、材料、机械台班消耗量　　B 人工、材料、机械台班价格

C 分项工程数量　　D 分项工程价格

答　　案：A

解题思路：定额消耗量中的"量"在现行规范、技术标准、操作规程、工程验收标准和现有工艺水平等基础下，反映分项工程人工、材料、机械台班消耗量的标准。

重点十二　掌握预算定额的编制方法

【例题 1】 在编制预算定额时，(　　)需要计算幅度差。

A 人工　　B 材料　　C 机械　　D 资金

答　　案：AC

解题思路：掌握幅度差的概念。由施工定额综合为预算定额，其中人工和机械定额，考虑到一些琐碎的工作难以一一计算，而且在施工中可能出现一些事先无法估计的工作及影响效率的各种因素，因此人工工日和机械台班数，应以施工定额综合后的数量，增加一定的百分数，增加的幅度与原数之比即为幅度差。

【例题 2】 在预算定额中，编制有"材料运输"定额，在编制施工图预算时，可以使用该定额的项目是(　　)。

A 路基土石方的运输或路面基层和面层混合料的运输

B 桥涵构件的运输

C 计算材料运杂费时，材料的运输

D 计算材料运杂费时，运距小于 10km 且是自办运输的材料运输

答　　案：D

解题思路：熟悉预算定额项目的划分。预算定额中还列有"材料采集及加工"及"材料运输"两章，这是公路定额特有的，主要为在边远地区施工单位自行开采、加工施工材料和自办材料运输编制的。

【例题3】 某预算定额的编制,人工幅度差为10%,施工定额的基本用工为0.2工日/m^3,超运距用工(每10m)为0.01工日/m^3,则预算定额(运距100m)的人工用量为(　　)工日/$10m^3$。

A 3　　B 3.3　　C 2.2　　D 3.2

答　　案: B

解题思路: 掌握预算定额的编制方法,特别需掌握有关幅度差计算的规定。

重点十三　掌握预算定额中工程量的计算规则

【例题1】 在编制施工图预算时,路基土石方工程除按规定计算设计断面方提供的工程量,还需按施工组织设计资料计算的工程量有(　　)。

A 为保证路基边缘的压实度,需加宽填筑的工程量

B 因路基沉陷需增加填筑的土石方数量

C 耕地填前压实后增加的土石方数量

D 基底压实后增加的土石方数量

答　　案: ABCD

解题思路: 对常用的工程量计算规则应重点掌握。

【例题2】 某高速公路路基工程,设计借方为10 000m^3,土质为普通土,施工方法采用推土机集土、装载机装车、自卸汽车运输,在编制预算时,推土机的计价工程量为(　　)。

A 11 600　　B 9 280　　C 11 900　　D 8 000

答　　案: B

解题思路: 对常用的定额说明与小注的规定应掌握。在预算定额路基工程章说明中规定,借方(填方)为压实方,当工程量为压实方时,而采用的定额单位为天然密实的定额,应考虑进行换算。在装载机装土石方的定额小注中规定:装载机装土方如需推土机推送、集土时,其推土机的台班数量应乘以0.8的系数。所以在本例中,推土机的计价工程量为:$10\ 000\times1.16\times0.8=9\ 280$。

【例题3】 编制施工图预算时,基坑开挖工程量按(　　)计算。

A 基坑容积　　B 开挖基坑断面体积

C 基础体积　　D 埋入地面以下构造物体积

答　　案: A

解题思路: 对常用的定额说明与小注的规定应掌握。预算定额桥涵工程开挖基坑节说明中规定,基坑开挖工程量按基坑容积计算。

【例题4】 某公路工程的隧道工程,采用新奥法施工,隧道长度为2 600m,编制施工图预算时,洞内工程的定额人工应乘以(　　)的系数。

A 1.05　　B 1.10　　C 1.15　　D 1.20

答　　案: B

解题思路: 对常用的定额章节说明与小注的规定应掌握。预算定额隧道工程章说明中规定,预算定额洞内工程项目是按隧道长度1 000m以内,即施工工作面距洞口500m以内编制

的,若工作面距洞口长度超过500m时,每增长500m(不足500m时以500m计),人工工日及机械台班数量按相应定额增加5%。按此规定,现隧道长度2 600m,即工作面距洞口长度为1 300m,超过了规定的500m,超出距离为1 300 - 500 = 800m,按不足500m时以500m计,则超过了两个500m,人工工日和机械台班应增加10%,即B选项正确。

【例题5】 某钻孔灌注桩工程,桩底高程为-25m,地面高程20m,护筒顶高程为25m,水面高程为24m,承台高程为28m,编制施工图预算时,该钻孔灌注桩的孔深是(　　)。

A 45m　　B 50m　　C 49m　　D 53m

答　　案: B

解题思路: 对常用的定额章节说明与小注的规定应掌握。预算定额桥涵工程灌注桩工程节说明,灌注桩成孔工程量按设计入土深度计算,定额中的孔深指护筒顶至桩底的深度。成孔定额中同一孔内的不同土质,不论其所在的深度如何,均执行总孔深定额。

重点十四　掌握概算定额的概念、性质和编制原则

【例题1】 以下关于概算定额水平的说法正确的是(　　)。

A 概算定额的定额水平是平均先进水平

B 概算定额的定额水平比预算定额的定额水平低

C 概算定额的定额水平是社会平均水平

D 概算定额的定额水平比预算定额的定额水平高

答　　案: BC

解题思路: 掌握概算定额的性质,概算定额是计价定额,决定了概算定额的定额水平是社会平均水平。但与预算定额的定额水平相比,预算定额的定额水平要略高于概算定额的定额水平。

【例题2】 以下属于概算定额编制依据的是(　　)。

A 公路工程施工定额　　B 公路工程预算定额

C 设计与施工图纸　　D 国家有关规定

E 公路工程估算指标

答　　案: BCD

解题思路: 熟悉概算定额的编制依据。具体见本书表2-1-6。

重点十五　掌握概算定额的编制方法

【例题1】 在编制概算定额时,(　　)需要计算幅度差。

A 人工　　B 材料　　C 机械　　D 资金

答　　案: ABC

解题思路: 掌握幅度差的概念。编制预算定额时,只有人工和机械需要考虑幅度差的影响,但在编制概算定额时,除人工、机械外,在桥梁工程和隧道工程中材料也需要计算幅度差。

【例题2】 在概算定额中,编制有小桥扩大定额,在编制设计概算时,(　　)项目可以使

用小桥扩大定额。

A 高速公路　　B 一般公路　　C 林区公路　　D 场矿公路

答　　案：CD

解题思路：熟悉概算定额项目的划分。为适应林业和工业建设项目配套的公路建设工程编制概算的需要,考虑到这些配套的公路工程在整个建设项目投资中占的比重很小,一般设计达不到公路专业部门的深度,为此专门编列了涵洞扩大定额和小桥扩大定额,供这些部门使用。

【例题3】 概算定额的项目主要是根据初步设计或技术设计所能提供的工程量的深度加以划分,编列了初步设计或技术设计所能提供的主要工程项目,在主要工程项目中综合了在初步设计或技术设计中难以提供的次要工程项目和施工现场设施,以避免漏项。所以在路基工程中编制了零星工程,这些零星工程包括:整修路拱、整修边坡及(　　)等。

A 填前压实　　B 夯实填土　　C 软土地基处理

D 修筑盲沟　　E 挖土质台阶

答　　案：ADE

解题思路：熟悉概算定额项目的划分。路基土石方工程,由于各等级公路,尤其高速公路,一级公路的填挖方比例、压实机械化施工程度以及零星工程的含量等差距较大,现行概算定额分别按人工和机械、填方和挖方、不同机械化施工、碾压以及零星工程,划分土石类别、机械规格、公路等级编制了定额。其中零星工程综合为一个项目,以简化计算工作。这些零星工程包括:整修路拱、整修边坡、挖截水沟、挖土质台阶、修筑盲沟、挖淤泥、填前压实、零星回填土方等。

重点十六　掌握投资估算的概念、性质和编制原则

【例题1】 以下属于投资估算指标编制依据的是(　　)。

A 公路工程概算定额　　B 公路工程预算定额

C 设计与施工图纸　　D 国家有关规定

E 施工组织的方法

答　　案：ABCD

解题思路：熟悉投资估算指标的编制依据。具体见本书表2-1-7。

重点十七　掌握估算指标中工程量的计算规则

【例题1】 在编制工程可行性报告投资估算时,路基土方的工程量按(　　)计算。

A 计价方体积　　B 断面方体积

C 压实方体积　　D 天然密实方体积

答　　案：A

解题思路：对常用的估算指标工程量计算规则应重点掌握。

【例题2】 在编制工程可行性报告投资估算时,路基石方的工程量按(　　)计算。

A 计价方体积　　B 设计断面方体积

C 开挖换算为压实方体积　　D 开挖断面天然密实方体积

答　　案：D

解题思路：对常用的估算指标工程量计算规则应重点掌握。

【例题3】　在编制工程可行性报告投资估算时，软基处理的工程量按（　　）计算。

A 需要处理的长度　　　　　　　　B 需要处理的面积

C 需要处理的体积计算　　　　　　D 需要处理的方法分别计算

答　　案：A

解题思路：对常用的估算指标工程量计算规则应重点掌握。

【例题4】　采用估算指标中的分项指标双洞式隧道洞门工程量时，每座隧道洞门应按（　　）计算。

A 两座洞门　　　　　　　　　　B 一座洞门

C 四座洞门　　　　　　　　　　D 按 $10m^3$ 实体计

答　　案：A

解题思路：对常用的估算指标工程量计算规则应重点掌握。

【例题5】　《公路工程估算指标》中，桥梁工程以桥面面积为计量单位的工程项目，其面积等于（　　）。

A 桥梁全长×桥面行车道宽度

B 桥梁全长×桥面全宽

C 多孔跨径总长×桥面行车道宽度

D 多孔跨径总长×桥面全宽

答　　案：B

解题思路：对常用的估算指标工程量计算规则应重点掌握。

【例题6】　采用《公路工程估算指标》中分项指标计算涵洞工程量时，灌溉涵的数量应（　　）。

A 计入涵洞工程量内

B 单独计算

C 根据实际情况，部分计入涵洞工程量内

D 不计算

答　　案：C

解题思路：对常用的估算指标工程量计算规则应重点掌握。

重点十八　掌握编制办法的主要内容

【例题1】　《公路基本建设工程概算、预算编制办法》适用于（　　）。

A 新建的公路工程　　　　　　　　B 改建的公路工程

C 公路的小修保养工程　　　　　　D 公路的大中修工程

E 公路的技术改造工程

答　　案：AB

解题思路：掌握《公路基本建设工程概算、预算编制办法》和《公路基本建设工程投资估算编制办法》的适用范围，其适用范围是公路工程的新建和改建项目，公路工程的小修保养和大中修根据地方规定可参照执行,不完全适用,公路项目的技术改造属于大中修。所以只可以选择A和B。

【例题2】 公路工程造价编制时,遇有非公路工程项目时,应使用( )。

A 公路工程相关定额　　B 编制补充定额

C 非公路工程项目专业定额　　D 建筑定额

答　案:C

解题思路:掌握《公路基本建设工程概算、预算编制办法》总则的有关内容,总则第五条规定:根据干什么工程执行什么定额和取费标准的原则,公路工程概算、预算的工程费用中属于非公路专业的工程,应执行有关专业部门和工程所在地的地区统一直接费定额和相应的间接费定额,但其他费用编制应按本办法中的项目划分及计算办法编制。

重点十九　掌握公路工程费用的组成

【例题1】 不属于工程建设项目投资的是( )。

A 建筑安装费　　B 设备和工器具的购置费

C 地方治安费　　D 建筑机械租赁费

答　案:C

解题思路:工程项目总投资包括建筑安装工程费、设备和工器具购置费等费用。而地方治安费属于地方政府支付的费用。

【例题2】 建筑安装工程直接工程费中的人工费包括( )。

A 因气候影响的停工工资

B 生产工人工资性补贴

C 生产工人学习期间的工资

D 因电力部门连续停电超过8个小时的停工工资

E 因业主修改设计影响的停工工资

答　案:ABC

解题思路:建筑安装工程直接工程费中的人工费,是指直接从事建筑安装工程施工的生产工人开支的各项费用。

【例题3】 建筑安装工程费用中的税金是指按规定应计入工程造价内的( )。

A 固定资产投资方向调节税　　B 营业税

C 增值税　　D 城乡维护建设税

E 教育费附加

答　案:BDE

解题思路:建筑安装工程税金是指国家税法规定的应计入建筑安装工程造价内的营业税、城乡维护建设税及教育费附加。

【例题4】 按公路工程概预算编制办法规定,人工费由( )构成。

A 基本工资、工资性补助、职工福利费

B 基本工资、生产工人辅助工资

C 基本工资

D 基本工资、工资性补贴、生产工人辅助工资、职工福利费

答　　案：D

解题思路：掌握人工费的组成。建筑安装工程直接费中的人工费，是指直接从事建筑安装工程施工的生产工人开支的各项费用，内容包括基本工资、工资性补贴，生产工人辅助工资和职工福利费。其中：

基本工资是指发放生产工人的基本工资，流动施工津贴和生产工人劳动保护费。

工资性补贴是指按规定标准发放的物价补贴，煤、燃气补贴，交通补贴，住房补贴，地区津贴等。

生产工人辅助工资是指生产工人年有效施工天数以外非作业天数的工资，包括开会和执行必要的社会义务时间的工资，职工学习、培训期间的工资，调动工作、探亲、休假期间的工资，因气候影响停工期间的工资，女工哺乳时间的工资，病假在六个月以内的工资及产、婚、丧假期的工资。

职工福利费是指按国家规定标准计提的职工福利费。

【例题5】 下列费用中，属于建安工程其他工程费的有（　　）。

A 现场材料二次搬运费　　B 混凝土添加剂费

C 场地清理费　　D 冬季施工增加费

E 现场临时设施费

答　　案：CD

解题思路：掌握各项费用的编制。其中其他工程费内容包括：冬、雨季施工增加费；夜间施工增加费；高原地区施工增加费；风沙地区施工增加费；沿海地区施工增加费；行车干扰工程施工增加费；安全及文明施工措施费；临时设施费；施工辅助费；工地转移费。工程定位复测、工程点交、场地清理等费用属于施工辅助费，所以应选 CD。

【例题6】 下列费用中，属于建安工程材料费的有（　　）。

A 现场材料二次搬运费　　B 材料的工地小搬运费用

C 材料采购人员的工资　　D 模板的费用

E 工地仓库的储存损耗费用

答　　案：CDE

解题思路：掌握各项费用的编制。材料费是指施工过程中耗用的构成工程实体的原材料、构（配）件、零件、半成品、成品的用量和周转性材料的摊销量，按工程所在地的材料预算价格计算的费用。按此规定，属于以上消耗的材料和材料预算单价的应属于材料费。预算单价包括材料原价、运杂费、场外运输损耗及采购保管费。本例中，A 和 B 选项显然不属于消耗的材料，也不属于材料的预算单价，材料预算单价中的运杂费是指材料自供应地点至工地仓库的运杂费用，材料二次搬运费和工地小搬运不计入材料预算单价；C 和 E 选项属于采购保管费，D 选项属于周转性材料费用。

四、复习题精选

（一）单项选择题

1. 定额划分子目录是采用允许误差率，这在定额的编制原则里有规定，是符合（　　）的

编制原则。

A 专家为主编制定额　　B 符合国家的政策法规

C 简明适用　　D 符合定额水平的要求

2. 施工定额的性质是企业定额,其表现为(　　)。

A 不同企业的定额值存在差异　　B 施工企业联合体的数据库

C 不同企业的定额资料可以共享　　D 企业革新的技术商品

3. 隧道工程所用的劳动力,其工日按(　　)计算,其主要原因是洞内施工难度大和施工环境恶劣。

A 6h　　B 7h　　C 8h　　D 9h

4. 预算定额的定额水平是(　　)。

A 比施工定额高的水平　　B 比概算定额高的水平

C 先进平均定额的水平　　D 平均先进定额的水平

5. 不影响测时数据的因素有(　　)。

A 材料规格和种类　　B 合同条件

C 质量标准　　D 机械设备类型

6. 浆砌料石、混凝土预制块所用的料石、预制块的材料消耗量,其计量单位是指(　　)。

A 码方　　B 实方　　C 堆方　　D 松方

7. 路面基层石灰土基层定额中所用土的计量单位是,这是指(　　)。

A 天然密实方　　B 压实方　　C 堆方(松方)　　D 以上都不是

8. 在施工机械的工作时间中,无负荷工作时间属于(　　)。

A 不可避免的中断时间　　B 停工时间

C 必须消耗的时间　　D 有效工作时间

9. 工程造价计价依据的编制是一个(　　)的过程。

A 由细到粗逐步综合扩大　　B 由一般到特殊

C 由粗到细逐步具体化　　D 由简到繁逐步清晰

10. 建设工程定额,即(　　)。

A 额定的消耗量标准　　B 工程量标准

C 材料的消耗量标准　　D 人工消耗的标准

11. 关于企业定额的概念,说法错误的是(　　)。

A 企业定额反映企业的施工生产与生产消费之间的数量关系

B 企业定额不是企业的商业秘密,而是企业参与市场竞争的核心竞争能力的具体表现

C 企业的技术和管理水平不同,企业定额的定额水平也就不同

D 企业定额是施工企业进行施工管理和投标报价的基础和依据

12. 关于定额的概念及产生,说法错误的是(　　)。

A 定额,即规定的额度,是人们根据不同的需要,对某一事物规定的数量标准

B 定额属于组织的范畴,是随着生产的社会化和科学技术的不断进步而发展起来的

C 我国定额的出现,始于宋代

D 建设工程定额,即额定的消耗量标准,是指按照国家有关的产品标准、设计规范和

施工验收规范、质量评定标准,并参考行业、地方标准以及有代表性的工程设计、施工资料确定的工程建设过程中完成规定计量单位产品所消耗的人工、材料、机械等消耗量的标准

13. (　　)是为建设工程的投资估算提供依据,是合理确定项目投资的基础。

A 预算指标　　B 概算指标　　C 估算指标　　D 结算指标

14. 在施工过程中,生产工人的劳动保护费属于(　　)。

A 直接工程费　　B 其他工程费

C 企业管理费　　D 现场管理费

15. 根据我国公路建设项目投资构成的规定,工程定位复测、工程点交费应计入(　　)。

A 施工单位的现场管理费　　B 建设单位的管理费

C 施工单位的企业管理费　　D 施工单位的其他工程费

16. 我国公路项目现行建筑安装工程费用中,按规定税金的计税基数为(　　)。

A 计划利润　　B 直接工程费+间接费

C 营业额　　D 直接费+间接费+计划利润

17. 工程场地清理费用属于(　　)。

A 建设单位管理费　　B 施工现场管理费

C 施工企业管理费　　D 其他工程费

18. 施工单位的生产工人因气候影响的停工工资包含在(　　)中。

A 现场管理费　　B 生产工人日工资单价

C 企业管理费　　D 基本预备费

19. 公路工程设计概算中,不属于工程建设其他费用的是(　　)。

A 辅助工程费　　B 工程监理费

C 设计文件审查费　　D 建设项目前期工作费

20. 实物量法是按统一"量"、指导"价",即按"量"、"价"分离编制施工图预算的方法,其中的"量"、"价"分别是指(　　)。

A 分项工程量、资源价格　　B 分项工程量、定额基价

C 实物消耗量、定额基价　　D 实物消耗量、资源价格

21. 下列各项施工企业成本费用中,属于间接费的有(　　)。

A 人工费　　B 企业管理费　　C 临时设施费　　D 现场管理费

22. 施工企业在生产经营期间发生的短期贷款利息支出应计入(　　)。

A 规费　　B 直接工程费　　C 财务费用　　D 营业外支出

23. 在施工企业的成本费用中,直接费不包括(　　)。

A 人工费　　B 检验试验费

C 工地转移费　　D 职工养老保险费

24. 下列不属于工程造价计价依据的是(　　)。

A 工程定额　　B 计价办法　　C 费用定额　　D 工期定额

25. 定额是在(　　)的生产(施工)技术和组织条件下为完成单位合格产品所规定的人力、机械、材料资金等消耗量的标准。

A 正常　　B 特定　　C 一般　　D 确定

26. 后退向下,自重切土。其挖土深度和挖土半径均较大,可开挖停机面以下的Ⅰ～Ⅱ类土,但不如反铲挖掘机动作灵活准确,是(　　)的挖土特点。

A 正铲挖掘机　　B 反铲挖掘机　　C 拉铲挖掘机　　D 抓斗挖掘机

27. 直上直下,自重切土。挖掘力较小,只能开挖Ⅰ～Ⅱ类土,用于开挖窄而深的独立基坑和基槽、沉井,适用于水下挖土,是(　　)的挖土特点。

A 正铲挖掘机　　B 反铲挖掘机　　C 拉铲挖掘机　　D 抓斗挖掘机

28. 以下有关定额作用的说法不正确的是(　　)。

A 预算定额是施工企业投标报价的依据

B 定额有利于推广先进的施工技术与施工工艺

C 定额是节约社会劳动和提高劳动生产率的工具

D 定额是国家对工程建设项目进行宏观调控和管理的手段

29. 以下说法错误的是(　　)。

A 定额是节约社会劳动、提高劳动生产率的重要手段

B 定额是组织和协调社会化大生产的工具

C 定额是宏观调控的依据

D 定额是实现有效管理的一种组织行为

30. 工程建设定额的(　　),主要是由国家对经济发展的有计划的宏观调控职能决定的。为了使国民经济按照既定的目标发展,就需要借助于某种标准、定额、参数等,才能实现上述职能,才能利用它对项目的决策、设计方案、投标报价、成本控制进行比选和评价。

A 统一性　　B 科学性　　C 稳定性　　D 系统性

31. 公路工程投资估算指标一种(　　)。

A 技术定额　　B 经济定额　　C 技术经济定额　　D 基本定额

32. 某种材料的密度是2.4kg/cm^3,表观密度是1.8kg/cm^3,则该材料的孔隙率为(　　)。

A 75%　　B 25%　　C 33%　　D 20%

33. 材料吸水性的大小用(　　)表示。

A 吸水率　　B 含水率　　C 渗透系数　　D 孔隙率

34. (　　)是指在外力作用下材料抵抗破毁的能力。

A 刚度　　B 比强度　　C 强度　　D 韧度

35. (　　)是指在外力作用下材料抵抗变形的能力。

A 刚度　　B 比强度　　C 强度　　D 韧度

36. 材料在外力作用下产生变形,外力消失后,变形消失,材料能完全恢复原来形状的性质是(　　)。

A 弹性　　B 塑性　　C 弹塑性　　D 刚性

37. 按照以下的(　　)定额分类方式,可以将工程建设定额分为施工定额、预算定额、概算定额、概算指标、投资估算指标等。

A 按定额反映的生产要素消耗内容　　B 按定额的编制程序和用途

C 按投资的费用性质　　D 按专业性质

38. 以建筑物和建筑物各个分部分项工程为对象编制的定额称为( )。

A 施工工程　B 预算定额　C 概算定额　D 概算指标

39. 概算定额一般是在( )的基础上综合扩大而成的。

A 施工定额　B 预算定额　C 概算指标　D 投资估算指标

40. 投资估算指标的计算对象为( )。

A 工序　B 各个分部分项工程

C 扩大的分部分项工程　D 独立的单项工程或完整的工程项目

41. 建筑安装工程定额属于( )。

A 直接费定额　B 其他直接费定额

C 现场经费定额　D 间接费定额

E 全费用定额

42. 施工定额属于( )。

A 计价性定额　B 生产性定额　C 通用性定额　D 计划性定额

43. 预算定额的编制基础是( )。

A 施工定额　B 预算定额　C 概算定额

D 概算指标　E 投资估算指标

44. 概算定额的主要编制基础是( )。

A 施工定额　B 预算定额　C 概算指标　D 投资估算指标

45. 以下关于时间定额和产量定额的说法中,不正确的是( )。

A 劳动定额的主要表现形式是时间定额

B 时间定额和产量定额互为倒数

C 时间定额和产量定额是材料定额的表现形式

D 劳动定额的主要表现形式是产量定额

46. 以下关于定额消耗量在工程计价中作用描述中,不正确的为( )。

A 编制工程概预算时确定和计算单位产品实物消耗量的辅助依据

B 工程项目设计采用新材料,新工艺,实现资源要素合理配置,进行技术经济比较与分析的依据

C 确定以编制概预算为前提的招标标底价与投标报价的基础

D 进行工程项目金融贷款与项目建设竣工结算的依据

E 施工企业降低成本费用,节约非生产性费用支出,提高经济效益,进行经济核算和经济活动分析的依据

47. 我国建筑产品价格市场化的先后顺序经历了( )三个阶段。

A 国家定价——国家指导价——国家调控价

B 国家定价——国家调控价——国家指导价

C 国家调控价——国家定价——国家指导价

D 国家指导价——国家调控价——国家定价

48. 按照工艺特点,施工过程可以分为( )。

A 手动施工过程和机械施工过程

B 循环过程和非循环过程

C 建造过程,安装过程和建筑安装过程

D 采购过程,运输过程和安装过程

49. 预算定额的编制应反映(　　)。

A 社会平均水平　　B 社会平均先进水平

C 社会先进水平　　D 企业先进水平

50. (　　)不是计时观察法的优点。

A 分析出工时消耗的合理性和影响工时消耗的具体因素

B 为制定定额提供基础数据

C 为改善施工组织管理,改善工艺过程和操作方法提供技术根据

D 为消除不合理的工时损失和进一步挖掘生产潜力提供技术依据

E 充分考虑人的因素

51. 计时观察法不包括(　　)。

A 人工测定法　　B 测时法　　C 写实记录法

D 接续测时法　　E 工作日写实法

52. (　　)是一种研究各种性质的工作时间消耗的方法。

A 人工测定法　　B 测时法　　C 写实记录法

D 接续测时法　　E 工作日写实法

53. 以下方法中,适用于 3 人以上工人的小组工时消耗的测定与分析的方法是(　　)。

A 数示法　　B 曲线法　　C 图示法

D 横道图法　　E 混合法

54. 具有技术简便,费力不多,应用面广和资料全面的优点,且在我国广泛采用的计时观察方法是(　　)。

A 测时法　　B 写实记录法　　C 工作日写实法　　D 混合法

55. 在计时观察法中,用于研究各种性质的工作时间消耗、精确度较高,并且可以同时对两个工人在整个工作班和半个工作班进行长时间观察,以获得工作日全部情况的方法是(　　)。

A 接续法　　B 数示法　　C 工作日写实法　　D 混合法

56. 以下(　　)是用于编制材料损耗定额的方法。

A 实验室试验法　　B 理论计算法

C 现场技术测定法　　D 现场统计法

57. 在确定材料定额消耗量时,建筑工程必须消耗的材料不包括(　　)。

A 直接用于建筑工程的材料　　B 不可避免的施工废料

C 不可避免的场内堆放损耗材料　　D 不可避免的场外运输损耗材料

58. 施工定额的编制应当反映(　　)。

A 社会平均水平　　B 平均先进水平　　C 社会先进水平　　D 企业先进水平

59. 预算定额的编制应遵行(　　)原则。

A 统一性和差别性相结合　　B 平均先进性

C 独立自主　　D 以专家为主

60. 预算定额人工消耗量的人工幅度差是指(　　)。

A 预算定额消耗量与概算定额消耗量的差额

B 预算定额消耗量自身的误差

C 预算定额人工定额必须消耗量与净消耗量的差额

D 预算定额人工工日消耗量与施工劳动定额消耗量的差额

61. 预算定额中人工工日消耗量应当包括(　　)。

A 基本用工和人工幅度差用工　　B 辅助用工和基本用工

C 基本用工和其他用工　　D 基本用工、其他用工和人工幅度差用工

62. 已知水泥消耗量是41 200t,损耗率是3%,那么水泥的净耗量是(　　)t。

A 39 964　　B 42 436　　C 40 000　　D 42 474

63. 在预算定额编制阶段,编制内容不包括(　　)。

A 确定定额的计量单位和计算口径

B 确定定额的项目划分和工程量计算规则

C 计算复核和测算定额人工材料和机械台班耗用量

D 保持预算定额与施工定额计量单位一致

64. 完成$10m^3$砖墙需基本用工26日,辅助用工为5个工日,超距离运砖需2个工日,人工幅度差系数为10%,则预算定额人工工日消耗量为(　　)工日/$10m^3$。

A 36.3　　B 35.8　　C 35.6　　D 33.7

65. 概算定额的编制阶段不包括(　　)。

A 准备阶段　　B 编制阶段　　C 审查阶段　　D 定案与总结阶段

66. 材料预算价格是指材料从其来源地达到(　　)的价格。

A 工地　　B 施工操作地点

C 工地仓库　　D 工地仓库以后出库

67. 某工程购置水泥50t,供应价格为320元/t,运输费为20元/t,运输损耗费为3元/t,采购及保管费率为3%,运输包装费共为300元,包装物回收价值共为100元,则50t水泥的预算价格共计为(　　)元。

A 562.3　　B 33 014.5　　C 17 830.0　　D 17 873.5

68. 施工机械耐用总台数是指机械从投入使用至(　　)前的总台班数。

A 大修　　B 报废　　C 一次工程竣工　　D 满10年

69. 已知某施工机械预算价格为1 000 000元,贷款利息系数为1.2,残值率为3%,机械耐用台班5 000台班,则该机械台班折旧费为(　　)元。

A 240　　B 194　　C 233　　D 200

70. 某施工机械预计使用8年,耐用总台班数为2 000台班,使用期内有3个大修周期,一次大修理费4 500元,则台班大修理费为(　　)元。

A 6.75　　B 4.50　　C 0.84　　D 0.56

71. 在编制工程单价是不能采用的依据是(　　)。

A 施工定额　　B 预算定额　　C 概算定额　　D 费用定额

72. 某砖混合结构的建筑物体积是$900m^3$,毛石带形基础的量为$67.5m^3$,如果每立方米毛

石基础需要用砌石工 0.8 工日，假定在该项单位工程中其他分部工程不需要砌石工，则 1 000m^3建筑物需要用砌石工(　　)工日。

A 60.0　　B 48.6　　C 75.9　　D 10.7

73. 公路工程投资估算指标一般可分为(　　)。

A 设备购置费用指标、设备安装费用指标、建筑工程费用指标

B 建设项目指标、单项工程指标、单位工程指标

C 建筑安装工程费用指标、设备工器具费用指标、工程建设其他费用指标

D 人工消耗指标、材料消耗指标、机械消耗指标

E 综合指标、分项指标

74. 人工挖土方，土壤系潮湿的粘性土，按土壤分类属二类土(普通土)，测试资料表明，挖 1m^3 需消耗基本工作时间 60min，辅助工作时间占工作延续时间的 2%，准备与结束工作时间占工作延续时间 2%，不可避免中断时间占 1%，休息占 20%，则土方工程时间定额为(　　)。

A 60min　　B 63.1min　　C 75min　　D 80min

75. 机械台班单价中的折旧费计算公式(　　)。

A 台班折旧费 = 机械预算价格/耐用总台班数

B $台班折旧费 = \frac{机械账面净值 \times (1 - 残值率) \times 贷款利息系数}{耐用总台班}$

C $台班折旧费 = \frac{机械预算价格 \times (1 - 残值率) \times 贷款利息系数}{耐用总台班}$

D 台班折旧费 = 机械账面净值/耐用总台班数

76. 利用工时规范计算时间定额的公式是(　　)。

A 工序作业时间 = 基本工作时间/(1 - 辅助时间%)

B 工序作业时间 = 定额时间/(1 - 辅助时间%)

C 工序作业时间 = 定额时间 × (1 - 辅助时间%)

D 工序作业时间 = 基本工作时间 × (1 + 辅助时间%)

77. 按我国现行规定，公路工程各项费用中的规费取费基数为(　　)。

A 人工费之和　　B 直接工程费

C 建筑安装工程费　　D 其他工程费

78. 各类工程施工企业管理费费率的大小，取决于工程管理的主要因素是(　　)。

A 工程困难和复杂程度的大小

B 公路等级的高低

C 生产工人和管理人员的多少及开支标准的高低

D 材料费所占工程比重的大小

79. 按我国现行规定，公路工程间接费基本费用的取费基数是(　　)。

A 均以各类工程的其他工程费之和为基数

B 以各类工程的直接工程费之和为基数

C 均以各类工程的人工费之和为基数

D 以各类工程的直接费之和为基数

80. 合理工期是指完成合格工程(　　)。

A 质量最高的工期　　B 速度最快的工期

C 投资最低的工期　　D 人员最少的工期

(二)多项选择题

1. 工程造价计价依据除定额、指标、费率外,还包括(　　)等。

A 工程量数据　　B 计价办法

C 各种经济法规、政策　　D 设计图纸

2. 定额是(　　)的重要手段。

A 节约社会劳动　　B 提高劳动生产率

C 计算企业的必要劳动量　　D 控制企业的总劳动量

3. 下列定额中,(　　)属于国家规定的计价定额。

A 施工定额　　B 预算定额　　C 概算定额　　D 估算指标

4. 以下有关工程建设定额的几种说法中,(　　)是正确的。

A 工程建设定额具有多种类和多层次性

B 工程建设定额反映了工程建设和各种资源消耗之间的客观规律

C 工程建设定额是工程建设中单位合格产品中人工、材料、机械、资金消耗的规定额度

D 工程建设定额是根据国家的管理体制和管理制度,由企业自行制定的

E 工程建设定额体现了在各种施工条件下,人工、材料、机械等消耗的社会平均合理水平

5. 工程建设定额的特点包括(　　)。

A 科学性　　B 系统性　　C 复杂性

D 统一性　　E 永久性

6. 交叉工程估算指标分别按不同工程项目编制,其中互通式立体交叉项目包括(　　)。

A 跨线桥　　B 匝道

C 被交道　　D 安全设施、服务管理设施

7. 施工定额编制应遵循(　　)等原则。

A 按社会平均确定定额水平　　B 统一性

C 以专家为主　　D 简明适用

8. 机械台班单价组成的内容包括(　　)。

A 预算价格　　B 大修理费　　C 经常修理费

D 燃料动力费　　E 机械操作人员的工资

9. 定额按在基本建设程序中的作用可分为(　　)。

A 预算定额　　B 概算定额　　C 估算指标

D 施工定额　　E 劳动定额

10. 企业定额的作用表现为(　　)。

A 它是施工企业编制施工组织设计、制定施工计划和作业计划的依据

B 它是施工企业进行工程投标的基础

C 它是编制工程投标报价的基础和主要依据

D 它是施工企业计算和确定工程施工成本的依据

E 它是施工企业进行成本管理、经济核算的依据

11. 按照反映的物质消耗的内容,可将定额分为(　　)。

A 人工消耗定额　　B 预算定额

C 材料消耗定额　　D 概算定额

E 机械消耗定额

12. 征用耕地的补偿费用包括(　　)。

A 土地补偿费　　B 安置补助费

C 地上附着物和青苗的补偿费　　D 搬迁补助费

E 土地使用费

13. 建筑安装工程间接费用中的企业管理费包括(　　)。

A 差旅交通费　　B 汇兑净损失费

C 固定资产折旧、修理费　　D 职工教育经费

E 教育附加费

14. 包含在建安工程直接工程费中材料费用的费用有(　　)。

A 材料二次搬运费

B 周转性材料费

C 对建筑材料进行一般鉴定检查支出的费用

D 搭建临时设施的材料费

E 构成工程实体的材料费

15. 当工程建设征用集体土地(耕地)时,用地单位向土地所有者支付(　　)等费用。

A 土地出让金　　B 土地使用税　　C 安置补助费

D 青苗补助费　　E 土地补偿费

16. 应列入直接费用中人工费的有(　　)。

A 生产工人福利费　　B 生产工人探亲假期工资

C 原生产一线工人的退休工资　　D 生产工人劳动保护费

E 生产工人教育经费

17. 财务费用包括(　　)。

A 企业经营期间发生的短期贷款利息净支出

B 汇兑净损失、调剂外汇手续费、金融机构手续费

C 职工教育经费

D 办公费

E 劳动保护费

18. 工程建设其他费用,按其内容大体可分为九类,它们是(　　)。

A 材料使用费　　B 土地使用费　　C 建设项目前期工作费

D 研究试验费　　E 调剂外汇手续费

19. 企业管理费基本费用包括(　　)内容。

A 管理人员的薪金和福利费　　B 职工探亲路费

C 工会经费　　D 办公费

E 劳动保险费

20. 建安工程直接费中人工费主要包括(　　)。

A 生产人员的基本工资　　B 生产人员的医疗费

C 生产人员的养老保险费　　D 生产人员的工资性津贴

E 管理人员的基本工资

21. 属于其他工程费用的有(　　)。

A 临时设施费　　B 生产工具用具使用费

C 固定资产使用费　　D 夜间施工增加费

E 检验试验费

22. 建筑安装工程间接费用中的企业管理费基本费用包括(　　)。

A 差旅交通费　　B 汇兑净损失费

C 固定资产折旧、修理费　　D 职工教育经费

E 教育附加费

23. 包含在建安工程直接费中材料费用的费用有(　　)。

A 材料二次搬运费

B 周转性材料费

C 对建筑材料进行一般鉴定检查支出的费用

D 搭建临时设施的材料费

E 构成工程实体的材料费

24. 建筑安装工程中,生产工人的日工资单价组成包括(　　)。

A 生产工人基本工资　　B 生产工人工资性补贴

C 生产工人辅助工资　　D 职工福利费

E 生产工人劳动保护费及保险费

25. 生产工人辅助工资包括(　　)。

A 交通费补贴　　B 女工哺乳时间的工资

C 职工学习、培训期间的工资　　D 调动工作、探亲、休假期间的工资

E 按规定标准发放的物价补贴

26. 应列入直接费用中人工费的有(　　)。

A 生产工人福利费　　B 生产工人探亲假期工资

C 原生产一线工人的退休工资　　D 生产工人劳动保护费

E 生产工人教育经费

27. 以下(　　)属于机械台班单价组成内容。

A 折旧费　　B 台班租赁费

C 经常修理费　　D 安装拆卸费

E 施工机械进出场费

28. 下列(　　)属于建设项目前期工作费。

A 设计费　　B 项目建议书编制费

C 建设单位开办费　　D 可行性研究报告编制费

E 勘察费

29. 以下(　　)属于机械台班单价组成内容。

A 人工费　　B 养路费
C 施工机械进出场费　　D 车船使用税
E 台班租赁费分摊

30. 下列费用中,不属于建筑安装工程直接工程费有(　　)。

A 生产职工教育经费　　B 生产工具用具使用费
C 施工机械大修理费　　D 生产工人探亲期间的工资
E 职工福利费

31. 下列属于建筑安装工程企业管理费的是(　　)。

A 工程排污费　　B 工程保修费
C 土地使用费　　D 固定资产使用费
E 特殊地区施工增加费

32. 建筑安装工程税金包括(　　)。

A 营业税　　B 城市维护建设税
C 所得税　　D 增值税
E 教育费附加

33. 我国建筑安装工程费用构成中,下列(　　)属于企业管理费基本费用。

A 施工管理用财产保险　　B 财务费
C 工程保修费　　D 工程排污费
E 临时设施费

34. 下列哪些费用应列入建筑安装工程直接工程费中的人工费(　　)。

A 生产工人劳动保护费　　B 生产工人探亲假期的工资
C 生产工人退休工资　　D 生产工人福利费
E 生产职工教育经费

35. 定额管理的二重性是指(　　)。

A 自然属性　　B 社会属性　　C 管理属性
D 经济属性　　E 组织属性

36. 以下有关工程建设定额的几种说法中,(　　)是正确的。

A 工程建设定额具有多种类和多层次性
B 工程建设定额反映了工程建设和各种资源消耗之间的客观规律
C 工程建设定额是工程建设中单位产品中人工、材料、机械、资金消耗的规定额度
D 工程建设定额是根据国家的管理体制和管理制度,由企业自形制定的
E 工程建设定额体现了在各种施工条件下,人工、材料、机械等消耗的社会平均合理水平

37. 建筑安装工程定额包括(　　)。

A 人工消耗定额　　B 材料消耗定额　　C 施工机械消耗定额
D 其他直接费定额　　E 现场经费定额

38. 劳动定额的主要表现形式是(　　)。

A 单价定额　　B 时间定额　　C 产量定额　　D 经营定额

39. 以下有关施工定额的说法中(　　)是正确的。

A 施工定额是施工企业组织生产和加强管理,在企业内部使用的一种定额

B 施工定额是工程建设定额中分项最细,定额子目最多的一种定额

C 施工定额主要用于工程的标底编制

D 施工定额是以预算定额为基础综合扩大编制

E 施工定额是调整工程造价的重要基础

40. 工程建设定额的特点包括(　　)。

A 科学性　　B 系统性　　C 复杂性

D 统一性　　E 永久性

41. 以下各种定额当中,属于计价性定额的是(　　)。

A 施工定额　　B 预算定额　　C 概算定额

D 概算指标　　E 投资估算指标

42. 现行预算定额通常包括(　　)。

A 定额前言　　B 定额说明　　C 定额表

D 定额附录　　E 定额总结

43. 下面属于预算定额编制依据的是(　　)。

A 现行劳动定额　　B 现行设计规范　　C 现行概算定额

D 有关标准图　　E 现行财务制度

44. 在下列工人工作时间中,属于非定额时间的有(　　)。

A 午间休息时间　　B 多余工作时间

C 不可避免中断时间　　D 施工本身造成的停工时间

E 违背劳动纪律损失时间

45. 在下列施工机械工作中,不应计入定额时间或不能作为计算定额时间基础的时间有(　　)。

A 不可避免的中断时间　　B 不可避免的无负荷工作时间

C 低负荷下的工作时间　　D 工人休息时间

E 施工本身造成的停工时间

46. 以下有关工序的描述中,正确的是(　　)。

A 工序在组织上是不可分割的

B 工序是工艺方面最简单的施工过程

C 工序可以分解为较小的组成部分

D 在编制定额时,工序是主要的研究对象

E 工序是由若干个分项工程组成的

47. 施工过程研究中常常使用的模型分析法包括(　　)。

A 经验模型法　　B 实物模型　　C 表格模型

D 图式模型　　E 数学模型

48. 研究施工中的工作时间,最重要的是确定施工的(　　)。
A 材料消耗定额　B 费用消耗定额
C 时间定额　D 产量定额

49. 以下各项时间中,持续时间的长短与工作量大小有关的是(　　)。
A 基本工作时间　B 辅助工作时间
C 准备与结束工作时间　D 多余工作时间

50. 下列(　　)包含在定额中或在定额中给予合理的考虑。
A 休息时间　B 多余工作时间　C 不可避免中断时间
D 偶然工作时间　E 非施工本身造成的停工时间

51. 下面的(　　)属于写实记录法。
A 数示法　B 曲线法　C 图示法
D 横道图法　E 混合法

52. 在定额编制过程中,拟定施工的正常条件包括(　　)。
A 工作地点的组织　B 工作组成　C 施工人员编制
D 宏观经济情况　E 当地的经济情况

53. 在下列费用中,应列入建筑安装工程直接费用中人工日工资综合单价的有(　　)。
A 生产工人劳动保护费　B 生产工人辅助工资
C 生产工人退休工资　D 生产工人福利费
E 生产职工教育经费

54. 影响材料预算价格变动的主要因素有(　　)。
A 材料生产成本　B 材料供应体制　C 市场需求情况
D 运输距离及方式　E 材料的消耗水平

55. 机械台班单价组成的内容(　　)。
A 预算价格　B 大修理费　C 经常修理费
D 燃料动力费　E 机械操作人员的工资

56. 企业定额的特点包括(　　)。
A 各项平均消耗比社会平均水平高
B 表现企业在某些方面的技术优势
C 所有匹配的单价是由企业自定的,与外界条件无关
D 表现企业局部和全面管理方面的优势
E 反映企业自身施工管理水平和技术装备程度

57. 下面有关工程单价的描述中正确的是(　　)。
A 单位假定建筑安装产品的不完全价格
B 单位假定建筑安装产品的完全价格
C 单位假定建筑安装产品的全部费用
D 通常是指建筑安装工程的预算单价和概算单价
E 由某一单位工程的人工、材料和机械使用费构成

58. 下列关于《公路工程预算定额》编制原则中,不正确的是(　　)。

A 按社会平均先进确定定额水平的原则

B 简明适用原则

C 坚持统一性和差别性相结合的原则

D 项目齐全的原则

59.《公路工程预算定额》的编制对象是(　　)。

A 分项工程　　B 单位工程　　C 施工过程

D 单项工程　　E 结构构件

60. 下列(　　)属于施工定额在企业管理工作中的基础作用。

A 是组织和指挥施工生产的有效工具

B 是企业计划管理的依据

C 是计算工人劳动报酬的依据

D 是编制施工图预算的依据

(三)判断题(正确者打✓,错误者打×)

1. 定额是计划经济的产物,是与市场经济相悖的体制改革的对象。

2. 施工企业投标报价要受到国家颁布的定额和造价编制办法的约束,不能过多地偏离定额和造价编制办法的规定。

3. 工程定额的编制总是相对滞后于工程实践的。

4. 材料消耗定额包括材料净用量和不可避免的损耗量。

5.《公路工程机械台班费用定额》的费用项目划分为不变费用和可变费用。

6. 预算定额是计价的基础定额。

7. 公路工程施工定额是编制施工图预算的依据。

8. 由预算定额综合扩大为概算定额时,不需要考虑材料的幅度差。

9. 在确定劳动定额时,每天工作时间均按 8 小时计算。

10. 施工定额就是在平均生产水平的条件下,生产单位合格产品所耗的人工、材料、机械台班及资金的数量标准。

11. 对于复杂工艺来说,编制并计算预算定额值是以施工定额直接计算出来的,并考虑人工、材料、机械的幅度差后,按某一单位计算的。

12. 当工程量越大,则编制定额要求允许误差大,而观察次数相应增加。

13. 公路工程的定额体系是单位估价定额体系,因此其实物单价在造价计算中没有意义,更与时间、地点无关。

14. 编制综合指标以概算定额为依据,并考虑工料机的幅度差后,以公路公里为单位计算出来。

15. 概算定额子目划分的平衡计算,一定使用基价的相对误差来控制,当工程量较大时,其允许误差应该大一些。

16. 企业的投标报价与企业定额没有关系,只与公路预算定额的使用有关系,因此报价应该按照具体部颁的预算定额进行报价。

17. 工人的休息时间属于定额时间。非施工本身造成的停工也属于定额时间。

18. 当设计图纸的工程量计算与概算定额中摘取计价工程量的规定不一致时,编制概算采用的工程量应以设计图纸计算为准。

19. 路面工程以“m^2”为计量单位的定额，其压路机台班消耗与路面宽度无关，编制概预算时，无论路面宽度如何变化，均不得调整。

20. 施工定额的平均先进水平即是在正常施工条件下，施工技术及施工能力强的大多数企业能够达到的水平。

21. 材料消耗定额是指直接用于建筑和安装工程单位产品的材料净消耗量。

22. 能够综合完成土方的铲、运、卸、填、压等工序的土方机械是铲运机。

23.《公路工程估算指标》中的综合指标是按指标规定路基宽度编制的。

24. 预算定额、概算定额都是计价定额，他们区别是按照不同设计深度使用不同的定额。

25. 定额的编制应遵循简明性和适用性的原则，定额的简明性和适用性是既有联系又有区别的两个方面，当二者发生矛盾时，定额的简明性应服从适用性的要求。

26. 定额项目划分的粗，则综合程度就大，精确度就会降低。

27. 在编制定额时，只有确定出较高的定额水平才能使定额起到其应起的作用。

28. 定额的产生和发展与管理科学的产生与发展有着密切的关系。

29. 预算定额是计价的基础定额。

30. 劳动定额有两种表现形式，即时间定额和产量定额，二者互为倒数。

31.《公路工程机械台班费用定额》中的不变费用包括折旧费、大修理费、经常修理费和养路费及车船使用税。

32. 基本定额是介于施工定额和预算定额之间的一种扩大施工定额，其项目是按完成某一专项作业将施工定额的有关工序加以综合制定的。

33.《公路工程预算定额》的定额水平是平均先进水平。

34.《公路工程预算定额》的特点之一是只定量(消耗量)不定价(单位工程量的价值)。

35. 由施工定额综合为预算定额的幅度差中，包括人工幅度差和机械幅度差。

36. 由预算定额综合为概算定额时，其材料消耗除隧道和桥涵工程要考虑幅度差外，其他工程项目一律不计。

37. 概算定额的机械消耗量 = 预算定额的机械消耗量 ×(1 + 机械幅度差)。

38.《公路工程概算定额》中的附录与《公路工程预算定额》中的附录的作用是相同的。

39.《公路工程估算指标》项目的划分要与初步设计阶段的深度相适应。

40.《公路工程估算指标》与概预算定额一样，是以活劳动和物化劳动的消耗量为基础表现的。

五、复习题答案与讲评

(一)单项选择题

1. C　该题考查考生对施工定额编制原则的掌握。简明适用性原则要求定额项目设置齐全，对工程量小且影响造价较小的项目可以不单独设置项目，用说明、定额小注等予以说明。简明适用要求定额步距合理，定额划分子目录是采用允许误差率是划分定额步距时采用。

2. A　该题考查考生对施工定额性质的理解。施工定额的性质是企业定额，即赋予施工企业独立自主地编制定额，施工定额是企业投标报价的依据应予保密，且各施工企业间的定额有差异。

3. B 我国劳动定额的单位是工日,规定潜水工每工日按工作6小时计,隧道工每工日按工作7小时计,其他用工每工日按工作8小时计。

4. B 施工定额的定额水平是平均先进水平,预算定额和概算定额的定额水平都是社会平均水平,但是预算定额的定额水平高于概算定额,比施工定额的定额水平低。

5. B 在施工现场,影响工时消耗的因素可以按性质分为两大类,即技术因素和施工因素。技术因素包括:完成产品(实物产品和劳务)的类别;材料、制品和预制构、配件的种类和型号等级;机器和机械化工具的种类、型号和尺寸;产品质量。施工因素包括:操作方法和施工的管理与组织;工作地点的组织;人员组成和分工;工资和奖励制度;原材料和构配件的质量和供应的组织;气候条件等。

6. B 现行公路工程造价编制规定:料石、预制块的计量单位是实际体积即实方;片石、块石和大卵石的计量单位是码放体积即码方;除此之外的碎石、砂砾、土等材料的计量单位是堆方,有时也称松方。

7. C

8. C 无负荷工作时间属于定额时间,定额时间也称必须消耗的时间。

9. A 工程造价计价依据的编制即定额的编制是实测施工定额,在施工定额的基础上逐步综合扩大的一个过程。而造价文件的编制是由粗到细逐步具体化的过程。

10. A 建设工程定额,是指按照国家有关的产品标准、设计规范和施工验收规范、质量评定标准,并参考行业、地方标准以及有代表性的工程设计、施工资料确定的工程建设过程中完成规定计量单位产品所消耗的人工、材料、机械等消耗量的标准。

11. B 从一定意义上讲,企业定额是企业的商业秘密。

12. B 定额属于管理的范畴。

13. C 估算指标是编制项目建议书、可行性研究报告投资估算的依据,是在现有工程价格资料的基础上,经分析整理得出的。

14. A 生产工人的劳动保护费属于人工费中的基本工资,而人工费属于直接工程费;所以应选A。

15. D 其他工程费内容包括:冬、雨季施工增加费;夜间施工增加费;高原地区施工增加费;沿海地区施工增加费;风沙地区施工增加费;行车干扰工程施工增加费;安全及文明施工措施费;临时设施费;施工辅助费;工地转移费。工程定位复测、工程点交、场地清理等费用属于施工辅助费,所以应选D。

16. D 建筑安装工程税金是指国家税法规定的应计入建筑安装工程造价的营业税、城乡维护建设及教育费附加。为了计算上的方便,可将它们合并在一起计算,以工程成本+利润为基数计算税金。即:税金=(直接费+间接费+利润)×税率。

17. D 场地清理等费用属于施工辅助费,施工辅助费属于其他工程费,所以应选D。

18. B 因气候影响的停工工资属于生产工人辅助工资,生产工人的日工资单价组成包括生产工人辅助工资,因气候影响的停工工资包含在生产工人辅助工资中。所以应选B。

19. A 在公路工程概算中,工程建设其他费用概算包括:土地征用及拆迁补偿费、建设项目管理费、建设项目前期工作费、研究试验费、供电贴费、施工机构迁移费、固定资产投资方向调节税、联合试运转费、生产人员培训费、建设期贷款利息。建设项目管理费又包括建设单位(业主)管理费、工程质量监督费、工程监理费、工程定额测定费、设计文件审查费和竣(交)工验收试验检测费。而辅助工程费属于工程费。

20. D　实物量法是一种与统一"量"、指导"价"、竞争"费"的工程造价管理机制相适应，与国际建筑市场接轨、符合发展潮流的预算编制方法。编制施工图预算是先用计算出的各分项工程的实物工程量分别套取预算定额，按类相加求出单位工程所需的各种人工、材料、施工机械台班的消耗量，再分别乘以当时当地各种人工、材料、机械台班的预算单价，求得人工费、材料费和施工机械使用费并汇总求和。所以"量"是指实物消耗量；"价"是指实物资源价格。

21. B　间接费包括企业管理费和财务费用两大类，人工费属于直接费，临时设施费和现场管理费属于现场经费，所以应选 B。

22. C　财务费用是指施工企业为筹集资金而发生的各项费用，包括企业经营期间发生的短期贷款利息净支出、汇兑净损失、调剂外汇手续费、金融机构手续费，以及企业筹集资金发生的其他财务费用。

23. D　直接费包括直接工程费和其他工程费。人工费属于直接工程费则属于直接费；检验试验费属于其他工程费中的施工辅助费也属于直接费；工地转移费属于其他工程费。职工养老保险费属于间接费中的企业管理费。

24. D　所谓计价依据系指用以计算工程造价的基础资料的总称，除包括定额、指标、费率、基础单价外，还包括工程量数据以及政府主管部门颁发的各种有关经济法规、政策、计价办法、施工组织设计、工程量计算规则等。

25. A　　26. C　　27. D

28. A　施工定额的定额水平是平均先进水平，是施工企业投标报价的依据，而预算定额的定额水平是社会平均水平，不是投标报价的依据。

29. D　定额是节约社会劳动、提高劳动生产率的重要手段；定额是组织和协调社会化大生产的工具；定额是宏观调控的依据；定额是实现分配，兼顾效率与社会公平的手段。定额是管理，而不是组织。

30. A　　31. C

32. B　材料表观密度与密度的比值是材料的密实度，而密实度和孔隙率的和为 1。

33. A　吸水率表示的是材料吸水性的大小，含水率表示的是材料吸湿性的大小，渗透系数表示材料抵抗压力水渗透的性质，密实度和孔隙率表示的是材料的密实程度。材料的密实程度与材料的吸水性有关，材料含水率的大小，除与材料本身组织、结构和成分有关外，还与周围环境的湿度、温度有关。

34. C　强度是指在外力作用下材料抵抗破毁的能力，强度分为抗压、抗拉、抗剪和抗弯四种。刚度是指在外力作用下材料抵抗变形的能力，比强度是衡量材料轻质高强性能的重要指标。没有韧度这一概念。

35. A　　36. A

37. B　按定额的编制程序和用途进行分类，可以将工程建设定额分为施工定额、预算定额、概算定额、概算指标、投资估算指标等。

38. B　　39. B

40. D　投资估算指标的计算对象为独立的单项工程或完整的工程项目。

41. A　按照投资的费用性质分类，可以把工程建设定额分为建筑工程定额、设备安装工程定额、其他直接费定额、现场经费定额、间接费定额、工器具定额，以及工程建设其他费用定额等。建筑安装工程定额一般表示的是工料机项目，从被选项来看属于直接费定额。所以应选 A。

42. B　施工定额的性质是企业定额，从被选项来看，选 B 是最符合题意的。

43. A　预算定额的编制基础是施工定额，概算定额的编制基础是预算定额，估算指标的编制基础是概算定额。

44. B

45. C　劳动定额的主要表现形式是时间定额和产量定额，且时间定额和产量定额互为倒数。

46. A　定额消耗量在工程计价中作用，在编制工程概预算时确定和计算单位产品实物消耗量的主要依据。

47. A　我国建筑产品价格市场化的先后顺序经历了国家定价——国家指导价——国家调控价三个阶段。

48. B　按照工艺特点，施工过程可以分为循环过程和非循环过程。

49. A　预算定额的编制应反映的是社会平均水平。

50. B　ACDE 都是计时观察法的优点。为制定定额提供基础数据是计时观测法法作用。

51. A　计时观察法包括测时法、写实记录法、工作日写实法三种基本方法，测时法又分为接续测时法和选择测时法。

52. C　写实记录法是一种研究各种性质的工作时间消耗的方法；测时法是一种研究基本工作时间消耗的方法；工作日写实法是一种研究工作班内的各种工作时间消耗的方法。

53. E　数示法写实记录，是三种写实记录法中精确度较高的一种，但技术上比较复杂，使用也较少。数示法写实记录可以同时对两个工人进行观察，但不能超过 2 人。图示法写实记录，可同时对三个以内的工人进行观察，混合法写实记录。

54. C　具有技术简便，费力不多，应用面广和资料全面的优点，且在我国广泛采用的计时观察方法是工作日写实法。

55. B　在计时观察法中，用于研究各种性质的工作时间消耗、精确度较高，并且可以同时对两个工人在整个工作班和半个工作班进行长时间观察，以获得工作日全部情况的方法是数示法。

56. C　四个选项都是编制材料定额的方法。实验室试验法一般用于编制材料净用量定额，现场技术测定法一般用于编制材料损耗量定额，理论计算法一般也用于编制材料净用量定额，现场统计法编制材料消耗量定额，不能区分。

57. D　在确定材料定额消耗量时，建筑工程必须消耗的材料包括材料的净用量和损耗量，损耗量包括不可避免的施工废料和不可避免的场内堆放及操作损耗，不可避免的场外运输损耗计入材料预算单价。

58. B　施工定额的编制应当反映平均先进水平。

59. A　预算定额的编制应遵行的原则有按社会平均确定预算定额水平的原则；简明适用原则；坚持统一性和因地制宜相结合原则；专家编审责任制原则；与公路建设相适应的原则；贯

彻国家政策、法规的原则。

60. D　预算定额人工消耗量的人工幅度差是指预算定额人工工日消耗量与施工劳动定额消耗量的差额。

61. D　预算定额中人工工日消耗量应当包括基本用工、其他用工和人工幅度差用工。

62. C　材料消耗量定额 = 材料净用量 ×(1 + 场内运输及操作损耗率)。

63. D

64. A　预算定额人工工日消耗量 =(基本用工 + 辅助用工 + 超运距用工)×(1 + 幅度差)

$$=(26+5+2)\times(1+10\%)=36.3。$$

65. D

66. D　材料预算价格包括材料的原价、运杂费、场外运输损耗及采购保管费等,材料的运杂费是指材料从其来源地运达工地仓库或工地堆料点的费用,场外运输损耗是指运输过程中的损耗,采购保管费是指材料供应部门在组织采购、供应和保管材料过程中,所需的各项费用及工地仓库的材料储存损耗。根据上述规定,应选择 D。

67. D　材料预算价格 =(材料原价 + 运杂费)×(1 + 场外运输损耗率)×(1 + 采购保管费率)-包装品回收价值 = $(50\times320+300+50\times20+50\times3)\times(1+3\%)-100=17\ 873.5$。

68. B　施工机械耐用总台数是指机械从投入使用至报废前的总台班数。

69. C　台班折旧费 = $\dfrac{\text{机械预算价格}\times(1-\text{残值率})\times\text{贷款利息系数}}{\text{耐用总台班}}$

$$=\frac{1\ 000\ 000\times(1-3\%)\times1.2}{5\ 000}$$

70. B　台班大修理费 = $\dfrac{\text{大修理一次费用}\times(\text{大修周期}-1)}{\text{耐用总台班}}=\dfrac{4\ 500\times(3-1)}{2\ 000}=4.50$

71. A　施工定额是企业定额,不是计价定额。

72. A　$\dfrac{67.5\times900}{1\ 000}\times0.8=60$。

73. E　公路工程投资估算指标一般可分为综合指标和分项指标。

74. D　定额时间 = 基本工作时间 + 辅助工作时间 + 准备与结束工作时间 + 不可避免中断时间 + 休息时间。设定额时间为 X,则 $X=60+(2\%+2\%+1\%+20\%)X$,解得 $X=80$

75. C

76. D　利用工时规范计算时间定额时,应注意辅助工作时间占用的比例是基本工作时间的比例,所以工序作业时间 = 基本工作时间 ×(1 + 辅助时间%),然后计算定额时间,定额时间 = 工序作业时间/(1-规范时间%)。

77. A　　78. C　　79. D

80. C　合理工期是指在保证质量合格的前提下工程费用最低的工期。

(二)多项选择题

1. ABCD　所谓计价依据系指用以计算工程造价的基础资料的总称,除包括定额、指标、费率、基础单价外,还包括工程量数据以及政府主管部门颁发的各种有关经济法规、政策、计价办法等。

2. AB　定额的作用有:(1)定额是节约社会劳动、提高劳动生产率的重要手段。(2)定额是组织和协调社会化大生产的工具。(3)定额是宏观调控的依据。(4)定额在实现分配,兼顾效率与社会公平方面有巨大的作用。定额作为评价劳动成果和经营效益的尺度,也就成为资源分配的个人消耗品分配的依据。所以A和B选项正确。

3. BCD　施工定额的性质是企业定额;预算定额、概算定额和估算指标都是国家的计价定额。

4. ABC　工程建设定额中的施工定额是由企业自行制定的,其他定额不是,施工定额反映的企业平均先进水平。

5. ABD　工程建设定额的特点包括科学性、系统性、统一性、权威性、稳定性和时效性的特点。

6. ABC　交叉工程估算指标分别按不同工程项目编制,其中互通式立体交叉项目包括跨线桥、匝道和被交道。

7. CD　施工定额编制应遵循平均先进性原则、简明适用性原则、以专家为主编制原则和独立自主原则。

8. BCDE　机械台班单价由不变费用和可变费用组成,可变费用包括机械操作人员的工资、燃料动力费、养路费及车船使用税,不变费用包括折旧费、大修理费、经常修理费、安装拆卸及辅助设施费。机械预算价格是计算折旧费、大修理费等费用的依据,不属于台班单价的组成。

9. ABCD　按定额的编制程序和用途进行分类,定额可为施工定额、预算定额、概算定额、投资估算指标、万元指标和工期定额。定额按在基本建设程序中的作用分类即是按用途分类。所以应选ABCD。

10. ABCD　企业定额是施工企业进行成本管理、经济核算的基础。

11. ACE　按照反映的物质消耗的内容,可将定额分劳动消耗定额(劳动定额)、材料消耗定额(材料定额)和机械消耗定额(机械定额)。

12. ABC　征用耕地的土地补偿费,为该耕地被征用前3年平均年产值的6~10倍。安置补助费按照需要安置的农业人口数计算。

13. ACD　教育附加费是建筑安装工程费用中的税金。

14. ABE　对建筑材料进行一次性鉴定检查支出的费用是其他工程费,而搭建临时设施的材料费是其他工程费中的临时设施费。

15. CDE　土地出让金是指建设项目通过土地使用权出让方式,取得有限期的土地使用权,按照(中华人民共和国城镇国有土地使用权出让和转让暂行条例)规定,支付土地使用权出让金。

16. ABD　原生产一线工人的退休工资和生产工人的教育经费属于间接费中的企业管理费。

17. AB　18. BCD

19. ACDE　企业管理费基本费用是指施工企业为组织施工生产经营活动所发生的管理费用,内容包括管理人员的基本工资、工资性津贴及按规定计提的职工福利费;差旅交通费;办公费;固定资产折旧、修理费;工具用具使用费;工会经费;职工教育经费;劳动保险费;职工养老保险及待业保险费;保险费;税金和其他费用。

20. AD　人工费是指作业人员的工资及工资性质等的津贴。

21. ABDE　固定资产使用费属企业管理费基本费用。

22. ACD　汇兑净损失费属企业管理费中的财务费用,而教育附加费属于税金。

23. BE　材料二次搬运费属于直接费,但不属于材料费,对材料进行一般性技术鉴定费属于其他直接费,搭设临时的材料费属于临时设施费。

24. ABCD　建筑安装工程中,生产工人的日工资单价组成包括生产工人基本工资、生产工人工资性补贴、生产工人辅助工资和职工福利费;生产工人劳动保护费及保险费属于生产工人基本工资。

25. BCD　生产工人辅助工资是指生产工人年有效施工天数以外非作业天数的工资,包括开会和执行必要的社会义务时间的工资,职工学习、培训期间的工资,调动工作、探亲、休假期间的工资,因气候影响停工期间的工资,女工哺乳时间的工资,病假在六个月以内的工资及产、婚、丧假期的工资。交通补贴和物价补贴属于工资性补贴,不属于辅助工资。

26. ABD　原生产一线工人的退休工资和生产工人的教育经费属于企业管理费。

27. ACD　机械台班单价包括不变费用和可变费用。不变费用包括折旧费、大修理费、经常修理费、安装拆卸和辅助设施费;可变费用包括机上作业人员工资、动力燃料费、养路费和车船使用税。

28. ABDE　29. ABD

30. AB　生产职工教育经费属于间接费;生产工具用具使用费属于其他工程费中的施工辅助费;施工机械大修理费属于机械使用费则属于直接工程费;生产工人探亲期间的工资和职工福利费属于人工费则属于直接工程费。

31. ABD　32. ABE　33. ACD　34. ABCD

35. AB　定额管理的二重性主要取决于管理的二重属性。管理的二重性即自然属性和社会属性。

36. ABC　施工定额是由企业自主编制的,而预算定额、概算定额等计价定额是根据国家的管理体制和管理制度,由政府管理机构制定。施工定额是企业定额的性质,反映的是平均先进水平,预算定额、概算定额等计价定额反映的是社会平均水平。

37. ABC

38. BC　劳动定额的主要表现形式是时间定额和产量定额。

39. AB　施工定额是投标报价的依据,工程的标底编制要依据预算定额,预算定额是以施工定额为基础综合扩大编制,预算定额是调整工程造价的重要基础。

40. ABD　工程建设定额的特点包括科学性、系统性、统一性、权威性、时效性和稳定性。

41. BCDE　施工定额是企业定额,不属于计价性定额。

42. BCD　现行预算定额通常包括定额说明、定额表和定额附录。

43. DE

44. ABDE　非定额时间包括停工时间、多余和偶然工作时间、违背劳动纪律损失时间,定额时间中包括休息时间,但是需注意的是休息时间指的是八小时以内的休息,八小时以外的休息不属于定额时间。

45. CE　低负荷下的工作时间应计入定额时间,但是不作为计算时间定额的基础,施工本身造成的停工时间不应计入定额时间。

46. ABCD　分项工程是由若干个工序组成的。

47. BDE　施工过程研究中常常使用的模型分析法包括实物模型、图式模型和数学模型。

48. CD

49. AB　基本工作时间持续时间的长短与工作量大小成正比，辅助工作时间持续时间的长短与工作量大小不成正比，但是有关，准备与结束工作时间持续时间的长短与工作的复杂程度有关。

50. ACDE　休息时间和不可避免中断时间属于定额时间，偶然工作时间和非施工本身造成的停工时间属于非定额时间，但在定额中给予合理的考虑。

51. ACE　写实记录法分为数示法、图示法和混合法。

52. ABC　在定额编制过程中，拟定施工的正常条件不包括宏观经济情况和当地的经济情况。

53. ABD　　54. ABCD

55. BCDE　机械台班单价包括不变费用和可变费用。不变费用包括折旧费、大修理费、经常修理费、安装拆卸和辅助设施费。可变费用包括机上作业人员的工资、动力燃料费、养路费和车船使用税。

56. BCE　　57. ADE

58. AD　公路工程预算定额的编制原则，按社会平均水平确定定额水平的原则；项目齐全属于简明适用原则。

59. AE　公路工程预算定额的编制对象是工程基本构成要素，工程基本构成要素是指分项工程和结构构件。

60. ABC　施工定额是编制施工预算的依据，不是编制施工图预算的依据。

（三）判断题

1. ×

2. ×　施工企业投标报价由企业的施工技术水平和管理水平决定，不受国家定额的约束。

3. √　工程定额的编制是在现有施工水平和大量施工统计资料经测定或统计分析编制的，所以定额的编制落后于工程实践，但是定额应起到指导工程实践的作用。

4. √　材料消耗定额包括材料净用量和不可避免的损耗量。

5. √　公路工程机械台班费用定额的费用项目包括不变费用和可变费用。

6. ×　施工定额是计价定额的基础。

7. ×　公路工程施工定额是编制施工预算的依据，公路工程预算定额才是编制施工图预算的依据。

8. ×　由预算定额综合扩大为概算定额时，桥梁工程和隧道工程需要考虑材料的幅度差。

9. ×　在确定劳动定额时，每天工作时间潜水工按 6 小时计，隧道工按 7 小时计，其他用工均按 8 小时计算。

10. ×　施工定额就是在正常的条件下，生产单位合格产品所耗的人工、材料、机械台班及资金的数量标准。

11. ×　编制并计算预算定额值是以施工定额直接计算出来的，并考虑人工、机械的幅度差后，按某一单位计算的，不考虑材料的幅度差。

12. ×　当工程量越大，则编制定额要求允许误差小，而观察次数相应增加。

13. ×　公路工程的定额体系是实物量法体系，因此其实物单价在造价计算中非常重要，更与时间、地点有关。

14. ×

15. × 概算定额子目划分的平衡计算,一定使用基价的相对误差来控制,当工程量较大时,其允许误差应该小一些。

16. × 企业的投标报价应依据企业定额进行报价。

17. × 工人的休息时间属于定额时间。非施工本身造成的停工属于损失时间。

18. × 当设计图纸的工程量计算与概算定额中摘取计价工程量的规定不一致时,编制概算采用的工程量以概算定额中的计价工程量为准。

19. × 路面工程以"m^2"为计量单位的定额,其压路机台班消耗与路面宽度有关,编制概预算时,根据路面宽度变化情况,进行调整。

20. × 21. × 22. ✓ 23. ✓ 24. ✓

25. ✓ 定额的编制应遵循简明性和适用性的原则,定额的简明性和适用性是既有联系又有区别的两个方面,当二者发生矛盾时,定额的简明性应服从适用性的要求。

26. ✓ 定额项目划分的粗,则综合程度就大,精确度就会降低。

27. × 在编制定额时,只有确定出合理的定额水平就能使定额起到其应起的作用。

28. ✓ 定额的产生和发展是随着管理科学的产生与发展的。

29. ✓ 预算定额是计价的基础定额;施工定额是定额体系的基础定额;注意进行区分。

30. ✓ 劳动定额和机械定额都有两种表现形式,即时间定额和产量定额,二者互为倒数。

31. × 《公路工程机械台班费用定额》中的不变费用包括折旧费、大修理费、经常修理费、安装拆卸和辅助设施费;养路费及车船使用税属于可变费用。

32. ✓ 基本定额是介于施工定额和预算定额之间的一种扩大施工定额,其项目是按完成某一专项作业将施工定额的有关工序加以综合制定的。

33. × 《公路工程预算定额》的定额水平是社会平均水平。

34. ✓ 《公路工程预算定额》的特点之一是只定量(消耗量)不定价(单位工程量的价值)。符合量价分离确定工程造价的原则。

35. ✓ 由施工定额综合为预算定额的幅度差中,包括人工幅度差和机械幅度差,注意不包括材料幅度差。

36. ✓ 由预算定额综合为概算定额时,其材料消耗除隧道和桥涵工程要考虑10%幅度差外,其他工程项目一律不计。

37. ✓

38. × 《公路工程概算定额》中没有附录。

39. × 《公路工程概算定额》项目的划分要与初步设计阶段的深度相适应。

40. ✓

第二章 公路工程造价确定和控制的一般要求

一、考试大纲要求

1. 熟悉工程建设各阶段的内容和工作深度及各建设阶段相应工程造价在工程建设中的

地位和作用，工程造价的确定和审批程序。

2. 熟悉公路工程建设各阶段外业现场调查与工程造价的关系。

3. 掌握人工工日单价、材料预算价格、施工机械台班单价的计算方法；掌握建筑安装工程费的计算；熟悉工程建设其他费用的计算；熟悉预留费用的计算。

4. 掌握概预算各项费用的计算程序和方法。

5. 了解工程造价控制的基本原则和方法，设计、施工方案与工程造价的相互关系；了解价值工程的理论与方法，并能运用其对设计、施工方案进行优化或效益比较。

6. 熟悉(了解)资金时间价值理论与基本计算公式，能对资金运用方案进行分析和效益比较。了解外国工程建设各阶段的工作内容、深度及各阶段相应工程造价的确定的控制。

二、知识点提要

1. 建设程序与各阶段工程造价的关系(表 2-2-1)

表 2-2-1

类别	主要内容	
投资估算	建设程序中所处的阶段	项目建议书、可行性研究阶段
	主要作用	投资估算是决策、筹资和控制造价的主要依据
	相互关系	对拟建项目所需投资，通过编制估算文件预先测算和确定
概算造价	建设程序中所处的阶段	初步设计阶段
	主要作用	按两阶段设计的建设项目，概算经批准后是确定建设项目投资的额度；是签订建设项目总承包合同的依据；在初步设计批准后即进行招标的工程，其概算的建筑安装工程费用，是编制标底的控制依据
	相互关系	概算造价较投资估算造价准确性有所提高，但它受估算造价的控制
修正概算造价	建设程序中所处的阶段	技术设计阶段
	主要作用	按三阶段设计的建设项目，修正概算经批准后是确定建设项目投资的额度；是签订建设项目总承包合同的依据；在技术设计批准后即进行招标的工程，其修正概算的建筑安装工程费用，是编制标底的控制依据
	相互关系	它是对初步设计概算进行修正调整，比概算造价准确，但受概算造价控制
预算造价	建设程序中所处的阶段	施工图设计阶段
	主要作用	施工图预算经批准后，是签订建筑安装工程承包合同，办理工程价款结算的依据；也是实行建筑安装工程造价包干的依据；实行招标的工程，其建筑安装工程费用是编制标底的基础
	相互关系	它比概算造价或修正概算造价更为详尽和准确，但同样要受前一阶段所确定的工程造价即概算的控制
竣工决算	建设程序中所处的阶段	工程完工后
	主要作用	它是确定新增固定资产价值，全面反映建设成果的文件，是竣工验收和移交固定资产的依据
	相互关系	竣工决算是工程完工后，将设计变更和施工变化等方面因素考虑进去，对施工图预算进行最后调整补充而编制的

各个阶段的造价文件是相互衔接,由粗到细,由浅到深,由预期到实际,前者制约后者,后者修正和补充前者的。从以上可知,公路工程造价的编制泛指估算、概算、预算、竣工决算等造价文件的编审工作。工程建设不论其投资来源和隶属关系如何,都必须按基本建设程序办事,进行工程建设各阶段的工程造价文件的编制。

2. 公路工程建设各阶段外业调查工作

外业经济调查是编制造价文件的重要阶段,通过这阶段调查工作,我们可以合理确定材料单价、临时工程数量等内容(参见表2-2-2)。

表 2-2-2

类别	主要内容	
项目建议书投资估算的外业调查	定义	项目建议书投资估算的外业调查,是结合拟建项目的实际情况,涉及投资估算基础资料有关的外业调查工作
	作用	对于调查搜集的各种原始资料,应进行分析整理,为编制项目建议书的投资估算提供可靠的原始基础资料
可行性研究报告投资估算的外业调查	定义	可行性研究报告投资估算的外业调查,是在原项目建议书的基础上,以可行性研究报告提出的各种设计图表资料为依据进行,以利分析对比,了解其变化情况,达到控制投资的目的
	作用	要使初步设计概算与可行性研究报告投资估算误差控制在允许范围之内,关键在于做好外业调查,全面搜集第一手资料,同时对客观情况要有个正确的估量
编制设计概算的外业调查	定义	设计概算的外业调查,是对建设工程的现场情况进行调查了解和收集有关各种计价资料,它包括两个方面的内容,一是以设计图纸为依据,了解落实与现场实际情况,是否有不相符之处或需研究解决的疑难问题;二是设计图表资料上没有反映的内容,要结合现场实际情况才能确定,如建设环境,自然条件,经济条件等与工程造价有关的因素
	作用	外业调查是初步设计概算编制工作的一项重要内容,为使编制的概算能准确的、完整的反映建设项目的实际情况和符合设计文件的内容与要求,必须全面的、深入细致的对建设工程现场的实际情况和各种价格信息进行调查,并应取得相关的协议书面文件
编制施工图预算的外业调查	定义	施工图预算的外业调查,是在初步设计或技术设计调查的基础上进行的,是对原有调查资料的补充与修正,尤其是对审批中提出的问题做出进一步的落实,据以分析比较两者之间存在的差异,以利做好施工图预算的编制工作
	作用	编制施工图预算的外业调查工作,是为了给计算人工、材料、征地拆迁单价提供依据,也为编制预算提供原始资料。外业调查是否深入细致,资料是否齐全、准确,直接影响到预算的编制质量,做好外业调查是编好预算的一个重要方面

3. 人工工日单价、材料预算价格、施工机械台班单价的计算(表2-2-3)

表 2-2-3

类别		主 要 内 容
人工工日单价	计算方法	公路工程生产工人每工日人工单价按如下公式计算： 人工费(元/工日)=[基本工资(元/月)+地区生活补贴(元/月)+工资性津贴(元/月)]×(1+14%)×12 月÷225(工日)
材料预算价格	计算方法	材料预算价格=(材料供应价格+运杂费)×(1+场外运输损耗率)×(1+采购及保管费率)-包装品的回收价值
施工机械台班单价	计算方法	施工机械台班预算价格=不变费用×调整系数+可变费用 =不变费用×调整系数+{定额人工消耗量×人工单价+定额燃料、动力消耗量×燃料、动力单价+运输机械的养路费、车船使用税和保险费}

4. 建筑安装工程费的计算

公路工程建筑安装工程费由直接费、间接费、利润、及税金等部分组成,是工程造价的一个主要组成部分(参见表 2-2-4)。

表 2-2-4

类别		主 要 内 容
直接费		直接费由直接工程费和其他工程费组成; 直接费=直接工程费+其他工程费
直接工程费	定义	人工费、材料费、施工机械使用费三项,统称为直接工程费
	计算方法	直接工程费=人工费+材料费+施工机械使用费 或:直接工程费(工、料、机)=分项工程量×工、料、机定额消耗×与之相对应的预算价格
其他工程费	定义	其他工程费指直接工程费以外施工过程中发生的直接用于工程的费用。内容包括冬季施工增加费、雨季施工增加费、夜间施工增加费、特殊地区施工增加费、行车干扰工程施工增加费、安全及文明施工措施费、临时设施费、施工辅助费、工地转移费等九项
	计算方法	其他工程费=直接工程费×其他工程费综合费率
间接费	定义	间接费是间接为建筑安装工程施工生产服务所发生的费用,它包括企业管理费和规费二项
	计算方法	间接费=直接费×间接费综合费率
利润	定义	利润是指施工企业完成所承包工程获得的盈利
	计算方法	利润=(直接费+间接费)×利润率
税金	定义	税金系指按国家税法规定应计入建筑安装工程造价内的营业税,城市维护建设税及教育费附加
	计算方法	税金=(直接费+间接费+利润)×综合税率
建筑安装工程费=直接费+间接费+利润+税金		

5. 建筑工程其他费用的计算

工程建设其他费用，在公路工程造价中为第三部分费用，包括土地征用及拆迁补偿费，建设项目管理费、研究试验费、前期工作费、施工机构迁移费、供电贴费、联合试运转费、生产人员培训费、固定资产投资方向调节税、建设期贷款利息（参见表2-2-5）。

表2-2-5

类别	主要内容	
土地征用及拆迁补偿费	定义	土地征用及拆迁补偿费是指按照《中华人民共和国土地管理法》等法律、法规规定，为进行公路建设需征用土地所支付的土地征用及拆迁补偿费等费用
	计算方法	根据审批单位批准的建设工程用地和临时用地面积及附着物的情况，以及实际发生的费用项目，按国家有关规定及工程所在地的省（自治区、直辖市）人民政府颁发的有关规定和标准计算
建设项目管理费	定义	建设项目管理费包括建设单位（业主）管理费、工程质量监督费、工程监理费、工程定额测定费、设计文件审查费和竣（交）工验收试验检测费，建设单位（业主）管理费系指建设单位（业主）为建设项目的立项、筹建、建设、竣工验收、总结等工作所发生的管理费用，不包括应计入设备、材料预算价格的建设单位采购及保管设备、材料所需的费用
建设项目管理费	计算方法	建设单位（业主）管理费以建筑安装工程费总额为基数，按《公路工程造价编制与项目经济评价》中表2-22的费率，以累进办法计算； 工程质量监督费以建筑安装工程费总额为基数，按0.15%计算； 工程监理费以建筑安装工程费总额为基数，按《公路工程造价编制与项目经济评价》中表2-23的费率计算； 工程定额测定费以建筑安装工程费总额为基数，按0.12%计算； 设计文件审查费以建筑安装工程费总额为基数，按0.1%计算； 竣（交）工验收试验检测费按国家有关规定计算
研究试验费	定义	研究试验费是为本建设项目提供或验证设计数据、资料，或在施工过程中按照设计规定进行必要的研究试验所需的费用
	计算方法	依据委托合同计列，或按国家颁发的收费标准和有关规定进行编制
建设项目前期工作费	定义	建设项目前期工作费是指委托勘察设计单位对建设项目进行可行性研究、对工程勘察设计时，依据国家法律须进行评价评估、咨询、及设计、监理、施工招标文件、施工招标标底文件编制时，按规定应支付的费用
	计算方法	依据委托合同计列，或按国家颁发的收费标准和有关规定进行编制
施工机械迁移费	定义	施工机构迁移费系指施工机构根据建设任务的需要，经有关部门决定成建制地（指工程处等）由原驻地迁移到另一地区所发生的一次性搬迁费用
	计算方法	施工机构迁移费应经建设项目的主管部门同意按实计算

续上表

类别		主要内容
供电贴费	定义	供电贴费,系指按国家规定,建设项目应交付的供电工程贴费、施工临时用电贴费
	计算方法	根据国家有关规定计列 (该项费用已停止征收)
联合试运转费	定义	联合试运转费指新建、改(扩)建工程项目,在竣工验收前按照设计规定的工程质量标准,进行动(静)载荷载实验所需的费用,或进行整套设备带负荷联合试运转期间所需的全部费用抵扣试车期间收入的差额
	计算方法	已建筑安装工程费总额为基数,独立特大型桥梁按0.075%、其他工程按0.05%计算
生产人员培训费	定义	生产人员培训费指新建、改(扩)建工程项目,为保证生产的正常运行,在工程竣工验收交付使用前对运营部门生产人员和管理人员进行培训所必需的费用
	计算方法	按设计定员和2 000元/人的标准计算
固定资产投资方向调节税	定义	固定资产投资方向调节税系指为了贯彻国家产业政策,控制投资规模,引导投资方向,调整投资结构,加强重点建设,促进国民经济持续稳定协调发展,依照《中华人民共和国固定资产投资方向调节税暂行条例》规定,公路建设项目应缴纳的固定资产投资方向调节税
	计算方法	按国家有关规定计算(暂停征收)
建设期贷款利息	定义	建设期贷款利息是指建设项目中分年度使用国内贷款或国外贷款部分,在建设期内应归还的贷款利息
	计算方法	建设期贷款利息 = Σ(年初付息贷款本息累计 + 本年度付息贷款额 ÷ 2) × 年利率

6. 预留费用的计算

预留费用,是由工程造价增涨预留费和预备费两项组成(表2-2-6)。

表2-2-6

类别		主要内容
工程造价增涨预留费	定义	工程造价增涨预留费,是考虑设计文件编制年至工程竣工年期间,第一、二、三部分费用,因政策、价格变化可能发生上浮而预留的费用及外资贷款汇率变动预留的费用
	计算方法	工程造价增涨预留费 = 建筑安装工程费总额 × [(1 + 年造价增涨率)$^{n-1}$ − 1]
预备费	定义	预备费系指在初步设计和概算中难以预料的工程费用
	计算方法	以第一、二、三部分费用之和(扣除建设期贷款利息)为基数按下列费率计算:设计概算按5%计列;修正概算按4%计列;施工图预算按3%计列; 采用施工图预算加系数包干承包的工程,包干系数为施工图预算中直接工程费之和的3%

7. 概预算各项费用的计算程序和方法

估、概、预算费用主要由4个组成部分,形成结论性的公路或桥梁基本造价(表2-2-7和图2-2-1)。

公路或桥梁基本造价
- 第一部分　建筑安装工程费
- 第二部分　设备、工具、器具购置费
  - 遂道工程中包括通风、照明、消防
  - 交通工程中包括通讯、监控、供电
- 第三部分　工程建设其他费用
- 第四部分　预留费用

图 2-2-1

公路工程概(预)算各项费用的计算方式表　　表 2-2-7

代 号	项 目	说 明 及 计 算 式
一	直接工程费(即工、料、机费)	按编制年工程所在地的预算价格计算
二	其他工程费	(一)×其他工程费综合费率
三	直接费	(一)+(二)
四	间接费	(三)×间接费综合费率
五	利润	[(三)+(四)]×利润率
六	税金	[(三)+(四)+(五)]×综合税率
七	建筑安装工程费	(三)+(四)+(五)+(六)
八	设备、工具、器具购置费	∑(设备、工具、器具购置数量×单价+运杂费)×(1+采购保管费率)
	办公和生活用家具购置费	按有关定额计算
九	工程建设其他费用	
	土地征用及拆迁补偿费	按有关规定计算
	建设单位管理费	(七)×费率
	工程质量监督费	(七)×费率
	工程监理费	(七)×费率
	工程定额测定费	(七)×费率
	设计文件审查费	(七)×费率
	竣(交)工验收试验检测费	按有关定额计算
	研究试验费	按批准的计划编制
	前期工作费	按有关规定计算
	施工机构迁移费	按实计算
	供电贴费	按有关规定计算
	联合试运转费	(七)×费率
	生产人员培训费	按有关定额计算
	固定资产投资方向调节税	按有关规定计算
	建设期贷款利息	按实际贷款数及利率计算
十	预留费用	
	工程造价增涨预留费	按有关规定计算
	预备费	[(七)+(八)+(九)-固定资产投资方向调节税-建设期贷款利息]×费率
	预备费中施工图预算包干系数	[(一)+(二)]×费率
十一	概(预)算总费用	(七)+(八)+(九)+(十)

8. 公路工程造价控制

公路工程造价控制一方面要从公路建设工程设计、工程管理(其中包括造价审查)入手,是直接控制——微观管理;另一方面要开展技术标准、工程定额、计价规则、造价信息、资质管理等内容的工作,是间接按公路工程结构划分控制——宏观管理(表2-2-8)。

表2-2-8

类别	主要内容	
公路建设的三大控制	定义	公路项目实行进度控制、质量控制、费用控制目标
	关系	①费用与进度的关系是进度合理时费用最低;②进度与质量的关系是满足质量的前提下保证进度;③费用与质量的关系是保证质量的前提下满足工程费用支付
优化设计控制工程造价	定义	公路项目从立项、设计、实施到竣工验收的建设全过程,始终贯穿了公路建设的三大控制目标
	优化设计控制	①阶段(纵向)造价控制;②横向造价控制
加强公路工程造价管理	定义	工程造价管理主要以合理确定和有效控制工程造价为中心,采取全过程全方位的管理方针予以保证
	工作	①正确处理工程设计与工程造价的关系;②提高造价管理意识培养复合型人才
重视定额管理有效控制工程造价	定义	公路工程定额是由交通主管部门通过审批程序颁发,其中包括工料机消耗定额和费用定额两大类
	工作	①重视工程定额的作用;②市场经济需要工程定额的指导;③公路工程定额的管理原则

9. 施工方案与工程造价的相互关系

施工方案,就是指按照科学和经济合理的原则,正确地确定兴建工程项目的施工顺序和施工方法,并选择适用的施工机械,结合建设条件,对标段划分(分段施工),施工期限做出合乎实际的安排。施工方案也直接决定工程造价,对于施工图预算而言更是如此(表2-2-9)。

表2-2-9

类别	主要内容	
路基工程	关系	应掌握目前实际施工情况,不局限于定额中多少运距采用哪种施工机械如铲运机,合理制定方案,选择施工机械并套用相应定额
路面工程	关系	重点是拌和场的设置。应根据工程实际合理确定拌和场设置位置,计算混合料综合运距,同时根据路面工程量和工期要求,确定拌和设备生产能力和座数
桥梁工程	关系	对于桩基础施工,应根据水深确定采用哪种围堰方式,是否需设置拌和船、泥浆船,是否需增加其他临时设施如栈桥、工作平台等
隧道工程	关系	公路隧道是为使道路从地层内部或水底通过而修建的人工构造物,可分为岩石隧道和软土隧道。岩石隧道一般情况为穿越山岭,故又称为山岭隧道;软土隧道通常修建在水底,故又称为水底隧道
临时工程	关系	根据外业调查情况和设计方案,确定临时工程的数量,包括临时便道、便桥、便涵、轨道铺设、临时码头、临时电力、电迅线路等

三、重点难点分析与例题解析

(一) 了解内容

重点一 了解公路工程造价控制有关内容

【例题1】 公路工程造价控制实行( )目标。

A 进度控制 B 质量控制 C 费用控制 D 定额控制

答 案:ABC

解题思路:公路项目实行进度控制、质量控制、费用控制目标。所以ABC选项的正确的。

【例题2】 公路建设的三大控制之间有着( )关系。

A 费用与进度的关系是进度合理时费用最低

B 进度与质量的关系是满足质量的前提下保证进度

C 费用与质量的关系是保证质量的前提下满足工程费用支付

D 费用与进度的关系是保证时进度最短

答 案:ABC

解题思路:公路项目实行进度控制、质量控制、费用控制目标,它们之间有着紧密相连的关系:

①费用与进度的关系是进度合理时费用最低。进度太慢时,施工单位支出的经营管理成本会随工期长而大幅度增加;进度太快时,施工单位将为赶工期而改变原有的施工组织方案,导致施工措施费用增加。因此,进度与费用之间要合理把握。

②进度与质量的关系是满足质量的前提下保证进度。进度太快往往使质量降低,质量控制太严工期将会延长;而质量要求过低往往进度加快,又将无法避免质量差错使项目在运营当中出现问题。因此,进度和质量之间要全面考虑。

③费用与质量的关系是保证质量的前提下满足工程费用支付。一方面质量要求越高费用支出越高,另一方面工程质量好,可以减少运营当中出现问题,延长工程使用年限,提高投资效益。

(二) 熟悉内容

重点一 工程建设各阶段的内容和工作深度

【例题1】 ( )是立项和决策的重要依据,是控制概算或预算的一个尺度。

A 工程投资估算 B 概算或修正概算

C 施工图预算 D 竣工决算

答 案:A

解题思路:工程投资估算:是指在项目建议书和可行性研究阶段对拟建项目所需投资的预估计,是立项和决策的重要依据,是控制概算或预算的一个尺度。

【例题2】 建设程序中所处的阶段中( )是技术设计阶段

A 工程投资估算　B 概算造价　　C 修正概算造价
D 预算造价　　E 竣工决算

答　　案：C

解题思路：按三阶段设计的建设项目，修正概算经批准后是确定建设项目投资的额度；是签订建设项目总承包合同的依据；在技术设计批准后即进行招标的工程，其修正概算的建筑安装工程费用，是编制标底的控制依据，是技术设计阶段。

【例题3】 公路基本建设项目一般采用(　　)设计。

A 一阶段　　B 二阶段　　C 三阶段　　D 四阶段

答　　案：B

解题思路：公路工程基本建设项目一般采用两阶段设计，即初步设计和施工图设计。采用两阶段设计的建设项目，初步设计编制设计概算；施工图设计编制施工图预算。

【例题4】 对技术复杂、基础资料缺乏或不足的建设项目，或建设项目中的特殊大型桥梁、隧道、互通式立体交叉等部分工程，必要时可采用(　　)设计。

A 一阶段　　B 二阶段　　C 三阶段　　D 四阶段

答　　案：C

解题思路：对于技术简单、方案明确的小型建设项目，可采用一阶段设计，即一阶段施工图设计；技术上复杂而又缺乏经验的建设项目或建设项目中的个别路段、特殊大桥、互通式立体交叉、隧道等，必要时采用三阶段设计，即初步设计、技术设计和施工图设计。

【例题5】 在公路建设项目中，可行性研究报告阶段投资估算一般应以(　　)为依据编制。

A 估算指标中的综合指标　　B 概算定额
C 估算指标中的分项指标　　D 机械台班费用定额

答　　案：C

解题思路：可行性研究报告，是根据项目建议书及《公路建设项目可行性研究报告编制办法》的要求而编制的，按照《公路工程估算指标》中的"分项指标"和编制办法，分别编制投资估算，同时应进行技术论证和经济评价。可行性研究报告编制阶段要求所提供的设计数量必须符合"分项指标"的计量单位和工程内容的要求。

重点二　熟悉工程造价的确定

【例题1】 建设工程造价由(　　)等组成。

A 建筑安装工程费　　B 设备和工器具购置费
C 工程建设其他费用　　D 建设单位管理费

答　　案：ABC

解题思路：见本章知识点提要4相关内容。

【例题2】 某建设项目投资构成中，设备购置费1 000万元，工具、器具及生产家具购置费200万元，建筑工程费800万元，安装工程费500万元，工程建设其他费用400万元，基本预备费150万元，涨价预备费350万元，建设期贷款2 000万元，应计利息120万元，流动资金400万元，则该建设项目的工程造价为

(　　)万元。

A 3 520　　B 3 920　　C 5 520　　D 5 920

答　　案: A

解题思路: 根据我国目前的规定,工程总投资由固定资产投资和流动资产投资组成,固定资产投资即为通常所说的工程造价,流动资产投资即为流动资金。因此工程造价中不包括流动资金部分。另外需注意的是,建设期贷款不属于工程造价的范围。

建设项目的工程造价为 1 000 + 200 + 800 + 500 + 400 + 150 + 350 + 120 = 3 520 万元。

重点三　熟悉公路工程建设各阶段外业现场调查与工程造价的关系

【例题 1】 编制(　　)的外业调查,是对建设工程的现场情况进行调查了解和收集有关各种计价资料,它包括两个方面的内容,一是以设计图纸为依据,了解落实与现场实际情况,是否有不相符之处或需研究解决的疑难问题;二是设计图表资料上没有反映的内容,要结合现场实际情况才能确定,如建设环境,自然条件,经济条件等与工程造价有关的因素。

A 项目建议书投资估算　　B 可行性研究报告投资估算

C 设计概算　　D 施工图预算

答　　案: C

解题思路: 设计概算的外业调查,是对建设工程的现场情况进行调查了解和收集有关各种计价资料,它包括两个方面的内容。

【例题 2】 (　　)的外业调查,是在原项目建议书的基础上,以可行性研究报告提出的各种设计图表资料为依据进行,以利分析对比,了解其变化情况,达到控制投资的目的。

A 项目建议书投资估算　　B 可行性研究报告投资估算

C 设计概算　　D 施工图预算

答　　案: B

解题思路: 可行性研究报告投资估算的外业调查,是在原项目建议书的基础上,以可行性研究报告提出的各种设计图表资料为依据进行,以利分析对比,了解其变化情况,达到控制投资的目的。

重点四　熟悉建筑安装工程费用的确定

【例题 1】 根据《建筑安装工程费用项目组成》(建标[2003]206 号)文件的规定,下列属于直接工程费中人工费的是生产工人(　　)。

A 失业保险费　　B 危险作业意外伤害保险费

C 劳动保险费　　D 劳动保护费

答　　案: D

解题思路: 人工费系指列入工程定额、指标的直接从事建筑安装工程施工的生产工人开支的各项费用,包括生产工人的基本工资、辅助工资、工资性津贴、地区生活补贴、职工福利费等。所以只有 D 选项是正确的。

【例题2】 根据《建筑安装工程费用项目组成》文件的规定,下列各项中属于企业管理费的是( )。

A 住房公积金　B 社会保障费　C 生产工人劳动保护费

D 财务费　E 工会经费

答　案:DE

解题思路:企业管理费系指施工企业为组织施工生产经营活动所发生的管理费用,内容包括:管理人员的基本工资、工资性津贴及按规定标准计提的职工福利费;差旅交通费;办公费;固定资产折旧、修理费;工具用具使用费;工会经费;职工教育经费;劳动保险费等,所以DE选项的正确的。

【例题3】 建筑安装工程费中的税金是指( )。

A 营业税、增值税和教育费附加

B 营业税、固定资产投资方向调节税和教育费附加

C 营业税、城市维护建设税和教育费附加

D 营业税、城市维护建设税和固定资产投资方向调节税

答　案:C

解题思路:税金系指按国家税法规定应计入建筑安装工程造价内的营业税,城市维护建设税及教育费附加。

【例题4】 建筑安装工程投资是由( )。

A 人工费、材料费、施工机械使用费

B 直接费、间接费、现场管理费

C 直接费、间接费、利润、税金

D 直接费、间接费、利润、税金

答　案:D

解题思路:建筑安装工程投资是由直接费、间接费、利润、税金组成,所以只有D选项是正确的。

【例题5】 按我国现行规定,公路工程各项费用中的其他工程费取费基数为( )。

A 直接工程费　B 直接费

C 建筑安装工程费　D 人工费

答　案:A

解题思路:其他工程费 = 直接工程费 × 其他工程费综合费率

【例题6】 按我国现行规定,公路工程各项费用中的间接费取费基数为( )。

A 直接费　B 直接工程费　C 其他工程费　D 人工费

答　案:A

解题思路:间接费 = 直接费 × 间接费综合费率

【例题7】 以下费用中,属间接费的是( )。

A 生产工人工资　B 企业管理费　C 养老保险费

D 工程承包费　E 工程排污费

答　案:BCE

解题思路：间接费是间接为建筑安装工程施工生产服务所发生的费用，它包括企业管理费和规费二项。企业管理费基本费用内容包括：管理人员的工资、办公费；差旅交通费；办公费；固定资产使用费；工具用具使用费；劳动保险费；工会经费；职工教育经费；保险费；工程保修费；工程排污费；税金；其他费用等。规费包括：养老保险费、失业保险费、医疗保险费、住房公积金和工伤保险费等费用。所以 BCE 选项的正确的。

重点五　熟悉解工程建设其他费用

【例题 1】　某工程为了验证设计参数，按设计规定在施工过程中必须对一新型结构进行测试，该项费用由建设单位支出，应计入(　　)。

A 建设单位管理费　　B 建设项目前期工作费

C 施工单位的检验试验费　　D 研究试验费

答　　案：D

解题思路：研究试验费是为本建设项目提供或验证设计数据、资料，或在施工过程中按照设计规定进行必要的研究试验所需的费用，所以只有 D 选项是正确的。

【例题 2】　公路工程中施工企业为组织施工生产和经营管理所需的费用，称为(　　)。

A 其他费用　　B 现场管理费

C 企业管理费基本费用　　D 企业管理费

答　　案：C

解题思路：企业管理费基本费用系指为组织施工生产和经营管理所需的费用。所以只有 C 选项是正确的。

【例题 3】　现场经公路工程中的间接费由下列(　　)等组成。

A 临时设施费　　B 现场管理费　　C 规费　　D 企业管理费

答　　案：CD

解题思路：间接费是间接为建筑安装工程施工生产服务所发生的费用，它包括企业管理费和规费二项。所以 CD 选项是正确的。

【例题 4】　下列费用中，(　　)属于工程建设其他费用。

A 办公及生活用家具购置费　　B 建设项目管理费

C 工程造价增涨预留费　　D 施工机构迁移费

答　　案：BD

解题思路：工程建设其他费用，在公路工程造价中为第三部分费用，包括土地、青苗等补偿费和安置补助费，建设项目管理费、研究试验费、建设项目前期工作费、施工机构迁移费、供电贴费固定资产投资方向调节税、建设期贷款利息。所以 BD 选项是正确的。

【例题 5】　建设项目总概算中的工程监理费属于(　　)。

A 单位工程概算　　B 预备费概算

C 工程建设其他费用概算　　D 单项工程综合概算

答　　案：C

解题思路：建设项目总概算是确定整个建设项目从筹建到竣工验收所需全部费用的文件。它是由各单项工程综合概算、工程建设其他费用概算、预备费和投资方向调节税概算等汇总编制而成的。其中的工程监理费是工程建设其他费用概算中的一部分。

【例题6】 按我国现行投资构成,下列费用中不属于工程建设其他费用的是(　　)。

A 建设项目前期工作费　　B 研究试验费

C 设备及工、器具购置费　　D 联合试运转费

答　　案:C

解题思路:工程建设其他费用,是指从工程筹建起到工程竣工验收交付使用止的整个建设期间,除建筑安装工程费用和设备及工、器具购置费以外的,为保证工程建设顺利完成和交付使用后能够正常发挥效用而发生的各项费用。建设期贷款利息是指向金融机构借款在建设期所应支付的利息。

重点六　熟悉预留费用

【例题1】 预备费包括(　　)。

A 在批准的设计范围内,技术设计、施工图设计及施工过程中所增加的工程费用

B 一般自然灾害造成的损失和预防自然灾害所采取的措施费用

C 竣工验收时为鉴定工程质量对隐蔽工程进行必要的挖掘和修复费用

D 由于在建设期内可能发生材料、设备、人工等价格上涨引起投资增加,需要事先预留的费用

E 建设期利息

答　　案:ABC

解题思路:预备费是指在项目实施中可能发生难以预料的工程费用,其用途如下:(1)在批准的设计范围内,技术设计、施工图设计及施工过程中所增加的工程费用;(2)在设备订货时,由于规格、型号改变的价差;材料货源变更、运输距离或方式的改变以及因规格不同而代换使用等原因发生的价差;(3)由于一般自然灾害造成的损失和预防自然灾害所采取的措施费用;(4)竣工验收时为鉴定工程质量对隐蔽工程进行必要的挖掘和修复费用;(5)投保的工程根据工程特点和保险合同发生的工程保险费用。

【例题2】 编制公路工程初步设计概算的预备费的费率应是(　　)。

A 11%　　B 9%　　C 5%　　D 3%

答　　案:C

解题思路:以第一、二、三部分费用之和(扣除建设期贷款利息)为基数按下列费率计算:设计概算按5%计列;修正概算按4%计列;施工图预算按3%计列。采用施工图预算加系数包干承包的工程,包干系数为施工图预算中直接工程费之和的3%。施工图预算预算包干使用。

【例题3】 已知某工程设备购置费为2 000万元,未达固定资产标准的工具、器具及生产购置费为80万元,建筑工程费为800万元,安装工程费为300万元,土地使用费200万元,与项目建设有关的其他费用为60万元,与未来企业生产经营的其他费用为30万元,预备费率为8%,则该项目的预备费为(　　)万元。

A 248.0　　B 254.4　　C 277.6　　D 275.2

答　　案:C

解题思路：预备费＝(设备及工器具购置费＋建筑安装工程费用＋工程建设其他费用)×预备费率＝(2 000＋80＋800＋300＋200＋60＋30)×8%＝277.6 万元

重点七　熟悉工程造价控制的基本原则和方法

【例题 1】　公路建设的三大控制之间有着紧密相连的关系有(　　)。

A 费用与进度的关系是进度合理时费用最低

B 严格控制质量

C 进度与质量的关系是满足质量的前提下保证进度

D 费用与质量的关系是保证质量的前提下满足工程费用支付

答　　案：ACD

【例题 2】　从造价管理角度谈公路工程定额的管理原则是(　　)。

A 适应社会主义市场经济发展的需要

B 完善管理体制

C 用好定额，检查定额的使用情况，合理确定和有效控制工程造价

D 编制和审定补充定额

答　　案：CD

解题思路：公路工程定额的管理原则从定额管理角度谈原则：定额要适应社会主义市场经济发展的需要，不断完善定额的体系、内容和管理体制。从造价管理角度谈原则：一是用好定额，检查定额的使用情况，才能合理确定和有效控制工程造价。二是编制和审定补充定额，定额缺项不行，使用未经审定的补充定额也不行，适时编审补充定额是合理确定和有效控制工程造价的关键。所以 CD 选项是正确的。

【例题 3】　建设工程造价控制应贯穿于建设项目的(　　)阶段。

A 投资决策　　　　B 设计

C 建设项目发包　　　　D 建设实施

答　　案：ACD

解题思路：工程造价管理主要以合理确定和有效控制工程造价为中心，采取全过程全方位的管理方针予以保证。湖南省交通建设造价管理办法规定，公路建设项目的投资估算、初设概算、施工图预算、变更设计预算、工程决算都要经过造价管理单位审查，报交通主管部门审批。所以 ACD 选项是正确的。

【例题 4】　公路基本建设程序中，具有决定性的造价控制工作环节是(　　)。

A 项目决策　　B 工程设计　　C 工程施工　　D 工程结算

答　　案：B

解题思路：公路建设项目的立项和设计阶段对造价控制的作用最大，其周期次于施工周期，甚至多于施工周期。所以 B 选项是正确的。

重点八　熟悉施工方案与工程造价的相互关系

【例题 1】　(　　)应掌握目前实际施工情况，不局限于定额中多少运距采用哪种施工机械如铲运机，合理制定方案，选择施工机械并套用相应定额。

A 路基工程　　B 路面工程　　C 桥梁工程　　D 隧道工程

答　　案: A

解题思路: 路基工程应掌握目前实际施工情况,不局限于定额中多少运距采用哪种施工机械如铲运机,合理制定方案,选择施工机械并套用相应定额。

(三) 掌握内容

重点一　掌握人工工日单价的计算方法

【例题1】 下列(　　)应划归人工费之内。

A 生产工人的基本工资、辅助工资

B 现场管理人员的工资

C 现场管理人员的工资性补贴、工资附加费

D 生产工人的基本工资

答　　案: A

解题思路: 人工费系指列入工程定额、指标的直接从事建筑安装工程施工的生产工人开支的各项费用,包括生产工人的基本工资、辅助工资、工资性津贴、地区生活补贴、职工福利费等。所以只有 A 选项是正确的。

【例题2】 下列(　　)应列入生产工人人工费内。

A 生产工人探亲期间的工资　　B 生产工人福利费

C 生产工人的退休工资　　D 生产工人劳动保护费

答　　案: ABD

解题思路: 生产工人的基本工资系指发放生产工人的基本工资、流动施工津贴和生产工人劳动保护费。生产工人辅助工资系指生产工人年有效施工天数以外非作业天数的工资。工资性津贴系指按规定标准发放的物价补贴,煤、燃气补贴,交通补贴,住房补贴,地区津贴等。地区生活补贴指国家规定的边远地区生活补贴、特区补贴等。地区生活补贴和工资性津贴系由各省、自治区、直辖市公路(交通)工程定额(造价管理)站根据当地人民政府的有关规定核定后公布执行,并抄送部公路工程定额站备案。职工福利费系指按国家规定标准计提的职工福利费。生产工人劳动保护费是指按规定标准发放的劳动保护用品的购置费及修理费,徒工服装补贴,防暑降温费,在有碍身体健康环境中施工的保健费用等。所以 ABD 选项是正确的。

【例题3】 影响建筑安装工人人工单价的因素主要有(　　)。

A 社会平均工资水平

B 人工消耗水平

C 政府的社会保障和福利政策

D 生活消费品物价的变动

E 劳动力市场供需变化

答　　案: ACDE

解题思路: 影响人工单价的因素:社会平均工资水平、生活消费指数、人工单价的组成内容、劳动力市场供需变化、政府推行的社会保障和福利政策也会影响人工单价的变动。

重点二　掌握材料预算价格的计算方法

【例题1】　机械台班单价组成的内容有(　　)。

A 预算价格　　B 大修理费　　C 经常修理费

D 燃料动力费　　E 机上操作人员的工资

答　　案：BCDE

解题思路：施工机械台班预算价格，应按交通部公布的《公路工程机械台班费用定额》计算。在编制公路工程造价时，不得采用社会出租台班单价计价。

施工机械台班预算价格 = 不变费用 × 调整系数 + 可变费用 = 不变费用 × 调整系数 + {定额人工消耗量 × 人工单价 + 定额燃料、动力消耗量 × 燃料、动力单价 + 运输机械的养路费、车船使用税和保险费}所以 BCDE 选项的正确的。

【例题2】　公路工程中材料预算价格是指(　　)。

A 出厂价格即原价

B 材料原价与运输费用之和

C 材料从其来源地到达工地仓库后的出库价格

D 材料供应合同价

答　　案：C

解题思路：材料预算价格系指材料从来源地或交货地到达工地仓库或施工地点堆放材料的地点后的综合平均价格，因此由材料的供应价格、运杂费、场外运输损耗、采购及仓库保管费四部分所组成。所以 C 选项的正确的。

【例题3】　某公司采购一批花岗石，运至施工现场，已知该花岗石出厂价为1 000元/m^3由花岗石生产厂家业务员在施工现场推销并签订合同，包装费 4 元/m^3，运杂费 30 元/m^3，当地供销部门手续费率为 1%，当地造价管理部门规定材料采购及保管的费率为 1%，该花岗石的预算价格为(　　)元/m^3。

A 1 054.44　　B 1 034　　C 1 054.68　　D 1 044.34

答　　案：A

解题思路：材料原价 = 材料出厂价 = 1 000元

供销部门手续费 = 材料原价 × 1% = 10(元)

材料预算价格 = (材料原价 + 供销部门手续费 + 包装费 + 运杂费) × (1 + 采购及保管费率) = (1 000 + 10 + 4 + 30) × (1 + 1%) = 1 054.44(元/m^3)

【例题4】　下列不属于材料预算价格的内容是(　　)。

A 供销部门手续费　　B 材料采购及保管费

C 材料原价　　D 材料二次搬运费

答　　案：D

解题思路：材料的预算价格是指材料从其来源地到达施工工地仓库后的综合平均价格。材料二次搬运费属于建筑安装工程费用中的其他直接费。材料预算价格一般由材料原价、供销部门手续费、包装费、运杂费、采购及保管费组成。

【例题5】　根据《建筑安装工程费用项目组成》文件的规定，已知某材料供应价格为

50 000元，运杂费5 000元，采购保管费率1.5%，运输损耗率2%，则该材料的基价为(　　)万元。

A 5.085　　B 5.177　　C 5.618　　D 5.694

答　　案： D

解题思路： 材料预算价格=(材料供应价格+运杂费)×(1+场外运输损耗率)×(1+采购及仓库保管费率)+检验试验费-包装的回收价值，所以只有D选项是正确的。

重点三　掌握施工机械台班单价的计算方法

【例题1】 根据《建筑安装工程费用项目组成》文件的规定，下列各项中属于施工机械使用费的是(　　)。

A 机械夜间施工增加费

B 大型机械设备进出场费

C 机械燃料动力费

D 机械经常修理费

E 司机在年工作台班以外的人工费

答　　案： CDE

解题思路： 施工机械使用费是指施工机械作业所发生的机械使用费以及机械安拆费和场外运费，所以CDE选项的正确的。

四、复习题精选

(一)单项选择题

1. 在项目建设的各个阶段，需分别编制投资估算、设计概算、施工图预算及竣工决算等，这体现了工程造价的(　　)计价特征。

A 复杂性　　B 多次性　　C 组合性　　D 多样性

2. 建筑安装工程费中的税金是指(　　)。

A 营业税、城市维护建设税和教育费附加

B 营业税、固定资产投资方向调节税和教育费附加

C 营业税、增值税和教育费附加

D 营业税、所得税和固定资产投资方向调节税

3. 土建工程利润的计算公式是(　　)。

A 利润=直接费×利润率

B 利润=(直接工程费+间接费)×利润率

C 利润=(直接费+间接费)×利润率

D 利润=人工费×利润率

4. 在下列各项费用中，不属于其他工程费内容的是(　　)。

A 施工单位搭设的临时设施费　　B 夜间施工增加费

C 技术开发费　　D 工程点交费

5. 材料预算价格是指材料从其来源地到达(　　)的价格。

A 工地　　B 施工操作地点

C 工地仓库　　D 工地仓库以后出库

6. 建设单位管理费的计费基础是(　　)。

A 单位工程费用　　B 单项工程费用

C 建设项目总投资　　D 建设工程总造价

7. 某新建项目,建设期4年,分年均衡进行贷款,第一年贷款1 000万元,以后各年贷款均为500万元,年贷款利率为6%,建设期内利息只计息不支付,该项目建设期贷款利息为(　　)。

A 76.80万元　　B 106.80万元　　C 366.30万元　　D 389.35万元

8. 某新建项目,建设期为5年,分年均衡进行贷款,第一年贷款1 000万元,第二年贷款2 000万元,第三年贷款500万元,年贷款利率为6%,建设期间只计息不支付,则该项目第三年贷款利息为(　　)万元。

A 204.11　　B 243.60　　C 345.00　　D 355.91

9. 某建筑材料包含包装费的原价是600元/吨,手续费、运杂费、运输损耗费等费用是50元/吨,采购及保管费率是2%,这种材料的预算价格是(　　)元。

A 600　　B 663　　C 612　　D 650

10. 基本预备费是指在(　　)范围内难以预料的工程费用。

A 可行性研究及投资估算　　B 设计任务书及批准的投资估算

C 初步设计及概算　　D 施工图设计和预算

11. 公路施工企业为进行施工生产而建造的各种生产、生活用临时设施的费用,按规定应计入(　　)。

A 其他直接费　　B 现场管理费　　C 现场经费　　D 企业管理费

12. 公路工程中,政府和有关权力部门规定施工企业必须缴纳的费用,称为(　　)。

A 其他费用　　B 规费　　C 现场经费　　D 企业管理费

13. 按我国现行规定,公路工程各项费用中的直接工程费由(　　)等组成。

A 直接费、现场管理费、企业管理费　　B 直接费、现场经费、间接费

C 直接费、其他直接费、现场经费　　D 人工费、材料费、机械使用费

14. 为保证公路建设项目筹建和建设工程工作正常进行所需办公设备、生活家具的购置费,按规定应计入(　　)。

A 设备、工具、器具及家具购置费　　B 建设单位管理费

C 工程监理费　　D 施工机构迁移费

15. 建设期贷款利息是指(　　)。

A 建设项目贷款总额的全部利息

B 建设项目贷款总额的全部利息中在建设期内应归还的贷款利息

C 建设期内所贷款项的全部利息

D 建设期内所贷款项的全部利息中在建设期内应归还的贷款利息

16. 下列(　　)不应列入生产工人人工费内。

A 流动施工津贴　　B 交通补贴

C 劳动保护费　　D 医疗保险

17. 建设项目的工程造价在量上与(　　)相等。

A 建设项目总投资　　B 固定资产投资

C 建筑安装工程投资　　D 静态投资

18. 按我国现行规定,公路工程规费的取费基数是(　　)。

A 以各类工程的直接工程费之和为基数

B 以各类工程的直接费之和为基数

C 以各类工程的人工费之和为基数

D 以各类工程的其他工程费之和为基数

19. 我国现行规定,公路工程各项费用中的建设单位管理费取费基数为(　　)。

A 定额(指标)基价　　B 直接工程费

C 建筑安装工程费　　D 人工费

20. 在公路工程造价构成中,建筑材料在工地仓库储存保管期间所发生的损耗费用包括在(　　)。

A 工程定额材料消耗量内　　B 工程定额其他材料费内

C 材料场外运输损耗内　　D 材料采购及保管费内

21. 在计算自采材料的预算价格中包括(　　)。

A 辅助生产现场经费　　B 现场经费

C 其他直接费　　D 间接费

22. 在公路建设项目中,项目建议书阶段投资估算一般应以(　　)为依据编制。

A 估算指标中的综合指标　　B 概算定额

C 估算指标中的分项指标　　D 机械台班费用定额

(二)多项选择题

1. 在下列各项费用中,不属于静态投资,但属于动态投资的费用有(　　)。

A 建筑安装工程费用　　B 设备和工器具购置费

C 涨价预备金(费)　　D 基本预备费用

E 建设期贷款利息

2. 在下列费用中,应列入建安工程直接费中人工日工资综合单价的有(　　)。

A 生产工人劳动保护费　　B 生产工人辅助工资

C 生产工人退休工资　　D 生产工人福利费

E 生产职工教育经费

3. 下列包含在勘察设计费内的有(　　)。

A 编制项目可行性研究报告的费用

B 为建设项目提供和验证设计参数、数据、资料所进行的试验费用

C 概预算编制费用

D 编制项目建议书费用

E 进行工程现场钻探的费用

4. 下列各项中属于建设项目基本预备费组成内容的是(　　)。

A 竣工验收时为鉴定工程质量对隐蔽工程进行必要的挖掘和修复的费用

B 一般自然灾害造成的损失费用

C 利率、汇率调整所增加的费用

D 预防自然灾害所采取的措施费用

E 设计变更、局部地基处理等增加的费用

5. 下列费用中应列入建筑安装工程直接工程费中的人工费有(　　)。

A 生产工人劳动保护费　　B 生产工人探亲假期的工资

C 生产工人福利费　　D 生产职工教育经费

E 生产工人退休工资

6. 下列费用属于建筑安装工程直接费的是(　　)。

A 生产工具用具使用费　　B 夜间施工费

C 构成工程实体的材料费　　D 二次搬运费

E 办公费

7. 公路工程中的其他工程费由下列(　　)等组成。

A 临时设施费　　B 施工辅助费

C 财务费用　　D 企业管理费

8. 公路工程中的企业管理费由下列(　　)等组成。

A 临时设施费　　B 现场管理费

C 财务费用　　D 企业管理费基本费用

9. 公路工程中组成材料预算价格的内容有(　　)。

A 供销部门手续费　　B 材料原价

C 运杂费　　D 包装费

10. 公路工程中组成材料预算价格的内容不包括(　　)。

A 运输损耗费　　B 仓储损耗费　　C 使用损耗费　　D 二次搬运费

11. 在公路工程造价中,下列(　　)不属于材料预算价格的组成部分。

A 材料采购及保管费　　B 材料原价

C 材料二次搬运费　　D 材料包装费

12. 土地征用及迁移补偿费包括(　　)。

A 征地动迁费　　B 安置补助费　　C 土地补偿费

D 土地增值税　　E 青苗补偿费

13. 机械台班单价组成内容有(　　)。

A 机械预算价格　　B 机械折旧费　　C 机械维修费

D 机械燃料动力费　　E 机械操作人员的工资

14. (　　)不属于建筑安装工程直接费。

A 材料二次搬运费　　B 施工机械大修费

C 生产工人退休工资　　D 生产职工教育经费

E 生产工具使用费

15. 建筑安装工程间接费包括(　　)。

A 企业管理费　　B 工程监理费　　C 建设单位管理费

D 规费　　　　E 勘察设计费

16. 下列属于与项目建设有关的其他费用的是(　　)。

A 前期工作费　　B 生产准备费　　C 工程保险费

D 工程承包费　　E 联合试运转费

17. 设备购置费包括(　　)。

A 设备原价　　　　B 设备国内运输费用

C 单台设备试运转费　　　　D 装卸费

E 设备采购保管费

18. 国产标准设备的原价一般是指(　　)。

A 设备制造厂的交货价　　　　B 设备成套公司的订货合同价

C 设备预算价格　　　　D 设备成套公司的成套合同价

E 建设项目工地的交货价格

19. 特殊地区施工增加费包括(　　)。

A 高原地区施工增加费　　　　B 风沙地区施工增加费

C 山岭地区施工增加费　　　　D 沿海地区施工增加费

20. 材料预算价格包括(　　)。

A 场外运输损耗费　　　　B 场内运输损耗

C 运杂费　　　　D 包装费

E 材料供应价

(三)判断题(正确者打✓,错误者打×)

1. 各个阶段的造价编制之间,是一种由粗到细,前者控制后者,后者落实或修正前者的相互制约、相互影响、紧密相联的关系。

2. 可行性研究报告是公路建设项目建设的一种意向书。

3. 可行性研究报告编制阶段要求所提供的设计数量必须符合“综合指标”的计量单位和工程内容的要求。

4. 公路工程造价即该公路工程项目有计划地进行固定资产再生产和形成相应的无形资产和铺底流动资金的一次性费用总和。

5. 建筑安装工程费用就是支付给施工单位的全部费用。

6. 建设工程造价控制目标的设置应随着工程项目建设实践的不断深入而分阶段进行,各阶段目标相互制约、相互补充,前者控制后者、后者补充前者,共同组成工程造价控制的目标系统。

7. 间接费包括企业管理费、财务费用、现场管理费用。

8. 间接费等于直接费乘间接费费率。

9. 建筑安装工程费中不包括建设单位管理费。

10. 公路工程建筑安装工程造价中的直接费包括人工费、材料费、设备购置费、施工机械使用费。

11. 公路工程人工预算单价中包括企业浮动工资。

12. 材料的包装费也应计入材料的预算价格内。

13. 材料的二次搬运费应计入材料预算价格内。

14. 在编制公路工程造价时,施工机械台班预算价格应按照交通部颁布的《公路工程机械台班费用定额》计算,也可采用社会租赁台班单价计算。

15. 概算造价较投资估算造价准确性有所提高,但它受估算造价的控制。

16. 公路工程中,税金 =(直接费 + 间接费)× 综合税率。

17. 公路工程中,利润 =(直接费 + 间接费)× 利润率。

18. 建筑安装工程费中不包括建设单位管理费。

19. 公路工程建筑安装工程造价中的直接费包括人工费、材料费、施工机械使用费。

20. 公路工程中,建设单位管理费 = 建筑安装工程费 × 建设单位管理费费率。

21. 勘测设计费属于建设项目中的预备费。

22. 公路工程概预算文件分为甲、乙两组,其中,甲组文件为建筑安装工程费各项基础数据资料计算表,乙组文件为各项费用计算表。

五、复习题答案与讲评

(一)单项选择题

1. B　2. A　3. C　4. C

5. D　材料预算价格系指材料从来源地或交货地到达工地仓库或施工地点堆放材料的地点后的综合平均价格,因此由材料的供应价格、运杂费、场外运输损耗、采购及仓库保管费四部分所组成。

6. B　建设单位(业主)管理费以建筑安装工程费总额为基数,以累进办法计算。

7. C　8. A

9. B　材料预算价格 =(材料供应价格 + 运杂费)×(1 + 场外运输损耗率)×(1 + 采购及保管费率)- 包装品的回收价值

10. C

11. C　现场经费系指为施工准备、组织施工生产和管理所需的费用,内容包括临时设施费和现场管理费。临时设施费系指施工企业为进行建筑安装工程施工所必需的生活和生产用的临时建筑物、构筑物和其他临时设施的费用等。

12. B

13. D　人工费、材料费、施工机械使用费三项,又统称为直接工程费。

14. A

15. D　建设期贷款利息是指建设项目中分年度使用国内贷款或国外贷款部分,在建设期内应归还的贷款利息。内容包括各种金融机构贷款、企业集资、建设债券和外汇贷款等利息。

16. D　17. A　18. C

19. C　建设单位(业主)管理费以建筑安装工程费总额为基数。

20. D　材料采购及仓库保管费是指为组织采购、供应和保管材料过程中所需要的各项费用。包括:采购费、仓储费、工地保管费、仓储损耗。

21. A　自采材料,主要是由施工单位自行开采加工的砂、石、土及黏土等材料。根据建设工程沿线开采条件,按定额中开采单价加辅助生产现场经费计算。若开采的料场需开挖盖山土石方时,可将其综合分摊在料场价格内,以简化计算工作。至于发生的料场的征地赔偿费和复耕费应计入征地补偿费中。

22. A 项目建议书,是公路建设项目建设的一种意向书。是以国民经济和社会发展规划、路网规划和公路建设五年计划为依据,通过踏勘和调查研究,提出建设项目的技术标准,修建公路的长度(公路公里)或独立大型桥梁的桥面面积(平方米),并以《公路工程估算指标》中的“综合指标”和规定的编制办法,进行投资估算的编制。

(二)多项选择题

1. CE 2. ABD

3. ACDE 勘察设计费是指委托勘察设计单位对建设项目进行可行性研究和对工程勘察设计时,按规定应支付的费用,包括:

(1)编制项目建议书、可行性研究报告、工程技术咨询、进行环境评价、投资估算,以及为编制上述文件所进行的勘察、设计、测量试验等所需要的费用;

(2)初步设计和施工图设计的勘察(包括测量、水文地质勘探等)设计费,概预算编制费等。

4. ABDE 预备费系指在初步设计和概算中难以预料的工程费用,其用途如下:

1)在进行技术设计、施工图设计和施工过程中,在批准的初步设计和概算范围内所增加的工程费用。

2)在设备订货时,由于规格、型号改变的价差;材料货源变更、运输距离或方式的改变以及因规格不同而代换使用等原因发生的价差。

3)由于一般自然灾害所造成的损失和预防自然灾害所采取的措施费用。

4)在项目主管部门组织竣(交)工验收时,验收委员会(或小组)为鉴定工程质量必须开挖和修复隐蔽工程的费用。

5)投保的工程根据工程特点和保险合同发生的工程保险费用。

5. ABC 6. BCD

7. AB 其他工程费系指为直接工程费以外施工过程中发生的直接用于工程的费用。

8. CD 企业管理费由基本费用、主副食运费补贴、职工探亲路费、职工取暖补贴和财务费用五项组成。

9. ABCD 材料预算价格系指材料从来源地或交货地到达工地仓库或施工地点堆放材料的地点后的综合平均价格。材料的预算价格由材料原价、运杂费、场外运输损耗、采购及仓库保管费组成;外购材料根据情况加计供销部门手续费和包装费。

10. CD 材料预算价格系指材料从来源地或交货地到达工地仓库或施工地点堆放材料的地点后的综合平均价格,因此由材料的供应价格、运杂费、场外运输损耗、采购及仓库保管费四部分所组成。材料预算价格的计算公式如下:

材料预算价格 =(材料供应价格 + 运杂费)×(1 + 场外运输损耗率)×(1 + 采购及仓库保管费率)+ 检验试验费-包装的回收价值

11. CD

12. ABCE 土地、青苗等补偿费和安置补助费是指建设工程征用的土地,以及这些土地上的附着物,按照国家规定所应支付的各项费用。包括土地补偿费,青苗补偿费,房屋、水井、树木等附着物补偿费，坟墓、电力、电讯等迁移费，以及安置补助费，土地征收管理费，耕地占用税和临时租用土地费、复耕费等。

13. BCDE　　14. CD

15. AD　间接费是间接为建筑安装工程施工生产服务所发生的费用，它包括企业管理费和财务费二项，分为一类地区、二类地区、三类地区三个费率定额，均以各类工程定额直接工程费之和为基数，乘以费率计算，是组成建筑安装工程造价的一个部分。

16. ACDE

17. ABDE　设备及工具、器具购置费用由原价及交货地点至工地仓库的运杂费用组成。由与供货渠道及交货方式不同，其费用组成也有所不同，主要有以下两种情况。设备运杂费通常由下列各项组成：国产标准设备由设备制造厂交货地点起至工地仓库（或施工组织设计指定的需要安装设备的堆放地点）止所发生的运费和装卸费；进口设备则为我国到岸港口、边境车站起至工地仓库（或施工组织设计指定的需安装设备的堆放地点）止所发生的运费和装卸费。在设备出厂价格中没有包含的设备包装和包装材料器具费；在设备出厂价或引进设备价格中如已包括了此项费用，则不应重复计算。供销部门的手续费，按有关部门规定的统一费率计算。建设单位（或工程承包公司）的采购与仓库保管费是指采购、验收、保管和收发设备所发生的各种费用，包括设备采购、保管和管理人员工资、工资附加费、办公费、差旅交通费、设备供应部门办公和仓库所占固定资产使用费、工具用具使用费、劳动保护费、检验试验费等。这些费用可按主管部门规定的采购保管费率计算。

18. AB　国产标准设备原价一般指的是设备制造厂的交货价，即出厂价。设备的出厂价分两种情况，一是带有备件的出厂价，另一是不带备件的出厂价。在计算设备原价时，应按带备件的出厂价计算。如设备由设备成套公司供应，则以订货合同价为设备原价。

19. ABD　　20. ACDE

（三）判断题

1. √

2. ×　项目建议书，是公路建设项目建设的一种意向书。

3. ×　可行性研究报告编制阶段要求所提供的设计数量必须符合“分项指标”的计量单位和工程内容的要求，

4. √　公路工程造价是指公路工程建设项目从筹建到竣工验收交付使用所需全部费用，即该工程项目有计划地进行固定资产再生产和形成相应的无形资产、递延资产和铺底流动资金的一次性费用总和。

5. ×　建筑安装工程费，称为建筑安装工程造价，又称为建设工程造价第一部分费用。系通过兴工动料，完成符合设计要求的建筑安装工程部分所需的费用，是工程造价的一个主要组成部分。公路工程建筑安装工程费由直接工程费、间接费、利润、施工技术装备费、税金等部分组成。

6. ×　公路建设项目的立项和设计阶段对造价控制的作用最大，其周期次于施工周期，甚至多于施工周期。工可报告、初步设计、施工图设计有相互复核作用，也有相互制约的作用，公路工程造价也就在纵向各阶段得到控制。

7. ×　　8. √　　9. √　　10. ×　　11. ×　　12. ×　　13. ×

14. × 施工机械台班预算价格,应按交通部公布的《公路工程机械台班费用定额》计算。在编制公路工程造价时,不得采用社会出租台班单价计价。

15. ✓

16. × 税金 =(直接费 + 间接费 + 利润)× 综合税率

17. ✓ 利润 =(直接费 + 间接费)× 利润率

18. ✓ 建设单位管理费属于工程建设其他费用。

19. ✓ 人工费、材料费、施工机械使用费三项,又统称为直接费。

20. ✓

21. × 工程建设其他费用,在公路工程造价中为第三部分费用,包括土地、青苗等补偿费和安置补助费,建设项目管理费、研究试验费、勘察设计费、施工机构迁移费、供电贴费固定资产投资方向调节税、建设期贷款利息。

22. × 概、预算文件按不同的需要分为两组,甲组文件为各项费用计算表;乙组文件为建筑安装工程费用各项基础数据计算表,只供审批使用。乙组文件表式征得省、自治区、直辖市交通厅(局)同意后,结合实际情况允许变动或增加某些计算过度表式。

第三章 项目决策阶段工程造价的确定与控制

一、考试大纲要求

1. 掌握项目建设书与可行性研究报告投资估算的编制、审查(仅指甲级)的内容、方法与实务。

2. 掌握(熟悉)决策阶段可行性研究经济评价报告的编制内容、方法和实务。

3. 熟悉综合指标、分项指标的运用。

4. 掌握可行性研究经济评价的基本知识和实务:

(1)熟悉公路建设资金(包括利用外资)的筹措的方法,各种投资方式、管理模式及有关政策、法规;

(2)熟悉社会经济调查、分析与预测的内容和方法;熟悉公路交通调查、分析及交通量预测的基本方法;

(3)熟悉投资估算在经济评价中的地位和作用;

(4)了解敏感性分析和风险分析的理论与方法,对各种投资方案进行不确定分析;掌握资金的现金流量的计算;

(5)掌握国民经济评价和财务评价的内容、方法与参数。

二、知识点提要

1. 公路工程投资估算

公路工程投资估算是对拟建的公路工程项目的全部投资费用进行预测的估计。主要包括项目建议书投资估算和可行性研究报告投资估算(表 2-3-1)。

表 2-3-1

类别		主要内容
项目建议书投资估算和可行性研究报告投资估算之间的关系	区别	a. 编制时间先后不同; b. 研究工作深度不同; c. 编制依据不同; d. 表格文件不同; e. 文件作用不同
	联系	a. 目的的一致性; b. 两种估算的费用及表格的一致性; c. 二者的承递性

2. 项目建设书与可行性研究报告投资估算的编制、审查(表 2-3-2)

表 2-3-2

类别		主要内容
项目建议书投资估算	作用	项目建议书阶段的投资估算,是项目主管部门审批项目建议书的依据之一,并对项目的规划、规模起参考作用
	依据	综合指标是编制项目建议书投资估算的依据
	编制	编制项目建议书投资估算的一般程序,概括起来,就是熟悉设计意图,整理外业调查资料,确定人工、材料价格,进行计算汇总,写出编制说明并装订签章; 交通部颁布的《公路基本建设工程投资估算编制办法》对编制项目建议书的投资估算,只设置了六种表格,其中三种是反映计算内容的,另三种是统计汇总表,加上封面和编制说明,它们就是构成项目建议书投资估算文件的全部内容,是项目建议书的重要组成部分
可行性研究报告投资估算	作用	项目可行性研究阶段的投资估算,是项目投资决策的重要依据,也是研究、分析、计算项目投资经济效果的重要条件
	依据	分项指标是编制可行性研究报告投资估算的依据
	编制	编制可行性研究报告投资估算的程序和方法,在某种程度上,是取决于国家规定的投资估算的编制办法和可行性研究工作的深度,但不可能是一成不变的固定模式; 交通部颁布的《公路基本建设工程投资估算编制办法》,对编制可行性研究报告投资估算规定了八种计算表格,加上封面和编制说明,就构成了可行性研究报告投资估算文件的全部内容
	审查	根据国家计委《关于建设项目进行可行性研究的试行管理办法的有关规定》,应对可行性研究报告进行审查。审查的内容包括:项目建设的必要性与市场预测结论、项目的建设条件、项目采用的施工技术、项目的投资及财务、项目的国民经济效益、企业的经济效益、不确定性与风险性及可行性研究报告总评估,通过初审、复审,得出评估结论,该结论是项目立项审批的依据

3. 可行性研究经济评价(表2-3-3)

公路工程项目的经济评价工作,就是根据国家经济发展规划和有关技术经济政策的要求,结合交通量预测和工程技术研究情况,计算项目的投入(费用)与产出(效益),通过多种经济指标的分析比较,对拟建项目的经济合理性和财务可行性做出评价,为项目决策和建设方案的比选提供科学依据。一般经济评价包括国民经济评价和财务评价,以及经济后评价。

表2-3-3

<table>
<tr><th>类别</th><th colspan="2">主　要　内　容</th></tr>
<tr><td rowspan="3">可行性研究经济评价</td><td>公路工程项目的国民经济评价</td><td>指应用国民经济评价的基础理论,结合公路工程项目的经济特征来对其进行效益费用分析的过程;
国家规定公路建设项目必须进行国民经济评价</td></tr>
<tr><td>公路建设项目的财务评价</td><td>对中外合资道路建设项目、世界银行贷款道路建设项目以及其他必须偿还建设投资的公路建设项目,都必须做财务评价</td></tr>
<tr><td>公路建设项目后评价</td><td>是在公路通车运营2至3年后,用系统工程的方法,对建设项目决策、设计、施工和运营各阶段工作及其变化的成因,进行全面的跟踪、调查、分析和评价</td></tr>
</table>

4. 可行性研究投资估算的工程量计算规则(表2-3-4)

表2-3-4

<table>
<tr><th>类别</th><th colspan="2">主　要　内　容</th></tr>
<tr><td rowspan="8">工程量计算规则</td><td>路基工程</td><td>在可行性研究投资估算采用的分项指标中,将路基工程划分为路基土方、路基石方、粉煤灰及填石路堤、排水与防护、特殊路基处理等项,其工程量应分别计量</td></tr>
<tr><td>路面工程</td><td>路面工程,其分项指标将其划分为路面垫层、稳定土基层、其他路面基层、沥青路面、水泥混凝土路面、其他路面、拦水带、沥青路面镶边石及路缘石等七个项目</td></tr>
<tr><td>隧道工程</td><td>在分项指标中,将隧道工程分为洞身、洞门、装饰、照明及通风等三个项目</td></tr>
<tr><td>涵洞工程</td><td>在涵洞工程量的计算中,是不分涵洞的类型,以道为计量单位,凡跨径小于0.5m的灌溉涵,已综合在定额指标内,就不能再取为计价的工程量</td></tr>
<tr><td>桥梁工程</td><td>因结构复杂,影响因素多,故分为小桥及标准跨径小于20m的中桥和标准跨径大于20m的中桥及大桥两项,标准跨径大于20m的中桥及大桥又分为一般结构桥梁(如预应力空心板、T形梁等)和技术复杂结构桥梁(如斜拉桥、连续刚构、连续梁等)两部分</td></tr>
<tr><td>交叉工程</td><td>包括互通式、分离式、通道、人行天桥等项</td></tr>
<tr><td>沿线设施</td><td>按道路路线设计总长度,以公路千米计算,分项指标计价工程量单位为1公路千米</td></tr>
<tr><td>其他工程</td><td>其他工程未列分项指标,故不用计算工程量。在投资估算中,以主要工程的工程费为基数,乘以《公路工程估算指标》中附录一规定的百分率</td></tr>
</table>

5. 国民经济评价和财务评价的内容、方法与参数(表2-3-5)

表 2-3-5

类别		主要内容
国民经济评价	概念	国民经济评价是在合理配置社会资源的前提下，从国家经济整体利益的角度出发，计算项目对国民经济的贡献，分析项目的经济效率、效果和对社会的影响，评价项目在宏观经济上的合理性，国民经济评价则从全社会公路使用者的角度（即国家和社会的角度）来考察建设项目的经济效果
	评价指标	经济效益费用比（EBCR）、经济净现值（ENPV）、经济内部收益率（EIRR）、经济投资回收期（N）
国民经济评价	参数	影子汇率、社会贴现率及国民经济评价基准回收期
	采用的价格	影子价格
	投入的计算内容	公路工程项目所消耗的各种费用
	产出的计算内容	公路工程项目能为公路使用者带来的效益
财务评价	概念	财务评价，是指在国家现行财税制度和市场价格体系下，从项目的财务角度出发，根据项目的实际现金支出（国内外贷款）和现金收入（收取的过路费）测算项目的费用和效益，考察其清偿债务的能力和采取的收费方式与收费标准等财务状况，以判断建设项目在财务上的可行性。财务评价从投资者的立场和角度来考察建设项目的经济效果
	评价指标	1）财务盈利能力评价：财务效益费用比（FBCR）、财务净现值（FNPV）、财务内部收益率（FIRR）、财务投资回收期（N）； 2）清偿能力评价：贷款偿还期分析、资产负债率、流动比率、速动比率
	参数	官方汇率、行业贴现率、行业基准回收期
	采用的价格	市场（不变）价格
	投入的计算内容	投资者的财务支出
	产出的计算内容	投资者的财务收益

6. 综合指标、分项指标的运用（表 2-3-6）

表 2-3-6

类别		主要内容
综合指标	内容	综合指标按公路以及地形条件分别编制。综合指标包括建设项目的路基、路面、桥涵、交叉、安全设施、服务设施等主要工程，但不包括全长1 000m 以上（含1 000m）特大桥工程、隧道工程、辅道工程、支线工程等主要工程
	作用	综合指标是编制项目建议书投资估算的依据
分项指标	内容	其指标分为：①路基土方；②路基石方；③粉煤灰及填石路堤；④排水与防护；⑤特殊路基处理
	作用	分项指标是编制可行性研究报告投资估算的依据，也可作为技术方案比较的参考

7. 项目建议书投资估算时，采用的是《公路工程估算指标》中的综合指标。其工程量计量应与综合指标（即计价定额）对工程量的要求相一致，主要工程的工程量计算规则如表 2-3-7。

表 2-3-7

项目名称	计价工程量单位	计量方法	包含的工程内容	备注
路线工程	1km	按建设项目公路千米总长度计(即按路线起、迄点设计长度计)	路基,路面,桥涵,交叉,安全、服务设施等	按不同省、市、区,不同地形(平原微丘、重丘、山岭),不同道路等级(高速路、一级路、二级专用路、一般二级路、三级路、四级路)分别计算;但综合指标未包括1 000m及以上的特大桥工程、隧道工程、辅道工程、支线工程等主要工程,这类工程应另计
独立大(中)桥工程	同分项指标中的计量单位	同分项指标相应计量项目的计算方法	同分项指标相应计量项目包含的工程内容	按分项指标的大(中)桥项目计算(详见第二节有关内容)
独立大(中)桥的引道工程	1km	按设计的引道长度计	路基,路面,安全、服务设施等	按综合指标中相应等级公路的项目计算
独立大(中)桥的调治工程	同分项指标中的土方及防护工程的计量单位	同分项指标相应计量项目的计算方法	同分项指标相应计量项目包含的工程内容	分别按分项指标路基工程的土方及防护工程的项目计算
全长1 000m及以上的特大桥	同分项指标中大中桥工程有关项目的计量单位	同分项指标相应计量项目的计算方法	同分项指标相应计量项目包含的工程内容	分别按分项指标大中桥工程的项目计算
隧道工程	同分项指标中隧道工程有关项目的计量单位	同分项指标相应计量项目的计算方法	同分项指标相应计量项目包含的工程内容	分别按分项指标隧道工程的项目计算
城市进出口大型互通式立体交叉工程	同分项指标中互通式立体交叉工程有关项目的计量单位	同分项指标相应计量项目的计算方法	同分项指标相应计量项目包含的工程内容	分别按分项指标分离式立体交叉工程的项目计算(详见第二节有关内容)
辅道、支线工程	1km	按辅道、支线的路线起、讫点设计长度计	辅道、支线的路基,路面,桥涵,交叉,安全、服务设施等	按综合指标中相应等级公路计,但未包括1 000m及以上的特大桥工程、隧道工程,应另计

三、重点难点分析与例题解析

(一) 了解内容

重点一 了解投资估算

【例题1】 (　　)阶段的投资估算,是项目主管部门审批项目建议书的依据之一,并对项目的规划、规模起参考作用。

A 项目建议书　　B 项目可行性研究

C 初步设计与概算　　D 施工图设计

答　　案：A

解题思路：项目建议书阶段的投资估算，是项目主管部门审批项目建议书的依据之一，并对项目的规划、规模起参考作用。

【例题2】 可行性研究报告阶段工程造价的测算和确定是通过(　　)来实现的。

A 投资估算　　B 概算造价　　C 预算造价　　D 合同价

答　　案：A

解题思路：国家发改委曾通知规定，初步设计概算与可行性研究报告投资估算的误差不得大于10%，否则需对该项目重新进行决策，即要重新编制可行性研究报告报批。由此可知，投资估算在可行性研究报告中的重要性和做好投资估算编制工作的必要性，它是可行性研究报告工作的一项重要内容。

【例题3】 可行性研究报告的核心内容是(　　)。

A 设计方案　　B 投资估算

C 项目经济评价　　D 需求预测

答　　案：BC

解题思路：一个公路建设项目能否成立取决于众多的因素，而可行性研究报告的目的，就是在公路建设项目决定兴建之前，运用现代手段和多种学科研究成果，对影响与建设工程项目的投资效果有关的各种因素，诸如国家的产业政策，国民经济长期发展规划，地区经济与社会发展规划，全国和地区的综合运输体系，路网状况，建设项目的地位和作用，建设条件，环境保护，社会和经济效益等等，进行全面的、详细的调查研究和经济评价，就项目建设的必要性、技术的可行性、经济的合理性和实施的可能性等方面进行综合研究，拟定多种比较方案，提出综合性的研究论证报告，尽可能把主要问题，加以详尽的研究，使项目选择建立在可靠的科学基础上，建成后能发挥好的经济效益和社会效益，以避免或减少因盲目建设，仓促上马而造成的损失和浪费。

【例题4】 (　　)投资估算是编制初步设计概算或施工图预算(采用一阶段设计时)的限制条件。

A 项目建设书　　B 可行性研究报告

C 设计概算　　D 施工图预算

答　　案：B

解题思路：可行性研究报告投资估算，是编制初步设计概算或施工图预算(采用一阶段设计时)的限制条件。

【例题5】 可行性研究的作用包括(　　)。

A 编制投资估算的依据　　B 项目投资决策的依据

C 编制设计文件的依据　　D 银行贷款依据

E 有关部门项目审批依据

答　　案：BCDE

解题思路：根据公路基本建设程序的有关规定和要求，为科学地组织建设项目的实施，减少失误，根据长期的建设实践经验，可行性研究报告投资估算在项目建设中具有多方面的作用。①可行性研究报告投资估算是项目建设投资决策的依据。②公路建设项目的国民经济评价，是支出费用与获得效益的相对比较，就是通过效益费用比、净现值、内部收益率、投资回收期四个评价指标来进行的，而所得到的指标是作为评价的定量标准，其支出费用就是在可行性研究报告投资估算的基础上，按照国民经济评价的有关规定和方法进行调整后取定的。③可行性研究报告投资估算，是编制初步设计概算或施工图预算（采用一阶段设计时）的限制条件。④可行性研究报告投资估算，是资金筹措的依据。⑤当采用一阶段设计时，可行性研究报告投资估算，是编制年度建设投资计划的依据。

（二）熟悉内容

重点一　熟悉项目建设书与可行性研究报告投资估算

【例题1】 一项目建设期总投资为600万元，建设期2年，第一年计划投资40%，年价格上涨为3%，则第二年的涨价预备费是(　　)万元。

A 20.00　　B 36.54　　C 63.54　　D 66.54

答　　案： B

解题思路： 工程造价增涨预留费的计算，是以建筑安装工程费总额为基数，按设计文件编制年至建设项目竣工之年终的年数和年工程造价增涨率计算，其计算公式如下：

工程造价增涨预留费 = 建筑安装工程费总额 × $[(1+\text{年造价增涨率})^{n-1}-1]$

式中：n——设计文件编制年至建设项目竣工年止的期限，年(以整数计)

【例题2】 某项目总投资1 300万元，分三年均衡发放，第一年投资300万元，第二年投资600万元，第三年投资400万元，建设期内年利率为12%，则建设期应付利息为(　　)。

A 187.5　　B 235.22　　C 290.25　　D 315.25

答　　案： B

解题思路： 建设期贷款利息一是指建设项目中分年度使用国内贷款或国外贷款部分，在建设期内应归还的贷款利息。内容包括各种金融机构贷款、企业集资、建设债券和外汇贷款等利息。对于分年均衡发放的贷款，当年贷款按半年计息，上一年贷款在下一年按全年计息。计算公式为每年应付利息 =（年初借款本息累计 + 本年借款额/2）× 年实际利率

所以只有B选项是正确的。

【例题3】 工程建设的其他费用主要是由(　　)等方面的费用构成。

A 设备购置费　　B 征用土地

C 建设期贷款利息　　D 供电贴费

答　　案： BCD

解题思路： 工程建设的其他费用主要是由土地征用及拆迁补偿费、建设单位（业主）管理费、研究试验、建设项目前期工作费、供电贴费、联合试运转费、生产人员培训费、固定资产投资方向调节税、建设期贷款利息等方面的费用构成。所以BCD选项是正确的。

【例题4】 动态投资可表达为(　　)。

A 涨价预备金

B 建设期贷款利息 + 投资方向调价税 + 涨价预备费

C 静态投资+建设期贷款利息+投资方向调价税

D 预计投资需要量的总和

答　　案：D

解题思路：动态投资可表达为预计投资需要量的总和。

重点二　熟悉项目建设书与可行性研究报告的关系

【例题1】 项目建议书投资估算和可行性研究报告投资估算的区别(　　)。

A 编制时间先后不同　　B 编制依据不同

C 文件作用不同　　D 目的的不同

答　　案：ABC

解题思路：项目建议书投资估算和可行性研究报告投资估算的区别是编制时间先后不同、研究工作深度不同、编制依据不同、表格文件不同、文件作用不同。

【例题2】 项目建议书投资估算和可行性研究报告投资估算的联系(　　)。

A 估算的费用的一致性　　B 估算的表格一致性

C 文件作用一致性　　D 目的的一致性

答　　案：ABD

解题思路：项目建议书投资估算和可行性研究报告投资估算的联系是目的的一致性、两种估算的费用及表格的一致性、二者的承递性。

重点三　熟悉综合指标的运用

【例题1】 综合指标包括(　　)等主要工程

A 路基　　B 桥涵

C 1 000m特大桥工程　　D 服务设施

答　　案：ABD

解题思路：综合指标包括建设项目的路基、路面、桥涵、交叉、安全设施、服务设施等主要工程，但不包括全长1 000m 以上(含1 000m)特大桥工程、隧道工程、辅道工程、支线工程等主要工程。上述主要工程以外的其他工程，如：清除场地、拆除旧建筑物、构造物、绿化工程、公路交工前养护、临时轨道铺设、便道、便桥、临时电力线路、临时电讯线路、临时码头、改河土方、其他零星工程等，均不包括在综合指标内。所以 ABD 选项是正确的。

【例题2】 综合估算指标，是以新建工程为对象制订的，当是改建工程时，其指标应乘以(　　)的系数；

A 0.9　　B 0.8　　C 0.7　　D 1.0

答　　案：B

解题思路：综合估算指标，是以新建工程为对象制订的，当是改建工程时，其指标应乘以0.8的系数；但也可以将新建、改建工程合并在一起计算，这时则可按下列调整系数调整使用指标。

重点四　熟悉分项指标的运用

【例题1】 路基工程指标内容包括(　　)。

A 特殊路基处理　　B 路基土方
C 粉煤灰及填石路堤　　D 公路交工前养护费

答　　案：ABC

解题思路：路基工程指标分为：①路基土方；②路基石方；③粉煤灰及填石路堤；④排水与防护；⑤特殊路基处理。

【例题2】 采用《公路工程估算指标》中的分项指标计算路基土方工程量时，其计价方等于（　　）。

A 挖方数量+填方数量-利用方数量　　B 挖方数量
C 挖方数量+填方数量　　D 填方数量

答　　案：A

解题思路：关于路基土方量的计算规则：其指标单位为1 000m^3，工程量按设计断面计价方数量计算，亦即：计价方数量=填方数量+挖方数量-利用方数量。

【例题3】 采用《公路工程估算指标》中的分项指标计算隧道洞门工程量时，每座隧道应按（　　）计算。

A 一座洞门　　B 两座洞门　　C 四座洞门　　D 不单独计算

答　　案：B

解题思路：计算隧道洞门工程量时，指标单位：(1)洞身：指标单位为100m^2，工程量按隧道正洞面积计算。(2)洞门：指标单位为两端，一座隧道应按两端洞门计算。(3)装饰、照明及通风：指标单位为100m^2，工程量按隧道正洞面积计算。

【例题4】 采用《公路工程估算指标》中的分项指标计算涵洞工程量时，其灌溉涵的数量应（　　）。

A 计入涵洞工程量内
B 单独计算
C 根据具体情况，部分计入涵洞工程量内
D 不计算

答　　案：D

解题思路：涵洞工程的指标单位为1道。工程量不分涵洞类型，按总道数计算。跨径小于0.5m的灌溉涵已综合在指标中，不得将这些灌溉涵的道数作为工程量参加计算。

（三）掌握内容

重点一　掌握项目建设书与可行性研究报告投资估算的编制

【例题1】 我国现行投资估算中建设项目管理费应包括（　　）。

A 工程招标费　　B 竣工验收费
C 建设单位采购及保管费　　D 编制项目建议书所需的费用
E 工程质量监督检测费

答　　案：ABE

解题思路：交通部出台的交公路发[2005]230号文件，对第三部分费用项目名称进行了统一,将建设单位管理费改为建设项目管理费,并对其费率进行了调整。建设项目管理费包括建设单位(业主)管理费、工程质量监督费、工程监理费、工程定额测定费和设计文件审查费和竣(交)工验收试验检测费,所以ABE选项的正确的。

【例题2】 编制可行性研究报告投资估算规定了(　　)种计算表格。

A 6　　B 7　　C 8　　D 9

答　　案: C

解题思路: 交通部颁布的《公路基本建设工程投资估算编制办法》,对编制可行性研究报告投资估算规定了八种计算表格,加上封面和编制说明,就构成了可行性研究报告投资估算文件的全部内容,这是保证编制质量的重要手段,故必须严格按照统一规定的各种计算表格的内容与要求进行投资估算的编制工作。所以C选项的正确的。

重点二　掌握项目建设书与可行性研究报告投资估算的审查

【例题1】 工程造价文件审查,是一项政策性、技术性、经济性和实践性很强的(　　)工作。

A 技术经济　　B 管理经济　　C 监督　　D 审查

答　　案: A

解题思路: 工程造价文件审查,是一项政策性、技术性、经济性和实践性很强的技术经济工作。

【例题2】 公路工程造价审查包括项目(　　)等审查。

A 前期工作　　B 概预算　　C 工程结算

D 竣工决算　　E 方案选择

答　　案: ABCD

解题思路: 公路工程造价审查主要由定额站或委托工程造价咨询机构对工程造价文件在工程量计算、定额套用与抽换、费率计取等是否合理与准确进行审查。按《交通建设项目审计实施办法》(交审发[200064号],包括项目前期工作、概预算、工程结算、竣工决算等审查。

重点三　掌握国民经济评价和财务评价的内容、方法与参数。

【例题1】 某建设项目计算期为10年,各年净现金流量(CI－CO)及累计净现金流量Σ(CI－CO)如下表所示,计算该项目的静态投资回收期Pt为(　　)年。

年份	1	2	3	4	5	6	7	8	9	10
(CI－CO)	－200	－250	－150	80	130	170	200	200	200	200
Σ(CI－CO)	－200	－450	－600	－520	－390	－220	－20	180	380	580

A 8　　B 7　　C 10　　D 7.1

答　　案: D

解题思路: 静态投资回收期是指以项目每年的净收益回收项目全部投资所需要的时间,是考察项目财务上投资回收能力的重要指标。当静态投资回收期小于等于基准投资回收期时,项目可行。

【例题2】 固定资产投资中动态投资部分包括(　　)。

A 工程建设其他费用　　B 基本预备费

C 涨价预备费　　D 建设期贷款利息

E 固定资产投资方向调节税

答　　案: CDE

解题思路: 固定资产投资中动态投资部分考虑到时间因素。

【例题3】 下列(　　)不属于国民经济评价参数。

A 影子价格　　B 预测价格

C 影子汇率　　D 社会折现率

答　　案: B

解题思路: 国民经济评价采用影子价格、影子汇率、社会折现率等国民经济评价参数。B 预测价格用于财务评价。

【例题4】 项目的财务盈利性评价是站在(　　)立场考察项目的经济效益。

A 国家　　B 企业管理者　　C 企业投资者　　D 社会

答　　案: C

解题思路: 项目的财务盈利性评价是站在企业投资者的立场考察项目的经济效益。

【例题5】 国民经济评价与财务评价的区别在于(　　)。

A 两种评价的角度和基本出发点不同

B 项目的费用和效益的含义和范围划分不同

C 使用的价格体系不同

D 财务评价只有盈利性分析,国民经济评价还包括清偿能力分析

E 使用的基本理论不同

答　　案: ABC

解题思路: 财务评价有两个方面,一是盈利性分析,二是清偿能力分析。而国民经济评价则仅仅只有盈利性分析,即只有经济效率的分析,没有清偿能力分析。故 D 错误。国民经济评价与财务评价都是经济评价,都使用基本的经济评价理论,即费用与效益比较的理论方法。故 E 错误。

【例题6】 下列说法不正确的是(　　)。

A 项目的效益是项目对国民经济所作的贡献

B 项目的费用是国民经济为项目所提供的资金

C 效益包括直接效益和间接效益

D 间接效益不能在直接效益中得到反映

E 项目的间接效益和间接费用又统称为外部作用

答　　案: BE

解题思路: 项目的国民经济费用是指国民经济为项目付出的代价,包括直接费用和间接费用。故 B 错误。项目的间接效益和间接费用又统称为外部效果。故 E 错误。

【例题7】 下列说法正确的是(　　)。

A 影子工资是指项目使用劳动力,社会为此付出的代价

B 劳动力的机会成本是指劳动力用于所评价的项目中所能创造的最大效益

C 技术熟练程度要求高的、稀缺的劳动力,其机会成本高

D 劳动力的机会成本是影子工资的主要组成部分

E 搬迁费也是影子工资的一部分

答　　案:ACDE

解题思路:B 劳动力的机会成本是指项目所用的劳动力如果不用于所评价的项目而在其他生产经营活动中所能创造的最大效益。

【例题 8】 下列(　　)是反映清偿能力指标。

A 资本金利润率　　B 财务净现值

C 流动比率　　D 投资回收期

答　　案:C

解题思路:该指标反映企业偿还短期债务的能力。该比率越高,单位流动负债将有更多的流动资产作保障,短期偿债能力就越强。但是可能会导致流动资产利用效率低下,影响项目效益。因此,流动比率一般为2:1较好。

【例题 9】 在(　　)中,税金和利息均不计为费用支出。

A 国民经济评价　　B 财务评价

C 经济后评价　　D 资产评估

答　　案:A

解题思路:国民经济评价中项目的费用是指国家为建设项目所投入的人力和物力资源,不包括国民经济内部转移支付的费用(例如税金、供电贴费、贷款利息等费用),即所谓的经济费用。国民经济评价中项目的效益是指项目建成后全社会公路使用者所获得的、可用货币直接计算的效益,主要包括以下几部分:成本降低效益;时间节约效益;减少交通事故效益和减少货损事故效益。

重点四　掌握可行性研究经济评价

【例题 1】 国家规定公路建设项目必须进行(　　)评价。

A 国民经济评价　　B 财务评价　　C 后评价

答　　案:A

解题思路:国家规定公路建设项目必须进行国民经济评价。

【例题 2】 公路建设项目经济评价中,(　　)是第一层次。

A 国民经济评价　　B 财务评价

C 经济后评价　　D 经济核算

答　　案:A

解题思路:国民经济评价,是从国家的、社会的角度来考察项目,分析计算公路建设项目需要国家支付的代价和对国家能作出的贡献,它是经济评价的第一个层次。

【例题 3】 公路建设项目经济评价中,(　　)是第二层次。

A 国民经济评价　　B 财务评价

C 经济后评价　　D 经济核算

答　　案：B

解题思路：若是收费公路还应进行财务分析，重点是做收费体系的分析，以明确偿还贷款的能力、确定收费标准，这是经济评价的第二个层次。

【例题4】 由于工程建设的投资支出不是一次性投入，而是分年度逐次支付的，所以要把各年度实际发生的工程建设成本按(　　)折合为现值。

A 银行折现率　　B 社会折现率

C 银行储蓄利率　　D 银行贷款利率

答　　案：B

解题思路：经济净现值是用社会折现率将公路项目计算年限内各年的效益和费用都折算到建设初期的代数和，它是项目的效益现值与费用现值之差。

【例题5】 评价公路建设项目可行的条件有(　　)。

A 投资收益率≤行业平均投资收益率

B 平均报酬率≤期望报酬率

C 投资收益率≥行业平均投资收益率

D 平均报酬率≥期望报酬率

答　　案：CD

解题思路：当经济净现值大于或等于零时，表示项目除能满足社会折现率的社会效益外，还能提供超额的社会盈余；或者说明项目占用投资所作的净贡献恰好能满足社会折现率的要求。若经济净现值小于零，则说明项目达不到社会折现率的要求，效益不好，是不可取的。经济内部收益率是一个相对指标，表示项目投资对国民经济的贡献能力，当它大于或等于社会经济贴现率时，项目是可行的，而小于社会经济贴现率时则是不可行的。

【例题6】 公路建设项目的经济评价，当(　　)，项目可行。

A 财务评价可行，国民经济评价不可行

B 财务评价不可行，国民经济评价可行

C 财务评价可行，国民经济评价可行

D 财务评价不可行，国民经济评价不可行

答　　案：C

解题思路：公路建设项目的经济评价，当财务评价可行、国民经济评价可行，项目可行。当财务评价认为不可行，而国民经济评价认为可行时，由于财务评价反映的是项目实施者的效益，若想使项目具有一定的生存能力，必须采用诸如减少税金、关税或给予一定的政策性补贴等经济政策，使财务评价成为可行。反之，财务评价认为可行，而国民经济评价认为不可行时，此项目应该否定，否则将产生不利于国民经济发展的情况。

四、复习题精选

(一)单项选择题

1. 下列各项指标，不属于投资估算指标内容的是(　　)。

A 分部分项工程指标　　B 单位工程指标

C 单项工程指标　　D 建设项目综合指标

2. 项目投资估算精度要求在±20%的阶段是（　　）。

A 投资设想　　B 机会研究

C 初步可行性研究　　D 详细可行性研究

3. 在国外对投资估算的阶段划分中,项目投资机会研究阶段的投资估算精度要求为误差控制在（　　）以内。

A ±30%　　B ±20%　　C ±10%　　D ±5%

4. 工程建设投资估算指标是编制建设工程投资估算的依据,下面对投资估算指标表述正确的是（　　）。

A 投资估算指标分为建设项目综合指标和单项工程指标两个层次

B 投资估算指标的综合程度越大越好

C 投资估算指标比其他各种计价定额具有更大的综合性和概括性

D 投资估算指标的概括性不如概算指标全面

5. 项目决策阶段影响工程造价的主要因素有项目合理的规模、建设标准水平、建设地区、工程技术方案等,下列表述正确的是（　　）。

A 项目规模的合理性决定着工程造价的合理性

B 大多数工业交通项目应采用国际先进标准

C 工业项目建设地区的选择要遵循高度集中原则

D 生产工艺方案的确定标准:中等适用和经济合理

6. 建设项目可行性研究报告的内容可以概括成几大部分,其核心部分是（　　）。

A 市场研究　　B 技术研究　　C 效益研究　　D 环境评价

（二）多项选择题

1. 我国现行投资估算中建设单位管理费应包括（　　）。

A 工程招标费　　B 竣工验收费

C 建设单位采购及保管费　　D 编制项目建议书所需的费用

E 工程质量监督检测费

2. 下列各项中属于建设项目基本预备费组成内容的是（　　）。

A 竣工验收时为鉴定工程质量对隐蔽工程进行必要的挖掘和修复的费用

B 一般自然灾害造成的损失费用

C 利率、汇率调整所增加的费用

D 预防自然灾害所采取的措施费用

E 设计变更、局部地基处理等增加的费用

3. 进行项目财务评价时,保证项目财务可行的条件有（　　）。

A $FNPV>0$　　B $FNPV<0$　　C $FIRR>i$

D $FIRR<i$　　E $N\leqslant N_c$

4. 下列（　　）方面项目对社会的影响可能没有被正确地反映。

A 国家对于项目实施的征税及财务补贴　　B 市场价格的扭曲

C 项目的外部效益和费用　　D 项目的直接效益和费用

E 以上都不对

5. 在现行经济体制下,一般需要进行国民经济评价的项目是(　　)。

A 国家参与投资的大型项目　　B 大型交通基础设施建设项目

C 较大的水利水电项目　　D 市场定价的竞争性项目

E 国家控制的战略性资源开发项目

6. 确定影子汇率换算系数,要考虑下列(　　)因素。

A 外贸货物比价　　B 加权平均关税率

C 外贸逆差收入比率　　D 出口换汇成本

E 以上都不对

7. 对农村土地的实际征地费有(　　)。

A 土地补偿费　　B 剩余劳动力安置费

C 拆迁费　　D 水费

E 电费

8. 影子价格是进行国民经济评价专用的价格,影子价格依据国民经济评价的定价原则确定,反映(　　)。

A 政府调控意愿　　B 市场供求关系

C 资源稀缺程度　　D 资源合理配置要求

E 投入物和产出物真实经济价值

9. 属于财务分析工作的有(　　)。

A 盈利能力分析　　B 财务现金流量预测

C 偿债能力分析　　D 不确定性分析

E 财务评价基础数据与参数的确定、估算与分析

10. 国民经济评价的主要工作包括(　　)。

A 识别国民经济的费用与效益　　B 测算和选取影子价格

C 编制国民经济评价报表　　D 计算国民经济评价指标

E 实现资源最优配置

11. 财务评价的动态指标有(　　)。

A 投资利润率　　B 借款偿还期

C 财务净现值　　D 财务内部收益率

E 资产负债率

12. 建设项目财务评价的静态指标包括(　　)。

A 财务净现值　　B 借款偿还期

C 投资利润率　　D 借款回收期

E 投资回收期

(三)判断题(正确者打✓,错误者打×)

1. 可行性研究报告投资估算的人工费单价、材料供应价格均采用现行市场价格。

2. 当项目建议书阶段的工作深度已达到编制可行性研究报告阶段要求的深度时,就可以采用分项指标编制项目建议书投资估算中建筑安装工程费。

3. 项目建议书投资估算中的综合指标是以改建工程为对象编制的,当为新建工程时,其

指标应乘以 0.8 的系数。

4. 项目建议书投资估算的外业调查工作,一般是由具有较丰富建设实践经验并有广泛基础知识的公路勘察、设计和工程经济、交通工程等人员组成的调查研究小组的统一指导下,分工配合共同来完成的。

5. 可行性研究报告的投资估算,是建设项目初步经济评价中计算费用部分的原始资料,而且也是立项决策的重要依据。

6. 分项估算指标是以主要工程项目的人工费、主要材料费、其他材料费、机械使用费的消耗量、指标基价为表现形式的指标。

7. 路线工程项目按综合指标计算,指标单位为 1km,工程量按建设项目公路公里总长度计算。

8. 项目建议书投资估算项目分为路线工程估算项目和独立桥梁工程估算项目。

9. 预留费用由工程造价增涨费和预备费用两部分组成。

10. 交通部颁布的《公路基本建设工程投资估算编制办法》对编制项目建议书的投资估算,只设置了五种表格。

11. 项目建议书投资估算文件中的建筑安装工程费的编制,是采用实物量分析的方法来进行的。

12. 当项目建议书阶段的工作深度已达到工程可行性研究报告阶段的深度时,可提出各项主要的工程量,就可采用分项指标编制项目建议书的投资估算中的建筑安装工程费。

13. 分项指标中其他工程包括:清除场地,拆除旧建筑物、构造物,绿化工程,公路交工前养护费,临时轨道铺设,便道,便桥,临时电力线路,临时电讯线路,临时码头,改河土方其他零星工程等。

14. 项目建议书,是公路基本建设程序中前期准备工作阶段的第一个工作环节,是国家选择建设项目和进行可行性研究报告编制的依据。

15. 分项指标是编制项目建议书投资估算的依据。

16. 国民经济评价时采用的价格是影子价格。

17. 在公路建设项目的财务评价中应采用影子价格进行评价。

18. 公路建设项目的国民经济评价一般采用“有项目”和“无项目”情况对比的方法。

19. 项目经济评价应静态分析和动态分析相结合,以静态分析为主。

20. 公路建设项目财务评价的前提条件是项目的全部或部分投资须通过路(桥)收费予以偿还。

五、复习题答案与讲评

(一)单项选择题

1. A　2. C

3. A　项目建议书阶段的投资估算,就其工作深度而言,不是依靠详细的分析计算,而是依靠粗略的估计来进行的,其误差率一般在 ±30% 左右。

4. C　5. A　6. C

(二)多项选择题

1. ABE　2. ABDE　3. ACE

4. ABC　项目的财务盈利性并不一定能够全面正确地反映项目对于国民经济的贡献和代价,至少在三个方面,项目对于社会的影响可能没有被正确地反映:国家对于项目实施的征税及财务补贴市场价格的扭曲以及项目的外部费用和效益。

5. ABCE　在现行经济体制下,有些行业不能由市场力量自行调节,需要由政府行政干预调节,这类行业的建设项目需要进行国民经济评价。需要进行国民经济评价的项目主要有:国家及地方政府参与投资的项目;国家给与财政补贴或者减免税费的项目;主要的基础设施项目;较大的水利水电项目;国家控制的战略性资源开发项目;动用社会资源和自然资源较多的大型外商投资项目;主要产出物和投入物的市场价格严重扭曲,不能反映其真实价值的项目。

6. ABCD　根据目前我国的外贸货物比价、加权平均关税率、外贸逆差收入比率及出口换汇成本等指标的分析和测算。

7. ABC　按国民经济评价费用与效益划分原则,项目的实际征地费可以划分为三部分:(1)属于机会成本性质的费用,如土地补偿费、青苗补偿费等。(2)属于新增资源消耗的费用,如拆迁费、剩余劳动力安置费、养老保险费等。(3)属于转移支付的,如粮食开发基金、耕地占用税等。

8. BCDE　影子价格依据国民经济评价的定价原则测定,反映项目的投入物和产出物真实经济价值,反映市场供求关系,反映资源稀缺程度,反映资源合理配置的要求。

9. AC　分析:B即E,D不确定性分析属于财务分析与评价的工作内容,而财务分析与评价的工作内容又包括财务分析和不确定性分析,财务分析包括盈利能力分析和偿债能力分析。

10. ABCD　E是实现资源最优配置是国民经济评价目标。

11. CD　12. CD

(三)判断题

1. ×　根据经过核对和外业调查后而摘取的主要工程数量和调整好的拟选用的各种分项估算指标,以及经过计算取定的人工、材料预算价格,综合汇总了的其他直接费、现场经费、间接费综合费率。

2. √　当项目建议书阶段的工作深度已达到可行性研究报告的深度时,可采用本指标中的分项指标编制项目建议书投资估算。当可行性研究报告的工作深度已达到初步设计的深度时,可采用《公路工程概算定额》编制可行性研究报告投资估算。

3. ×　综合估算指标,是以新建工程为对象制订的,当是改建工程时,其指标应乘以0.8的系数;但也可以将新建、改建工程合并在一起计算,这时则可按下列调整系数调整使用指标。

4. √

5. ×　项目建议书的投资估算,是建设项目初步经济评价中计算费用部分的原始资料,而且也是立项决策的重要依据。

6. ×　综合估算指标是以主要工程项目的人工费、主要材料费、其他材料费、机械使用费的消耗量、指标基价为表现形式的指标。主要工程以外的其他工程项目不列工料机消耗量,按主要工程费的百分数计算。

7. √　8. √　9. √

10. ×　交通部颁布的《公路基本建设工程投资估算编制办法》对编制项目建议书的投资估算,只设置了六种表格,其中三种是反映计算内容的,另三种是统计汇总表,加上封面和编制说明,它们就是构成项目建议书投资估算文件的全部内容,是项目建议书的重要组成部分。

11. √　12. √　13. √　14. √

15. ×　综合指标是编制项目建议书投资估算的依据

16. √

17. ×　项目费用全部由国内银行贷款,应依照国家的有关规定确定,财务基准折现率;项目费用全部由国外贷款,应按照国外的利率适当地考虑贷款的承诺费、管理费来确定;如果项目费用为中外合资,财务基准折现率应考虑国内外银行贷款利率所确定的综合利率。根据已确定的财务基准折现率将项目的建设费用及收费效益进行折现,计算出财务净现值(FNPV)、财务效益费用比(FBCR)、财务内部收益率(FIRR)、财务投资回收期(N),并与相对应的期望值进行比较,以确定项目在财务上的可行性。

18. √

19. ×　项目经济评价应静态分析和动态分析相结合,以动态分析为主。

20. √　公路建设项目财务评价的前提条件是,项目的全部或部分投资,须通过收取过路(桥)费予以偿还。财务评价的内容是通过项目资金投入和收费收入的比较研究,分析收费道路的偿还能力。

第四章　设计阶段工程造价的确定与控制

一、考试大纲要求

1. 掌握设计概算、修正概算、施工图预算编制、审查(仅指甲级)、管理与实务。

2. 熟悉设计方案和设计图表;熟悉施工组织计划的编制;熟悉各种工程的施工方法和单位工程造价;掌握设计图纸工程量和施工措施工程量的计算方法;掌握概算、预算编制的工程量计算规则,正确使用各项计价依据;了解项目建议书、可行性研究投资估算的工程量计算规则。

3. 掌握(仅指甲级)高等级公路通讯系统、监控系统、收费设备购置与安装工程费的计算方法;掌握在国内、国外采购设备预算价格包括的费用项目和计算方法。

4. 熟悉限额设计的意义和方法;掌握对设计方案、施工方案、施工措施进行技术经济比较和对方案进行优化的方法。

二、知识点提要

1. 设计概算、修正概算编制与审查

概算应控制在批准的建设项目可行性研究报告投资估算允许幅度范围内,概算经批准后是基本建设项目投资最高限额,是编制建设项目计划、签订建设项目总包合同、实行建设项目包干、控制预算、考核设计经济合理性和建设成本的依据(表2-4-1)。

表 2-4-1

类别		主　要　内　容
设计概算	概念	是在投资估算的控制下由设计单位根据初步设计（或扩大初步设计）图纸、概算定额（或概算指标）、各项费用定额或取费标准（指标）、建设地区自然、技术经济条件和设备、材料预算价格等资料，编制和确定的建设项目从筹建至竣工交付使用所需全部费用的文件
设计概算	作用	(1)设计概算是编制建设项目投资计划、确定和控制建设项目投资的依据；(2)设计概算是控制施工图设计和施工图预算的依据；(3)设计概算是衡量设计方案经济合理性和选择最佳设计方案的依据；(4)设计概算是工程造价管理及编制招标标底和投标报价的依据；(5)设计概算是考核建设项目投资效果的依据
	编制依据	1.初步设计图表资料和文字说明；2.施工方案；3.公路工程概算定额；4.补充定额；5.人工、材料、施工机械台班预算价格；6.其他直接费、现场经费、间接费等各项取费标准；7.设计概算编制办法及其计算表格；8.工程量计算规则；9.国家颁发的建设征用土地补偿标准，工程勘察设计收费标准，以及其他应计入建设项目投资中有关规定的费用项目及规划
	编制方法	实物量法
修正概算	概念	技术设计修正概算的编制，是在批准的初步设计概算文件的基础上以对初步设计所定的技术方案和施工方案进一步研究修改，并补充必要的地质、水文和地质钻探资料，提出的修正工程量为依据来进行的
	修正概算的作用，以及编制依据、程序和方法与设计概算基本上是一样的	

2. 施工图预算编制与审查

施工图预算是考核施工图设计经济合理性的依据。施工图设计应控制在批准的初步设计及其概算范围之内。如单位工程预算突破相应概算时，应分析原因，对施工图设计中不合理部分进行修改，对其合理部分应在总概算投资范围内调整解决（表 2-4-2）。

表 2-4-2

类别		主　要　内　容
施工图预算	概念	施工图预算是由设计单位在施工图设计完成后，根据施工图设计图纸、现行预算定额、费用定额以及地区设备、材料、人工、施工机械台班等预算价格编制和确定的建筑安装工程造价的文件
	作用	1. 作为承包施工任务的依据；2. 当建设项目实行施工招标时，审定的施工图预算也可作为编制工程标底的依据；3. 是衡量设计方案是否经济合理的依据
	编制依据	施工设计图纸和说明；施工组织设计资料；预算定额；材料、人工、机械台班预算价格及调价规定；各种费率标准；工程量计算规则和预算编制办法；勘察设计合同、协议，以及建设项目主管部门或建设单位的有关规定；补充定额。有关的文件和规定
	编制方法	施工图预算的编制方法与概算不同之处，主要表现在构成施工图预算第一部分建筑安装工程费的编制依据之一的工程定额，前者是预算定额，而后者是概算定额；是根据摘取的工程量套用预算定额，通过累计计算，层层汇总来完成的；至于第二、三部分费用的编制方法，则基本上是一样的；预留费、回收金额的编制方法；编制总预算表；写出编制说明
	审查的意义	(1)有利于控制工程造价，克服和防止预算超概算；(2)有利于加强固定资产投资管理，节约建设资金；(3)有利于施工承包合同价的合理确定和控制；(4)有利于积累和分析各项技术经济指标，不断提高设计水平
	审查的内容	审查施工图预算的重点，应该放在工程量计算、预算单价套用、设备材料预算价格取定是否正确，各项费用标准是否符合现行规定等方面

3. 概算、预算编制的工程量计算规则(表2-4-3)

表2-4-3

类别		主要内容
工程量计算规则	路基工程	根据设计图表资料摘取工程量时,要查对路基土石方数量计算表,逐个断面进行核对;应核对设计断面以外的填方计算是否齐全、正确
	路面工程	如除沥青混合料路面以路面实体为计量单位外,其余均以路面计算
	隧道工程	隧道开挖(人工或机械开挖)的工程量按施工方法、土壤类别、设计断面(成洞断面加衬砌断面)尺寸,以体积 m^3 计算
	桥涵工程	就其计价的基础资料的计量单位而言,概、预算都是以 m^3、m^2 和 t 作为计算依据的,只是其综合扩大的工程内容各有所不同而已
	交叉工程	路线交叉计价工程量与前述路基、路面、桥涵等的要求是一样的,可分别参照进行
	其他工程及沿线设施	主要都应以设计图表资料作为取定各项工程量的依据
	临时工程	包括便桥、便道、轨道、电力电讯设施,其计价的工程量应根据施工组织设计的要求和工程的实际情况分别取定

4. 国内、国外采购设备预算价格(表2-4-4)

表2-4-4

主要内容		
设备购置费 = 设备原价 + 运杂费(运输费 + 装卸费 + 搬运费) + 运输保险费 + 采购及保管费		
一	设备原价	
(一)	国产设备原价	国产设备原价 = 出厂价(或供货地点价) + 包装费 + 手续
(二)	进口设备原价	进口设备原价 = 货价 + 国际运费 + 运输保险费 + 银行财务费 + 外贸手续费 + 关税 + 增值税 + 消费税 + 海关监督手续费 + 商检费 + 检疫费 + 车辆购置附加费
1	货价	一般指装运港船上交货价(FOB,习惯称离岸价)
2	国际运费	国际运费 = 原币货价(FOB 价) × 运费费率
3	运输保险费	运输保险费 = [(原币货价(FOB)价 + 国际运费) ÷ (1-保险费费率)] × 保险费费率
4	银行财务费	银行财务费 = 人民币货价(FOB 价) × 银行财务费费率
5	外贸手续费	外贸手续费 = [人民币货价(FOB 价) + 国际运费 + 运输保险费] × 外贸手续费费率
6	关税	关税 = [人民币货价(FOB 价) + 国际运费 + 运输保险费] × 进口关税税率
7	增值税	增值税 = [人民币货价(FOB 价) + 国际运费 + 运输保险费 + 关税 + 消费税] × 增值税税率
8	消费税	应纳消费税 = [人民币货价(FOB 价) + 国际运费 + 运输保险费 + 关税] ÷ (1-消费税税率) × 消费税税率
9	海关监督手续费	海关监督手续费 = [人民币货价(FOB 价) + 国际运费 + 运输保险费] × 海关监督手续费
10	商检费	商检费 = [人民币货价(FOB 价) + 国际运费 + 运输保险费] × 商检费费率
11	检疫费	检疫费 = [人民币货价(FOB 价) + 国际运费 + 运输保险费] × 检疫费费率
12	车辆购置附加费	进口车辆购置附加费 = [人民币货价(FOB 价) + 国际运费 + 运输保险费 + 关税 + 消费税 + 增值税] × 进口车辆购置附加费费率
二	设备运杂费	运杂费 = 设备原价 × 运杂费费率
三	设备运输保险费	运输保险费 = 设备原价 × 保险费费率
四	设备采购及保管费	采购及保管费 = 设备原价 × 采购及保管费费率

三、重点难点分析与例题解析

(一) 了解内容

重点一 了解设计概算、修正概算作用

【例题 1】 (　　)是基本建设项目投资最高限额。

A 项目可行性研究报告投资估算　　B 项目项目建议书投资估算

C 经批准后概算　　D 经批准后预算

答　　案: C

解题思路: 概算应控制在批准的建设项目可行性研究报告投资估算允许幅度范围内,概算经批准后是基本建设项目投资最高限额,是编制建设项目计划、签订建设项目总包合同、实行建设项目包干、控制预算、考核设计经济合理性和建设成本的依据。

重点二 了解设计概算、施工图预算编制依据

【例题 1】 施工图预算编制依据是(　　)。

A 施工设计图纸和说明

B 各种费率标准

C 工程量计算规则和预算编制办法

D 材料、人工、机械台班预算价格及调价规定

E 可行性研究报告投资估算文件

答　　案: ABCD

解题思路: 编制施工图预算的主要依据:施工设计图纸和说明、施工组织设计资料、预算定额、材料、人工、机械台班预算价格及调价规定、各种费率标准、工程量计算规则和预算编制办法、勘察设计合同、协议,以及建设项目主管部门或建设单位的有关规定、补充定额、有关的文件和规定。

(二) 熟悉内容

重点一 熟悉桥梁工程施工方案概述及其工程概算、预算的编制

【例题 1】 与路基、路面工程相比,桥梁工程结构类型较多、施工工艺复杂,在工程概算、预算的编制中,往往需要结合(　　)等因素为合理确定和有效控制桥梁工程的工程造价打下坚实的基础。

A 施工方案　　B 施工工艺　　C 分项工程数量　　D 经济

答　　案: ABC

解题思路: 与路基、路面工程相比,桥梁工程结构类型较多、施工工艺复杂,在工程概算、预算的编制中,往往需要结合施工方案、施工工艺、分项工程数量等因素,取定辅助工程的工程量,准确的套用相关概算、预算定额,从而为合理确定和有效控制桥梁工程的工程造价打下坚

实的基础。

【例题2】 桥梁下部构造主要由(　　)等构件组成。

A 墩台身　　B 墩台盖梁　　C 预制底座　　D 索塔　　E 拱座

答　　案： ABDE

解题思路： 桥梁下部构造主要由墩台身、墩台盖梁、耳背墙、拱座、索塔等构件组成,总体概括为墩台身。

(三) 掌握内容

重点一　掌握设计概算、修正概算、施工图预算编制

【例题1】 下列关于设计概算的说法,错误的是(　　)。

A 设计概算是建设项目从筹建至竣工交付使用所需全部费用

B 设计概算一经批准就作为工程造价管理的最高限额

C 设计概算是确定静态投资,作为筹措、供应和控制资金使用的限额

D 设计概算是设计方案技术经济合理性的综合反映

答　　案： C

解题思路： 设计概算是确定建设项目总投资的依据。它是建设项目从筹建到竣工交付使用所需的全部费用的文件,一经批准,就不得随意突破。设计概算是编制基本建设计划的依据。设计概算是分析比较设计方案和考核设计经济合理性的依据。

【例题2】 公路利润的计算公式是(　　)。

A 利润 = 直接费 × 利润率

B 利润 =(直接工程费 + 间接费)× 利润率

C 利润 =(直接费 + 间接费)× 利润率

D 利润 = 人工费 × 利润率

答　　案： C

解题思路： 利润以直接费与间接费之和为基数按规定的费率计算。

【例题3】 公路工程基本建设项目一般采用(　　)阶段设计。

A 一　　B 两　　C 三

答　　案： B

解题思路： 公路工程基本建设项目一般采用两阶段设计,即初步设计和施工图设计。对于技术简单、方案明确的小型建设项目,可采用一阶段设计,即一阶段施工图设计;技术上复杂而又缺乏经验的建设项目或建设项目中的个别路段、特殊大桥、互通式立体交叉、隧道等,必要时采用三阶段设计,即初步设计、技术设计和施工图设计。所以B选项的正确的。

【例题4】 单价法和实物法编制施工图预算的主要区别是(　　)。

A 计算直接工程费的方法不同　　B 计算间接费的方法不同

C 计算工程量的方法不同　　D 计算利税的方法不同

答　　案： A

解题思路： 单价法编制施工图预算时计算直接费采用的公式为:

单位工程施工图预算直接工程费 = ∑(工程量 × 预算综合单价)

而实物法编制施工图预算时计算直接工程费采用的公式为:

单位工程预算直接工程费 = ∑(工程量 × 人工预算定额用量 × 当时当地人工工资单价) + ∑(工程量 × 材料预算定额用量 × 当时当地材料预算价格) + ∑(工程量 × 施工机械台班预算定额用量 × 当时当地机械台班单价)

【例题5】 在编制施工图预算时,应选择套用(　　)。

A 施工定额　　B 预算定额　　C 概算定额　　D 劳动定额

答　　案: B

解题思路: 施工图预算的编制方法与概算不同之处,主要表现在构成施工图预算第一部分建筑安装工程费的编制依据之一的工程定额,前者是预算定额,而后者是概算定额;是根据摘取的工程量套用预算定额,通过累计计算,层层汇总来完成的。

【例题6】 施工图预算的编制单位是(　　)。

A 建设单位　　B 设计单位　　C 施工单位　　D 监理单位

答　　案: B

解题思路: 施工图预算一般应由具备一定资质等级的设计单位和持有政府管理机关、工程造价管理部门正式颁发的工程造价编审资格证书的人员负责编制。施工图预算是由设计单位在施工图设计完成后,根据施工图设计图纸、现行预算定额、费用定额以及地区设备、材料、人工、施工机械台班等预算价格编制和确定的建筑安装工程造价的文件。

重点二　掌握设计概算、修正概算、施工图预算审查

【例题1】 审查施工图预算的重点是(　　)。

A 工程量计算　　B 设备、材料预算价格

C 预算单价套用　　D 有关费用项目及其计取

E 是否超过设计概算

答　　案: ABCD

解题思路: 在概预算审查时,应重点审查以下事项:①单项工程预算编制是否真实,主要包括:工程量计算是否符合规定的计算规则、计算方法,计算结果是否准确;分项工程概预算定额选用与套用是否符合规定,定额抽换是否正确;有关取费是否执行了定额基价与《编制办法》中相应的计算基数和费率标准;设备、材料是否按国家定价或市场价计价等。②所列预算项目是否与设计图纸相符。③多个单项工程构成一个工程项目时,要审查工程项目是否包含各个单项工程,费用内容是否正确、项目是否齐全等。④预算是否控制在概算允许范围内。所以 ABCD 选项的正确的。

【例题2】 设计概算审查的内容不包括(　　)。

A 审查总概算是否超过批准的投资估算

B 审查间接费的计取

C 审查材料用量和价格

D 审查工程量

答　　案: B

解题思路：对设计阶段的造价审查主要通过基本建设程序、基本建设计划，对设计文件的审查、审批等方式来进行。设计概算或修正概算是初步设计或技术设计文件的重要组成部分。概算造价总额应控制在批准的投资估算造价总额允许幅度范围之内。设计概算（或修正概算）经批准后是建设项目投资最高限额，一般不允许突破。如在已批准的初步设计或技术设计基础上进行施工招标的工程，其标底总额应控制在批准的概算总额范围内。

【例题 3】 审查建设项目工程造价的目的是为了（　　）。

A 控制建设项目工程造价在限额之内

B 为施工做准备

C 确定建设项目的工程造价

D 降低工程造价

答　　案：C

解题思路：审查工程造价文件的目的，是确定建设项目的投资总额，为项目的经济评价、投资控制、招标投标、保证实施等提供可靠的依据。投资总额的合理与否，对发展交通事业，繁荣市场经济，都有直接的影响。公路工程造价审查主要由定额站或委托工程造价咨询机构对工程造价文件在工程量计算、定额套用与抽换、费率计取等是否合理与准确进行审查。

重点三　掌握概算、预算编制的工程量计算规则

【例题 1】 公路工程安全设施、服务管理设施估算指标计量单位为公路公里，其工程量应按（　　）计算。

A 建设项目自起点至终点的路线总长度

B 设计上需要设置设施的长度

C 建设项目路线总长度减去桥梁长度

D 建设项目路线总长度加立体交叉中匝道、被交道长度

答　　案：A

解题思路：安全与服务管理设施是以公路公里为计量单位，也就是不考虑桥梁、隧道所占长度的扣除，均以公路修建的起迄点长度作为计算的依据。

【例题 2】 在编制公路工程概（预）算计算计价工程量时，挖方数量按（　　）计算。

A 设计断面松方体积　　B 设计断面压实体积

C 设计断面天然密实体积　　D 设计断面混合体积

答　　案：C

解题思路：路基土石方的开挖、装卸、运输是按天然密实体积（m^3）计算，填方则是按压（夯）实后的体积（m^3）计算。当移挖作填或借土填筑路堤时，应考虑定额中所规定的压实系数因素，即采用以天然密实方为计量单位的定额乘以规定的压实系数进行计价。

【例题 3】 工程数量的计算主要通过工程量计算规则计算得到。工程数量按照计量规则中的工程量计算规则计算，其精确度按下列规定：（　　）。

A 以“吨”为单位的，保留小数点后三位

B 以“吨”为单位的，保留小数点后二位

C 以"个"、"项"等为单位的,应取整数

D 以"立方米"、"平方米"、"米"为单位,应保留二位小数

E 以"立方米"、"平方米"、"米"为单位,应保留三位小数

答　　案: BCD

解题思路: 工程数量的计算主要通过工程量计算规则计算得到。工程数量按照计量规则中的工程量计算规则计算,其精确度按下列规定:①以"吨"为单位的,保留小数点后三位,第四位小数四舍五入;②以"立方米"、"平方米"、"米"为单位,应保留二位小数,第三位小数四舍五入③以"个"、"项"等为单位的,应取整数。

【例题4】 除另有说明外,所有清单项目的工程量应以(　　)计算。

A 计算工程量　　B 完成后的净值

C 定额工程量　　D 完成后的净值加损耗

答　　案: B

解题思路: 工程数量的计算主要通过工程量计算规则计算得到。工程量计算规则是指对清单项目工程量的计算规定。除另有说明外,所有清单项目的工程量应以实体工程量为准,并以完成后的净值计算;投标人投标报价时,应在单价中考虑施工中的各种损耗和需要增加的工程量。

重点四　掌握在国内、国外采购设备预算价格包括的费用项目和计算方法

【例题1】 下列各项费用中属于设备及工器具购置费的是(　　)。

A 设备采购人员的工资、工资附加费

B 新建项目购置的不够固定资产标准的生产家具和备品备件费

C 进口设备消费税

D 进口设备担保费

E 进口设备检验鉴定费

答　　案: ABC

解题思路: 进口设备消费税、担保费、检验鉴定费不属于设备工器具购量费。

【例题2】 对于减免关税的进口设备,海关监管手续费的计算基数是(　　)。

A 离岸价格　　B 离岸价格 + 国际运费

C 抵岸价格　　D 到岸价格

答　　案: D

解题思路: 海关监管手续费 = 进口设备到岸价 × 海关监管手续费率

进口设备到岸价(CIF) = 离岸价(FOB) + 国际运输费 + 运输保险费

【例题3】 某项目进口一批生产设备。FOB 价为 650 万元,CIF 价为 830 万元,银行财务费率为 0.5%,外贸手续费率为 1.5%,关税税率为 20%,增值税税率为 17%。该批设备无消费税、海关监管手续费,则该批进口设备的抵岸价是(　　)万元。

A 1 181.02　　B 1 181.92　　C 1 001.02　　D 1 178.32

答　　案: A

解题思路：进口设备如果采用装运港船上交货价(FOB)，其抵岸价构成可概括为：
进口设备抵岸价 = 货价 + 国际运费十运输保险费十进口关税十增值税十外贸手续费十银行财务费十海关监管手续费

【例题 4】 设备购置费的组成为(　　)。

A 设备原价 + 采购与保管费

B 设备原价 + 运费 + 装卸费

C 设备原价 + 运费 + 采购与保管费

D 设备原价 + 运杂费 + 运输保险费 + 采购及保管费

答　　案：D

解题思路：设备及工具、器具购置费用由原价及交货地点至工地仓库的运杂费用组成。由与供货渠道及交货方式不同，其费用组成也有所不同。

【例题 5】 进口设备运杂费中运输费的运输区间是指(　　)。

A 出口国的边境港口或车站至工地仓库

B 进口国的边境港口或车站至工地仓库

C 出口国的边境港口或车站至进口国的边境港口或车站

D 出口国供货地至进口国边境港口或车站

答　　案：B

解题思路：进口设备的国内运杂费，是指按合同或协议约定的到岸价或接壤的陆地交货地点至工地仓库或施工现场存放点所发生的运输费、运输保险费、装卸费、包装费、供销部门手续费、仓库保险费以及超限设备运输措施费等，所以只有 B 选项是正确的。

【例题 6】 当外币对人民币贬值时，从国外市场购买设备材料所支付的外币金额和人民币投资额的变化分别是(　　)。

A 外币金额不变，人民币投资额增加

B 外币金额不变，人民币投资额减少

C 外币金额减少，人民币投资额减少

D 外币金额增加，人民币投资额增加

答　　案：B

解题思路：进口设备以与外商协商一致的合同价或协议价格确定原价，按交货地点不同分类，我国多采用装运港交货价即 FOB，所以只有 B 选项是正确的。

【例题 7】 国产标准设备原价，一般是按(　　)计算的。

A 带有备件的原价　　B 定额估价法

C 系列设备插入估价　　D 分组组合估价

答　　案：A

解题思路：国产标准设备原价一般指的是设备制造厂的交货价，即出厂价。设备的出厂价分两种情况，一是带有备件的出厂价，另一是不带备件的出厂价。在计算设备原价时，应按带备件的出厂价计算。如设备由设备成套公司供应，则以订货合同价为设备原价。

【例题 8】 某公司进 10 辆轿车，装运港船上交货价 5 万美元/辆，海运费 500 美元/辆，运输保险费 300 美元/辆，银行财务费率 0.5%，外贸手续费率 1.5%，关税税率

100%，计算该公司进10辆轿车的关税为(　　)。(外汇汇率:1美元=8.3元人民币)

A 415.00万元人民币　　B 421.64万元人民币

C 423.72万元人民币　　D 430.04万元人民币

答　　案: B

解题思路: CIF=(50 000+500+300)×10=50.8万美元

关税=CIF×关税税率=50.8×100%×8.3=421.64万元人民币

【例题9】 某进口设备，到岸价格(CIF)为5 600万元，关税税率为21%，增值税税率为17%，无消费税，则该进口设备应缴纳的增值税为(　　)万元。

A 2 128.00　　B 1 151.92　　C 952.00　　D 752.08

答　　案: B

解题思路: 进口产品增值税额=组成计税价格×增值税税率，组成计税价格=关税完税价格+关税+消费税，该题目消费税为0，则进口设备应缴纳的增值税=(5 600+5 600×21%)×17%=1 151.92万元。

另外需注意的是，关税完税价格与到岸价格的含义是一样的。

四、复习题精选

(一)单项选择题

1. 委托设计单位编制工程概预算的费用属于(　　)。

A 建设单位管理费　　B 开办费

C 建设项目前期工作费　　D 建设单位经费

2. 设计概算是编制和确定建设项目(　　)全部费用的文件。

A 从筹建到峻工所需建筑安装工程　　B 从筹建到竣工交付使用所需

C 从开工到竣工所需建筑安装工程　　D 从开工到竣工交付使用所需

3. 下列关于设计概算的说法，错误的是(　　)。

A 设计概算是建设项目从筹建至竣工交付使用所需全部费用

B 设计概算一经批准就作为工程造价管理的最高限额

C 设计概算是确定静态投资，作为筹措、供应和控制资金使用的限额

D 设计概算是设计方案技术经济合理性的综合反映

4. 设计概算是编制和确定建设项目(　　)。

A 从筹建到竣工所需建筑安装工程全部费用的文件

B 从筹建到竣工交付使用所需全部费用的文件

C 从开工到竣工所需建筑安装工程全部费用的文件

D 从开工到竣工交付使用所需全部费用的文件

5. 某装修公司采购一批花岗石，运至施工现场，已知该花岗石出厂价为1 000元/m^2，由花岗石生产厂家业务员在施工现场推销并签订合同，包装费4元/m^2，运杂费30元/m^2，当地供销部门手续费率为1%，当地造价管理部门规定材料采购及保管的费率为1%，该花岗石的预算价格为(　　)。

A 1 054.78 元/m² B 1 034 元/m²

C 1 054.68 元/m² D 1 044.34 元/m²

6. 已知某引进设备吨重为50t,设备原价3 000万元人民币,每吨设备安装费指标为80 000元/t,同类国产设备的安装费率为15%,则该设备安装费为( )万元。

A 400 B 425 C 450 D 500

7. 编制施工图预算主要有单价法和( )两种方法。

A 估价法 B 扩大单价法 C 指数法 D 实物法

8. 当初步设计深度不够,不能准确地计算工程量,但工程采用的技术比较成熟而又有类似指标可以利用时,可采用( )编制设计概算。

A 概算定额法 B 概算指标法

C 类似工程预算法 D 生产能力指数法

9. 用实物法和单价法编制施工图预算的主要区别在于( )。

A 计算其他直接费的方法不同

B 计算间接费的方法不同

C 计算计划利润和税金的方法不同

D 计算人工费、材料费和施工机械使用费三者之和的方法不同。

10. 下列( )方法不属于审查施工图预算方法。

A 筛选法 B 对比审查法 C 扩大单价法 D 逐项审查法

11. 在审查施工图预算时,可按预算定额顺序或施工的先后顺序,逐一进行审查,这种审查方法被称为( )。

A 筛选审查法 B 分解审查法 C 全面审查法 D 重点审查法

12. 为安装进口设备,聘用外国工程技术人员进行指导所发生的费用应计入( )。

A 研究试验费 B 工程承包费

C 引进技术和进口设备其他费用 D 生产准备费

13. 下列( )不属于到岸价。

A 货物进口货价

B 运抵我国口岸之前所发生的国外运费

C 运抵我国口岸之前所发生的国外保险费

D 国内出口商的经销费用

14. 下列( )不属于离岸价。

A 货物进口的货价 B 货物的出厂价

C 国内运费 D 国内出口商的经销费用

15. 在市场经济条件下,影响工程造价最活跃、最主要的因素是( )。

A 分部分项工程的工程量 B 分部分项工程的计量规则

C 人工、材料、机械台班单价 D 人工、材料、机械台班消耗量

16. 下列方法中,属于设计概算审查方法的是( )。

A 重点审查法 B 分阶段审核法

C 利用手册审查法 D 联合会审法

17. 关于限额设计,以下叙述中不正确的是(　　)。

A 限额设计是建设项目投资控制系统中的一项关键措施

B 限额设计最关键的阶段是施工图设计阶段

C 限额设计控制工程造价,可采用纵向控制和横向控制两种方法

D 限额设计的本质特征是投资控制的主动性

18. 关于限额设计的表述正确的是(　　)。

A 限额设计侧重于投资控制,而优化设计侧重于质量控制

B 限额进行施工图设计时,应把握以造价标准为主、质量标准为辅的原则

C 限额设计控制工程造价区分纵向控制和横向控制两种方法,且以纵向控制为主

D 限额设计使用不当可能会出现项目的功能水平低、全寿命费用高的现象

19. 隧道工程中拱顶、边墙回填工程量,在编制初步设计概算时应(　　)。

A 按实际需要量单独计算　　B 按施工经验估算

C 按控制在设计开挖量4%以内单独计算　　D 不另行计算

20. 隧道工程中拱顶、边墙回填工程量,在编制施工图预算时应(　　)。

A 按实际需要量单独计算　　B 按施工经验估算

C 按控制在设计开挖量4%以内单独计算　　D 不另行计算

21. 公路工程涵洞道数或长度的工程量,包括(　　)。

A 箱涵及单孔标准跨径小于5m(含5m)大于0.5m的涵洞

B 箱涵及单孔标准跨径小于5m(不含5m)大于0.5m的涵洞

C 箱涵及单孔标准跨径小于5m(不含5m)的涵洞

D 圆管涵、箱涵、拱涵、盖板涵等不论单孔标准跨径多少的涵洞

22. 编制概、预算时,开挖基坑定额计量单位为"m^3",其工程量等于(　　)。

A 开挖断面体积减地面以下构造物体积　　B 开挖断面体积加回填数量

C 埋入地面以下构造物的体积　　D 开挖断面体积

23. 在编制公路工程概(预)算计算计价工程量时,挖方数量按(　　)计算。

A 设计断面松方体积　　B 设计断面压实体积

C 设计断面天然密实体积　　D 设计断面混合体积

24. 在编制公路工程概(预)算计算计价工程量时,借方数量按(　　)计算。

A 设计断面松方体积　　B 设计断面压实体积

C 设计断面天然密实体积　　D 设计断面混合体积

25. 在编制公路工程概(预)算计算计价工程量时,填方数量按(　　)计算。

A 设计断面松方体积　　B 设计断面压实体积

C 设计断面天然密实体积　　D 设计断面混合体积

26. 在编制公路工程概(预)算计算计价工程量时,利用土方数量按(　　)计算。

A 设计断面松方体积　　B 设计断面压实体积

C 设计断面天然密实体积　　D 设计断面混合体积

27. 基本预备费是指在(　　)范围内难以预料的工程费用。

A 可行性研究及投资估算　　B 设计任务书及批准的投资估算

C 初步设计及概算　　　　　　　　D 施工图设计和预算

28. 进口设备检验鉴定费属于(　　)。

A 进口设备运杂费　　　　　　　　B 进口设备单价

C 建设单位管理费　　　　　　　　D 引进技术和进口设备其他费用

29. 采用单价法和实物法编制施工图预算的主要区别是(　　)。

A 计算直接费用的方法不同　　　　B 计算工程量的方法不同

C 计算利税的方法不同　　　　　　D 计算其他直接费、间接费的方法不同

30. 已知某引进设备吨重为50t,设备原价3 000万元人民币,每吨设备安装费指标为100 000元/t,同类国产设备的安装费率为15%,则该设备安装费为(　　)万元。

A 400　　B 425　　C 450　　D 500

31. 初步设计总概算是(　　)。

A 控制拟建项目工程造价的最高限额　　B 工程结算的依据

C 控制施工图预算的依据　　　　　　　D 投标的依据

32. 用预算定额和预算编制办法计算出的工程造价是一种(　　)。

A 实际造价　　B 结算造价　　C 决算造价　　D 预计造价

33. 在初步设计开始前确定限额设计目标的根据是(　　)。

A 项目建议书　　　　　　　　　　　B 初步可行性研究报告

C 经批准的可行性研究报告及投资估算　　D 设计任务书

34. 关于限额设计,以下叙述中不正确的是(　　)。

A 限额设计是建设项目投资控制系统中的一项关键措施

B 限额设计最关键的阶段是施工图设计阶段

C 限额设计控制工程造价,可采用纵向控制和横向控制两种方法

D 限额设计的本质特征是投资控制的主动性

35. 公路路基设计图中的挖、填方工程量,填方系按压实体积计算,挖方系按天然密实体积计算。二级及以上等级公路1m^3压实体积,如属普通土时,需天然密实体积(　　)m^3。

A 1.05　　B 1.09　　C 1.16　　D 1.25

36. 利用开山石方作路基填方,每1m^3压实方需天然密实方应(　　)m^3。

A 小于1　　B 大于1　　C 等于1　　D 无相应关系

37.《公路工程估算指标》中路基土方分项指标的计量单位1 000m^3指(　　)。

A 设计断面方体积加一定百分数

B 设计断面方体积

C 挖方天然密实方和填方压实方体积分别计算

D 计价方体积

38.《公路工程概算、预算定额》中路基土方的计量单位1 000m^3指(　　)。

A 设计断面方体积加一定百分数

B 设计断面方体积

C 挖方天然密实方和填方压实方体积分别计算

D 计价方体积

39. 某高速公路需借路基土方100 000m^3(硬土,压实方),配合装载机推松集土的推土机的定额计价工程量应为(　　)。

A 100 000m^3　　B 80 000m^3　　C 109 000m^3　　D 87 200m^3

40. 公路工程路基石方的抛坍爆破,其中清运和增运项目的工程量应按(　　)计算。

A 大于抛坍爆破设计数量　　B 等于抛坍爆破设计数量

C 小于抛坍爆破设计数量　　D 施工经验估列

(二)多项选择题

1. 国产非标准设备原价按成本计算估价法确定时,其包装费的计算基数包括(　　)。

A 材料费　　B 辅助材料费　　C 加工费

D 非标准设备设计费　　E 外购配套件费

2. 施工图预算内容审查的重点是(　　)。

A 审查工程量计算是否正确　　B 审查有无设计漏项

C 审查其他有关费用是否符合要求　　D 审查材料代用是否合理

E 审查预算单价的套用是否正确

3. 设计概算编制的原则有(　　)。

A 严格执行规定的设计标准　　B 完整、准确地反映设计内容

C 反映工程所在地当时的价格水平　　D 将概算控制在投资估算限额内

E 简洁、易懂

4. 审查施工图预算的重点是(　　)。

A 工程量计算　　B 设备、材料预算价格

C 预算单价套用　　D 有关费用项目及其计取

E 是否超过设计概算

5. 施工图预算的编制依据有(　　)。

A 工程量清单　　B 施工图纸及说明

C 定额及费用标准　　D 人工、材料、机械台班预算价格

E 工程合同或协议

6. 用实物法编制施工图预算所需的主要依据有(　　)。

A 单位估价表　　B 预算定额　　C 概算定额

D 当时当地的人工工资单价、材料预算价格、机械台班单价

E 建安工程费用定额

7. 在审查单位工程设计概算时,建筑工程概算的审查内容包括(　　)。

A 适用范围　　B 经济效果　　C 工程量

D 采用的定额或指标　　E 预算价格

8. 施工图预算的编制依据有(　　)。

A 工程量清单　　B 施工图纸及说明

C 定额及费用标准　　D 工程合同或协议

E 建安工程费用定额

9. 下列费用中可计入国产非标准设备原价的是(　　)。

A 材料费(包括辅助材料费)　　B 非标准设备设计费

C 设备运杂费　　D 废品损失费

E 利润,税金

10. 在设计概算审查工作中,审查的主要内容有(　　)。

A 工程量　　B 设计方案

C 建设规模、标准　　D 设备规格、数量和配置

E 编制依据

11. 采用重点抽查法审查施工图预算,审查重点有(　　)。

A 编制依据

B 工程量大或造价高、结构复杂的工程预算

C 补充单位估价表

D 各项费用的计取

E“三材”用量

12. 下列(　　)经主管部门批准的造价文件是建设项目投资的最高限额,不得随意突破。

A 建设项目可行性研究报告的投资估算　　B 一阶段设计的施工图预算

C 两阶段设计的初步设计概算　　D 三阶段设计的技术设计修正概算

13. (　　)是建设项目投资的最高限额。

A 初步设计概算或修正概算　　B 一阶段设计的施工图预算

C 投资估算　　D 竣工决算

14. 初步设计阶段编制工程造价文件采用的主要计价依据包括(　　)。

A《公路基本建设工程投资估算编制办法》

B《公路工程概算定额》

C《公路基本建设工程概算、预算编制办法》

D《公路工程估算指标》

15. 施工图设计阶段编制工程造价文件采用的主要计价依据包括(　　)。

A《公路工程预算定额》

B《公路工程概算定额》

C《公路基本建设工程概算、预算编制办法》

D《公路工程施工定额》

(三)判断题(正确者打√,错误者打×)

1. 公路工程投资估算是建设项目投资的最高限额。

2. 公路基本建设项目一般采用两阶段设计,即初步设计和施工图设计。

3. 公路基本建设项目一般采用两阶段设计,即初步设计和技术设计。

4. 桩基础主要包括沉入桩基础及灌注桩基础。

5. 围堰筑岛工程量的计算:围堰长度按围堰中心长度计算,围堰高度按施工水位加0.5~0.7m计算,填心土方按围堰总体积扣除堰体体积计算。

6. 桥梁承台有带桩基的与不带桩基的两种形式,可分为:直接开挖法、围护开挖法、沉井或沉箱法三种。

7. 水下开挖土石方:按套箱与河床地面围成的体积计算。

8. 桥梁下部构造的结构形式多种多样,施工方法的种类也较多,但除一些比较特殊的施工方法外,大致可分为预制安装和现浇两大类。

9. 现浇支架数量的计算;一般可根据支架的高度、长度计算支架的立面积,直接套用"桥梁支架定额"计算,但要注意桥梁的宽度问题,定额中综合的桥梁宽度为12m,超过宽度时应进行系数调整。

10. 施工方案在编制设计概算时一定要具体确定。

11. 施工方案是按照合理的施工组织和良好的施工条件编制的。

12. 公路工程概、预算的作用和要求虽然不同,但其编制程序和方法基本上是相同的。

13. 按一般要求,初步设计概算与可行性研究报告投资估算的误差不得大于10%。

14. 经有权部门批准的设计概算是建设项目投资的最高限额。

15. 技术设计必须要编制修正概算。

五、复习题答案与讲评

(一)单项选择题

1. C　2. B　3. C

4. B　设计概算不仅仅是建筑安装工程的概算,而是对建设项目从筹建到竣工所需的全部费用的概算,因而答案为B。

5. A　6. A

7. D　编制施工图预算主要有单价法和实物法两种方法。

8. B　概算指标法适用于初步设计深度不够、工程量不明确,但技术成熟,有类似工程概算指标可以利用的工程。

9. D　实物法与单价法相比,主要是预算人工、材料和机械使用费的算法不同。

10. C　施工图预算的审查方法很多,如全面审查法、标准预算审查法、分组计算审查法、对比审查法、筛选审查法、重点审查法、利用手册审查法、分解对比审查法等。

11. C　全面审查又叫逐项审查法,就是按预算定额顺序或施工的先后顺序,逐一地全部进行审查的方法。其具体计算方法和审查过程与编制施工图预算基本相同。此方法的优点是全面、细致,经审查的工程预算差错比较少,质量比较高。缺点是工作量大。对于一些工程量比较小、工艺比较简单的工程,编制工程预算的技术力量又比较薄弱,可采用全面审查法。

12. C

13. D　到岸价(CIF价)是指进口货物运抵我国进口口岸交货的价格,它包括货物进口的货价、运抵我国口岸之前所发生的国外的运费和保险费。D属于离岸价。

14. A　离岸价(FOB价)是指出口货物运抵我国出口口岸交货的价格,它包括货物的出厂价和国内运费以及国内出口商的经销费用。A属于到岸价。

15. C　16. D　17. B　18. D　19. D

20. C　回填工程量为设计容许超挖数量,一般应控制在设计开挖工程量的4%以内。

21. B

22. D　开挖的工程量按施工图设计断面(成洞断面加衬砌断面)计算,以体积m^3计量,定额单位为100m^3 自然密实土或石;定额中已考虑超挖因素,不得将超挖的数量计入工程数量中。

23. C 路基土石方的开挖、装卸、运输是按天然密实体积(m^3)计算,填方则是按压(夯)实后的体积(m^3)计算。当移挖作填或借土填筑路堤时,应考虑定额中所规定的压实系数因素,即采用以天然密实方为计量单位的定额乘以规定的压实系数进行计价。

24. B 25. B 26. C 27. C

28. A 进口设备的国内运杂费,是指按合同或协议约定的到岸价或接壤的陆地交货地点至工地仓库或施工现场存放点所发生的运输费、运输保险费、装卸费、包装费、供销部门手续费、仓库保险费以及超限设备运输措施费等。

29. A 30. D 31. A

32. D 建设工程竣工决算是指在竣工验收交付使用阶段,由建设单位编制的建设项目从筹建到竣工投产或使用全过程的全部实际支出费用的经济文件。

33. C 概算应根据交通部现行《公路基本建设工程概算、预算编制办法》、《公路工程概算定额》和《公路工程预算定额》进行编制,应严格控制控制在批准的建设项目可行性研究报告投资估算允许幅度范围内,概算经批准后是基本建设项目投资最高限额,是编制建设项目计划、签订建设项目总包合同、实行建设项目包干、控制预算、考核设计经济合理性和建设成本的依据。

34. B 限额设计是建设项目投资控制系统中的一项关键措施。

35. C 36. A 37. D 38. C 39. D 40. C

(二)多项选择题

1. ABCE

2. ACE 审查施工图预算的重点,应该放在工程量计算、预算单价套用、设备材料预算价格取定是否正确,各项费用标准是否符合现行规定等方面。

3. ABCD 4. ABCD 5. BCD 6. BDE

7. ACD 审查编制依据的时效性、合法性、适用范围,审查工程费,审查计价指标,审查其他费用,审查概算编制深度,审查建设规模、标准,审查设备规格、数量、配置。

8. BCE 施工图预算的编制依据主要包括:(1)施工图纸及说明书和标准图集;(2)现行预算定额及单位估价表;(3)施工组织设计及施工方案;(4)人工、材料、机械台班预算价格及调价规定;(5)建安工程费用定额;(6)预算工作手册及有关工具书。

9. ABDE 非标准设备是指国家尚无定型标准,各设备生产厂不可能在工艺过程中采用批量生产只能按一次订货,并根据具体的设计图纸制造的设备。单台非标准设备出厂价格可用下面的公式表达:

单台设备出厂价格 = {[(材料费 + 辅助材料费 + 加工费) × (1 + 专用工具费率) × (1 + 废品损失费率) + 外购配套件费] × (1 + 包装费率) - 外购配套件费} × (1 + 利润率) + 增值税 + 非标准设备设计费 + 外购配套件费

10. ACDE 11. BCD 12. BCD 13. AB

14. BC 概算应根据交通部现行《公路基本建设工程概算、预算编制办法》、《公路工程概算定额》进行编制。

15. AC 施工图预算是施工图设计文件的重要组成部分,根据交通部现行《公路基本建设工程概算、预算编制办法》及《公路工程预算定额》进行编制，是组织建设项目实施的指导性文件，是考核施工图设计经济性、合理性的依据，是衡量投标报价合理性的重要依据。施工图预算应控制在批准的初步设计总概算范围内。

（三）判断题

1. × 投资估算文件，是控制设计概算的依据，要求在批准的投资估算允许幅度范围之内做好限额设计，不断提高设计概算的编制质量。

2. ✓

3. × 公路工程基本建设项目一般采用两阶段设计，即初步设计和施工图设计。对于技术简单、方案明确的小型建设项目，可采用一阶段设计，即一阶段施工图设计；技术上复杂而又缺乏经验的建设项目或建设项目中的个别路段、特殊大桥、互通式立体交叉、隧道等，必要时采用三阶段设计，即初步设计、技术设计和施工图设计。

4. ✓　　5. ✓

6. × 桥梁承台有带桩基的与不带桩基的两种形式，但不管何种形式，其施工方法都是一样的，可分为：直接开挖法、围护开挖法、沉井或沉箱法及套箱法四种。

7. ✓

8. × 桥梁上部构造的结构形式多种多样，施工方法的种类也较多，但除一些比较特殊的施工方法外，大致可分为预制安装和现浇两大类。

9. ✓　　10. ×　　11. ×　　12. ✓

13. ✓ 可行性研究报告经批准后，是进行初步设计或施工图设计（采用一阶段设计时）的依据，故对可行性研究报告的精度有较高的要求，国家发改委曾通知规定，初步设计概算与可行性研究报告投资估算的误差不得大于10%，否则需对该项目重新进行决策，即要重新编制可行性研究报告报批。

14. ✓ 概算应根据交通部现行《公路基本建设工程概算、预算编制办法》、《公路工程概算定额》和《公路工程预算定额》进行编制，应严格控制控制在批准的建设项目可行性研究报告投资估算允许幅度范围内，概算经批准后是基本建设项目投资最高限额，是编制建设项目计划、签订建设项目总包合同、实行建设项目包干、控制预算、考核设计经济合理性和建设成本的依据。

15. ✓ 技术设计必须要有修正概算文件，它是技术设计文件的重要组成部分。技术设计修正概算的编制，是在批准的初步设计概算文件的基础上以对初步设计所定的技术方案和施工方案进一步研究修改，并补充必要的地质、水文和地质钻探资料，提出的修正工程量为依据来进行的。

第五章　建设工程施工阶段的造价管理与控制

一、考试大纲要求

（一）熟悉公路工程技术标准、设计规范、施工技术及验收规范、质量检验评定标准的一般规定，掌握标准、规范中与工程造价密切关系的内容。

(二)设计、施工基本知识

1. 设计图纸和表格;掌握根据图表计算工程量的方法。

2. 掌握施工组织设计的原理和方法以及不同施工方案对工程造价的影响。

3. 掌握公路施工的基本程序、方法和施工工艺流程。

(三)公路工程材料、设备及主要施工机械

1. 掌握公路工程常用主要材料的规格及质量要求。

2. 掌握公路工程主要施工机械的规格、性能、用途。

3. 掌握列入公路建设项目设备购置费中的养护机械设备,隧道通风、照明、排水设备,高速公路的监控、通讯、收费系统设备的名称、规格和配置。

二、知识点提要

表 2-5-1

类别	主要内容	
施工招投标与费用监理	招标	招标的范围、法定招标方式、施工招标应具备的条件、公开招标的程序、合同的类型、7.5%的优惠、暂定金额
	投标	决策树法、线形规划法、标价的构成、直接费、不平衡报价
	计量	计量必须以净值为准
	支付	支付程序、月支付、动员预付款的支付与扣回、材料设备预付款的支付与扣回、保留金的扣回与返还
	评标	评标价、最底评标价法、综合评估法
	工程变更	变更工程合同价款确定的原则、调整细目单价的条件、工程变更与合同变更、处理变更注意事项、工程总价的变更原则
	价格调整	基本价格法、价格指数法、固定系数 C_0、第 i 种材料的费用所占的权重系数 C_i
	索赔	费用索赔、工期索赔、延误天数之和不等于索赔天数、索赔成立必须具备的条件、索赔通知、索赔证据的种类、索赔文件、利润的索赔
	保险	工程一切险、第三者责任险
	招标文件	合同条款、技术规范、工程量清单

三、重点难点分析与例题解析

(一) 了解内容

重点一 了解工程监理制度的基本内容及有关规定

【例题 1】 监理工程师在实施建设工程监理期间,除收取监理合同中规定的酬金外,个人( )接受业主或承包商给予的额外津贴、奖金或补贴。

A 在特殊情况时,可以　　B 可以

C 一般不得,但特殊情况时可以　　D 不得

答　案: D

解题思路: 监理制度的概念。

【例题2】 公路工程施工合同中的工程师是指(　　)。

A 监理单位委派的总监理工程师

B 发包方的总工程师

C 发包人指定的履行合同的负责人

D 承包方的总工程师

答　　案: AC

解题思路: 监理制度的概念。

重点二　了解工程招标投标的意义和目的

【例题1】 公路工程施工招标中,(　　)方式更有助于开展竞争,使招标单位有较大的选择范围。

A 公开招标　　B 邀请议标　　C 邀请招标　　D 指定承包

答　　案: A

解题思路: 三种招标方式的区别。

(二) 熟悉内容

重点一　熟悉工程监理的主要职责

【例题1】 承包人按工程师指示对已隐蔽的工程进行剥露后重新检验,如重新检验不合格,则剥露、修复、重新覆盖的费用损失和工期的处理为(　　)。

A 费用由业主承担,工期由承包人承担

B 费用和工期损失均由业主承担

C 费用由承包人承担,工期予以顺延

D 费用和工期损失均由承包人承担

答　　案: D

解题思路: 重新检验不合格,费用和工期损失均由承包人承担。反之,费用和工期损失均由业主承担。

重点二　监理中造价工程师的职责及造价监理的基本内容

【例题1】 对于工程变更、设计修改要严格把关,事前对其进行技术经济合理性分析,属于(　　)的内容。

A 施工阶段投资控制　　B 施工招投标

C 设计阶段投资控制　　D 编制施工预算

答　　案: A

解题思路: 施工阶段投资控制的内容。

【例题2】 因工程师未及时完成自己的职责或因工程师发布的指令、通知错误,而给承包人造成损失时,(　　)应赔偿承包人的损失,并顺延延误的工期。

A 监理单位　　B 工程师　　C 发包人　　D 承包商

答　　案：C

解题思路：业主的风险

【例题3】 为有效控制工程造价，无论任何一方提出的工程变更，均需由（　　）确认并签发工程变更指令。

A 业主或其派出的代表　　B 工程师
C 设计单位或其代表　　D 主管部门

答　　案：B

解题思路：工程变更审批的必须环节之一。

重点三　熟悉（了解）国际工程承包合同的基本内容

【例题1】 投标是（　　）。

A 要约邀请　　B 承诺　　C 要约　　D 履约

答　　案：C

解题思路：要约与承诺区别。

【例题2】 在 FIDIC 合同条件中，（　　）是指包括在合同中并在工程量表中以该名称标明，供工程任何部分的施工或提供货物、材料、设备、服务或提供不可预料事件的费用的一项金额。

A 保留金　　B 定金　　C 暂定金额　　D 违约金

答　　案：C

解题思路：保留金与暂定金额的区别。

【例题3】 指定分包人是由（　　）指定的某一施工单位负责完成和实施本合同工程中某一项工程的施工任务。

A 承包商　　B 业主　　C 监理工程师　　D 第三方

答　　案：B

解题思路：指定分包的定义。

重点四　熟悉（了解）FIDIC 合同条件和公路工程国内、国际招标合同范本的内容

【例题1】 《招标投标法》规定，采取邀请招标方式招标的，必须向（　　）个以上的潜在投标人发出邀请。

A 二　　B 三　　C 四　　D 五

答　　案：B

解题思路：《招标投标法》第 17 条规定。

【例题2】 招标人和投标人应当自中标通知书发出之日起（　　）日内，按照招标文件和中标人的投标文件订立书面合同。

A 10　　B 30　　C 15　　D 60

答　　案：B

解题思路：《招标投标法》第 46 条规定。

【例题3】 公路建设项目常用施工合同形式是(　　)。

A 总价合同　　B 单价合同

C 成本加酬金合同　　D 其他

答　　案:B

解题思路:常用施工合同形式是单价合同。

【例题4】 保留金的最高限额一般为合同总价的(　　)。

A 4%　　B 5%　　C 6%　　D 6.5%

答　　案:B

解题思路:招标投标的惯例。

【例题5】 动员预付款一般分(　　)次支付。

A 一　　B 二　　C 三　　D 四

答　　案:B

解题思路:《公路工程国内招标文件范本》第60条,第5款规定。

【例题6】 公路工程缺陷责任期的期限一般是(　　)。

A 半年　　B 一年　　C 二年　　D 三年

答　　案:C

解题思路:招标投标的惯例。

重点五　熟悉国家对工程保险、设备保险的规定

【例题1】 第三者责任险是指(　　)。

A 由于灾害或事故造成第三者受到伤害,被保险人获得赔偿的险种

B 被保险人受到第三者的伤害,被保险人获得赔偿的险种

C 被保险人有意或无意伤害到第三者,被保险人获得赔偿的险种

D 由于第三者的责任,造成工程损失,被保险人获得赔偿的险种

答　　案:C

解题思路:第三者责任险的概念。

【例题2】 公路工程施工中,因不可抗力事件导致工程本身的损害,应由(　　)承担。

A 承包人　　B 发包人　　C 双方分别　　D 双方均不

答　　案:B

解题思路:因不可抗力事件导致工程本身的损害是发包人应该承担的风险。

【例题3】 工程保险的被保险人包括(　　)。

A 工程所有人　　B 工程承包人　　C 工程分包人　　D 其他关系方

答　　案:AB

解题思路:工程一切险的被保险人是业主;第三者责任险的被保险人是工程承包人。

重点六　熟悉国内、国际施工招投标的方式(公开招标、邀请招标、议标等)及工程招标的范围和内容

【例题1】 下列(　　)是建设项目施工招标应具备的条件。

A 概算已经批准　　　　　　　B 标底已经审定
C 建设用地的征用工作已经完成　　D 建设资金全部到位

答　　案：A

解题思路：《公路工程施工招标投标管理办法》第7条规定。

【例题2】 世界银行对于人均国民生产总值低于规定水平的借款国的承包商可给予(　　)幅度的优惠,享受价格优惠的承包商合格标准将在投标须知中写明。

A 5.5%　　B 6.5%　　C 7.5%　　D 8.5%

答　　案：C

解题思路：投标人须知中的内容。

【例题3】《公路工程施工招标投标管理办法》中规定,对于报价低于标底(　　)的投标书,如无充分理由证明能够保证降低造价的,评标时可不予考虑。

A 5%　　B 10%　　C 15%　　D 20%

答　　案：C

解题思路：《公路工程国内招标文件范本》第28条,第1款规定。

【例题4】《招标投标法》规定,以下(　　)工程建设项目必须进行招标。

A 大型基础设施、公用事业等关系社会公共利益、公众安全的
B 全部或部分使用国有资金投资或国家融资的
C 企业职工集资建设的
D 使用国际金融组织或外国政府贷款、援助资金的

答　　案：ABD

解题思路：《招标投标法》第三条规定。

重点七　熟悉招标文件的组成;掌握合同条款、技术规范、工程量清单以及与概预算文件的关系

【例题1】 在FIDIC合同条件下,当构成合同的文件相互之间产生冲突或含义不清时,应由工程师进行解释,其先后次序应为(　　)。

A 合同协议书,中标函,投标书,专用条件,通用条件,规范,图纸,标价的工程量清单
B 专用条件,通用条件,规范,图纸,标价的工程量清单,合同协议书,中标函,投标书
C 规范,图纸,标价的工程量清单,合同协议书,中标函,投标书,专用条件,通用条件
D 投标书,标价的工程量清单,中标函,合同协议书,专用条件,通用条件,规范,图纸

答　　案：A

解题思路：《公路工程国内招标文件范本》第5条,第2款规定。

重点八　全面、完整地编制、审查(仅指甲级)招标标底和投标报价;对施工中变更设计确定新的单价

【例题1】　公路建设项目标底是工程项目的(　　)。

A 合同价格　　B 结算价格　　C 预期价格　　D 评比价格

答　　案:C

解题思路:公路建设项目标底是工程项目的预期价格。

【例题2】　以下说法中,符合标底价格编制原则的是(　　)。

A 标底价格应由成本、税金组成,不包含利润部分

B 一个工程可根据投标企业的不同编制若干个标底价格

C 编制标底的计价依据可由编制单位自行编制

D 标底价格作为招标单位的期望计划价,应力求与市场的实际变化相吻合

答　　案:D

解题思路:招标标底要反映供求规律的作用。

(三)　掌握内容

重点一　掌握招标标底和投标报价编制、审查(仅指甲级)与实务

【例题1】　按我国现行规定,公路工程各项费用中的直接费由(　　)组成。

A 人工费、施工管理费、施工机械使用费

B 人工费、材料费、计划利润

C 人工费、材料费、施工机械使用费

D 人工费、材料费、施工管理费

答　　案:C

解题思路:直接费与间接费的区别。

【例题2】　公路建设项目的标底由(　　)等构成。

A 不可预见费、包干费和措施费

B 成本、利润和税金

C 工程要求优良应增加的相应费用

D 物价上涨费

答　　案:ABCD

解题思路:公路建设项目的标底的概念。

重点二　掌握工程计量与支付的依据与方法　掌握变更工程单价的计算

【例题1】　某工程基础板的设计厚度为1.5m,施工单位做了1.6m,多做的工程量在工程价款的计量支付时应(　　)。

A 予以计量　　B 不予计量

C 由业主与承包商协商处理　　D 计量一半

答　　案：B

解题思路：计量与支付按设计的净值进行。

重点三　掌握工程调价的计算方法

【例题 1】　一般情况下，合同内所含任何项目的价格不应考虑变动，除非该项目变更涉及的款额超过合同价格的(　　)时可调整价格。

A 2%　　B 5%　　C 15%　　D 25%

答　　案：A

解题思路：同时项目实施的实际工程量超出(或少于)工程量表中规定的工程量 25% 以上时可调整价格。

【例题 2】　根据有关规定，当合同内有些项目实施的实际工程量超出(或少于)工程量表中规定的工程量(　　)以上时可调整价格。

A 2%　　B 5%　　C 15%　　D 25%

答　　案：D

解题思路：同时该项目变更涉及的款额超过合同价格的 2% 时可调整价格。

重点四　掌握工程索赔的依据

【例题 1】　下列(　　)不属于索赔的依据。

A 工程预算　　B 结算资料

C 变更设计通知单　　D 合同文件

答　　案：A

解题思路：工程索赔的依据的种类。

【例题 2】　公路工程施工中索赔的证据应具备(　　)。

A 真实性　　B 关联性　　C 系统性　　D 及时性

答　　案：ABCD

解题思路：工程索赔依据原则的要求。

重点五　掌握索赔的内容与时间

【例题 1】　索赔事件发生后的(　　)内，承包人应向工程师发出索赔意向通知。

A 7 天　　B 14 天　　C 21 天　　D 28 天

答　　案：C

解题思路：《公路工程国内招标文件范本》第 53 条，第 1 款规定。

【例题 2】　在工程建设过程中，因(　　)造成的工期延误，经工程师确认，工期可以顺延。

A 发包人不能按合同条款的约定提供开工条件

B 一周内非承包人原因停水、停电、停气造成停工累计超过 8 小时

C 承包人施工机械损坏

D 不可抗力

答　　案：AD

解题思路：属于业主的风险

【例题 3】 公路工程施工中索赔按其目的可分为(　　)。

A 费用索赔　　B 违约索赔　　C 工期索赔　　D 风险索赔

答　　案：AC

解题思路：索赔的种类。

重点六　掌握索赔金额的计算

【例题 1】 根据国际惯例,索赔利润的款额计算,是以索赔款(　　)为基础,乘以原报价单中的利润率。

A 人工费　　B 直接费

C 直接费加间接费　　D 间接费

答　　案：B

解题思路：利润索赔款额的计算

重点七　编制和审查(仅指甲级)标书中与工程造价有关的技术条件、工程量清单,施工承包合同,并对招标工程进行评标分析

【例题 1】 承包商在采用不平衡投标报价时,在报价总价不变的情况下,适当提高(　　)项目的单价是有利的。

A 工程后期才能结帐收款的　　B 能够早日结帐收款的

C 预计今后工程量会增加的　　D 工程内容说不清楚的

答　　案：BCD

解题思路：不平衡投标报价表现形式。

四、复习题精选

(一) 单项选择题

1. 用综合评估法评标应对投标者的财务能力;技术能力;管理水平和(　　)等,进行评比,不应单纯以投标报价作为评标和定标的依据。

A 履约能力　　B 资质等级　　C 业绩与信誉　　D 承包经验

2. 某公路工程项目投保了建筑工程一切险,下列事项发生时不能得到保险赔偿的是(　　)。

A 存放在工地的钢材被盗　　B 起重机操作人员故意破坏机器

C 因为罢工该项目中止了三个月　　D 现场火灾造成经济损失 50 万元

3. 关于标底的说法正确的是(　　)。

A 每个招标项目都必须编制一个标底　　B 招标项目可以编制两个标底

C 招标项目可以不必编制标底　　D 标底必须经过审查

4. 公路建设项目的勘察、设计单项合同估算价在(　　)万元人民币以上,或者建设项目总投资额在(　　)万元人民币以上的,必须进行勘察设计招标。

A 802 000　　B 505 000　　C 1 003 000　　D 503 000

5. 中标通知书是(　　)。

A 要约邀请　　B 要约　　C 承诺　　D 履约

6.《公路工程施工招标投标管理办法》规定,资格预审文件和招标文件的发售时间不得少于(　　)个工作日。

A 3　　B 5　　C 4　　D 7

7.《公路工程施工招标投标管理办法》规定,高速公路、一级公路、技术复杂的特大桥梁、特长隧道的投标文件的编制时间不得少于(　　)工作日。

A 30　　B 28　　C 15　　D 20

8. 招标人应当自确定中标人之日起(　　)日内,将评标报告向有关机关备案。

A 15　　B 14　　C 30　　D 20

9. 评标委员会推荐的中标候选人应当限定在(　　)人,并标明排列顺序。

A 2　　B 1 ~3　　C 3　　D 1 ~5

10. 下列(　　)适用于工程量不太大且能精确计算、工期较短、技术不太复杂、风险不大的建设项目。

A 总价合同　　B 单价合同　　C 成本加酬金合同　　D 施工合同

11. 下列(　　)适用范围较宽,其风险可以得到合理分担,并能鼓励承包商通过提高工效等手段从成本节约中提高利润。

A 总价合同　　B 单价合同　　C 成本加酬金合同　　D 施工合同

12. 下列(　　)中,业主需承担项目实际发生的一切费用,即承担项目的全部风险。

A 总价合同　　B 单价合同　　C 成本加酬金合同　　D 施工合同

13. 如果单项工程的分类已详细明确,但实际工程量与预计工程量可能有较大出入时,应优先选择(　　)。

A 总价合同　　B 单价合同　　C 成本加酬金合同　　D 施工合同

14. 如果建设项目的外部环境恶劣,即项目的成本高、风险大、不可预见的因素多,则选择(　　)比较合适。

A 总价合同　　B 单价合同　　C 成本加酬金合同　　D 施工合同

15. 公路工程勘察设计招标的评标方法应当采用(　　)。

A 合理低价法　　B 最低评标价法　　C 双信封评标法　　D 综合评估法

16. 履约担保在承包人按照合同要求实施和完成本合同工程之前一直有效,但在发出(　　)后,业主就不应对履约担保再提出任何索赔要求。

A 竣工验收鉴定证书　　B 缺陷责任期终止证书

C 保修期终止证书　　D 交工证书

17. 某土方工程,工程量清单的工程量为1 100m^3,合同约定的综合单价为16 元/m^3,且实际工程量减少超过10%时可调整单价,单价调整为18 元/m^3。经工程师计量,承包商实际完成的土方量为1 000m^3,则该土方工程的价款为(　　)。

A 1.76 万元　　B 1.6 万元　　C 1.5 万元　　D 1.65 万元

18. 建设工程施工合同文本规定,引起工期延误的事件发生后,承包人应在(　　)内向工程师提交工程延期申请。

A 7 天　B 14 天　C 21 天　D 28 天

19. 以下各项工作,不包括在索赔程序内的是(　　)。

A 提出索赔要求　B 报送索赔资料

C 上级调解　D 工程师答复

20. 某混凝土工程,工程量清单的工程量为1 000m^3,合同约定的综合单价为 350 元/m^3,且实际工程量增加超过 10% 时可调整单价,单价系数为 0.9。经工程师计量,承包商实际完成的土方量为1 200m^3,则该混凝土工程的价款为(　　)。

A 42 万元　B 41.65 万元　C 41.3 万元　D 37.8 万元

21. 公路工程施工中,因不可抗力事件导致运至施工现场用于施工的材料和待安装的设备的损害,应由(　　)承担。

A 承包人　B 发包人　C 双方分别　D 双方均不

22. 公路工程施工中,因不可抗力事件导致承包人的机械设备损坏及停工损失,应由(　　)承担。

A 发包人　B 承包人　C 双方分别　D 双方均不

23. 公路工程施工中,运至施工现场用于工程的材料和待安装设备,不论由哪一方保管,都应由(　　)办理保险,并支付保险费用。

A 承包人　B 发包人　C 材料、设备供应商　D 工程师

24. 在公路工程施工中若发现文物或其他有考古价值的物品时,承包人应立即停止施工保护好现场,并按要求采取妥善保护措施。由此发生的费用由(　　)承担,并相应顺延延误的工期。

A 文物管理部门　B 承包人　C 国家有关部门　D 发包人

25. FIDIC 是(　　)的缩写词。

A 国际注册建筑师联合会　B 国际咨询工程师联合会

C 国际造价工程师联合会　D 国际估价工程师联合会

26. 在 FIDIC 合同条件下,当构成合同的文件相互之间产生冲突或含义不清时,应由工程师进行解释,其先后次序应为(　　)。

A 合同协议书,中标函,投标书,专用条件,通用条件,规范,图纸,标价的工程量清单

B 专用条件,通用条件,规范,图纸,标价的工程量清单,合同协议书,中标函,投标书

C 规范,图纸,标价的工程量清单,合同协议书,中标函,投标书,专用条件,通用条件

D 投标书,标价的工程量清单,中标函,合同协议书,专用条件,通用条件,规范,图纸

27. FIDIC 条款中对合同拥有解释权的是(　　)。

A 承包商　B 业主　C 监理工程师　D 第三方

28. 某工程由于设计变更,工程师签发了停工一个月的暂停工令,承包商可索赔的材料费是(　　)。

A 材料费原价　B 材料损耗费　C 价格上涨费　D 材料运输费

29. 某工程由于设计变更,工程师签发了停工一个月的暂停工令,承包商可索赔的施工机械使用费是(　　)。

A 机械台班费　　B 租赁机械折旧费

C 机械台班上涨费　　D 自有机械实际租金

30. 按我国现行规定,公路工程各项费用中的直接工程费由(　　)等组成。

A 直接费、现场管理费、企业管理费　　B 直接费、现场经费、间接费

C 直接费、其他直接费、现场经费　　D 人工费、材料费、机械使用费

31. 公路基本建设项目一般采用(　　)设计。

A 一阶段　　B 二阶段　　C 三阶段　　D 四阶段

32. 为减少因设计变更造成的损失,必须加强对设计变更的管理,尽可能把设计变更控制在(　　)。

A 采购阶段　　B 施工阶段　　C 使用阶段　　D 设计阶段

33. 下列(　　)是公路工程施工项目施工招标应具备的条件。

A 项目法人已经确定并符合资格标准要求　　B 标底已经审定

C 建设用地的征用工作已经完成　　D 建设资金全部到位

34. 根据我国《招标投标法》和《建设工程施工招标文件范本》的规定,施工招标文件中投标价格的编写可采用固定价格的条件是工期在(　　)以内的工程。

A 6 个月　　B 12 个月　　C 18 个月　　D 24 个月

35. 根据我国《招标投标法》和《建设工程施工招标文件范本》的规定,施工招标文件中投标价格的编写可采用调整价格的条件是工期在(　　)以上的工程。

A 6 个月　　B 12 个月　　C 18 个月　　D 24 个月

36. 工程量清单漏项或设计变更引起的新的工程量清单项目,其相应综合单价首先应由(　　)提出。

A 承包人　　B 监理工程师

C 发包人　　D 工程造价管理部门

37. 工程变更价款如果采用合同中工程量清单的单价和价格,由于是由(　　)的,用于变更工程,容易被各方所接受。

A 发包人确认　　B 合同双方约定

C 承包人投标时提供　　D 工程师确认

38. 公路工程招标文件范本中的合同通用条件,在使用时(　　)。

A 不允许增删或修改　　B 可以根据需要删改

C 允许局部增删或修改　　D 可以根据需要补充

39. 公路工程施工招标文件中的通用条件,应(　　)。

A 根据建设项目的具体情况进行编制

B 直接采用《公路工程国内招标文件范本》的通用条件

C 对《公路工程国内招标文件范本》的通用条件作部分修改后采用

D 结合合同专用条件进行编制

40. 由于非承包商的原因,通常因(　　)引起的索赔,承包商可以列入利润。

A 工程暂停　　B 工程窝工　　C 工程变更　　D 工期延长

41. 标底是建筑安装工程造价的表现形式之一,是报经审定的建设项目的(　　)。

A 合同价格　　B 结算价格　　C 预期价格　　D 评比价格

42. 公路建设项目的标底应力求吻合市场变化，并应控制在(　　)以内。

A 估算　　B 概算　　C 框算　　D 决算

43. 公路建设项目施工招标标底的作用是(　　)。

A 上级主管部门核实建设规模的依据　　B 签订承包合同的依据

C 衡量投标报价的准绳和评标的重要尺度　　D 结算的依据

44. 当采用主材计算价差方法结算时，发包人在招标文件中列出的需要调整差价的主要材料的基期价格，一般采用(　　)的材料信息。

A 国家工程造价管理机构公布　　B 项目管理咨询公司所确定

C 发包人自行采集的市场　　D 当时当地工程造价管理机构公布

45. 编制公路建设项目施工招标标底时，所依据的材料、设备价格是指招标时的(　　)。

A 指定价格　　B 市场价格　　C 计划价格　　D 指导价格

46. 承包人采用"以廉取胜"的投标策略时，其前提条件是(　　)。

A 具有良好的社会信誉　　B 缩短施工工期

C 提出对设计的改进建议　　D 保证施工质量

47. 开工预付款在期中支付证书的累计金额未达到合同价格的(　　)之前不予扣回。

A 50%　　B 40%　　C 30%　　D 20%

48. 承包商在(　　)合同中承担的风险最小。

A 可调总价　　B 不可调总价　　C 单价　　D 成本加酬金

49. 公路建设项目施工招标合同价采用可调合同价时，建设单位承担(　　)的风险。

A 气候条件恶化　　B 通货膨胀

C 地质条件恶化　　D 其他意外情况

50. 确定工程预付款的支付额度时，应考虑的主要因素是(　　)。

A 工期与施工方法　　B 工期与合同价款

C 施工方法与施工组织措施　　D 合同价款与施工组织措施

51. 投标担保有效期为投标文件有效期加(　　)天。

A 30　　B 21　　C 20　　D 14

52.《公路工程施工招标投标管理办法》规定，属于工程建设项目招标范围的公路工程项目，施工单项合同估算价在(　　)人民币以上的，必须进行招标。

A 50 万元　　B 100 万元　　C 150 万元　　D 200 万元

53. 以下说法中比较全面正确的是(　　)。

A 价格调整问题仅在单价合同中考虑

B 总价合同中也可考虑价格调整问题

C 无论是单价合同还是总价合同均应考虑价格调整问题

D 无论是单价合同还是总价合同均不考虑价格调整问题

54. 索赔是指在合同的实施过程中，(　　)因对方不履行或未能完全履行合同所规定的义务而受到损失，向对方提出赔偿要求。

A 业主　　B 承包商

C 合同中任何一方　　D 第三方

55. 索赔是工程承包合同履行过程中经常发生的(　　)。

A 正常现象　　B 对立行为　　C 经济补偿行为　　D 惩罚行为

56. 根据 FIDIC 条款规定,如果承包商打算索取任何追加付款的话,应在引起索赔事件后的(　　)天内,将索赔意图通知监理工程师。

A 28　　B 30　　C 21　　D 50

57. 根据《建设工程施工合同文本》的规定,索赔事件发生后的(　　)天内,承包人应向工程师发出索赔意图通知。

A 28　　B 30　　C 14　　D 50

58. 下列(　　)不属于索赔的证据。

A 建筑材料的采购、运输、使用计划书　　B 工程照片

C 气候报告　　D 检查验收报告和技术鉴定报告

59. 在工程索赔中,各种会计核算资料(　　)。

A 不可以作为索赔证据　　B 可以作为索赔证据

C 只能作为索赔参考　　D 是索赔的物证

60. 某施工单位在土石方工程施工中,由于测量人员工作疏忽导致边坡放样错误,为此该施工单位多开挖了2 000m^3 土方,则多做的工程量在工程价款的计量支付时应(　　)。

A 予以计量　　B 不予计量

C 由业主与承包商协商处理　　D 计量一半

61. 甲、乙两个工程承包单位组成施工联合体投标,甲单位为施工总承包一级资质,乙单位为施工总承包二级资质,则该施工联合体应按(　　)资质确定等级。

A 一级　　B 二级　　C 三级　　D 特级

62. 某项目招标文件中有"承包商的驻地建设"计价细目,承包商的报价为 200 万元。中标后施工中实际只需 180 万元。则支付给承包商的该项费用为(　　)。

A 180 万元　　B 200 万元　　C 150 万元　　D 100 万元

63. 公路工程质量保修期的期限一般是(　　)。

A 半年　　B 五年　　C 二年　　D 三年

64. 对算术性差错进行修正,修正后的最终投标价与原报价相比偏差在(　　)以上者,属于重大偏差,按废标处理。

A 0.5%　　B 1%　　C 1.5%　　D 2%

65. 施工单位未按国家标准、规范和设计要求施工,造成质量缺陷的,由(　　)。

A 业主负责并承担经济责任　　B 施工单位负责并承担经济责任

C 建立单位负责并承担经济责任　　D 设计单位负责并承担经济责任

66. 施工预算的编制单位是(　　)。

A 建设单位　　B 设计单位　　C 施工单位　　D 监理单位

(二)多项选择题

1. 下列选项中(　　)属于工程一切险的除外责任。

A 设计错误　　B 被保险人的蓄意破坏

C 工人恶意行为　　　　　　　　　　D 合同罚款

2. 工程建设监理单位是指(　　)的监理公司、监理事务所和兼承监理业务的工程设计、科学研究及工程建设咨询单位。

A 取得监理资质证书、具有法人资格　　　　B 项目法人认可

C 具有相当数量国家认可的监理工程师　　　D 熟悉 FIDIC 条款

3.《公路工程施工招标投标管理办法》规定，下列(　　)公路工程施工项目必须进行招标。

A 投资总额在 3 000 万元人民币以上的公路工程施工项目

B 施工单项合同估算价在 200 万元人民币以上的公路工程施工项目

C 涉及国家安全、国家秘密、抢险救灾等公路工程施工项目

D 法律、行政法规规定应当招标的其他公路工程施工项目

4. 按付款方式的不同，公路工程施工合同可划分为(　　)。

A 总价合同　　　　　　　　　　B 单价合同

C 成本加酬金合同　　　　　　　D 总包合同

5. 在工程建设过程中，因(　　)造成的工期延误，经工程师确认，工期可以顺延。

A 发包人不能按合同条款的约定提供开工条件

B 一周内非承包人原因停水、停电、停气造成停工累计超过 8 小时

C 承包人施工机械损坏

D 不可抗力

6. 在工程建设过程中，因(　　)造成的工期延误，工期不予顺延。

A 发包人不能按合同约定支付工程款，致使工程施工不能正常进行

B 工程师未按合同约定提供所需指令、批准等，致使工程施工不能正常进行

C 设计变更和工程量增加

D 承包人自身的原因

7. 公路工程勘察设计按建设项目大小和技术复杂程度划分为(　　)设计。

A 一阶段　　　B 二阶段　　　C 三阶段　　　D 四阶段

8. 根据我国《招标投标法》和《公路工程施工招标投标管理办法》的有关规定，下列(　　)是实行工程施工招标的必备条件。

A 建设资金已经落实　　　　　　B 设计文件已经批准

C 招标文件已经编制完成　　　　D 投标邀请书已经发出

9.《公路工程施工招标投标管理办法》规定，公路工程施工招标的项目应当具备下列(　　)条件。

A 初步设计文件已被批准

B 建设资金已经落实

C 项目法人已经确定，并符合项目法人资格标准要求

D 建设用地的征用工作已经完成

10. 公路建设项目投标报价采用的方法有(　　)。

A 不平衡报价法　　B 多方案报价法　　C 突然降价法　　D 先亏后盈法

11. FIDIC 合同条件下,在应用调值公式法进行工程价款动态结算时,价格的调整需要确定时点价格,这里的时点价格包括(　　)。

A 开工时的市场价格

B 政府指定价格

C 基准日期的市场价格

D 特定付款证书有关的期间最后一天的 49 天前的时点价格

12. 公路工程施工招标常用的评标方法有(　　)。

A 最低标价法　　B 评议法　　C 合理低标价法　　D 综合评估法

13. 公路工程施工中索赔程序包括(　　)。

A 提出索赔要求

B 报送索赔资料

C 工程师答复、工程师逾期答复后果、持续索赔

D 风险索赔

14. 公路工程施工中索赔的证据包括(　　)。

A 工程照片　　B 各种有关会谈纪要

C 施工现场的工程文件　　D 图纸和资料交接记录

15. 下列(　　)属于索赔的依据。

A 工程预算　　B 结算资料

C 变更设计通知单　　D 合同文件

(三)判断题(正确者打✓,错误者打×)

1. 当事人之间签订的合同受法律的保护。

2. 工程投标是要约,定标是承诺。

3. 投标撤回要在截标之前。

4. 投标撤回要在截标之后。

5. 在格式条款与非格式条款不一致时,应采用格式条款。

6. 对格式条款的理解有两种以上解释的,应作出有利于提供格式条款一方的解释。

7. 无效合同从执行时起即不具有法律效力。

8. 合同变更的必要条件是当事人协商一致,任何一方都不得擅自变更合同。

9. 合同解除后,当事人之间原确定的合同权利义务仍然存在。

10. 根据规定,只要当事人双方经过协商一致同意,可以变更和解除合同。

11. 仲裁机构作出裁决后,当事人就同一纠纷向人民法院起诉的,人民法院应予受理。

12. 招标采用的合同形式按计价方法的不同,一般分为总价合同、单价合同和成本加酬金合同三种主要形式。当前国内外招投标中用得最多的是单价合同。

13. 根据规定,我国的建设工程项目一般应采用 FIDIC 合同条件。

14. 因工程师指令错误发生的费用和给承包人造成的损失由工程师承担,延误的工期相应顺延。

15. 因工程师指令错误发生的费用和给承包人造成的损失由发包人承担,延误的工期相应顺延。

16. 因工程师提出重新检验已隐蔽工程而发生的费用和工期延误，无论重新检验是否合格，均应由承包人承担。

17. 因工程师提出重新检验已隐蔽工程而发生的费用和工期延误，无论重新检验是否合格，费用均应由承包人承担，但工期可以顺延。

18. 因工程师提出重新检验已隐蔽工程而发生的费用和工期延误，无论重新检验是否合格，工期均应顺延，承包人应承担因不合格而发生的费用。

19. 对承包人超出设计图纸范围和因承包人原因造成返工的工程量，工程师不予计量。

20. 索赔对业主是不利的。

21. 不论采用什么方法计算工程量，其计量结果都应该是净尺寸的工程量。

22. 计量是一种净值计量。

23. 保留金在签发缺陷责任终止证书后一次发还。

24. 保留金一般在整个工程初验结算时返还50%，下余部分在缺陷责任期满后再全部退还。

25. 编制标底是对工程项目的一次计价，是施工单位投标报价的依据。

26. 施工企业投标报价不受国家颁布的定额和造价编制办法的约束，可以根据自身的技术优势和投标策略报价。

27.《中华人民共和国招标投标法》规定，招标投标不受地区、部门、行业的限制，任何地区、部门和单位不得进行保护，应遵循公平、公开、公正、择优和诚实守信的原则。

28. 公开招标的投标书和报价的评审，是在公开情况下进行的。

29. 邀请招标是一种无限竞争性招标。

30. 没有得到投标邀请书的承包商，无权参加该项目的投标。

31. 在总价合同执行过程中，承包人有权要求变更承包总价。

32. 成本加酬金合同的基本特点是按工程实际发生的成本加上商定的管理费和利润来确定工程总造价。

33. 如果合同通用条款与合同专用条款不一致而产生矛盾时，应以合同专用条款为准。

34. 单价合同中可以不列工程量清单。

35. 在总价合同中，由于工程量错误或漏项而导致的风险，由业主单独承担。

36. 招标采用的合同形式按计价方法的不同，一般分为总价合同、单价合同和成本加酬金合同三种主要形式。当前国内外招投标中用得最多的是单价合同。

37. 工程量清单中的计量方法与国内概、预算定额的规定存在一定的差异。

38. 工程量清单中有标价的单价或总额价中包括了合同明示或暗示的所有责任、义务和一般风险。

39. 标底必须严格保密。

40. 施工招标时编制的标底就是施工图预算。

41. 在施工招标中，经批准的初步设计概算或经审查批准的施工图预算是编制标底的依据。

42. 标底的造价如果超过批准的初步设计概算或预算时，应进行详细的复查和认真分析，如果经过复核和分析后确认标底编制无误，便可立即进行招标工作。

43. 施工图设计完成后进行招标的工程，其标底总额应控制在审定后的施工图预算范围内。

44. 投标报价等于预算造价。

45. 投标报价越低越容易中标。

46. 设立索赔条款,有利于降低投标报价。

47. 工程质量与工程费用之间的关系一般是质量提高、费用要加大。

48. 投资控制是施工阶段监理工程师项目监理的主要目标。

49. 必须的联结螺栓、垫圈等材料,应单独计量。

50. 钢筋的损耗和定位钢筋不单独计量。

51. 用运输车辆的体积计量的材料,应在运到施工现场进行计量。

52. 投标者对招标文件有疑问时,可在开标前向招标单位询问,经招标单位允许后,投标单位可以变动或修改招标文件。

53. 一般招标单位对于工程量清单中的差错而引起的投标计算错误应承担责任,中标单位可据此索赔。

54.《公路工程国内招标文件范本》中的合同通用条件,要求在使用时不对其进行增删或修改。

55. 承包商向其他单位和个人转让和分包所签订合同的全部或其中任何部分,都必须征得业主的事先同意或批准。

56. 提供劳务不属分包范畴,无须取得业主的批准。

57. 向承包商提供履约担保的银行须经业主同意。

58. 一个工程只签发一个缺陷责任终止证书。

59. 在缺陷责任期内,所发生的工程损坏、变形等都应由承包商自费对工程的损坏或不合格之处进行修补、修复或重建。

60. 施工企业在公路建设项目的投标报价,应按部颁定额和造价编制办法报价。

61. 建设工程索赔的性质属于经济补偿行为,不是惩罚。

62. 指定分包人,因是业主指定的,因此不受承包人的约束。

63.《公路工程国内招标文件范本》关于工程保险的条文规定,承包人应以承包人与业主联名给本合同投保,其费用由业主承担。

64. 给指定分包商的工作内容只能是暂定金额内的工作项目。

65. 颁发缺陷责任证书后,承包商对尚未履行的义务就没有承担的责任了。

66. 业主在合同规定的时间内对承包商提出的索赔要求未予答复,应视为该项索赔已经批准。

67. 合同中索赔条款的设立,不利于降低投标报价。

68. 投标报价合理的容易中标。

69. 投标是施工企业在建设市场竞争中承接工程的一种手段,因此,企业中标项目越多越好。

70. 投标过程中,招标单位都要召开一次标前会议,所有投标者都必须参加。

71. 投标报价即是编制工程概、预算的过程。

72. 投标单位必须认真全面填写招标文件内的附件的各档空白,否则,招标单位可视为废标。

73. 标书一旦递交,就不能再更改。

74. 索赔是对对方违约的一种惩罚。

75. 索赔是向对方索取因对方过错或对方应承担的风险所造成的损失。

76. 根据 FIDIC 条款，业主应赔偿因异常恶劣的气候条件而造成的承包商的停工、窝工损失。

77. 根据 FIDIC 条款，当国家政策发生变化时，业主应赔偿因此给承包商造成的费用损失。

78. 如果承包商的施工索赔未在规定的时间内提出，业主可以按承包商自动放弃索赔处理。

79. 工期索赔和费用索赔总是相伴相随的，有工期索赔一定有费用索赔。

80. 如果因业主原因使工程暂停一个月，业主应给予承包商一个月的延期。

81. FIDIC 条款规定，一旦发生战争，合同双方损失由各自承担，互不赔偿。

82. 承包商将施工机械设备运抵现场时，途中将一小桥压坏，当地找业主索赔，业主应予赔偿。

83. 公路工程施工中，由于国家政策性调整预算人工费标准，业主应赔偿相应的合同价。

84. 工程施工中若监理工程师进行合同规定之外的检查工作致使承包商停工，承包商有权索赔。

85. 工程施工中若发现有地下管线未拆除而造成工程停工，承包商有权索赔。

86. FIDIC 条款规定，因业主风险造成施工机械设备的损坏，承包商可以索赔。

87. 如果承包商不对其负有责任的质量缺陷返工，监理工程师有权指示其他承包商返工并在承包商的支付款中扣除有关费用。

88. 监理工程师下达停工令所引起的工期拖延，承包商均可要求工程延期。

89. 业主未按时提供给承包商进出场通道致使施工受阻，FIDIC 条款规定承包商可以索赔。

90. 合同变更就是工程变更。

91. 工程变更往往会引起工程造价的变化。

92. 对于一些小型变更工程可以采用计日工计价。

93. 工程变更后如果工程量清单中相应项目的单价不适应，双方可以协商确定新的单价。

94. “有效合同价”是指包括暂定金额和计日工费用的价格。

95. 当工程量误差使得工程造价的增加或减少超过有效合同价的 15% 时，承包商有权提出索赔，监理工程师应据实对工程造价进行调整。

96. 在工程变更过程中，如工程量增加，单价应降低，工程量减少，单价应提高，特别是对工程量超过原工程量 25% 的部分更是如此。

97. 计量支付与质量控制无关。

98. 因为计量支付不解除承包商的任何义务，所以，造价工程师应不对所签认的计量支付文件的准确性负责。

99. 计量支付过程中扣留的保留金在交工结算时不能退还。

100. 计量支付过程中扣留的保留金在最终支付时不能退还。

101. 在计量支付过程中，造价工程师应照顾业主的最佳利益。

102. 计量支付意味着承包商已完工程的质量义务已解除。

103. 最终结算价格不允许超过合同价，造价工程师应根据这一原则来进行控制。

104. 指定分包商的付款申请应作为承包商的付款申请一起申报。

105. 业主通常将指定分包商的应付款支付给承包商，再由承包商支付给指定分包商。

106. 合同价格中的暂定金额业主应100%的予以支付。

107. 即使合同中没有价格调整的条款,如物价上涨情况严重,监理工程师有权据实进行调整。

108. 办理支付时,外汇的支付比例和支付额由造价工程师决定。

109. 期中支付必须每月办理一次,监理工程师必须每月签发一次期中支付证书。

110. 计量证书是办理支付的凭证。

五、复习题答案与讲评

(一)单项选择题

1. C	2. C	3. D	4. D	5. C	6. A	7. B	8. A	9. B	10. A
11. B	12. C	13. B	14. B	15. C	16. A	17. B	18. C	19. C	20. B
21. B	22. B	23. A	24. D	25. B	26. A	27. C	28. C	29. C	30. D
31. B	32. D	33. A	34. B	35. C	36. A	37. C	38. A	39. B	40. C
41. C	42. B	43. C	44. D	45. B	46. D	47. C	48. D	49. B	50. B
51. A	52. D	53. A	54. C	55. C	56. C	57. C	58. A	59. B	60. B
61. B	62. B	63. B	64. B	65. B	66. C				

(二)多项选择题

1. ABD	2. ABC	3. ABD	4. ABC	5. AD
6. CD	7. ABC	8. ABC	9. ABC	10. AB
11. CD	12. ACD	13. ABC	14. ABCD	15. BCD

(三)判断题

1. × 当事人之间签订的合同如是无效合同就不受法律的保护。

2. ✓ 投标是要约的表示,定标是承诺的表示。

3. ✓ 投标撤回要在截标之前。

4. × 投标撤回要在截标之前。

5. × 在格式条款是通用条款,非格式条款是专用条款。两者不一致时,以专用条款为准。

6. × 对格式条款的理解有两种以上解释的,应作出有利于非提供方的解释。

7. ✓ 无效合同从执行时起即不具有法律效力。

8. ✓ 合同变更不是工程变更,所以必须要当事人协商一致,任何一方都不得擅自变更合同。

9. × 合同解除后,当事人之间原确定的合同权利义务就不存在了。

10. × 当事人一方如严重违约,另一方可根据合同约定,就可以变更和解除合同。

11. × 裁了不判,判了不裁。

12. ✓ 招标采用的合同形式按计价方法的不同,一般分为总价合同、单价合同和成本加酬金合同三种主要形式。当前国内外招投标中用得最多的是单价合同。

13. ✓ 根据规定,我国的建设工程项目一般应采用FIDIC合同条件。

14. × 业主风险,由业主承担。

15. ✓ 业主风险,由业主承担。

16. × 因工程师提出重新检验已隐蔽工程而发生的费用和工期延误,只有重新检验不合格,才应由承包人承担。

17. × 因工程师提出重新检验已隐蔽工程而发生的费用和工期延误,只有重新检验不合格,费用才由承包人承担,工期也不顺延。

18. × 因工程师提出重新检验已隐蔽工程而发生的费用和工期延误,只有重新检验不合格,费用才由承包人承担,工期也不顺延;重新检验合格,费用才由业主承担,工期顺延。

19. ✓ 对承包人超出设计图纸范围和因承包人原因造成返工的工程量,工程师不予计量。

20. × 索赔条款的设立可以降低投标报价中的风险费用。

21. ✓ 不论采用什么方法计算工程量,其计量结果都应该是净尺寸的工程量。

22. ✓ 计量是一种净值计量。

23. ✓ 保留金在签发缺陷责任终止证书后 14 天内一次发还。

24. × 保留金在签发缺陷责任终止证书后 14 天内一次发还。

25. × 标底是保密的,不能给施工单位作为投标报价的依据。

26. ✓ 国家颁布的定额是过去、全国、平均水平,投标人应根据自身的生产定额和投标策略报价。

27. ✓ 《中华人民共和国招标投标法》规定,招标投标不受地区、部门、行业的限制,任何地区、部门和单位不得进行保护,应遵循公平、公开、公正、择优和诚实守信的原则。

28. × 公开招标的投标书和报价的评审,是在秘密情况下进行的。

29. × 公开招标才是一种无限竞争性招标。

30. ✓ 没有得到投标邀请书的投标人,无权参加该项目的投标。

31. × 总价合同是总报价一笔包死的承包合同,承包人无权要求变更承包总价。

32. ✓ 成本加酬金合同的基本特点是按工程实际发生的成本加上商定的管理费和利润来确定工程总造价。

33. ✓ 如果合同通用条款与合同专用条款不一致而产生矛盾时,应以合同专用条款为准。

34. × 单价合同中不列工程量清单,就无法形成合同。

35. × 在总价合同中,由于工程量错误或漏项而导致的风险,由承包商单独承担。因为总报价一笔包死了。

36. ✓ 招标采用的合同形式按计价方法的不同,一般分为总价合同、单价合同和成本加酬金合同三种主要形式。当前国内外招投标中用得最多的是单价合同。

37. ✓ 工程量清单中的计量方法与国内概、预算定额的规定存在一定的差异。

38. ✓ 工程量清单中有标价的单价或总额价中包括了合同明示或暗示的所有责任、义务和一般风险。

39. ✓ 标底必须严格保密。

40. × 施工招标时编制的标底与施工图预算是不一样的。

41. ✓ 在施工招标中,经批准的初步设计概算或经审查批准的施工图预算是编制标底的依据。

42. × 如标底编制无误,则初步设计概算或施工图预算时就错了,项目是否可行都要怀疑,何谈进行招标工作。

43. ✓ 施工图设计完成后进行招标的工程,其标底总额应控制在审定后的施工图预算范围内。

44. × 投标报价不等于预算造价。两者包括的费用范围都不同。

45. × 视评标方法而定。

46. × 索赔条款的设立可以降低投标报价中的风险费用。

47. ✓ 工程质量与工程费用之间的关系一般是质量越高、费用越大。

48. ✓ 投资控制是施工阶段监理工程师项目监理的主要目标。

49. × 成套计量。

50. ✓ 钢筋的损耗和定位钢筋不单独计量。

51. ✓ 用运输车辆的体积计量的材料,应在运到施工现场进行计量。

52. × 投标者对招标文件有疑问时,可在开标前向招标单位询问,招标单位可就问题进行澄清。投标单位不可以变动或修改招标文件。

53. × 一般招标单位对于工程量清单中的估计差错而引起的投标计算错误应不承担责任,按中标单位工程量清单中的单价进行支付即可。只有满足一定条件才可索赔。

54. ✓《公路工程国内招标文件范本》中的合同通用条件,要求在使用时不对其进行增删或修改。

55. ✓ 承包商向其他单位和个人转让和分包所签订合同的全部或其中任何部分,都必须征得业主的事先同意或批准。

56. ✓ 提供劳务不属分包范畴,无须取得业主的批准。

57. ✓ 向承包商提供履约担保的银行须经业主同意。

58. ✓ 一个工程只签发一个缺陷责任终止证书。

59. × 在缺陷责任期内,所发生的工程损坏、变形等要区分原因,承包商自费只对自身原因造成的工程损坏或不合格之处进行修补、修复或重建。

60. × 国家颁布的定额是过去、全国、平均水平,投标人应根据自身的生产劳动定额和投标策略报价。

61. ✓ 建设工程索赔是索赔费用或工期的行为,不是惩罚行为。

62. ✓ 指定分包人,因是业主指定的,因此不受承包人的约束。

63. ✓《公路工程国内招标文件范本》第 21 条,第 1 款规定。承包人应以承包人与业主联名给本合同投保,其费用由业主承担。

64. ✓ 给指定分包商的工作内容只能是暂定金额内的工作项目。《公路工程国内招标文件范本》第 58 条规定

65. × 颁发缺陷责任证书后,承包商仍应履行的义务有缺陷责任和保修期责任。

66. ✓ 业主在合同规定的时间内对承包商提出的索赔要求未予答复,《公路工程国内招标文件范本》没有该条规定。“应视为该项索赔已经批准”。

67. × 合同中索赔条款的设立,有利于降低投标报价中的风险费用。

68. × 视评标方法而定。

69. × 企业中标项目多少视企业的能力。

70. ✓ 投标过程中,招标单位都要召开一次标前会议,所有投标者都必须参加。

71. × 投标报价即不是编制工程概、预算的过程。

72. ✓ 投标单位必须认真全面填写招标文件内的附件的各档空白,否则,招标单位可视为初步评审不通过,定为废标。

73. × 标书一旦递交,截标后就不能再更改,截标前能再更改。

74. × 索赔是一方过错或风险而对另一方的一种经济补偿。

75. ✓ 索赔是向对方索取因对方过错或对方应承担的风险所造成的损失。

76. ✓ 根据 FIDIC 条款,异常恶劣的气候条件属业主风险。

77. ✓ 根据 FIDIC 条款,国家政策发生变化属业主风险。

78. ✓ 如果承包商的施工索赔未在规定的时间内提出,业主可以按承包商自动放弃索赔处理。《公路工程国内招标文件范本》第 53 条,第 4 款规定。

79. × 工期索赔和费用索赔不一定相伴相随。

80. ✓ 如果因业主原因使工程暂停一个月,并不等于就可以索赔一个月,总工期的延误才等于工期索赔的天数。

81. × 《公路工程国内招标文件范本》第 65 条,第 1、2. 3. 4 款规定一旦发生战争,业主应承担赔偿。

82. ✓ 承包商将施工机械设备运抵现场时,途中将一小桥压坏,当地找业主索赔,业主应予赔偿。业主再找承包商反索赔。

83. × 承包商的劳动生产率并不因为国家政策性调整预算人工费标准而变化。承包商的投标报价是根据自身的劳动生产定额。

84. ✓ 工程施工中若监理工程师进行合同规定之外的检查工作致使承包商停工,承包商有权索赔。

85. ✓ 工程施工中若发现有地下管线未拆除而造成工程停工,属业主风险,承包商有权索赔。

86. ✓ FIDIC 条款规定,因业主风险造成施工机械设备的损坏,承包商可以索赔。

87. ✓ 如果承包商不对其负有责任的质量缺陷返工,监理工程师有权指示其他承包商返工并在承包商的支付款中扣除有关费用。

88. × 监理工程师下达停工令所引起的工期拖延,视情况而定。

89. ✓ 业主未按时提供给承包商进出场通道致使施工受阻,FIDIC 条款规定承包商可以索赔。

90. × 合同变更不是工程变更;工程变更是合同变更的一种特殊形式。

91. ✓ 工程变更往往会引起工程造价的变化,但工程造价的变化并不一定是工程变更。

92. ✓ 对于一些小型变更工程可以采用计日工计价。

93. ✓ 工程变更后如果工程量清单中相应项目的单价不适应,双方可以协商确定新的单价。但应满足一定的条件。

94. × "有效合同价"是指扣除暂定金额和计日工费用的价格。

95. ✓ 当工程量误差使得工程造价的增加或减少超过有效合同价的15%时，承包商有权提出索赔，监理工程师应据实对工程造价进行调整。只针对超过有效合同价的15%那部分款额。

96. ✓ 在工程变更过程中，如工程量增加，单价应降低，工程量减少，单价应提高，特别是对工程量超过原工程量25%的部分更是如此。主要是因为承包商报价存在不平衡报价现象；以及规模效益的问题。

97. × 计量支付是质量控制的手段。

98. × 因为计量支付不解除承包商的任何义务，但由于涉及到工程价款，造价工程师也应对所签认的计量支付文件的准确性负责。

99. ✓ 计量支付过程中扣留的保留金在交工结算时不能退还。在签发缺陷责任终止证书后14天退还。

100. ✓ 计量支付过程中扣留的保留金在最终支付时不能退还。在签发缺陷责任终止证书后14天退还。

101. ✓ 在计量支付过程中，造价工程师应照顾业主的最佳利益。

102. × 计量支付意味着承包商已完工程的质量义务并未解除。

103. ✓ 最终结算价格不允许超过合同价，造价工程师应根据这一原则来进行控制。

104. ✓ 指定分包商的付款申请应作为承包商的付款申请一起申报。

105. ✓ 业主通常将指定分包商的应付款支付给承包商，再由承包商支付给指定分包商。

106. ✓ 对于合同价格中的暂定金额，应发生就有，不发生就没有。

107. × 合同中有价格调整的条款就调整，合同中没有价格调整的条款就不调整

108. × 办理支付时，外汇的支付比例和支付额由承包商的投标文件中确定的比例支付。

109. ✓ 期中支付必须每月办理一次，监理工程师必须每月签发一次期中支付证书。

110. ✓ 计量证书是办理支付的凭证。

第六章 建设项目竣工决算的内容、编制方法与实务

一、考试大纲要求

1. 掌握竣工决算的内容、编制、审查（仅指甲级）的方法和实务。
2. 熟悉资产性质的划分，掌握确定新增固定资产的原则、方法和实务。
3. 熟悉保修费用的计算与处理。
4. 掌握建设项目后评价的意义、作用、程序和方法。

二、知识点提要

1. 竣工决算

工程决算是建设项目竣工验收工作的重要组成部分，《公路建设项目工程决算编制办

法》,明确规定未编制工程决算的建设项目,不得组织竣工验收(表 2-6-1)。

表 2-6-1

类别	主要内容	
竣工决算	概念	建设工程竣工决算是指在竣工验收交付使用阶段,由建设单位编制的建设项目从筹建到竣工投产或使用全过程的全部实际支出费用的经济文件
	作用	竣工决算是国家对基本建设投资实行计划管理的重要手段;是竣工验收的主要依据;是确定建设单位新增固定资产价值的依据;是基本建设成果和财务的综合反映;为建立交通基本建设工程技术经济档案、工程定额修订提供资料
	竣工决算报告内容	1.交通基本建设项目竣工决算报告封面; 2.竣工工程平面示意图; 3.竣工决算报告说明书; 4.竣工决算表格
	编制	主要是对建设工程的各种原始资料进行全面的审查与统计汇总,然后按照竣工决算表的内容与要求,将各种数据资料摘录填入;同时做好决算与概预算的对比分析,编制技术经济指标比较表。1. 竣工决算审批表;2. 工程概况专用表;3. 财务通用表
	审查	竣工决算审查主要审查:①竣工决算资料是否齐全,编制依据是否符合国家规定等;②项目是否按批准概算执行,有无提高建设标准和扩大规模等;③主要材料取价、设备购置价格是否合理;④费用计算是否符合行业或合同规定;⑤重大设计变更是否合理,审批手续是否完备等;⑥审核交付使用资产是否符合条件,资产价值是否准确等;⑦核实项目结余资金,属于应上交财政部分应及时督促上交;⑧清算基建收入和投资包干结余,属于应上交财政部分应及时督促上交;⑨审核项目竣工财务决算报表的真实性、完整性等;⑩审核项目从筹建到竣工、交付使用的全部费用,审定项目结算造价等

2. 确定新增固定资产

按照新的财务制度和企业会计准则,新增资产按资产性质可分为固定资产、流动资产、无形资产、递延资产和其他资产等五大类(表 2-6-2)。

表 2-6-2

类别	主要内容	
新增固定资产	概念	新增固定资产价值是以独立发挥生产能力的单项工程为对象的,单项工程建成经有关部门验收鉴定合格,正式移交生产或使用,即应计算新增固定资产价值
	确定	一次交付生产或使用的工程一次计算新增固定资产价值,分期分批交付生产或使用的工程,应分期分批计算新增固定资产价值。在计算时应注意以下几种情况:(1)对于为了提高产品质量、改善劳动条件、节约材料消耗、保护环境而建设的附属辅助工程,只要全部建成,正式验收交付使用后就要计入新增固定资产价值;(2)对于单项工程中不构成生产系统,但能独立发挥效益的非生产性项目,如住宅、食堂、医务所、托儿所、生活服务网点等,在建成并交付使用后,也要计算新增固定资产价值;(3)凡购置达到固定资产标准不需安装的设备、工具、器具,应在交付使用后计入新增固定资产价值;(4)属于新增固定资产价值的其他投资,应随同受益工程交付使用的同时一并计入;(5)交付使用财产的成本,应分别计算;(6)共同费用的分摊方法

3. 公路建设项目后评价

公路建设项目后评价是在公路通车运营 2 至 3 年后,用系统工程的方法,对建设项目决策、设计、施工和运营各阶段工作及其变化的成因，进行全面的跟踪、调查、分析和评价（表2-6-3）。

表2-6-3

类别	主要内容	
项目后评价	概念	项目后评价是指对已经完成项目的项目目的、执行过程、效益、作用和影响所进行的系统的、客观的分析
	原则	坚持评价的客观性、公正性和科学性
	作用	目的是为了总结经验教训，为改进决策和管理服务；后评价要同时进行项目的回顾总结和前景预测；项目后评价是站在项目完工的时点上，一方面检查总结项目的实施过程，找出问题，分析原因；另一方面，要以后评价时点为基点，预测项目未来的发展
	项目后评价与项目前、中评价的区别	评价时点不同；目的也完全不同
	方法	影响评价法、效益评价法、过程评价法、系统评价方法
	基本内容	项目目标评价、项目实施过程评价、项目效益评价、项目影响评价
	程序	项目自评价、行业或地方初审阶段、正式后评价阶段、成果反馈阶段
	公路项目后评价必备条件	根据预定目标已全部建成并通过竣工验收；至少经过2~3年的通车运营实践

三、重点难点分析与例题解析

（一） 了解内容

重点一 了解竣工决算的作用

【例题1】 竣工决算是（　　）的主要依据

A 竣工验收　　B 确定建设单位新增固定资产价值

C 基本建设成果和财务的综合反映　　D 技术管理

答　　案：ABC

解题思路：竣工决算是建设各方考核工程经济活动成果的主要依据。它有以下几个方面的作用：竣工决算是国家对基本建设投资实行计划管理的重要手段；竣工决算是竣工验收的主要依据；竣工决算是确定建设单位新增固定资产价值的依据；竣工决算是基本建设成果和财务的综合反映；竣工决算为建立交通基本建设工程技术经济档案、为工程定额修订提供资料。

【例题2】 属于竣工决算编制的依据有（　　）。

A 经批准的可行性研究报告及投资估算书

B 招投标的标底、承包合同、工程结算资料

C 可行性研究报告

D 施工过程发生的费用记录

E 设备、材料调价文件和调价记录

答　　案: ABDE

解题思路: 编制竣工决算报告应当依据以下文件和原始资料:①经批准的可行性研究报告、初步设计、概算或调整概算、变更设计以及开工报告等文件;②历年的年度基本建设投资计划;③经审核批复的历年年度基本建设财务决算;④编制的施工图预算、承包合同、工程结算等有关资料;⑤历年有关财产物资、统计、财务会计核算、劳动工资、审计及环境保护等有关资料;⑥工程质量鉴定、检验等有关文件,工程监理有关资料;⑦施工企业交工报告等有关技术经济资料;⑧有关建设项目副产品、简易投产、试运营(生产)、重载负荷试车等产生基本建设收入的财务资料;⑨有关征地拆迁资料(协议)和土地使用权确权证明;⑩其他有关的重要文件。

重点二　了解竣工验收

【例题1】 在竣工验收以前应当根据(　　),未编制决算报告的项目原则上不能通过竣工动用验收。

A 竣工图表　　B 交工验收有关资料编制竣工决算报告

C 项目后评价　　D 保修费用

答　　案: AB

解题思路: 在竣工验收以前应当根据竣工图表和交工验收有关资料编制竣工决算报告,未编制决算报告的项目原则上不能通过竣工动用验收。

【例题2】 在组织竣工验收时,验收委员会的职责是(　　)。

A 对工程竣工决算进行审查

B 对工程项目的设计和施工质量做出检验和评定

C 评定主要工艺设备和配套设施联动负荷试车是否合格

D 审阅工程档案资料,实地查验建筑工程和设备安装工程情况

E 准备资料

答　　案: BCD

解题思路: 验收委员会的职责是:对工程项目的设计和施工质量做出检验和评定;评定主要工艺设备和配套设施联动负荷试车是否合格;审阅工程档案资料,实地查验建筑工程和设备安装工程情况等。

重点三　了解公路项目后评价必备条件

【例题1】 公路建设项目经济后评价进行项目后评价的必备条件为(　　)。

A 至少经过2~3年的通车运营实践

B 利用外资的公路项目

C 根据预定目标已全部建成并通过竣工验收

D 特大型独立公路桥隧项目

答　　案: AC

解题思路: 公路建设项目经济后评价进行项目后评价的必备条件为:根据预定目标已全部建成并通过竣工验收;至少经过2~3年的通车运营实践。公路建设项目经济后评价工作的

重点是国家重点公路建设项目或符合下列条件之一的公路建设项目：

（1）40km 以上的国道主干线项目或 100km 以上的国道及省道高等级公路项目；

（2）利用外资的公路项目；

（3）特大型独立公路桥隧项目；

（4）上级主管部门指定的项目。

（二） 熟悉内容

重点一 熟悉资产性质的划分

【例题 1】 新增资产按资产性质可分为（ ）等五大类。

A 固定资产 B 流动资产 C 无形资产

D 递延资产 E 变动资产

答 案： ABCD

解题思路： 按照新的财务制度和企业会计准则，新增资产按资产性质可分为固定资产、流动资产、无形资产、递延资产和其他资产等五大类。①固定资产是指使用期限超过一年，单位价值在1 000元、1 500元或2 000元以上，并且在使用过程中保持原有实物形态的资产。②流动资产是指可以在一年或者超过一年的营业周期内变现或者耗用的资产。流动资产按资产的占用形态可分为现金、存货、银行存款、短期投资、应收账款及预付账款。③无形资产是指特定主体所控制的，不具有实物形态，对生产经营长期发挥作用且能带来经济利益的资源。主要有专利权、非专利技术、商标权、商誉。④递延资产是指不能全部计入当年损益，应当在以后年度分期摊销的各种费用，包括开办费、租入固定资产改良支出等。⑤其他资产是指具有专门用途，但不参加生产经营的经国家批准的特种物资，银行冻结存款和冻结物资、涉及诉讼的财产等。

【例题 2】 在编制竣工决算时，下列各项费用中应列入新增递延资产价值的有（ ）。

A 开办费

B 项目可行性研究费

C 土地征用及迁移补偿费

D 以经营租赁方式租入的固定资产改良工程支出

E 土地使用权出让金

答 案： AD

解题思路： 递延资产是指不能全部计入当年损益，应当在以后年度分期摊销的各种费用，包括开办费、租入固定资产改良支出等。递延资产价值的确定：①开办费是指在筹集期间发生的费用，不能计入固定资产或无形资产价值的费用，主要包括筹建期间人员工资、办公费、员工培训费、差旅费、印刷费、注册登记费以及不计入固定资产和无形资产购建成本的汇兑损益、利息支出等。根据现行财务制度规定，企业筹建期间发生的费用，应于开始生产经营起一次计入开始生产经营当期的损益。企业筹建期间开办费的价值可按其账面价值确定。②以经营租赁方式租入的固定资产改良工程支出的计价，应在租赁有限期限内摊入制造费用或管理费用。

（三） 掌握内容

重点一 掌握竣工决算的内容、编制

【例题1】 建设项目竣工验收时，关于工程资料验收，应包括（　　）。

A 工程技术资料、工程综合资料、工程财务资料

B 工程技术资料、建设项目档案资料、工程财务资料

C 工程技术资料、工程综合资料、预决算资料

D 工程技术资料、建设项目档案资料、预决算资料

答　　案： A

解题思路： 编制竣工决算报告应当依据以下文件和原始资料：经批准的可行性研究报告、初步设计、概算或调整概算、变更设计以及开工报告等文件；历年的年度基本建设投资计划；经审核批复的历年年度基本建设财务决算；编制的施工图预算、承包合同、工程结算等有关资料；施工企业交工报告等有关技术经济资料等。所以只有A选项是正确的。

【例题2】 工程实际造价是在（　　）阶段确定的。

A 招投标　　B 合同签订　　C 竣工验收　　D 施工图设计

答　　案： C

解题思路： 建设工程竣工决算是指在竣工验收交付使用阶段，由建设单位编制的建设项目从筹建到竣工投产或使用全过程的全部实际支出费用的经济文件。

【例题3】 在建设项目竣工决算报表中，反映建设项目全部资金来源情况和资金占用情况的是（　　）。

A 竣工财务决算审批表　　B 建设项目概况表

C 竣工财务决算表　　D 交付使用财产总表

答　　案： C

解题思路： 财务通用表：①建设项目竣工财务决算总表（交建竣3-1表）；②资金来源情况表（交建竣3-2表）；③待核销基建支出及转出投资明细表（交建竣3-3表）；④工程造价和概算执行情况表（交建竣4表）；⑤外资使用情况表（交建竣5表）；⑥基本建设项目交付使用资产总表（交建竣6-1表）；⑦基本建设项目交付使用资产明细表（交建竣6-2表）；

【例题4】 以下属于竣工验收的依据有（　　）。

A 批准的可行性研究报　　B 批准的初步设计或扩大初步设计

C 批准的施工图设计　　D 招标标底、承包合同等

E 财务报表分析

答　　案： ABCD

解题思路： 竣工验收的依据是批准的可行性研究报告、初步设计或扩大初步设计、施工图、设备技术说明书和现行施工技术验收规范，以及主管部门（公司）有关审批、修改、调整的文件等。财务报表分析和工程造价对比分析属于竣工决算的内容，不是依据。所以ABCD选项是正确的。

【例题5】 大、中型和小型建设项目的竣工决算包括建设项目从（　　）为止的全部建设

费用。

A 筹建开始到项目竣工交付生产使用

B 筹建开始到项目竣工结算

C 项目评估开始到项目竣工交付生产使用

D 项目评估开始到项目竣工验收

答　　案：A

解题思路：建设工程竣工决算是指在竣工验收交付使用阶段，由建设单位编制的建设项目从筹建到竣工投产或使用全过程的全部实际支出费用的经济文件。它也是建设单位反映建设项目实际造价和投资效果的文件，是竣工验收报告的重要组成部分。

【例题6】 建设项目竣工决算由(　　)组成。

A 竣工情况说明书　　B 竣工决算报表

C 竣工预算表　　D 竣工报告

E 国家验收鉴定书

答　　案：AB

解题思路：竣工决算报告由以下四个部分组成：①交通基本建设项目竣工决算报告封面；②竣工工程平面示意图，竣工工程平面示意图可根据初步设计文件“路线地理位置图”、独立的公路桥梁桥位平面图绘制；③竣工决算报告说明书，竣工决算报告说明书是竣工决算报告的重要组成部分；④竣工决算表格，竣工决算报告表式分为决算审批表、工程概况专用表和财务通用表。

重点二　掌握确定新增固定资产的原则、方法

【例题1】 下列各项在新增固定资产价值计算时应计入新增固定资产价值的是(　　)。

A 在建的附属辅助工程

B 单项工程中不构成生产系统，但能独立发挥效益的非生产性项目

C 开办费、租入固定资产改良支出费

D 凡购置达到固定资产标准不需要安装的工具、器具费用

E 属于新增固定资产价值的其他投资

答　　案：BDE

解题思路：在计算时应注意以下几种情况：①对于为了提高产品质量、改善劳动条件、节约材料消耗、保护环境而建设的附属辅助工程，只要全部建成，正式验收交付使用后就要计入新增固定资产价值。②对于单项工程中不构成生产系统，但能独立发挥效益的非生产性项目，如住宅、食堂、医务所、托儿所、生活服务网点等，在建成并交付使用后，也要计算新增固定资产价值。③凡购置达到固定资产标准不需安装的设备、工具、器具，应在交付使用后计入新增固定资产价值。④属于新增固定资产价值的其他投资，应随同受益工程交付使用的同时一并计入等。所以BDE选项的正确的。

【例题2】 在编制竣工决算时，新增固定资产价格的计算是以(　　)为对象。

A 独立组织施工的单位工程　　B 经济上独立核算的建设项目

C 独立发挥生产能力的单项工程　　D 定额划分的分部工程

答　　案：C

解题思路：新增固定资产价值是投资项目竣工投产后所增加的固定资产价值，即交付使用的固定资产价值。对于它的计算以经验收鉴定合格正式移交生产使用后能独立发挥生产能力即单项工程为对象。所以只有C选项是正确的。

【例题3】 新增固定资产价值的内容不包括(　　)。

A 已投产的建安工程造价

B 应收的账款

C 增加固定资产价值的其他费用

D 达到固定资产标准的设备工器具购置费

答　　案：B

解题思路：大家应调整思考角度，用“排除法”逐项将“不包括”的内容找出来，所以只有B选项是正确的。

【例题4】 预付款在新增资产价值的确定中属于(　　)。

A 新增固定资产　B 流动资产　C 无形资产　D 递延资产

答　　案：B

解题思路：流动资产是指可以在一年内或者超过一年的一个营业周期内变现或者运用的资产。①货币性资金。货币性资金是指现金、各种银行存款及其他货币资金。②应收及预付款项。应收账款是指企业因销售商品、提供劳务等应向购货单位或受益单位收取的款项；预付款项是指企业按照购货合同预付给供货单位的购货定金或部分货款。应收及预付款项包括应收票据、应收款项、其他应收款、预付货款和待摊费用。一般情况下，应收及预付款项按企业销售商品、产品或提供劳务时的成交金额入账核算。③短期投资包括股票、债券、基金。股票和债券根据是否可以上市流通分别采用市场法和收益法确定其价值。④存货。存货是指企业的库存材料、在产品、产成品等。各种存货应当按照取得时的实际成本计价。

【例题5】 在核定新增资产价值时，建设单位筹建期间的开办费应计入(　　)。

A 固定资产　B 当期费用　C 递延资产　D 无形资产

答　　案：C

解题思路：递延资产价值的确定。①开办费是指在筹集期间发生的费用，不能计入固定资产或无形资产价值的费用，主要包括筹建期间人员工资、办公费、员工培训费、差旅费、印刷费、注册登记费以及不计入固定资产和无形资产购建成本的汇兑损益、利息支出等。根据现行财务制度规定，企业筹建期间发生的费用，应于开始生产经营起一次计入开始生产经营当期的损益。企业筹建期间开办费的价值可按其账面价值确定。②以经营租赁方式租入的固定资产改良工程支出的计价，应在租赁有限期限内摊入制造费用或管理费用。

【例题6】 (　　)属于新增固定资产。

A 建筑安装工程费用　B 建设单位管理费

C 土地征用费　D 勘察设计费

E 开办费

答　　案：ABCD

解题思路：新增固定资产的其他费用，如果是属于整个建设项目或两个以上单项工程的，在计算新增固定资产价值时,应在各单项工程中按比例分摊。分摊时,什么费用应由什么工程负担应按具体规定进行。一般情况下,建设项目管理费按建筑工程、安装工程、需安装设备价值总额按比例分摊,而土地征用费、勘察设计费等费用则按建筑工程造价分摊。

重点三 掌握建设项目后评价的意义、作用、程序和方法

【例题1】 项目后评价的原则是坚持( )。

A 客观性　B 经济性　C 公正性　D 科学性

答　　案: ACD

解题思路: 项目后评价的原则是坚持评价的客观性、公正性和科学性。

【例题2】 项目后评价基本方法( )。

A 影响评价法　B 效益评价法　C 过程评价法

D 技术评价法　E 系统评价方法

答　　案: ABCE

解题思路: 项目后评价的方法基本上可概括为四种:

(1)影响评价法。项目建成后测定和调研在各阶段所产生的各种现时影响和效果,以判断决策目标是否正确。

(2)效益评价法。把项目产生的实际效果或项目的产出,与项目的计划成本或项目投入相比较,进行盈利性分析,以判断项目当初决定投资是否值得。

(3)过程评价法。把项目从立项决策、设计、采购直至建设实施各程序的实际进程与原订计划、目标相比较,分析项目效果好坏的原因,找出项目成败的经验和教训,使以后项目的实施计划和目标的制定更加切合实际。

(4)系统评价方法。将上面三种评价方法有机地结合起来,进行综合评价,才能取得最佳评价结果。

四、复习题精选

(一)单项选择题

1. 竣工验收后,因地震、洪水等原因造成了工程质量问题,应由( )承担经济责任。

A 建设单位　B 设计单位　C 施工单位　D 监理单位

2. 根据有关文件规定,建设项目竣工验收程序的第一步是( )。

A 承包商申请动用验收　B 承包商申请交工验收

C 承包商组织初步验收　D 承包商会同监理工程师现场初验

3. 下列关于竣工决算报告提交时间规定正确的是( )。

A 我国规定竣工验收报告经业主认可后 28 日内提交

B FIDIC 规定工程师颁发移交证书后 48 天内提交

C 我国规定竣工验收报告经承包人认可后 28 日内提交

D AIA 规定业主面通知后,提交竣工结算报告

4. 竣工决算的内容不包括( )。

A 竣工结算报表　B 竣工结算书

C 竣工决算报告说明书　　D 工程造价比较分析

5. 建设项目通过竣工验收后,由施工单位移交建设单位使用,并办理各种移交手续,这时标志着建设项目全部结束,即(　　)。

A 工程使用年限开始计算　　B 建设资金转化为使用价值

C 工程可以使用　　D 工程再投资属于维护

6. 竣工决算报告情况说明书主要反映(　　),是对竣工决算报表进行分析和补充说明的文件,是全面考核分析工程投资与造价的书面总结。

A 竣工工程建设资金使用情况　　B 竣工工程建设成果和经验

C 竣工工程建设决算情况　　D 竣工工程建设概况

7. 在竣工决算中,作为无形资产入账的是(　　)。

A 非专利技术开发费　　B 通过政府无偿划拨的土地使用权

C 广告宣传费　　D 专用技术开发费

8. 因地震、洪水、台风等不可抗拒原因造成的损坏问题,由(　　)负责处理。

A 建设单位　　B 监理单位　　C 施工单位　　D 使用单位

9. 竣工验收时为鉴定工程质量对隐蔽工程进行必要的挖掘和修复费用,应计入(　　)。

A 现场经费　　B 施工企业管理费

C 涨价预备费　　D 基本预备费

10. 竣工决算的主要内容有(　　)。

A 竣工财务决算说明书,竣工财务决算报表,工程竣工图,工程造价比较分析

B 竣工决算计算书,竣工决算报表,财务决算表

C 竣工决算计算书,财务决算表,竣工工程平面图,竣工决算报表

D 竣工决算报表,竣工决算计算书,财务决算表,工程造价比较分析

11. 施工单位未按国家标准、规范和设计要求施工,造成质量缺陷的,由(　　)。

A 业主负责并承担经济责任　　B 施工单位负责并承担经济责任

C 建立单位负责并承担经济责任　　D 设计单位负责并承担经济责任

12. 竣工决算是综合、全面地反映竣工项目(　　)的文件,是竣工验收报告的重要组成部分。

A 建设成果和财务情况　　B 工程设计和生产能力

C 工程质量及进度　　D 工程交付使用的财产

13. 在竣工决算的编制步骤中,填写竣工决算报表后应进行的是(　　)。

A 做好工程造价对比分析　　B 上报主管部门审查

C 编制建设工程竣工决算说明　　D 清理、装订竣工图

14. 在组织建设项目竣工验收时,验收委员会的职责是(　　)。

A 对工程竣工决算进行审查

B 对工程项目的设计和施工质量作出检验及评定

C 评定主要工艺设备和配套设施联动负荷试车是否合格

D 审阅工程档案资料,实地查验建筑工程和设备安装工程情况

15. 公路建设项目竣工决算是以(　　)为主进行编制的。

A 施工单位　　B 设计单位　　C 监理单位　　D 建设单位

16. (　　)是确定新增固定资产价值,全面反映建设成果的文件。

A 投资估算　B 工程概算　C 竣工决算　D 竣工结算

17. 建设项目办理交付使用财产价值的依据是(　　)。

A 投资估算　B 工程概算　C 竣工决算　D 竣工结算

18. 公路建设项目竣工决算的核心内容是(　　)。

A 工程造价的对比分析　B 工程竣工图

C 竣工财务决算　D 竣工工程量分析

19. 竣工结算是(　　)在经济上的结算。

A 业主与监理工程师　B 承包商与监理工程师

C 业主、监理工程师与承包商　D 业主与承包商

20. 建设项目竣工验收投入使用后,新增固定资产价值的计算以(　　)为对象。

A 整个建设项目　B 单位工程　C 分部分项工程　D 单项工程

21. 在编制公路建设项目竣工决算分摊待摊投资时,土地补偿费和安置补助费、勘察设计费应按(　　)分摊。

A 单项工程投资　B 总投资　C 建筑工程造价　D 设备价值

(二)多项选择题

1. 建设项目竣工决算中,计入新增固定资产价值的有(　　)。

A 已经投入生产或交付使用的建筑安装工程造价

B 达到固定资产标准的设备工器具的购置费用

C 可行性研究费用

D 其他相关建筑安装工程造价

E 联合试运转费用

2. 新增固定资产价值包括(　　)。

A 已投入生产或交付使用的建安工程造价

B 项目可行性研究费

C 土地使用权出让金

D 报废工程损失

E 土地征用及迁移补偿费

3. 大中型建设项目竣工决算报表包括(　　)。

A 建设项目竣工财务决算审批表　B 建设项目概况表

C 交付使用资产总表　D 建设项目竣工财务决算总表

E 交付使用资产明细表

4. 下列各项在新增固定资产价值计算时应计入新增固定资产价值的是(　　)。

A 在建的附属辅助工程

B 单项工程中不构成生产系统,但能独立发挥效益的非生产性项目

C 开办费、租入固定资产改良支出费

D 凡购置达到固定资产标准不需要安装的工具、器具费用

E 属于新增固定资产价值的其他投资

5. 建设项目竣工决算的内容包括(　　)。
A 竣工财务决算报表　　B 竣工决算报告情况说明书
C 投标报价书　　D 新增资产价值的确定
E 工程造价比较分析

6. 在计算新增固定资产价值时,应该考虑的费用包括(　　)。
A 土地使用权出让金　　B 设备和工器具购置费
C 建设单位管理费　　D 建筑安装工程造价
E 土地征用和迁移补偿费

7. 项目法人参加竣工验收的职责包括(　　)。
A 负责提交项目执行报告及验收所需资料
B 负责提交监理工作报告,提供工程监理资料,配合竣工验收检查工作
C 协助竣工验收委员会开展工作
D 责提交施工总结报告,提供各种资料,配合竣工验收检查工作
E 负责提交设计工作报告,配合竣工验收检查工作

8. 大、中型建设项目竣工财务决算表中资金占用有(　　)。
A 流动资产　　B 应收生产单位投资借款
C 有价证券　　D 货币资金
E 预付及应收款

9. 根据国务院《建设工程质量管理条例》规定,建设工程竣工验收应具备的条件有(　　)。
A 完整的技术档案和施工管理资料
B 必须符合国家或地区规定的竣工条件和合同规定的内容
C 勘察、设计、施工、工程监理等单位分别签署的质量合格文件
D 施工单位签署的工程保修书
E 有工程使用的主要建筑材料、建筑配件和设备的进场试验报告

10. 根据国家规定,建设项目竣工验收、交付生产使用,必须满足的要求是(　　)。
A 主要工艺设备和配套设施联动负荷试车合格,形成生产能力,能够生产出设计文件所规定的产品
B 生产性项目和辅助公用设施,已按设计要求完成,能满足生产使用
C 必要的生产设施已按设计要求建成
D 施工决算资料完整
E 生产准备工作能适应投产需要

11. 建设项目竣工决算是(　　)。
A 反映竣工项目从筹建开始到项目竣工验收合格为止的建设成果和财务情况的总结性文件
B 竣工验收报告的重要组成部分
C 正确核定新增固定资产价值的依据
D 考核分析投资效果的依据

E 反映建设项目实际造价和投资效果的文件

12. 关于新增固定资产价值的计算,正确的是(　　)。

A 对于为了提高产品质量、改善劳动条件、节约材料消耗、保护环境而建设的附属辅助工程,只要全部建成、正式验收或交付使用后就应计入新增固定资产价值

B 对于单项工程中不构成生产系统,但能独立发挥效益的非生产性工程,不应计算新增固定资产价值

C 凡购置达到固定资产标准不需要安装的设备工器具,均应在交付使用后计入新增固定资产价值

D 运输设备及其他不需要安装的设备、工具、器具、家具等固定资产一般仅计算采购成本,不计分摊的"待摊投资"

E 新增固定资产的其他费用,一般情况下建设单位管理费按建筑工程、安装工程、设备价值总额,按比例分摊

13. 应列入无形资产的项目是(　　)。

A 专利发明　　B 非专利技术　　C 开办费

D 商标权　　E 土地使用权

14. 递延资产的价值的确定有(　　)。

A 开办费按其账面价值确定

B 以经营租赁方式租人的固定资产改良工程支出应在租赁有限期限内摊入制造费用或管理费用

C 土地使用权的计价

D 专利技术计价

E 其他资产按实际入账价值核算

15. 保修证书一般包括(　　)。

A 保修期限　　B 保修范围和内容

C 保修时间、说明和情况记录　　D 保修条件

E 保修单位(即施工单位)的名称、详细地址

16. 关于竣工决算的说法正确的是(　　)。

A 竣工决算是竣工验收报告的重要组成部分

B 竣工决算是核定新增固定资产价值的依据

C 竣工决算是反映建设项目实际造价和投资效果的文件

D 竣工决算在竣工验收之前进行

E 竣工决算是考核分析投资效果的依据

17. 大中型建设项目竣工决算报表包括(　　)。

A 建设项目竣工财务决算审批表　　B 建设项目概况表

C 交付使用资产总表　　D 建设项目竣工财务决算总表

E 交付使用资产明细表

18. 建设项目竣工验收的主要任务有:(　　)。

A 监理任务结束

B 办理建设项目竣工结算和竣工决算

C 办理建设项目档案资料的移交和保修手续

D 建设单位对建设项目的决策和论证、勘察和设计以及施工的全过程进行最后的评价

E 施工单位对建设项目的决策和论证、勘察和设计以及施工的全过程进行最后的评价

19. 建设项目竣工验收的一般程序为:(   )。

A 承包商申请交工验收　　B 造价工程师现场初验

C 正式验收　　D 单项工程验收

E 全部工程的竣工验收

(三)判断题(正确者打✓,错误者打×)

1. 竣工决算是从财务管理的角度出发,侧重于对资金的流向、大小和在时间上分布的分析。

2. 工程决算是建设项目竣工验收工作的重要组成部分,《公路建设项目工程决算编制办法》,明确规定未编制工程决算的建设项目,不得组织竣工验收。

3. 新增固定资产价值是以独立发挥生产能力的综合工程为对象的。

4. 项目后评价的效益评价即财务评价和经济评价,其评价的主要内容与项目前评估有差别。

5. 项目后评价采用的财务数据不要剔除物价上涨的因素。

6. 项目后评价是以项目前期所确定的目标和各方面指标与项目实际实施的结果之间的对比为基础的。因此,项目后评价的内容范围大体上与前评估的范围和分类相同。

7. 经济后评价通常是指对项目建成投产六个月后进行的评价,其目的是总结经验教训。

8. 在缺陷责任期内,所发生的工程损坏、变形等都应由承包商自费对工程的损坏或不合格之处进行修补、修复或重建。

五、复习题答案与讲评

(一)单项选择题

1. A　2. B　3. C　4. B

5. B　建设项目通过竣工验收后,由施工单位移交建设单位使用,并办理各种移交手续,这时标志着建设项目全部结束,即建设资金转化为使用价值。

6. C

7. D　无形资产的计价原则:

1)购入的无形资产,按照实际支付的价款计价;

2)企业自创并依法申请取得的,按开发过程中的实际支出计价;

3)企业接受捐赠的无形资产,按照发票账单所持金额或者同类无形资产市价作价;

4)无形资产计价入账后,应在其有效使用期内分期摊销。

8. A　因地震、洪水、台风等不可抗拒原因造成的损坏问题,施工单位、设计单位不承担经济责任,由建设单位负责处理。

9. D　按我国现行规定,预备费包括基本预备费和涨价预备费。其中,基本预备费是指在初步设计及概算内难以预料的工程费用,包括三项内容:

(1)在批准的初步设计范围内,技术设计、施工图设计及施工过程中所增加的工程费用;

设计变更、局部地基处理等增加的费用。

(2)一般自然灾害造成的损失和预防自然灾害所采取的措施费用。实行工程保险的工程项目费用应适当降低。

(3)竣工验收时为鉴定工程质量对隐蔽工程进行必要的挖掘和修复费用。

而涨价预备费是指建设项目在建设期间内由于价格等变化引起工程造价变化的预测预留费用。

10. A 按照国家有关规定,竣工决算的内容包括竣工财务决算说明书、竣工财务决算报表、工程竣工图和工程造价对比分析四个部分。前两个部分又称为建设项目竣工财务决算,是竣工决算的核心内容。

11. B

12. A 建设工程竣工决算是建设单位反映建设项目实际造价和投资效果的文件,是竣工验收报告的重要组成部分。

13. C 竣工决算编制步骤:①收集、整理和分析有关依据资料;②清理各项账务、债务和结余物资;③填写竣工决算报表,按照公路工程决算表格中的内容,根据编制依据中的有关资料进行统计或计算各个项目的数量,并将其结果填到相应表格的栏目,完成所有报表的填写。它是编制建设工程竣工决算的主要工作;④编写建设工程竣工决算说明书,按照公路工程竣工决算说明的要求,根据编制依据材料和填写在报表中的结果编写说明;⑤上报主管部门审查编制竣工决算的程序。

14. C

15. D 竣工决算的编制,是以建设单位为主,在监理工程师和施工单位的配合下,共同完成的,它是建设工程所特有的多次性计价环节中的最后一次计价。根据《交通基本建设项目竣工决算报告编制办法》、《公路建设项目工程决算编制办法》等有关规定编制竣工决算,其编制原则、程序和方法,既不同于估算、概算和预算,也不同于招标标底和投标报价。

16. C 建设工程竣工决算是指在竣工验收交付使用阶段,由建设单位编制的建设项目从筹建到竣工投产或使用全过程的全部实际支出费用的经济文件。它也是建设单位反映建设项目实际造价和投资效果的文件,是竣工验收报告的重要组成部分。为了严格执行基本建设项目竣工验收制度,正确核定新增固定资产价值,考核投资效果,建立健全项目法人责任制,按照国家关于基本建设项目竣工验收的规定,所有的新建、扩建、改建和恢复项目竣工后都要编制竣工决算。

17. C

18. C 竣工决算是从财务管理的角度出发,侧重于对资金的流向、大小和在时间上分布的分析,以现行的财税制度为依据,通过对资金的流动情况为重点进行分析,形成符合基本建设财务管理办法的科目体系,来反映竣工工程从开始建设起至竣工为止的全部资金来源和运用情况,达成核定使用资产价值的目的。

19. D

20. D 新增固定资产价值是以独立发挥生产能力的单项工程为对象的。单项工程建成经有关部门验收鉴定合格,正式移交生产或使用,即应计算新增固定资产价值。

21. C

(二)多项选择题

1. ABCE 新增固定资产价值包括的内容有：

①已投入生产或交付使用的建筑安装工程造价；

②达到固定资产标准的设备、工器具的购置费用；

③增加固定资产价值的其他费用，包括土地征用及迁移费、联合试运转费、勘察设计费、项目可行性研究费、施工机构迁移费、报废工程损失费和建设单位管理费中达到固定资产标准的办公设备、生活家具、用具和交通工具等的购置费。

2. ABDE 要求考生熟知新增固定资产的具体内容，要剔除归属于"无形资产"的"土地使用权出让金"。

3. ABC 4. BDE 5. ABE

6. BCDE 新增固定资产价值是以独立发挥生产能力的单项工程为对象的。单项工程建成经有关部门验收鉴定合格，正式移交生产或使用，即应计算新增固定资产价值。用排除法确定，土地使用权出让金属于无形资产价值，故排除，其他均属于新增固定资产价值。

7. AC

8. BCDE 大、中型建设项目竣工财务决算表中资金占用有(1)基本建设支出(2)应收生产单位投资借款(3)拨款所属投资借款(4)器材(5)货币资金(6)预付及应收款(7)有价证券(8)固定资产。

9. ACDE 10. ABCE 11. BCDE

12. ACD 新增固定资产价值是以独立发挥生产能力的单项工程为对象的。在计算时应注意以下几种情况：(1)对于为了提高产品质量、改善劳动条件、节约材料消耗、保护环境而建设的附属辅助工程，只要全部建成，正式验收交付使用后就要计入新增固定资产价值。(2)对于单项工程中不构成生产系统，但能独立发挥效益的非生产性项目，如住宅、食堂、医务所、托儿所、生活服务网点等，在建成并交付使用后，也要计算新增固定资产价值。(3)凡购置达到固定资产标准不需安装的设备、工具、器具，应在交付使用后计入新增固定资产价值。(4)属于新增固定资产价值的其他投资，应随同受益工程交付使用的同时一并计入。

13. ABDE 无形资产是指特定主体所控制的，不具有实物形态，对生产经营长期发挥作用且能够带来经济利益的资源。无形资产的计价方法：①专利权的计价；②非专利技术的计价；③商标权的计价；④土地使用权的计价。

14. ABE 15. BCE 16. ABC 17. ABC

18. BCDE 竣工决算是国家对基本建设投资实行计划管理的重要手段；是竣工验收的主要依据；是确定建设单位新增固定资产价值的依据；是基本建设成果和财务的综合反映；为建立交通基本建设工程技术经济档案、为工程定额修订提供资料。

19. ACDE

(三)判断题

1. ✓ 2. ✓

3. × 新增固定资产价值是以独立发挥生产能力的单项工程为对象的。

4. × 项目的效益评价即财务评价和经济评价，其评价的主要内容与项目前评估无大的差别，

5. × 实际发生的财务会计数据都含有物价通货膨胀的因素，而通常采用的赢利能力指标是不含通货膨胀水分的。因此项目评价采用的财务数据要剔除物价上涨的因素，以实现前后的一致性和可比性。

6. √

7. √ 项目后评价则是在项目建成后，总结的准备、实施、完工和运营，并通过预测对项目的未来进行新的分析评价，其目的是为了总结经验教训，为改进决策和管理服务。所以，后评价要同时进行项目的回顾总结和前景预测。项目后评价是站在项目完工的时点上，一方面检查总结项目的实施过程，找出问题，分析原因；另一方面，要以后评价时点为基点，预测项目未来的发展。

8. ×

第三篇　公路工程技术与计量

第一章　概　　述

一、考试大纲要求

了解公路的基本组成,公路工程设计阶段和设计原则,公路工程施工的施工过程、施工特点、施工组织的基本原则以及施工程序。掌握公路施工的基本程序、方法和施工工艺流程。

二、知识点提要

1. 公路工程设计基本知识(见表3-1-1)

表3-1-1

知识点	主　要　内　容
公路工程的组成部分	路基、路面、排水构造物、防护工程、特殊构造物、交通安全服务设施
公路工程设计阶段	一阶段设计、二阶段设计、三阶段设计
公路工程设计原则	(1)要精心设计,贯彻勤俭建国,从实际出发,因地制宜,安全适用,就地取材的原则,使设计的建设项目,在技术上先进,经济上合理,具有良好的社会综合效益;(2)要节约用地,尽量少占良田,重视环境保护,要顺应地形、地貌,使公路建筑工程与沿线自然景观有机地融为一体。在有条件的地方,应结合施工,改土造田,注意与农田水利的综合利用,支援农业。在进行方案比选时,应将占地多少作为重要条件之一;(3)要千方百计节约建设项目的投资,减少资源的占用与消耗,加强技术经济的分析工作,重视经济效益。工程设计要遵循技术与经济相统一的原则,正确处理两者之间的关系

2. 公路工程施工基本知识(见表3-1-2)

表3-1-2

知识点	主　要　内　容
公路工程施工过程	(1)接受施工任务;(2)开工前的规划组织准备;(3)开工前的现场条件准备;(4)工程施工;(5)竣工验收
公路工程施工特点	(1)公路工程施工组织是复杂的;(2)施工组织是多变的;(3)公路工程规模大、建设周期长,施工组织工作受气候和自然条件的影响与制约;(4)公路施工组织工作的特殊性和不能全年连续均衡的进行施工生产
公路工程施工组织的基本原则	(1)连续性;(2)平行性;(3)协调性;(4)均衡性
施工程序	(1)施工过程中建设工程的施工程序;(2)工程项目(单位工程)的施工程序

三、重点难点分析与例题解析

（一） 了解内容

重点一 了解公路工程施工的特点

【例题1】 下列（　　）是公路工程施工的特点。

A 公路建设工程是固定在土地上的构筑物

B 公路建设工程主要是土建工程，任何施工单位都可参与修建

C 公路建设工程规模大、周期长，是线性型的施工现场

D 公路建设工程使用劳动力较多，所有工程都可使用民工来修建

答　　案：A

解题思路：见《公路工程技术》中第一章第三节相关内容。

（二） 掌握内容

重点一 掌握编制施工组织设计时需要考虑的经济效果

【例题1】 编制施工组织设计时，要充分考虑施工生产过程中的连续性、平行性、协调性和均衡性及相互关系，其经济效果具体表现在（　　）等方面。

A 可合理地最低限度的配置施工现场各类人员的数量

B 可使施工用的机械设备、工具、周转性消耗材料等减少到最低限度

C 可合理地减少临时设施和现场管理费用

D 可减少因施工过程中阶段性的停工、待料及其他原因引起的工人、机械的损失时间

答　　案：ABCD

解题思路：见《公路工程技术》中第一章第三节相关内容。

四、复习题精选

（一）单项选择题

1. 道路中线的平面线形由（　　）组成。

A 圆曲线和缓和曲线　　B 纵坡线和竖曲线

C 直线和平曲线　　D 直线和竖曲线

2. （　　）是用石块砌成的路堤，用以通过流量不大的季节性水流。

A 渗水路堤　　B 渡水槽　　C 桥涵　　D 过水路面

3. 一阶段设计即一阶段施工图设计。应以批准的可行性研究报告（或测设合同）为依据，进行（　　）次详细测量，据以编制施工图设计文件及设计预算。

A 2　　B 1　　C 3　　D 4

4. 竣工验收工作以（　　）为依据

A 施工文件　　B 设计文件　　C 施工日志　　D 监理文件

5. 工程项目(单位工程)的合理的程序,应该是(　　)。

A 先主体工程,后附属工程　　B 先地下工程,后地上工程

C 先下部工程,后上部工程　　D 以上三项都是

(二)多项选择题

1. 路基的断面形状一般有(　　)等断面形式。

A 路堤　　B 路堑　　C 梯形　　D 半填半挖

2. 路面是用各种不同坚硬材料铺筑在路基上供汽车直接行驶的地带,通常由____等组成。

A 底层　　B 面层　　C 基层　　D 垫层

3. 公路是承受荷载及自然因素影响的交通工程构造物,包括:(　　)。

A 路基路面工程　　B 排水工程

C 防护工程　　D 特殊构造物,以及交通安全服务设施

4. 交通安全服务设施,包括:(　　)。

A 照明设施　　B 安全设施

C 服务设施　　D 植树绿化与美化工程

5. 阶段设计,即按项目大小和技术复杂程度分为:(　　)。

A 一阶段设计　　B 二阶段设计　　C 三阶段设计　　D 初步设计

6. 施工单位接受施工任务后,依次经历(　　)等,按设计要求完成施工任务

A 开工前的规划组织准备阶段　　B 现场条件准备阶段

C 正式施工阶段　　D 竣工验收阶段

7. 施工企业获得施工任务通常有哪几种方式(　　)。

A 由上级主管单位统一接受任务,按行政隶属关系安排计划下达

B 经主管部门同意后,对外接受任务

C 通过人际关系获得任务

D 自行对外投标

8. 开工前的施工准备工作主要内容包括以下几个方面:(　　)

A 熟悉和核对设计文件　　B 补充调查资料

C 组织先遣人员进场　　D 编制实施性施工组织设计和施工预算

9. 公路工程施工组织的基本原则是(　　)。

A 连续性　　B 平行性　　C 协调性　　D 均衡性

10. 施工生产过程中的连续性、平行性、协调性和均衡性其经济效果具体表现在以下几个方面:(　　)。

A 可合理地最低限度的配置施工现场各类人员的人数,既保证施工生产需要,又避免频繁调动,窝工浪费

B 可使施工用的机械设备、工具、周转性消耗材料等减少到最低限度,并能尽量重复使用,节约费用

C 可以合理地减少临时设施和现场管理费用

D 可以实现优质高产、安全生产和文明施工

(三)判断题(正确者打✓,错误者打×)

1. 公路不仅要有平顺的线形、和缓的纵坡,而且要有稳定坚实的路基、平整耐用的路面、牢固可靠的人工构造物,以及其他必要的防护工程和附属设施。

2. 通常以路基的质量来评价整条公路的质量。

3. 植树绿化有利于美化路容、保持水土、稳固路基、防风固砂、净化空气等作用,而且可提高行车的安全。

4. 初步设计文件一经主管部门批准,其概算就是建设项目投资的最高限额,不得随意突破。而技术设计文件一经批准,其修正概算是可以随意突破的。

5. 目前,公路基本建设项目一般采用三阶段设计。

6. 随着我国改革开放的深入和社会主义市场经济体制的形成和发展,施工任务将主要以参加投标的方式,在建筑市场的竞争中获得。

7. 施工企业接受的工程项目,必须与项目业主签订工程施工承包合同。

8. 施工准备工作未做好,不得提出开工申请。

9. 施工准备工作只需在施工前进行。

10. 场地清理和大型临时设施建筑,应在建设项目的主体工程开工之前完成,常称为三通一平。

五、复习题答案与讲评

(一)单项选择题

1. C　道路中线是一条平面有曲线、纵面有起伏的立体空间曲线,其平面线形由直线和平曲线组成,平曲线包括圆曲线和缓和曲线;纵面线形由纵坡线和竖曲线组成。

2. A　渗水路堤是用石块砌成的路堤,用以通过流量不大的季节性水流。

3. B　一阶段设计即一阶段施工图设计。应以批准的可行性研究报告(或测设合同)为依据,进行一次详细测量,据以编制施工图设计文件及设计预算。

4. B　竣工验收工作以设计文件为依据,按照国家有关规定,分析检查结果,评定工程质量等级,形成竣工验收鉴定书,并经竣工验收委员会签认。

5. D　工程项目(单位工程)的施工程序的合理的程序,应该是先主体工程,后附属工程;先地下工程,后地上工程;先下部工程,后上部工程。

(二)多项选择题

1. ABD　路基的断面形状一般有路堤、路堑、半填半挖路基等断面形式。

2. BCD　路面是用各种不同坚硬材料铺筑在路基上供汽车直接行驶的地带,通常由面层、基层、垫层等组成。

3. ABCD　公路是承受荷载及自然因素影响的交通工程构造物,包括路基路面工程、排水工程(桥涵、渗水路堤、过水路面等)、防护工程(挡土墙、护坡等)、特殊构造物,以及交通安全服务设施。

4. ABCD　交通安全服务设施,包括:照明设施、服务设施、安全设施、植树绿化与美化工程

5. ABC　阶段设计按项目大小和技术复杂程度分为一阶段、二阶段和三阶段设计。

6. ABCD　施工单位接受施工任务后，依次经历开工前的规划组织准备阶段和现场条件准备阶段、正式施工阶段、竣工验收阶段等，按设计要求完成施工任务。

7. ABD　施工企业获得施工任务通常有三种方式：一是由上级主管单位统一接受任务，按行政隶属关系安排计划下达；二是经主管部门同意后，对外接受任务；三是自行对外投标。

8. ABCD　开工前的施工准备工作的主要内容包括以下几个方面：(1)熟悉和核对设计文件；(2)补充调查资料；(3)组织先遣人员进场；(4)编制实施性施工组织设计和施工预算。

9. ABCD　公路工程施工组织的基本原则：连续性、平行性、协调性、均衡性。

10. ABCD　施工生产过程中的连续性、平行性、协调性和均衡性的经济效果具体表现在以下几个方面：①可合理地最低限度的配置施工现场各类人员的人数，既保证施工生产需要，又避免频繁调动，窝工浪费。②可使施工用的机械设备、工具、周转性消耗材料等减少到最低限度，并能尽量重复使用，节约费用。③可以减少因施工过程中阶段性的停工、待料，以及由于其他原因而引起的工人、机械设备的损失时间，从而避免造成浪费。④可以合理地减少临时设施和现场管理费用。⑤可以实现优质高产、安全生产和文明施工。

总之，以上所述，不仅是组织施工，而且也是编制施工组织设计时，必须认真探讨的一些问题。作为具体参与这项工作的造价工程师，必须具备这些基本知识。

(三)判断题

1. √

2. ×　通常以路面的质量来评价整条公路的质量。

3. √

4. ×　初步设计文件一经主管部门批准，其概算就是建设项目投资的最高限额，不得随意突破。技术设计文件一经批准，其修正概算就是建设项目投资的最高限额，不得随意突破。

5. ×　目前，公路基本建设项目一般采用两阶段设计。

6. √　7. √　8. √

9. ×　施工准备工作不仅在施工前进行，它还贯穿于整个施工过程之中，因为构成公路工程的路基、路面、桥涵等各项工程，各有其不同的施工方法和工艺要求，且在时间上和空间上又都存在相互制约和相互影响的因素。故在各项工程施工之前，必须认真细致地做好相应的现场准备工作。

10. √

第二章　路基工程

一、考试大纲要求

掌握路基土石方数量计算、断面方、天然密实方、松方、实方、计价方、挖方、利用方、填方、借方的含义及计算，路基填方的含水量、压实度要求。

二、知识点提要

1. 路基的基本知识(表3-2-1)

表3-2-1

基本知识点	主要内容
路基应该具备的基本要求	具有足够的整体稳定性、强度、水温稳定性
路基横断面组成	一般由行车道、路肩(土路肩、硬路肩)、中间带、边坡、护坡道、边沟等组成
路基横断面形式	路堤、路堑、半填半挖路基三种基本形式
路基几何要素	路基高度、路基宽度、路基边坡坡度

2. 施工前的准备工作包括复测及放样、土样试验、场地疏干、临时道路及桥涵、场地清除、拆迁、承包人驻地建设、为监理工程师提供住房及设施、临时公用设施等等。

3. 基土石方作业(表3-2-2)

表3-2-2

路基土石方作业项目	主要内容
填方路堤	基底处理及零填挖路床;填料选择;最佳含水量;路堤填筑;填方压实;桥涵及其他构造物处的填筑;填方计价
挖方路基	路基开挖注意事项;路堑开挖方案;土方机械作业;石方开挖;挖方计价
取土坑、弃土堆、护坡道及碎落台	取土坑、弃土堆、护坡道、碎落台的基本要求与计量计价方法
路基整修	路基整修(或整型)工作的费用应摊入路基土石方作业的相关填挖方工程单价内,不单独计量与支付

4. 排水设施(表3-2-3)

表3-2-3

类别	主要内容
地面排水设施	边沟;截水沟及排水沟;跌水与急流槽;拦水带与路肩沟;蒸发池。
地下排水设施	明沟、暗沟、排水槽、暗管;渗沟、渗井;隔离层。
路面排水设施	路面表面排水、中央分隔带排水、路面结构内部排水、桥面铺装体系排水;路面排水措施。

5. 基边坡防护与加固(表3-2-4)

表3-2-4

类型	主要方法
坡面防护	植物防护、工程防护
冲刷防护	直接防护措施;间接防护措施(导治构造物)
支挡构造物	普通重力式挡土墙、衡重式挡土墙、加筋土挡土墙、锚杆挡土墙、锚碇板挡土墙、钢筋混凝土悬臂式与扶壁式挡土墙、护肩及砌石、垒石、填石、石垛
改移河道	

6. 软土的共性;软土地基的勘察(勘察软土表征、调查气候、迳流条件、调查地形、地貌及其软土成因、取样试验、评价软土处治方案);软土地基的沉降与稳定性(沉降标准、影响沉降的主要因素、固结度计算、稳定验算);软弱地基处治措施(砂垫层、浅层处治、轻质路堤及加筋

路堤、反压护道、预压、竖向排水体、粒料桩、加固土桩);造价分析。

三、重点难点分析与例题解析

(一) 了解内容

【例题1】 有中央分隔带的公路,路基设计标高一般为( )。

A 中央分隔带外侧边缘的高度　B 路基边缘高度

C 路面外侧边缘的高度　D 路基中心高度

答　案: A

解题思路: 路基设计高程,无中央分隔带的公路,应为路基边缘高度;有中央分隔带的公路,应为中央分隔带外侧边缘的高度;在设置超高加宽路段,则为设置超高加宽前的路基边缘高度。

【例题2】 公路工程的路床指路面底面以下( )范围内的路基部分。

A 30cm　B 80cm　C 150cm　D 30~80cm

答　案: B

解题思路: 路堤是高于原地面的填方路基,其作用是支承路床和路面。路床是路面的基础,是指路面底面以下80cm范围内的路基部分,承受由路面结构传来的荷载,在结构上分上路床(0~30cm)及下路床(30~80cm)两层。路床以下的路堤分上、下两层,上路堤是指路面底面以下80~150cm范围内的填方部分;下路堤是指上路堤以下的填方部分。

(二) 熟悉内容

【例题1】 下列属于地面排水设施的是( )。

A 蒸发池　B 暗沟　C 排水沟　D 渗沟

答　案: AC

解题思路: 排除地面水一般可采用边沟、截水沟、排水沟、跌水、急流槽及拦水带等设施;排除地下水一般可采用明沟、暗沟、渗沟等设施。

【例题2】 下列( )属于公路路基防护与加固工程中的坡面防护。

A 抛石防护　B 植物防护

C 护坡及护面墙　D 浆砌片石挡土墙

答　案: BC

解题思路: 坡面防护包括植物防护和工程防护,工程防护包括:坡面处治、护坡及护面墙。

(三) 掌握内容

【例题1】 按《公路工程技术标准》(JTG B01—2003)对路基压实度的要求,高速、一级公路路床顶面以下深度30~80cm的挖方,其路基压实度应达到( )。

A ≥97%　B ≥96%　C ≥93%　D ≥90%

答　案: B

解题思路: 见《公路工程技术标准》(JTG B01—2003)中表2-6的路基压实度标准。

【例题2】 公路工程填方路堤的压实,当路基在直线段时,压实机械的运行路线为(　　)。

A 应先从路基中心向两旁顺次碾压

B 应先从路缘向中心顺次碾压

C 应从路缘的一边向另一边顺次碾压

D 没有碾压顺序要求

答　　案: B

解题思路: 压实机具的运行线路一般直线段应从路缘向路中心,再从中心向两旁顺次碾压,以使形成路拱。弯道设有超高坡度时,由低一侧向高一侧碾压,以便形成单向超高坡度。

四、复习题精选

(一)单项选择题

1. 公路路基的强度是指路基在(　　)作用下,抵抗变形破坏的能力。

A 地表水和地下水　　B 荷载　　C 自然因素　　D 温度

2. 高速公路、一级公路以及二级公路的连续上坡路段,当通行能力、运行安全受到影响时,应设置爬坡车道,其宽度为(　　)m。

A 3.0　　B 2.0　　C 3.5　　D 4.5

3. 高速公路和一级公路右侧硬路肩宽度小于(　　)m 时,应设置紧急停车带。

A 3.00　　B 2.00　　C 3.50　　D 2.50

4. 高速公路路基设计洪水频率为(　　)。

A 1/50　　B 1/200　　C 1/25　　D 1/100

5.《公路工程技术标准》(JTG B01—2003)中计算行车速度为100km/h 的四车道高速公路的公路路基宽度一般值为(　　)。

A 24.5m　　B 26.0m　　C 27.5m　　D 28.0m

6. 对于砂性土,一般地段路基最小填土高度为:(　　)。

A 0.3 ~0.5m　　B 0.4 ~0.7m　　C 0.5 ~0.8m　　D 0.4 ~0.5m

7. 二级公路路基设计洪水频率为(　　)。

A 1/100　　B 1/25　　C 1/200　　D 1/50

8. 高速、一级公路路基零填及挖方地段,路床顶面以下 30 ~ 80cm 的路基压实度应达到(　　)。

A ≥85%　　B ≥90%　　C ≥93%　　D ≥96%

9. 路基横断面设计图所显示的挖填方工程量,一般称为(　　)。

A 断面方　　B 压实方　　C 天然密实方　　D 填方

10. 高等级公路土质路堤压实度采用(　　)。

A 轻型及重型击实试验标准　　B 重型击实试验标准

C 轻型或重型击实试验标准　　D 轻型击实试验标准

11. 高速、一级公路填方路基在路床顶面以下深度 0 ~ 80cm 及零填及挖方路床顶面以下 0 ~ 30cm的填料的最大粒径为(　　)cm。

A 5　　B 10　　C 12　　D 15

12. 公路工程路基土质填方宜在接近(　　)含水量的状态下进行碾压。

A 液限　　B 塑限　　C 最佳　　D 平均相对

13. 土方路堤采用机械压实时,分层的最大松铺厚度:高速公路、一级公路不应超过(　　)。

A 20cm　　B 25cm　　C 30cm　　D 35cm

14. 公路工程填方路堤的压实,当路基在超高段时,压实机械的运行路线为(　　)。

A 应从低的一侧向高的一侧顺次碾压

B 应从路基中心向两旁顺次碾压

C 应从高的一侧向低的一侧顺次碾压

D 没有碾压顺序要求

15. 在路幅较宽开挖面较大的重点土石方工程量集中地段,(　　)是加快施工进度的有效开挖方法。

A 混合式开挖法　B 分层纵挖法　　C 分段纵挖法　　D 通道纵挖法

16. 挖掘机又叫单斗挖土机,(　　)用于停机面以下的挖土作业

A 反铲挖掘机　　B 正铲挖掘机　　C 拉铲挖掘机　　D 抓铲挖掘机

17. 实际施工中,应注意自卸汽车的车箱容积(或载质量)与工程使用的施工机械相配套;注意施工现场的地理及气候等条件,当条件较好时可选用(　　)。

A 小型自卸汽车　　B 轻型自卸汽车

C 中、重型自卸汽车　　D 大型自卸汽车

18. 下列路基开挖注意事项中(　　)是不正确的。

A 开挖土方不得乱挖,严禁掏洞取

B 注意边坡稳定,及时设置必要的支挡工程

C 开挖应控制在一定超挖限度范围内

D 开挖中,对适用的土、砂、石等材料,在经济合理的前提下,应尽量利用

19. 在路基开炸石方中,如工程分散、石方量较小以及整修边坡、开挖边沟、炸孤石时,一般宜选用(　　)。

A 浅孔大爆破(钢钎炮)　　B 深孔爆破

C 猫洞炮　　D 药壶炮(葫芦炮)

20. 截水沟长度一般不宜超过500m,其平、纵转角处应设曲线连接,其沟底纵坡应不小于(　　)。

A 0.2%　　B 0.4%　　C 0.5%　　D 0.3%

21. 为防止基底滑动,急流槽底面每隔(　　)可设置凸榫嵌入基底土中

A 2.5 ~5.5m　　B 2.5 ~5m　　C 3 ~5m　　D 3 ~6m

22. 为避免高填方边坡被路面水冲刷,可在路肩上设置(　　)将水流拦截至边沟或适当地点排离路基。

A 明沟　　B 截水沟

C 拦水带或路肩沟　　D 边沟

23. 当地下水位高,潜水层埋藏不深时,可采用(　　)截流地下水或降低地下水位。

A 明沟或排水槽　B 暗沟　C 渗沟　D 边沟

24. 当路线经过地区地形平坦地面水或浅层地下水无法排除影响地基稳定,而下面又有透水土层时,可设置(　　)。

A 排水槽　B 暗沟　C 渗沟　D 渗井

25. 当地下水位高,路线纵面设计难于满足最小填土高度时,可在路基内设置(　　)。

A 排水槽　B 暗沟　C 隔离层　D 渗井

26. 公路路基防护与加固工程,按其作用不同可以分为(　　)。

A 坡面防护、冲刷防护和支挡构造物三大类

B 植物防护、坡面处治、护坡、护面墙四大类

C 草皮防护、砌石防护、砌预制块防护、现浇混凝土防护四大类

D 植物防护、坡面处治、护坡、护面墙、挡土墙五大

27. 下列哪项适用于岩石层理或构造面倾向路基,有顺层滑动的可能时采用(　　)。

A 嵌补　B 喷浆　C 锚固　D 勾缝

28. 石笼适用于下列(　　)条件?

A 水流方向较平顺的河岸滩地边缘,不受主流冲刷的路堤边坡

B 受洪水冲刷,但无滚石的地段和大石料缺少地区

C 水流方向较平顺,无严重局部冲刷地段,已被水浸的路堤边坡及河岸

D 水流急、冲刷严重地段及无石料地区

29. 下列(　　)属于公路路基防护与加固工程中的坡面防护。

A 抛石防护　B 石笼防护

C 植物防护、坡面处治、护坡及护面墙　D 挡土墙

30. 下列(　　)属于公路路基防护与加固工程中的支挡构造物。

A 导治构造物　B 干处挡土墙

C 护面墙　D 护坡

31. 石砌挡土墙设置沉降缝的间距一般是(　　)。

A ≤10m　B 10~15m　C 10~20m　D ≥20m

32. 软土类型根据强度、压缩性、空隙比、有机质含量等指标,可划分为(　　)。

A 淤泥、淤泥质土、软粘性土三种类型

B 软粘性土、淤泥质土、淤泥、泥炭质土及泥炭五种类型

C 软粘性土、淤泥质土、淤泥、拟炭质土四种类型

D 软土、泥沼两类

33. 根据软土地基在荷载作用下的变形特征,地基总沉降的发生可分为(　　)。

A 正常固结沉降、久固结沉降和超固结沉降三部分

B 瞬时沉降、主固结沉降和次固结沉降三部分

C 主固结沉降和次固结沉降两部分

D 正常固结沉降、主固结沉降和次固结沉降三部分

34. (　　)适用于路堤高度大于极限高度,软土层厚度大于5m时。

A 粒料桩　　B 塑料排水板　　C 砂井　　D 袋装砂井

（二）多项选择题

1. 公路路基工程应满足（　　）基本要求。
A 具有足够的水温稳定性　　B 具有足够的强度
C 具有足够的平整度　　D 具有足够的抗滑性

2. 公路路基主要由（　　）等构成。
A 路基体　　B 排水设施
C 防护设施　　D 加固工程、附属设施

3. 公路路基横断面一般由（　　）等组成。
A 路肩（土路肩、硬路肩）　　B 行车道
C 中间带、边坡　　D 护坡道、边沟

4. 公路路基设计标高一般指（　　）。
A 无中央分隔带的公路为路基边缘的高程
B 有中央分隔带的公路为中央分隔带外侧边缘的高程
C 在设置超高加宽路段为设置超高加宽前的路基边缘的高程
D 在设置超高加宽路段为设置超高加宽后的路基边缘的高程

5. 土的分类方法很多，根据《公路土工试验规程》规定，按土的粒径分为（　　）。
A 巨粒组　　B 粗粒组　　C 中粒组　　D 细粒组

6. 路基工程施工的准备工作包括（　　）。
A 组织准备　　B 物质准备　　C 技术准备　　D 资金准备

7. 下列（　　）是路基施工前的技术性准备工作。
A 土样试验　　B 场地疏干
C 临时便道和桥涵　　D 场地清理

8. 当采用不同性质的土填筑路基时，正确的填筑方式应满足（　　）要求。
A 在纵向使用不同土质填筑相邻路堤，应将交接处做成斜面并将透水性差的土填在斜面下部
B 不同土质分层填筑，透水性差的土填筑在下面时，其表面应做成一定的两面向外横坡
C 为保证水份蒸发和排除，路基不宜被透水性差的土层封闭
D 根据强度和稳定性的要求，合理安排不同土层的层位

9. 路堑开挖可根据具体情况采用（　　）。
A 明挖法　　B 横挖法　　C 纵挖法　　D 混合式开挖法

10. 影响推土机作业效率的主要因素是（　　）。
A 卸土　　B 空回　　C 切土　　D 运土

11. 属于地面排水设施的是（　　）。
A 边沟　　B 截水沟　　C 暗沟　　D 排水沟

12. 属于地面排水设施的是（　　）。
A 跌水　　B 急流槽　　C 暗沟　　D 渗沟

13. 属于地面排水设施的是(　　)。

A 蒸发池　　B 拦水带　　C 渗沟　　D 排水沟

14. 属于地下排水设施的是(　　)。

A 边沟　　B 截水沟　　C 暗沟　　D 渗沟

15. 属于地下排水设施的是(　　)。

A 边沟　　B 渗沟　　C 暗沟　　D 明沟

16. 跌水与急流槽的计价应包括(　　)等附属设施

A 边沟　　B 消力槛　　C 抗滑平台　　D 消力池

17. 渗沟按排水层的构造形式,可分为(　　)。

A 暗沟　　B 盲沟　　C 管式渗沟　　D 洞式渗沟

18. 路面排水设施的组成(　　)。

A 路面表面排水,漫流排水方式、集中排水方式

B 中央分隔带排水

C 路面结构内部排水

D 桥面铺装体系排水

19. 中央分隔带排水系统主要由(　　)组成。

A 明沟　　B 渗沟

C 渗沟内的集水管　　D 横向排水管

20. 坡面处治中,边坡过陡或植物不易生长的坡面,可视具体情况,选用(　　)等坡面处治措施。

A 勾缝、灌浆　　B 抹面、喷浆　　C 嵌补、锚固　　D 喷射混凝土

21. 下列(　　)属于公路路基防护与加固工程中的冲刷防护。

A 顺坝、丁坝构造物　　B 坡面处治

C 抛石及石笼防护　　D 浸水挡土墙

22. 高速公路、一级公路上的加筋土工程应采用(　　)作筋带。

A 钢筋混凝土带　　B 钢带

C 聚氯乙烯塑料带　　D 聚丙烯土工带

23. 软土按其成因大致可分为两大类,分别是(　　)。

A 海洋沿岸沉积　　B 海湖相沉积

C 内陆湖盆地沉积　　D 河漫滩相沉积

24. 我国各地不同成因的软土具有近于相同的共性,其主要表现为(　　)。

A 天然含水量高,孔隙比大

B 透水性差,压缩性高

C 抗剪强度低,具有触变性和流变性显著

D 天然密度大

25. 在软土地基上填筑路堤引起的沉降由两部分组成,分别是(　　)。

A 由地基固结产生　　B 由瞬时沉降产生

C 由地基侧向变形产生　　D 由工后沉降产生

26. 路基的整体稳定系数必须(　　)容许稳定安全系数,否则应进行地基处理。

A 大于　　B 小于　　C 等于　　D 不等于

27. 软土处治措施中的砂垫层往往与其他处治措施配合使用,如(　　)。

A 塑料排水板　　B 袋装砂井　　C 砂井　　D 粒料桩

28. 砂井施工可采用(　　)。

A 人工挖掘法　　B 空心管法　　C 射水法　　D 爆破法

29. 加固土桩的固化材料一般为(　　)。

A 水泥　　B 石灰　　C NCS 固化剂　　D 砂

30. 桥台台背、涵洞两侧与顶部、挡土墙墙背的填筑应注意下列(　　)要求。

A 一般应与路基填土同时进行

B 一般应选用砂性土或其他透水性材料作填料

C 施工时注意排水,必要时墙背应做排水设施

D 填土应在接近最佳含水量状态下分层压实(夯实),每层松铺厚度不宜超过 20cm

(三)判断题(正确者打✓,错误者打×)

1. 高速公路、一级公路整体式断面必须设置中间带。

2. 路基边坡坡度是指路基边坡的倾斜程度,一般用边坡的高度与水平距离的比值来表示。

3. 压实质量以压实度 K 表示,即工地最大干密度与干密度之比。

4. 天然密实的 $1m^3$ 土体开挖运来填筑路堤,等于 $1m^3$ 的压实方。

5. 基底处理中,属于场地清理内容的划入准备工作项下计价,属于工程措施的划入排水设施或软基处治项下计价。

6. 填筑路堤完成后是否清除加宽填筑部分,应结合路基稳定及环境美化等多种因素综合考虑。

7. 桥台背后填土应与锥坡填土同时进行。

8. 填方地段路面宽度内的填筑标高只计算至路床面,即设计填方断面内应扣除包括垫层在内的路面总厚度。

9. 破碎法的工作效率高,宜作为开挖岩石的主要方法。

10.《公路工程国内招标文件范本》规定了挖方应挖至路床顶面,并对路床的压实检验,要求应翻松、碾压达到规定的压实度。但路床若发生超挖,承包人应自费回填并压实。

11. 路基整修(或整型)工作的费用应推入路基土石方作业的相关填挖方工程单价内,不单独计量与支付。

12. 蒸发池水位应不低于排水沟的沟底,蓄水深度不大于 1.5 ~ 2.0m,蓄水容量一般不超过 200 ~ $300m^3$。

13. 渗沟应设在冻结深度以下,并尽可能设于不透水土层上。

14. 渗沟施工宜由下游向上游施工,不能随挖、随撑、随填。

15. 坡面防护包括植物防护和工程防护。

16. 护面墙基础应置于可靠地基上,对于别软弱段落,不能采用拱型结构跨过。

17. 抛石厚度不应小于石块尺寸之三倍。

18. 加筋土挡土墙是一种复合结构,组合因素较多,计价宜分部分项按公路工程定额划分的细目计价。

19. 锚杆挡土墙墙后填土或填料,不应作为锚杆挡土墙的相关项目计入,应在路基土石方作业中计价。

20. 扶壁式与悬臂式的主要区别在于墙后间隔一定距离增设了扶壁。

21. 新开河道的设计流量应按路基设计洪水频率计算。新开河道的断面一般不应压缩。

22. 路堤实际填筑高度等于设计高度与预压期沉降量之和。

23. 路基设计标高指中央分隔带外侧边缘的高度。

24. 压实机具的单位压力不应超过土的强度极限。

25. 填土路基的填土最好采用黏性土。

26. 公路路基断面土、石方计算中,除扣除桥梁、隧道等构造物段的工程量外,还应扣除路面结构层的等量工程量。

27. 公路路基横断面设计图所显示的挖填方工程量中,填方为压实方、挖方为天然密实方。当土、石方调配中有部分土方利用作填方,其工程量为天然密实方时,则填方中的借方数量,即等于填方数量减去上述利用方数量。

28. 在软土地基上填筑路堤引起的沉降是由地基固结产生的。

29. 在软土地基上填筑路堤时,应尽可能在其下面设置透水性垫层。

30. 寒冷地区的各类浆砌圬工工程,采用的砂浆强度除特指外应较一般地区规定提高一个等级。

五、复习题答案与讲评

(一)单项选择题

1. B　路基强度是指在行车荷载作用下路基抵抗变形的能力。

2. C　高速公路、一级公路以及二级公路的连续上坡路段,当通行能力、运行安全受到影响时,应设置爬坡车道,其宽度为3.5m。

3. D　高速公路和一级公路右侧硬路肩宽度小于2.50m时,应设置紧急停车带。

4. D　5. B

6. A　一般地段路基最小填土高度为:砂性土0.3~0.5m,黏性土0.4~0.7m,粉性土0.5~0.8m。

7. D　8. D

9. A　路基横断面设计图所显示的挖填方工程量,一般称为"断面方"。断面方中包含填方与挖方,填方系按压实后的体积计算,称"压实方";挖方是按天然密实体积计算,称"天然密实方"。

10. B

11. B　高速公路、一级公路路基填料最大粒径,填方路基在路面底面以下0~80cm填料最大粒径为10cm;80cm以上最大粒径为15cm;零填及路堑路床在路面底面以下深度0~30cm,填料最大粒径为10cm。

12. C　路基填土的压实应在接近最佳含水量的状态下进行。天然土通常接近最佳含水量,分层填铺后应及时进行碾压。

13. C　土方路堤采用机械压实时,分层的最大松铺厚度:高速公路、一级公路不应超过30cm。

14. A　压实机具的运行线路一般直线段应从路缘向路中心,再从中心向两旁顺次碾压,以使形成路拱。弯道设有超高坡度时,由低一侧向高一侧碾压,以便形成单向超高坡度。

15. D　在路幅较宽开挖面较大的重点土石方工程量集中地段,通道纵挖法是加快施工进度的有效开挖方法。

16. A　反铲挖掘机用于停机面以下的挖土作业。

17. C　实际施工中,应注意自卸汽车的车箱容积(或载质量)与工程使用的施工机械相配套;注意施工现场的地理及气候等条件,当条件较好时可选用中、重型自卸汽车。

18. C

19. A　浅孔爆破(钢钎炮)是在工程分散、石方量小,以及整修边坡、开挖边沟、炸孤石时非常适用。

20. D　截水沟长度一般不宜超过500m,其平、纵转角处应设曲线连接,其沟底纵坡应不小于0.3%。

21. B　为防止基底滑动,急流槽底面每隔2.5~5m可设置凸榫嵌入基底土中。

22. C　为避免高填方边坡被路面水冲刷,可在路肩上设置拦水带或路肩沟将水流拦截至边沟或适当地点排离路基。

23. A　当地下水位高,潜水层埋藏不深时,可采用明沟或排水槽,截流地下水或降低地下水位,明沟或排水槽必须深入到潜水层。

24. D　当路线经过地区地形平坦地面水或浅层地下水无法排除影响地基稳定,而下面又有透水土层时,可设置象竖井或吸水井一样的渗井。

25. C　当地下水位高,路线纵面设计难于满足最小填土高度时,可在路基内设置隔离层。

26. A

27. C　锚固适用于岩石层理或构造面倾向路基,有顺层滑动的可能时采用。

28. B　29. C　30. B　31. B

32. B　以孔隙比及有机质含量为主,结合其他指标,可将软土划分为软粘性土、淤泥质土、淤泥、泥炭质土及泥炭五种类型。

33. B　根据软土地基在荷载作用下的变形特征,地基总沉降的发生可分为瞬时沉降、主固结沉降和次固结沉降三部分。

34. C　砂井适用于路堤高度大于极限高度,软土层厚度大于5m时。

(二)多项选择题

1. AB　除要求路基断面尺寸符合设计外,路基应满足下列基本要求:具有足够的水温稳定性;具有足够的强度;具有足够的整体稳定性。

2. ABCD　公路路基主要由路基体、排水设施、防护设施、加固工程、附属设施(取土场、弃土堆、护坡道、碎落台)等构成。

3. ABCD　公路路基横断面一般由行车道、路肩(土路肩、硬路肩)、中间带、边坡、护坡道、边沟等组成。

4. ABC　路基设计标高，无中央分隔带的公路，应为路基边缘高度；有中央分隔带的公路，应为中央分隔带外侧边缘的高度；在设置超高加宽路段，则为设置超高加宽前的路基边缘高度。

5. ABD　土的分类方法很多，根据《公路土工试验规程》规定，按土的粒径分为巨粒组、粗粒组和细粒组。

6. ABC　路基工程施工的准备工作包括组织准备、物质准备和技术准备三个方面。

7. ABCD　　8. ABCD

9. BCD　路堑开挖可根据具体情况采用横挖、纵挖法或混合式开挖法。

10. CD　影响作业效率的主要因素是切土和运土两个环节。

11. ABD　排除地面水一般可采用边沟、截水沟、排水沟、跌水、急流槽及拦水带等设施；排除地下水一般可采用明沟、暗沟、渗沟等设施。

12. AB　　13. ABD　　14. CD　　15. BCD

16. BCD　跌水与急流槽的计价应包括消力池、消力槛、抗滑平台等附属设施。

17. BCD　渗沟按排水层的构造形式，可分为盲沟、管式渗沟及洞式渗沟三类。

18. ABCD　路面排水设施的组成：路面表面排水：漫流排水方式、集中排水方式；桥面铺装体系排水；路面结构内部排水；中央分隔带排水。

19. BCD　中央分隔带排水系统主要由渗沟、渗沟内的集水管和每隔一定间距设置的横向排水管组成。

20. ABCD　边坡过陡或植物不易生长的坡面，可视具体情况，选用勾缝、灌浆、抹面、喷浆、嵌补、锚固、喷射混凝土等坡面处治措施。

21. ACD　　22. AB

23. AC　软土按其成因大致可分为海洋沿岸沉积和内陆湖盆地沉积两大类。

24. ABC　我国各地不同成因的软土都具有近于相同的共性，主要表现为：天然含水量高、孔隙比大；透水性差；压缩性高；抗剪强度低；流变性显著；具有触变性。

25. AC　在软土地基上填筑路堤引起的沉降，一部分由地基固结产生，另一部分可能由于地基侧向变形而产生。

26. AC　路基的整体稳定性必须等于或大于容许稳定安全系数，而沉降量则要求在路面设计使用年限内的工后沉降必须小于容许工后沉降，否则应进行地基处理。

27. ABC　砂垫层往往还与其他处治措施配合使用，如与塑料排水板、袋装砂井、砂井等加固措施配合设置。

28. BCD　砂井施工可采用空心管法、射水法以及爆破法。

29. ABC　　30. BCD

（三）判断题

1. ✓　　2. ✓

3. ×　压实质量以压实度 K 表示，即工地干密度 r 与最大干密度 r_0 之比。

4. ×实践表明，天然密实的 $1m^3$ 土体开挖运来填筑路堤，并不等于 $1m^3$ 的压实方。

5. ✓　　6. ✓　　7. ✓　　8. ✓

9. ×　破碎法的工作效率不高，不宜作为开挖岩石的主要方法，仅用于不能使用爆破法或松土法施工的局部场合。

10. ✓　　11. ✓

12. ×　蒸发池水位应低于排水沟的沟底，蓄水深度不大于1.5～2.0m，蓄水容量一般不超过200～300m^3。

13. ✓

14. ×　渗沟施工宜由下游向上游施工，并应随挖、随撑、随填。

15. ✓

16. ×　护面墙基础应置于可靠地基上，对个别软弱段落，可用拱型结构跨过。

17. ×　抛石厚度不应小于石块尺寸之两倍。

18. ✓　9. ✓　20. ✓　21. ✓　22. ✓　23. ×　24. ✓　25. ×

26. ×　27. ×　28. ✓　29. ✓　30. ×

第三章　路 面 工 程

一、考试大纲要求

了解路面等级的类型，熟悉路面工程材料干密度、混合料压实干密度，掌握路面工程用混合料的材料用量计算，沥青路面油石比。

二、知识点提要

1. 概述(表3-3-1)

表3-3-1

类别	主要内容
公路路面的基本要求	要求路面具有足够的强度与稳定性，而且应满足平整、抗滑、耐久等使用要求，同时减少环境污染
路面设计	路面设计应包括路面结构层原材料的选择、混凝土配合比设计、设计参数的测试与确定，路面结构层组合与厚度计算，路面结构的方案比选等内容，以及路面排水系统设计和路肩加固等的设计；路面结构层设计除包括行车道部分的路面外，对高速公路、一级公路还应包括路缘带、硬路肩、加(减)速车道、爬坡车道、紧急停车带、匝道、收费站、服务区、停车场等的路面设计
路面类型	路面类型分为铺装路面、简易铺装路面和砂石路面，铺装路面为沥青混凝土路面和水泥混凝土路面，表面处治、沥青碎石、贯入式路面等称为简易铺装路面，按材料分类，路面可分为沥青混凝土，水泥混凝土等，按路面力学特性，可分为柔性、刚性及半刚性路面
路面结构组成	路面结构一般由面层、基层、底基层与垫层组成。面层是直接承受车轮荷载反复作用和自然因素影响的结构层，可由一至三层组成；基层是设置在面层之下，并与面层一起将车轮荷载的反复作用传布到底基层、垫层、土基，起主要承重作用的层次。垫层是设置在底基层与土基之间的结构层，起排水、隔水、防冻、防污等作用

2. 垫层、基层及底基层(表3-3-2)

表3-3-2

<table>
<tr><th colspan="2">类别</th><th colspan="2">主要内容</th></tr>
<tr><td rowspan="3">垫层</td><td>垫层的设置原则</td><td colspan="2">为确保路面结构处于干燥或中湿状态,下列状况的路基应设置垫层:(1)地下水位高,排水不良,路基经常处于潮湿、过湿状态的路段;(2)排水不良的土质路堑,有裂隙水、泉眼等水文不良的岩石挖方路段;(3)季节性冰冻地区的中湿、潮湿路段,可能产生冻胀需设置防冻垫层的路段;(4)基层或底基层可能受污染以及路基软弱的路段</td></tr>
<tr><td>垫层材料</td><td colspan="2">垫层材料可选用粗砂、砂砾、碎石、煤渣、矿渣等粒料以及水泥或石灰煤渣稳定粗粒土,石灰粉煤灰稳定粗粒土等为防止软弱路基污染粒料底基层、基层,或为隔断地下水的影响,可在路基顶面设土工合成材料隔离层</td></tr>
<tr><td>垫层设置宽度</td><td colspan="2">高速公路、一、二级公路的排水垫层应铺至路基同宽,以利路面结构排水,保持路基稳定。三、四级公路的垫层宽度可比底基层每侧至少宽25cm</td></tr>
<tr><td rowspan="7">无机结合料稳定类基层(底基层)</td><td rowspan="7">无机结合料稳定类包括:水泥稳定类、石灰稳定类和工业废渣稳定类。</td><td rowspan="3">对原材料的要求</td><td>无机结合料:目前最常用的有水泥、石灰、粉煤灰及工业废渣</td></tr>
<tr><td>集料:适宜做水泥或石灰稳定土基层的材料有级配碎石、未筛分碎石、砂砾、碎石土、砂砾土、煤矸石和各种粒状矿渣等</td></tr>
<tr><td>水:凡人或牲畜饮用的水源,均可使用</td></tr>
<tr><td>混合料配合比设计</td><td>混合料组成设计所要达到的目标是:所设计的混合料组成在强度上满足设计要求,抗裂性达到最优且便于施工;设计的基本原则是结合料剂量合理,尽可能采用综合稳定以及集料应有一定级配</td></tr>
<tr><td>路拌法施工</td><td>半刚性基层或底基层路拌法施工的主要工序为:准备下承层→施工测量→备料→摊铺→拌和→整平与碾压成型→初期养护</td></tr>
<tr><td>厂拌法施工</td><td>厂拌法施工前,应先调试拌和设备;拌和生产中,含水量应略大于最佳含水量;运输过程中,如运距较远,车上混合料应覆盖以防水分损失过多;如有粗细颗粒离析现象,应再充分拌和;摊铺后的整型、碾压、养生与路拌法施工相同</td></tr>
<tr><td>造价分析</td><td>公路工程定额编列了水泥稳定土、石灰稳定土、石灰粉煤灰稳定土、石灰煤渣稳定土、水泥石灰稳定土,稳定土厂拌、运输及铺筑、稳定土厂拌设备安装、拆除等定额,基本适应当前无机结合料稳定类基层、底基层工程造价分析计算</td></tr>
<tr><td rowspan="2">粒料类基层(底基层)</td><td rowspan="2">粒料类基层按强度构成原理可分为嵌锁型与级配型。</td><td>嵌锁型</td><td>嵌锁型包括泥结碎石、泥灰结碎石、填隙碎石等</td></tr>
<tr><td>级配型</td><td>级配型包括级配碎石、级配砾石、符合级配的天然砂砾、部分砾石经轧制掺配而成的级配砾、碎石等</td></tr>
<tr><td>基层的要求</td><td colspan="3">基层、底基层应具有足够的强度和稳定性,在冰冻地区还应具有一定抗冻性。高级路面下的半刚性基层应具有较小的收缩(温缩及干缩)变形和较强的抗冲刷能力</td></tr>
</table>

3. 沥青路面

表 3-3-3

类别	主　要　内　容	
沥青路面	要求及优点	沥青路面应具有坚实、平整、抗滑、耐久的品质,同时,还应具有高温抗车辙、低温抗开裂、抗水损害以及防止雨水渗入基层的功能,沥青路面具有行车舒适、噪声低、施工期短、养护维修简便等优点
	分类	沥青路面按照材料组成及施工工艺可分为:沥青混凝土、热拌沥青碎石、乳化沥青碎石混合料、沥青贯入式、沥青表面处治等
	造价分析	公路工程定额编列了沥青表面处治路面、沥青贯入式路面、沥青上拌下贯式路面、沥青混合料路面等类型及沥青混合料拌和设备安装、拆除定额,基本适应当前各类沥青路面的工程造价分析

4. 水泥混凝土路面(表 3-3-4)

表 3-3-4

类别	主　要　内　容	
水泥混凝土路面	特点与分类	水泥混凝土路面刚度大、强度高、经久耐用,水泥混凝土路面可分为普通混凝土、钢筋混凝土、碾压混凝土、钢纤维混凝土及连续配筋混凝土等
	水泥混凝土路面设计	包括结构组合设计、板的平面尺寸和接缝构造设计、板厚的确定和配筋、水泥混凝土混合料组成设计等
	材料技术要求	混凝土混合料及接缝材料应符合符合规范的规定
	配合比设计	混凝土的配合比应根据设计弯拉强度、耐久性、耐磨性、和易性等要求和经济合理的原则,选用原材料,通过计算、试验和必要的调整,确定混凝土单位体积中各种组成材料的用量
	施工前的准备工作	材料准备及其性能检验;混凝土配合比的检验与调整;基层检验与整修;安装模板及布设钢筋
	施工技术	混凝土拌制及运送→混凝土铺摊及捣实→表面修整与拆模→接缝施工→养生与填缝
	造价分析	公路工程定额所编列的水泥混凝土路面定额,虽区分了分散拌和与集中拌和两种类型,但其摊铺、成型方式系按常规方式施工,尚未考虑高等级公路所要求的全机械化作业方式,需要补充定额

三、重点难点分析与例题解析

(一) 了解内容

重点一　了解路面的基本知识

【例题 1】 公路路面的基本要求是:(　　)。

A 具有足够的强度与稳定性　　B 具有足够的平整度

C 具有足够的抗滑性　　　　　　D 具有尽可能低的扬尘性

答　　案：ABCD

解题思路：对路面的基本要求：具有足够的强度；具有足够的稳定性；具有足够的平整度；具有足够的抗滑性；具有尽可能低的扬尘性。

【例题 2】 按力学性能，道路路面可分为(　　)。

A 弹性路面　　B 柔性路面　　C 半刚性路面　　D 刚性路面

答　　案：BCD

解题思路：路面类型按路面力学特性，可分为柔性、刚性及半刚性路面。

重点二　了解路面的构造

【例题 1】 目前，可供高速公路、一级公路选择的沥青路面面层是(　　)。

A 沥青混凝土　　B 沥青碎石　　C 沥青贯入式　　D 沥青表处

答　　案：A

解题思路：沥青混凝土适用于做各级公路的沥青路面面层，对高速公路、一级公路的表面层、中面层、下面层应采用沥青混凝土；沥青贯入式碎石（含上拌下贯式）适用于做二级及二级以下公路的沥青面层；沥青表面处治适用于三级、四级公路的面层、旧沥青面层上加铺罩面或抗滑层、磨耗层等。

【例题 2】 粒料类基层包括(　　)。

A 综合稳定类　　B 级配碎石　　C 泥灰结碎石　　D 填隙碎石

答　　案：BCD

解题思路：粒料类基层按强度构成原理可分为嵌锁型与级配型。嵌锁型包括泥结碎石、泥灰结碎石、填隙碎石等；级配型包括级配碎石、级配砾石、符合级配的天然砂砾、部分砾石经轧制掺配而成的级配砾、碎石等。

（二）熟悉内容

重点一　路面施工基本要求

【例题 1】 粗粒式沥青混凝土、热拌沥青碎石的施工最小厚度为(　　)。

A 2.5cm　　B 4.0cm　　C 5.0cm　　D 6.0cm

答　　案：C

解题思路：粗、中、细粒式沥青混凝土、热拌沥青碎石的施工最小厚度分别为：5.0cm、4.0cm、2.5cm、5.0cm。

【例题 2】 水泥混凝土路面在邻近桥梁或其他构造物处、隧道口，应设置(　　)。

A 假缝　　B 胀缝　　C 施工缝　　D 缩缝

答　　案：B

解题思路：在邻近桥梁或其它固定构筑物处、与柔性路面相接处、板厚改变处、隧道口、小半径平曲线和凹形竖曲线纵坡变换处，均应设置胀缝。在邻近构造物处的胀缝，应根据施工温度至少设置 2 条。除此之外的胀缝宜尽量不设或少设。其间距可根据施工温度、混凝土集料的膨胀性并结合当地经验确定。

(三) 掌握内容

重点一 压实度

【例题1】 沥青混凝土、沥青碎石的压实度,当以试验段的密度为标准密度时,应达到( )的压实度。

A 98% B 95% C 94% D 93%

答 案: A

解题思路: 见第三章相关内容

【例题2】 沥青混合料路面压实应按( )进行。

A 初压、复压两个阶段 B 初压、终压两个阶段

C 初压、复压、终压三个阶段 D 一次碾压成型

答 案: C

解题思路: 压实应按初压、复压、终压(包括成型)三个阶段进行。

重点二 路面构造计算

【例题3】 普通水泥混凝土路面板厚的确定采用( )不大于混凝土设计弯拉强度的103%和不低于混凝土设计弯拉强度的95%。

A 荷载疲劳应力 B 温度疲劳应力

C A与B之和 D A与B之差

答 案: B

解题思路: 按面路所承受的交通等级,根据规范中的有关公式及图表求得荷载疲劳应力和温度疲劳应力,当两者之和不大于混凝土设计弯拉强度的103%和不低于混凝土设计弯拉强度的95%时,则初估板可作为设计板厚。

四、复习题精选

(一)单项选择题

1. 为使路面结构具备必需的抗疲劳、抗老化和形变积累能力,必须满足( )的要求。

A 强度和刚度 B 开裂 C 稳定性 D 表面平整度

2. 道路设计中路面的刚度是指路面抵抗( )的能力

A 外力 B 开裂 C 老化 D 变形

3. 设置在面层之下,并与面层一起将车轮荷载的反复作用传布到底基层、垫层、土基,起主要承重作用的路面结构层为( )。

A 面层 B 基层 C 底基层 D 垫层

4. 在沥青路面结构层中起排水、隔水、防冻、防污作用的是( )。

A 面层 B 底基层 C 基层 D 垫层

5. 目前,我国沥青面层的路面分为( )种类型。

A 三　　B 四　　C 五　　D 六

6. 高速公路、一级公路应采用(　　)基层，以增强基层的强度和稳定性，减少低温收缩裂缝。

A 柔性　　B 刚性

C 弹性　　D 水泥或石灰、粉煤灰稳定粒料类半刚性

7. 层铺法表面处治施工分先油后料与先料后油两种方法。一般多采用(　　)法施工。当堆放集料地点受限制或临近低温施工时，采用(　　)法施工。

A 先料后油，先油后料　　B 先料后油，先料后油

C 先油后料，先油后料　　D 先油后料，先料后油

8. (　　)是沥青混凝土强度构成的重要因素。

A 级料强度　　B 粘结力

C 骨架的嵌挤作用　　D 骨架的摩阻力

9. 高速公路、一级公路应采用(　　)作基层。

A 水泥或石灰、粉煤灰稳定粒料类　　B 沥青碎石

C 水泥或石灰、粉煤灰稳定各种集料类　　D 级配碎石

10. 石灰稳定类材料用于沥青混合料路面的基层时，应在基层上做(　　)。

A 上封层　　B 粘层沥青　　C 下封层　　D 防水层

11. 级配碎石路面属于(　　)。

A 刚性路面　　B 柔性路面　　C 半刚性路面　　D 嵌挤类路面

12. 当沥青面层由双层或三层组成，且不能连续施工而沥青层表面被污染，或在旧沥青面层及水泥混凝土面层上加铺沥青层时，均应在层间设置(　　)。

A 透层沥青　　B 下封层沥青　　C 上封层沥青　　D 粘层沥青

13. 在沥青面层与半刚性基层或粒料基层之间应设置(　　)。

A 透层沥青　　B 粘层沥青　　C 上封层沥青　　D 下封层沥青

14. 高速公路、一级公路表面层，除旧沥青面层上加铺抗滑层外，其厚度一般不宜小于(　　)。

A 3.0cm　　B 4.0cm　　C 4.5cm　　D 5.0cm

15. 沥青混凝土、沥青碎石的压实度，当以试验段的密度为标准密度时，应达到(　　)的压实度。

A 98%　　B 95%　　C 94%　　D 93%

16. 沥青混凝土、沥青碎石的压实度，当以马歇尔试验密度为标准密度时，高速、一级公路应达到(　　)的压实度。

A 98%　　B 95%　　C 94%　　D 93%

17. 沥青混凝土、沥青碎石的压实度，当以马歇尔试验密度为标准密度时，高速、一级公路以外等级公路应达到(　　)的压实度。

A 98%　　B 95%　　C 94%　　D 93%

18. 水泥混凝土路面板厚设计的最小厚度为(　　)。

A 18cm　　B 20cm　　C 22cm　　D 24cm

19. 沥青路面以(　　)的强度和耐久性最好。

A 沥青混凝土路面　　B 沥青表面处治路面

C 沥青碎石路面　　D 渣油路面

20. 水泥混凝土路面在与柔性路面相接处、板厚改变处,应设置(　　)。

A 假缝　　B 缩缝　　C 施工缝　　D 胀缝

21. 水泥混凝土路面的横向缩缝采用(　　)。

A 假缝　　B 平缝　　C 施工缝　　D 工作缝

22. 路面厚度设计以(　　)作为路面整体强度的控制指标。

A 容许弯拉应力　　B 容许剪应力　　C 容许弯沉值　　D 容许抗压强度

23. 二级公路采用的路面等级是(　　)。

A 高级路面　　B 中级路面

C 高级或次高级路面　　D 次高级或中级路面

24. 每吨石灰消解需用水量一般为(　　)。

A ≤500kg　　B 500 ~ 800kg　　C 800 ~ 1 000kg　　D ≥1 000kg

25. 中粒式沥青混凝土、热拌沥青碎石的施工最小厚度为(　　)。

A 2.5cm　　B 4.0cm　　C 5.0cm　　D 6.0cm

26. 普通混凝土面板一般采用矩形,其板宽可按路面宽度和每个车道宽度而定,其最大间距不得大于(　　)。

A 3.5m　　B 4.0m　　C 5.0m　　D 4.5m

27. 混凝土摊铺到(　　)时应予刮平,用2.2kW平板振捣器振捣一遍后再加铺至路面顶面,整平后换用1.2 ~ 1.5kW平板振捣器再振捣一遍。

A 一半厚度　　B 1/3 厚度　　C 1/4 厚度　　D 2/3 厚度

(二)多项选择题

1. (　　)属于铺装路面。

A 沥青混凝土路面　　B 沥青碎石路面

C 水泥混凝土路面　　D 表面处治路面

2. (　　)等称为简易铺装路面。

A 表面处治路面　　B 沥青碎石路面

C 水泥混凝土路面　　D 贯入式路面

3. 按路面力学特性,道路路面可分为(　　)。

A 弹性路面　　B 柔性路面　　C 半刚性路面　　D 刚性路面

4. 路面稳定性通常分为(　　)。

A 水稳定性　　B 干稳定性　　C 温度稳定性　　D 耐久性

5. 提高路面的平整度和抗滑能力有利于(　　)

A 提高稳定性　　B 行车安全　　C 提高车速　　D 降低油耗

6. 对水泥混凝土路面路面的基本要求是(　　)。

A 具有足够的强度　　B 具有足够的平整度

C 具有足够的稳定性　　D 具有足够的抗滑性

7. 对路面基层的性能要求是(　　)。
   A 有足够的强度和刚度　　B 有足够的水稳定性
   C 有足够的耐磨性　　D 有良好的抗滑性
8. 路面结构一般由(　　)组成。
   A 面层　　B 基层　　C 底基层　　D 垫层
9. 下列(　　)状况下的路基应设置垫层。
   A 地下水位高,排水不良,路基经常处于潮湿、过湿状态的路段
   B 排水不良的土质路堑,有裂隙水、泉眼等水文不良的岩石挖方路段
   C 季节性冰冻地区的中湿、潮湿路段,可能产生冻胀需设置防冻垫层的路段
   D 基层或底基层可能受污染以及路基软弱的路段
10. 无机结合料稳定类包括(　　)。
   A 水泥稳定类　　B 工业废渣稳定类
   C 石灰稳定类　　D 泥灰结碎石
11. 目前,可供高速公路、一级公路选择的路面面层是(　　)。
   A 沥青混凝土　　B 沥青碎石　　C 沥青贯入式　　D 水泥混凝土
12. 无机结合料稳定类基层所用的无机结合材料,目前常用的是(　　)。
   A 水泥　　B 石灰　　C 粉煤灰　　D 工业废渣
13. 粒料类基层按强度构成原理可分为(　　)。
   A 综合稳定类　　B 嵌锁型　　C 级配型　　D 填隙碎石类
14. 半刚性基层材料的显著特点是(　　)。
   A 整体性弱、承载力低　　B 较为经济
   C 刚度小　　D 水稳性好
15. 沥青路面具有(　　)等优点。
   A 行车舒适　　B 施工期短　　C 噪音低　　D 养护维修简便
16. 沥青路面应具有坚实、平整、抗滑、耐久的品质,同时,还应具有(　　)的功能。
   A 高温抗车辙　　B 抗水损害　　C 低温抗开裂　　D 防止雨水渗入基层
17. 沥青面层所用的沥青标号,应根据(　　)等选用。
   A 气候条件　　B 施工方法
   C 路面结构类型　　D 施工季节
18. 用于沥青面层的粗集料不仅应洁净、干燥、无风化、无杂质,而且应具有(　　)。
   A 足够的强度　　B 足够的耐磨性
   C 良好的级配　　D 良好的颗粒形状
19. 沥青混合料的强度由(　　)部分组成。
   A 粗骨料的材料强度　　B 沥青矿料之间的黏结力
   C 矿料之间的嵌挤力　　D 矿料之间的内磨阻
20. 沥青贯入式路面具有(　　)等优点。
   A 强度较高　　B 稳定性好
   C 施工简便　　D 不易产生裂缝

21. 高速公路、一级公路的沥青路面,应选用(　　)。

A 重交通道路石油沥青　　B 改性沥青

C 乳化沥青　　D 煤沥青

22. 下列(　　)属于路面工程中的附属工程。

A 挖路槽

B 稳定土厂拌设备安、拆及场地的修建

C 沥青路面镶边

D 沥青混合料拌和设备安、拆及场地的修建

23. 属于简易铺装路面的有(　　)。

A 沥青贯入式路面　　B 沥青碎石路面

C 沥青表面处治路面　　D 级配碎石路面

24. 下列路面面层类型中,(　　)是简易铺装路面。

A 沥青混凝土路面　　B 沥青贯入式路面

C 水泥混凝土路面　　D 沥青表面处治路面

25. 水泥混凝土路面施工常分为(　　)三种方法

A 小型机具施工　　B 中型机具施工

C 轨道式摊铺机施工　　D 滑模式摊铺机施工

26. 混凝土振实后还应进行(　　)制作等工序

A 洒水　　B 整平　　C 精光　　D 纹理制作

27. 混凝土的配合比应根据设(　　)等要求和经济合理的原则,选用原材料,通过计算、试验和必要的调整,确定混凝土单位体积中各种组成材料的用量。

A 设计弯拉强度　　B 耐久性　　C 耐磨性　　D 和易性

(三)判断题(正确者打✓,错误者打×)

1. 目前我国的公路路面,绝大多数均属柔性路面,如沥青混凝土路面。

2. 半刚性基层材料使用前期的力学特性呈刚性,而后期趋近于柔性。

3. 水泥或石灰、粉煤灰稳定细粒土可以用于高级路面的基层。

4. 沥青面层不得在雨天施工,当施工中遇雨时,应停止施工。

5. 高速公路、一、二级公路的排水垫层应铺至路基同宽,以利路面结构排水,保持路基稳定。三、四级公路的垫层宽度可比底基层每侧至少宽25cm。

6. 用于无机结合料的水泥宜选用终凝时间较长(宜在6小时以上)的水泥。

7. 热拌热铺沥青混合料路面应采用机械化连续施工。

8. 沥青贯入式路面属于高级路面。

9. 高速公路、一级公路沥青面层的上面层、中面层和下面层应采用沥青混合料铺筑。

10. 公路工程沥青混凝土路面的压实分初压和终压两个阶段。

11. 沥青路面的无机结合料稳定土或粒料的半刚性基层上必须浇洒透层沥青。

12. 水泥混凝土路面的纵向缩缝和纵向施工缝均应设置拉杆。

13.《公路工程国内招标文件范本》明确规定:水泥稳定土底基层、基层都不得采用人工拌和法施工。

14. 若沥青贯入式碎石设在沥青混凝土层与半刚性基层、粒料基层之间时，沥青贯入式碎石要撒封层料，并做上封层。

15. 沥青路面可以采用机械化或人工施工。

16. 水泥混凝土路面的横向缩缝、胀缝和横向施工缝均应设置传力杆。

17. 高速公路、一级公路应采用水泥或石灰、粉煤灰稳定粒料类半刚性基层，以增强基层的强度和稳定性，减少低温收缩裂缝。当采用半刚性基层有困难时，可选用热拌或冷拌沥青碎石混合料或沥青贯入式碎石做柔性基层。

18. 厂拌法施工的拌和生产中，含水量应略大于最佳含水量，使混合料运到现场摊铺碾压时的含水量不小于最佳含水量。

19. 沥青面层各层可采用相同标号的沥青，也可采用不同标号的沥青。面层的上层宜用较稀的沥青，中下层宜采用较稠的沥青。

20. 煤沥青不宜用于沥青面层，一般仅作为透层沥青使用。

21. 用于高速公路、一级公路沥青路面表面层及各级公路抗滑表层的粗集料应符合规范中关于石料磨光值的要求，允许掺加粗集料比例总量不超过40%的普通集料作为中等或较小粒径的粗集料。

22. 天然砂及用花岗岩、石英岩等酸性石料破碎的机制砂或石屑，不宜用于高速公路及一般公路的面层。必须使用时，应采取抗剥离措施。

23. 按密实级配原则构成的沥青混合料的结构强度，是以矿料的嵌挤力和内磨阻力为主，沥青与矿料之间的粘结力为辅而构成的。

24. 计算路面厚度时，沥青表面处治不作为单独受力结构层。

25. 沥青贯入式面层之下应做下封层。

26. 不得在潮湿的基层（或旧路）或集料上浇洒沥青。

27. 提高路基的强度和稳定性，可适当减薄路面结构层厚度，从而达到降低造价的目的。

28. 高速公路、一级公路的底基层、基层可采用稳定土拌和机进行路拌法施工或集中厂拌法拌制混合料，并应用摊铺机摊铺基层混合料。

29. 目前，我国高等级公路的半刚性基层施工，多采用集中拌和（厂拌）及机械摊铺。

30. 石灰稳定类材料用于沥青路面的基层时，除层铺法表面处治外，应在基层上做下封层。

31. 石灰稳定土适用于各级公路路面的基层和底基层。

32. 水泥混凝土路面中的拉杆和传力杆均采用光面钢筋。

33. 基层在路面结构层中是起次要承重作用的层次。

34. 中、低级路面面层之上应设置磨耗层和松散保护层。

五、复习题答案与讲评

（一）单项选择题

1. C　2. D　3. B　4. D　5. C　6. D　7. D　8. B　9. A　10. C
11. B　12. D　13. A　14. B　15. A　16. B　17. C　18. A　19. A　20. D

21. A　22. C　23. C　24. B　25. B　26. D　27. A

（二）多项选择题

1. AC	2. ABD	3. BCD	4. ABCD	5. BCD
6. ABCD	7. AB	8. ABCD	9. ABCD	10. ABC
11. AD	12. ABCD	13. BC	14. BD	15. ABCD
16. ABCD	17. ABCD	18. ABD	19. BCD	20. ABCD
21. AB	22. BD	23. ABC	24. BD	25. ACD
26. BCD	27. ABCD			

（三）判断题

1. ✓

2. ×　半刚性基层材料使用前期的力学特性呈柔性，而后期趋近于刚性.

3. ×　水泥或石灰、粉煤灰稳定细粒土不能用做高级路面的基层。

4. ✓　5. ✓　6. ✓　7. ✓

8. ×　沥青贯入式路面不是高级路面。

9. ×　高速公路、一级公路应采用水泥或石灰、粉煤灰稳定粒料类半刚性基层，以增强基层的强度和稳定性，减少低温收缩裂缝。当采用半刚性基层有困难时，可选用热拌或冷拌沥青碎石混合料或沥青贯入式碎石做柔性基层。

10. ×　公路工程沥青混凝土路面的压实分初压复压和终压三个阶段。

11. ✓　12. ✓　13. ✓

14. ×　若沥青贯入式碎石设在沥青混凝土层与半刚性基层、粒料基层之间时，沥青贯入式碎石不用撒封层料，也不用做上封层。

15. ×　沥青混合料必须在拌和厂（场、站）采用拌和机械拌制

16. ×　纵向缩缝采用假缝，并应设置拉杆。在特重交通的公路上，横向缩缝宜加设传力杆；其它各级交通的公路上，在邻近胀缝或路面自由端部的3条缩缝内，均宜加设传力杆。缩缝处的施工缝应采用平缝加传力杆型。胀缝不加拉杆。

17. ✓　18. ✓

19. ×　沥青面层各层可采用相同标号的沥青，也可采用不同标号的沥青。面层的上层宜用较稠的沥青，中下层宜采用较稀的沥青。

20. ✓　21. ✓　22. ✓

23. ×　按密实级配原则构成的沥青混合料的结构强度，是以沥青与矿料之间的粘结力为主，矿料的嵌挤力和内磨阻力为辅而构成的。

24. ✓　25. ✓

26. ×　除阳离子乳化沥青外，不得在潮湿的基层（或旧路）或集料上浇洒沥青。

27. ×　28. ×　29. ✓　30. ✓

31. ×　石灰稳定细粒土不能用做高级路面的基层。

32. ×　水泥混凝土路面中拉杆应采用螺纹钢筋，传力杆应采用光面钢筋

33. ×　基层在路面结构层中是起主要承重作用的层次。

34. ×

第四章　隧　　道

一、考试大纲要求

掌握隧道施工矿山法、新奥法的特点，锚杆和喷浆工艺，掌握隧道新奥法施工的施工机械的规格、性能和合理配置，熟悉隧道通风、照明、排水设备，熟悉隧道工程的工程量计算与造价分析，了解隧道的组成及其构造，了解公路隧道的基本要求。

二、知识点提要

1. 隧道的分类(表3-4-1)

表3-4-1

分类依据	主　要　内　容
按其所处的位置不同	山岭隧道、水下隧道(河底和海底)以及城市隧道等
按其横断面形状不同	圆形、椭圆形、马蹄形、眼镜形(孪生型)等
按其用途不同	交通隧道(包括公路隧道、铁路隧道、城市地铁、人行隧道等)和运输隧道(包括输水隧道、输气隧道、输液隧道等)
按其长度不同	特长隧道、长隧道、中隧道、短隧道

2. 隧道的组成(表3-4-2)

表3-4-2

主要组成部分		主　要　内　容
主体建筑物	洞口工程	洞口工程是隧道出入口部分的建筑物，包括洞门、洞口通风及排水设施、边、仰坡支挡构造物和引道等
	洞身	洞身是隧道工程的主要组成部分，按其所处地形、地质条件及施工方法的不同，分为隧道洞身、明洞洞身和棚洞洞身
附属建筑物		附属建筑物包括防水排水系统、通风、照明与供电系统、隧道运营管理设施和辅助坑道

3. 隧道施工方法

山岭隧道的施工方法有：矿山法、新奥法、掘进机法。

浅埋及软土隧道的施工方法有：明挖法、地下连续墙法、浅埋暗挖法、盾构法。

水底隧道的施工方法有：沉埋法、盾构法。

1)矿山法

矿山法是一种传统的施工方法，是人们在长期的施工实践中发展起来的。它是以木或钢构件作为临时支撑，待隧道开挖成型后，逐步将临时支撑撤换下来，而代之以整体式厚衬砌作为永久性支护的施工方法。

矿山法的基本理论依据是，隧道开挖后受爆破影响，造成围岩体破裂形成松驰状态，随时都有可能坍落。基于这种松驰荷载理论依据,其施工方法是采取分割式按分部顺序一块一块的开挖,并要求边挖边撑以策安全,所以支撑复杂,材料耗用多。由于这种施工方法,因其工作面小,不能使用大型的凿岩钻孔设备和装卸运输工具,故施工进度慢,建设周期长,机械化程度低,耗用劳力多,难以适应现代公路建设工期的需要。

矿山法施工程序可用图 3-4-1 表示。

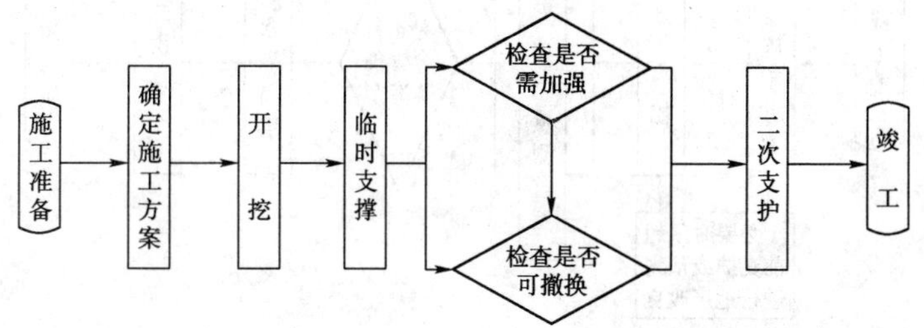

图 3-4-1　矿山法施工程序

矿山法施工的基本原则可以归纳为“少扰动、早支撑、慎撤换、快衬砌”。

公路隧道使用矿山法的开挖方法常用上下导洞开挖法和下导洞扩大开挖法两种。它具有施工安全,机具设备简单等优点,但施工干扰大,通风、排水、运输条件差。

按松弛荷载理论设计的隧道永久性模筑混凝土衬砌,其厚度较厚,刚度较大,故相对于复合式衬砌称为整体式衬砌。

2)新奥法

新奥法是以喷射混凝土和锚杆作为主要支护手段,通过监测控制围岩的变形,便于充分发挥围岩的自承能力的施工方法。

新奥法的基本理论依据,就是利用围岩本身所具有的承载效能的前提下,采用毫秒爆破和光面爆破技术,进行全断面开挖施工,并以复合式内外两层衬砌形式来修建隧道的洞身,即以喷混凝土、锚杆、钢筋网、钢支撑等为其外层支护形式,称为初次柔性支护,系在洞身开挖之后必须立即进行的支护工作。承载地应力的主要是围岩体本身(抗荷环),而采用初次喷锚柔性支护的作用,是使围岩体自身的承载能力得到最大限度的发挥,二次衬砌主要是起安全储备和装饰的作用,因此总的衬砌厚度是比较薄的。

采用新奥法施工时,一个完整的隧道工程设计由初始设计和修正设计两部分组成。初始设计难以反映围岩体和支护结构的真实受力状况。

新奥法施工的基本原则可以归纳为“少扰动、早支护、勤量测、紧封闭”。

新奥法的施工程序可用图 3-4-2 表示。

(1)开挖

开挖或称掘进的施工机械配有空压机、风动凿岩机、大吨位自卸汽车、轮式装载机,以及通风和照明等设备。是以施工机械为主和一般的劳动手段为前提的一种劳动组合形式,每一个工作循环的进尺在 2m 左右。开挖有两种不同的方法,全断面法和台阶法,其台阶的长度以 4 ~ 8m为宜。新奥法对隧道洞身的开挖爆破,是以毫秒爆破和光面爆破技术,辅以装载机装碴和大吨位的自卸汽车运碴来进行的。

(2)喷锚支护

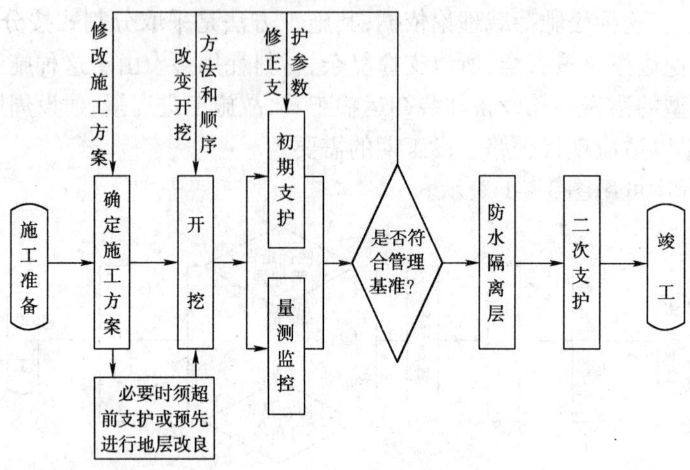

图 3-4-2　新奥法施工程序

喷锚支护指初期柔性支护，一般在开挖后的碴堆上即开始进行，在开挖后围岩自稳时间的1/2时间内完成。“喷锚”是喷射混凝土、喷射混凝土与锚杆、钢筋网或铁丝网喷射混凝土与锚杆等类型的支护或衬砌的总称。

喷射混凝土有干法喷射和湿法喷射两种。

3）明挖法

明挖法是指挖开地面，由上向下开挖土石方至设计标高后，自基底由下向上顺序施工，完成隧道主体结构，最后回填基坑或恢复地面的施工方法。公路隧道施工中，明洞和棚洞都是采用明挖法施工的。

4. 隧道工程的工程量计算（表3-4-3）

表3-4-3

项目	计　算　方　法
洞口土石方	土石方体积以天然密实体积（自然方）计算，回填按压实后的体积（压实方）计算，工程量根据设计图纸所示尺寸，按不同土壤类别，以立方米计算。土石方运距根据施工组织设计确定，并按填、挖方体积重心间距离计算，平整场地、原土夯实（碾压）按设计图纸或施工组织设计确定，以平方米计算
洞门	洞门工程量，根据设计图纸按不同砌筑圬工类别及附属工程项目，以立方米计算，洞门装饰则按设计图纸要求，以平方米计算
洞身	洞身开挖工程量，根据不同围岩类别，不同开挖方式和施工方法、不同的支护类型等，分别按设计断面及允许超挖回填数量，以立方米计算
支护	喷射混凝土应按喷射厚度乘以喷射面积，以立方米计算； 锚杆、钢支撑、钢筋网和超前小导管等按设计图纸计算
防排水	截水沟和排水沟等的土石方及砌筑工程量，按设计图纸计算。盲沟、止水带、防水板及喷涂均按设计图纸，以平方米计算，注浆按不同围岩类别，根据设计要求采用有关数据及计算公式进行计算

三、重点难点分析与例题解析

(一) 了解内容

重点一 了解隧道的分类

【例题1】 隧道长度为1 500m的隧道属于(　　)。

A 特长隧道　　B 短隧道　　C 长隧道　　D 中隧道

答　　案:C

解题思路:公路隧道按其长度的不同分为四类。这种分类的目的,主要是为了以各种隧道的长度确定有关的设计和施工的技术要求和规定,以及不同的设计深度,从而达到简化的目的。

公路隧道分类

隧道分类	特长隧道	长隧道	中隧道	短隧道
隧道长度(m)	$L>3\,000$	$3\,000\geqslant L>1\,000$	$1\,000\geqslant L>500$	$L\leqslant500$

(二) 熟悉内容

重点一 熟悉隧道通风、照明、排水设备

【例题1】 下列说法错误的是(　　)

A 隧道的照明要考虑洞内有合理的光过渡。尤其是白天,要避免“黑洞”效应

B 隧道内供电分动力供电和照明供电

C 隧道的通风方式有机械通风和自然通风两种

D 采用机械通风时,常采用竖向通风形式

答　　案:D

解题思路:采用机械通风时,常采用纵向通风形式。

(三) 掌握内容

重点一 掌握隧道施工方法

【例题1】 当隧道处于下列哪些情况时不宜采用喷锚衬砌?

A 大面积淋水地段

B 膨胀性地层、不良地质围岩,以及能造成衬砌腐蚀的地段

C 严寒和寒冷地区有冻害的地段

D 在层状围岩中硬软岩石互层、薄层或层间结合差的地段

答　　案:ABC

解题思路:在层状围岩中,如硬软岩石互层、薄层或层间结合差,或其状态对稳定不利且

可能掉块时,可以采用锚杆喷射混凝土衬砌。

【例题2】 山岭隧道的施工方法有(　　)

A 矿山法　　B 盾构法　　C 新奥法　　D 掘进机法

答　　案: ACD

解题思路: 盾构法属于浅埋及软土隧道的施工方法。

四、复习题精选

(一)单项选择题

1. 隧道按其用途不同,可分为(　　)。

A 山岭隧道、水下隧道以及城市隧道

B 圆形、椭圆形、马蹄形、眼镜形(孪生型)等

C 特长隧道、长隧道、中隧道、短隧道

D 交通隧道和运输隧道

2. 公路隧道的横断面,主要是指隧道的(　　)。

A 净空断面与衬砌断面之和　　B 施工开挖断面

C 设计开挖断面　　D 净空断面

3. 隧道长度为500m的隧道属于(　　)。

A 特长隧道　　B 短隧道　　C 长隧道　　D 中隧道

4. (　　)的作用是承受围岩垂直与水平方向的压力,一般由拱顶、边墙和仰拱(无仰拱时做铺底)组成。

A 承载衬砌　　B 整体式衬砌　　C 构造衬砌　　D 复合式衬砌

5. 按《公路隧道设计规范》中隧道围岩分级标准将围岩分为(　　)级。

A 三　　B 四　　C 五　　D 六

6. (　　)是一种传统的施工方法。它是以木或钢构件作为临时支撑,待隧道开挖成型后,逐步将临时支撑撤换下来,而代之以整体式厚衬砌作为永久性支护的施工方法。

A 矿山法　　B 新奥法　　C 明挖法　　D 盾构法

7. 采用新奥法修建公路隧道的施工技术要求和施工程序,可划分为(　　)个施工过程。

A 开挖、喷锚支护、模注混凝土和整修四　　B 开挖、喷锚支护、模注混凝土和装饰四

C 开挖、喷锚支护、模注混凝土三　　D 开挖、衬砌两

8. (　　)施工方法中,承载地应力的主要是围岩体本身(抗荷环),而采用初次喷锚柔性支护的作用,是使围岩体自身的承载能力得到最大限度的发挥。

A 矿山法　　B 新奥法　　C 明挖法　　D 盾构法

9. 在(　　)围岩地段隧道两相对的边墙之间宜设置曲线形的仰拱。

A Ⅲ级　　B Ⅳ级　　C Ⅳ级及以下　　D Ⅴ级及以下

10. (　　)是指挖开地面,由上向下开挖土石方至设计高程后,自基底由下向上顺序施工,完成隧道主体结构,最后回填基坑或恢复地面的施工方法。

A 矿山法　　B 新奥法　　C 明挖法　　D 盾构法

11. 公路隧道一般采用(　　)洞门。

A 翼墙式　　B 端墙式　　C 柱式　　D 遮光或遮阳式

12. 洞身是隧道工程的主要组成部分,按其所处地形、地质条件及施工方法的不同分类不包括(　　)。

A 隧道洞身　　B 棚洞洞身　　C 明洞洞身　　D 暗洞洞身

13. 对于能通视、交通量较小、行人密度不大的(　　)可不设白天照明设施。

A 特长隧道　　B 长隧道　　C 中隧道　　D 短隧道

14. 公路隧道洞内行车道路面宜采用(　　)。

A 沥青混凝土　　B 沥青碎石　　C 水泥混凝土　　D 沥青贯入式

15. 以下说法错误的是(　　)。

A 矿山法是以木或钢构件作为临时支撑,待隧道开挖成型后,逐步将临时支撑撤换下来,而代之以整体式厚衬砌

B 矿山法采取分割式按分部顺序一块一块的开挖

C 采用混凝土支撑,可以增大一次开挖断面跨度,减少分部次数,从而减少对围岩的扰动次数

D 要防止撤换过程中围岩坍塌失稳

16. 两相邻隧道之间的最小净距,则视围岩类别、断面尺寸、施工方法、爆破震动影响等因素,综合考虑确定。以下说法正确的是(　　)。

A 围岩级别为Ⅵ级的两相邻隧道之间的最小净距为隧道开挖断面的宽度的1.5倍

B 围岩级别为Ⅱ级的两相邻隧道之间的最小净距为隧道开挖断面的宽度的1.5倍

C 围岩级别为Ⅳ级的两相邻隧道之间的最小净距为隧道开挖断面的宽度的1.5倍

D 围岩级别为Ⅲ级的两相邻隧道之间的最小净距为隧道开挖断面的宽度的1.5倍

17. 在按《公路工程技术标准》(JTG B01—2003)中的隧道分类标准,中隧道指长度 L 为(　　)。

A $1\,000\text{m} \geq L \geq 500\text{m}$　　B $1\,000\text{m} \geq L > 500\text{m}$

C $1\,000\text{m} > L \geq 500\text{m}$　　D $1\,000\text{m} > L > 500\text{m}$

(二)多项选择题

1. 隧道主体建筑物包括(　　)。

A 洞口　　B 防水排水系统　　C 坑道　　D 洞身

2. 隧道明洞的施工方法包括(　　)。

A 先墙后拱法　　B 先拱后墙法　　C 墙拱交替法　　D 跳槽挖井法

3. 隧道洞身有两种不同的设计与施工方法,分别是(　　)。

A 新奥法　　B 矿山法　　C 全断面法　　D 台阶法

4. 公路隧道洞身有两种不同的设计与施工方法,即新奥法和矿山法。矿山法与新奥法相比,其施工方法存在下列(　　)特点。

A 施工进度慢,建设周期长　　B 机械化程度低

C 直接费用高(指洞身部分)　　D 耗用劳动力多

5. 由于矿山法开挖隧道的开挖面积小,严重的制约了施工进度,因此当隧道稍长时,则应

采取(　　)等辅助措施来增加工作面,加快施工进度,达到缩短施工工期的目的。

A 平行导坑　　B 横洞　　C 上下导坑　　D 竖井

6. 隧道施工常用的辅助坑道有(　　)。

A 平行导坑　　B 横洞　　C 斜井　　D 竖井

7. 新奥法施工的基本原则可以归纳为(　　)

A 少扰动　　B 早支护　　C 勤量测　　D 紧封闭

8. 当隧道位置处于下列(　　)情况时,一般都设置明洞。

A 洞顶覆盖层薄,不宜大开挖修建路堑而又难于采用暗挖法修建隧道的地段

B 可能受到塌方、落石或泥石流威胁的洞口或路堑

C 铁路、公路必须在拟建公路的上方通过,又不宜采用隧道或立交桥或涵渠跨越的地点

D 水渠和其它人工构造物必须在拟建公路的上方通过,又不宜采用隧道或立交桥或涵渠跨越的地点

9. 以下说法正确的是(　　)。

A 隧道均应设置避车洞

B 长隧道必要时应设置报警、消防及其他应急设施

C 长度超过 100m 的高速公路,一、二级公路的隧道应设置白天照明设施

D 一般采用三相四线供电,供电系统宜采用 380/220V 交流电和中性接地变压器

10. 以下说法正确的是(　　)。

A 高速公路、一级公路上的隧道和二、三、四级公路上的短隧道,其线形及其与公路的衔接应符合路线布设的规定

B 二、三、四级公路上的特长及长、中隧道的位置原则上应服从路线走向,路隧综合考虑确定

C 连接线的纵坡则应有一定的距离与隧道纵坡保持一致,以满足设置竖曲线和保证各级公路停车或会车视距的需要

D 隧道内的纵坡一般大于 3%,以利排泄雨水

11. 浅埋及软土隧道的施工方法有(　　)。

A 沉埋法　　B 盾构法　　C 明挖法　　D 地下连续墙法

12. 新奥法的初步设计主要有以下哪(　　)种设计方法?

A 基于围岩的分类设计　　B 基于理论分析和数值解析的设计

C 基于以往经验和工程类比的设计　　D 基于数值解析的设计

13. 隧道衬砌工作中的重要环节包括(　　)

A 装饰　　B 回填

C 初次喷锚支护　　D 二次衬砌

14. 隧道施工的特点包括(　　)。

A 受工程地质和水文地质条件的影响较大

B 工作条件差,工作面小而狭窄,工作环境差

C 暗挖法施工对地面影响较小,但埋置较浅时,可能导致地面沉陷

D 有大量废碴,需妥善处理

15. 隧道施工支护常用的方式有(　　)。

A 锚杆　　B 锚喷联合　　C 喷射混凝土　　D 构件支撑

16. 隧道超挖回填可用(　　)实施。

A 水泥混凝土　　B 浆砌片石　　C 片石混凝土　　D 石渣

17. 隧道施工中常用的辅助稳定措施有(　　)。

A 超前锚杆锚固前方围岩　　B 管棚超前支护前方围岩

C 注浆加固围岩和堵水　　D 临时仰拱封底

(三)判断题(正确者打✓,错误者打×)

1. 隧道按其所处的位置不同分可为山岭隧道、水下隧道(河底和海底)以及城市隧道等。

2. 隧道长度,是指进出口洞门端墙之间的水平距离,即两端端墙面与路面的交线同路线中线交点间的距离,并以此作为计量支付的依据。

3. 洞口应修建洞门,并应尽量与隧道轴线正交。

4. 公路隧道照明白天和夜间采用相同的设计亮度标准。

5. 新奥法施工的基本原则可以归纳为“少扰动、早支撑、慎撤换、快衬砌”。

6. 在高速公路和一级公路上修建隧道时,一般应设计为上、下行分离的两座独立隧道。

7. 新奥法的基本理论依据是,隧道开挖后受爆破影响,造成围岩体破裂形成松驰状态,随时都有可能坍落。

8. 喷射混凝土有干法喷射和湿法喷射两种,应注意做好材料的回收利用。

9. 新奥法的工作面小,不能使用大型的凿岩钻孔设备和装卸运输工具

10. 当围岩呈块(石)碎(石)状镶嵌结构,稳定性较差时,可以采用挂钢筋网或铁丝网的锚杆喷射混凝土衬砌。

11. 不论在哪种地质围岩中修建公路隧道,在两相对的边墙基础之间,都应设置曲线形水平支撑结构的仰拱。

12. 洞身开挖工程量,根据不同围岩类别,不同开挖方式和施工方法、不同的支护类型等,分别按设计断面及允许超挖回填数量,以立方米计算。

13. 公路隧道的排水设施包括洞内和洞外两部分。

14. 隧道浅埋段施工严禁采用全断面法开挖。

15. 隧道开挖应尽量减少超挖和严格控制欠挖。

16. 根据新奥法新建隧道的施工技术要求和施工程序,可划分为开挖、喷锚支护、模注混凝土三个过程。

17. 预注浆可以形成有相当厚度的和较长区段的筒状加固区,更适用于有压地下水及地下水丰富的地层中,也更适用于采用大中型机械化施工。

18. 超前锚杆是沿开挖轮廓线,以稍小的外插角,向开挖面前方安装锚杆,形成前方围岩的预锚固,在提前形成的围岩锚固圈的保护下进行开挖等作业。

五、复习题答案与讲评

(一)单项选择题

1. D

2. D　公路隧道的横断面,主要是指隧道的净空断面,即衬砌内轮廓线所包围的空间,也称为内轮廓限界。它包括隧道建筑限界,以及照明、通风等所需的空间断面积。

3. D　4. A　5. D　6. A　7. B　8. B　9. C　10. C　11. A　12. D　13. D　14. C　15. C　16. B　17. B

(二)多项选择题

1. AD

2. ABC　明洞的施工方法,有先墙后拱法、先拱后墙法和拱墙交替法三种。

3. CD　4. ABD　5. ABD　6. ABCD　7. ABCD　8. ABCD　9. BCD

10. ABC　隧道内的纵坡一般大于0.3%,以利排泄雨水,但不应大于3.0%。

11. BCD　沉埋法是水底隧道的施工方法。

12. ABC　13. BCD　14. ABCD　15. ABCD　16. ABC　17. ABCD

(三)判断题

1. ✓　2. ✓　3. ✓

4. ×　公路隧道照明有白天和夜间两种不同的设计亮度标准。

5. ×　矿山法施工的基本原则可以归纳为“少扰动、早支撑、慎撤换、快衬砌”。新奥法施工的基本原则可以归纳为“少扰动、早支护、勤量测、紧封闭”。

6. ✓

7. ×　矿山法的基本理论依据是,隧道开挖后受爆破影响,造成围岩体破裂形成松弛状态,随时都有可能坍落。新奥法的基本理论依据,就是利用围岩本身所具有的承载效能的前提下,采用毫秒爆破和光面爆破技术,进行全断面开挖施工,并以喷混凝土、锚杆、钢筋网、钢支撑等为其外层支护形式,在洞身开挖之后必须立即进行的支护工作,使围岩体自身的承载能力得到最大限度的发挥。

8. ✓

9. ×　矿山法的工作面小,不能使用大型的凿岩钻孔设备和装卸运输工具。

10. ✓

11. ×　仰拱,是指在两相对的边墙基础之间,设置曲线形的水平支撑结构。一般通过不良的地质和特殊围岩的隧道衬砌,如软弱和膨胀性围岩的隧道,应采用曲墙带仰拱的混凝土或钢筋混凝土衬砌结构,必要时还应设置钢拱支撑混凝土衬砌结构。这是处理和加固软弱围岩地段隧道必不可少的技术措施。

12. ✓　13. ✓　14. ✓　15. ✓

16. ×　新奥法的施工技术要求和施工顺序,可划分为:开挖、喷锚(初期支护)、模注混凝土(二次衬砌)和装饰四个过程。其施工过程主要是开挖、喷锚、模注混凝土三大工序的循环式流水作业。装饰是整个隧道贯通之后才进行的。

17. ✓

18. ×　稍大的外插角。

第五章 桥梁工程

一、考试大纲要求

掌握桥涵及构造物各种基础施工工艺，桥梁上下部构造的结构类型，各种结构类型的施工工艺，预应力混凝土强度等级要求，水泥混凝土试配及计算；混凝土用模板的接触面的计算；钻孔灌注桩钻孔机具的种类、规格和性能，大型桥梁吊装设备的类型和合理配置。

二、知识点提要

1. 桥涵及构造物各种基础施工工艺（表3-5-1）

表3-5-1

类别		主要内容
扩大基础		扩大基础的施工工艺包括开挖基坑、对基底进行处理（当地基的承载力不满足设计要求时需对地基进行加固）然后砌筑圬工或立模、绑扎钢筋、浇注混凝土，其中开挖基坑是施工的主要工序，在开挖过程中必须解决挡土与止水的问题
桩基础	打入桩	沉入桩是通过锤击、震动、射水、静力压及钻孔埋置等沉桩方法，将各种预先制好的桩打入地基内并达到所需要的深度
	钻孔灌注桩	工艺流程为：平整场地→桩位放样→钢护筒制作及埋设→钻机就位→钻孔→成孔检验及验收→清孔→钢筋骨架及检测管制作安装→安装导管并进行二次清孔→混凝土配制、运输及灌注→拆除钢护筒、凿除桩头→成桩检测
	挖孔桩	挖孔灌注桩的主要工艺流程包括：平整场地→桩位放样→埋设护筒→安装出渣设备（卷扬机）安设护壁→挖孔出渣→成孔检验及验收→钢筋骨架制作安装混凝土配制、运输及灌注
沉井基础		沉井本身既是基础结构，而在施工过程中又是挡土防水的围堰设施。其埋深规定与天然地基上的浅基础相同。重力式沉井的特点是壁厚、重量大，当墩台位于旱地时，可就地制作，挖土下沉；当位于浅水区或可能被水淹没的区域时，一般宜用筑岛的方法制作和下沉；浮式沉井基础，系将沉井做成空腔式的壳体，入水后能自行浮于水中，有钢丝网水泥薄壁沉井和钢壳沉井等多种形式
地下连续墙基础		地下连续墙是一种新型的桥梁基础形式。它是在泥浆护壁条件下，采用专用的挖槽（孔）机械，顺序沿着基础结构物的周边，在地基中开挖出一个具有一定宽度和深度的槽孔，然后在槽内安放钢筋笼，浇注水下混凝土，逐步形成的一道连续的地下钢筋混凝土墙；大多是作为基坑开挖的挡土、防渗设施
组合式基础		常用的有双壁钢围堰钻孔灌注桩基础、钢壳沉井加管柱（钻孔桩）基础、浮运承台与管柱、井柱、钻孔桩基础，以及地下连续墙加箱形基础等；可根据设计要求、桥位处地质水文条件、施工机具设备状况、施工安全及通航要求等因素，通过综合技术经济分析、论证比较，因地制宜地合理确定

2. 桥梁上部构造的结构类型（表3-5-2）

表 3-5-2

类别	截面形式	使用情况
梁板式	矩形板	只适用于跨径小于 8m 的桥梁
	空心板	钢筋混凝土空心板的跨径为 10～13m，其板厚为 40～80cm，一般采用 C25 混凝土；预应力混凝土空心板的跨径范围在 10～20m 之间，厚度为 50～100cm，一般采用 C40 混凝土
	肋形梁	跨径在 20m 及以下的 T 梁，一般采用钢筋混凝土结构，跨径在 25～50m 的则用预应力混凝土结构，工形梁，既是一种肋形梁又是一种组合式梁，它适用于跨径 30m 以内的钢筋混凝土和预应力混凝土的简支梁桥
	箱形梁	使用广泛，适用于较大跨径的悬臂梁桥（T 型刚构）和连续梁桥，还易于做成与曲线、斜交等复杂线形相适应的桥型结构，斜拉桥、悬索桥也常采用的这种截面
	组合箱梁	组合箱梁的横截面是由若干个小箱组合而成，安装后现浇桥面整体化混凝土，使之联成整体。有 16、20、25、30m 四种标准跨径的组合箱梁设计图。使用范围同上
	桁架梁	斜拉桥、悬索桥常采用的这种主梁截面。钢桥多为桁架式
拱式桥	板拱	多为石拱桥
	薄壳拱	较少采用
	肋拱	适用于较大跨径的拱桥
	双曲拱	已较少采用
	箱形拱	宜用于 50m 以上的大跨径拱桥
	桁架桥	桁架拱适宜用于 50m 以下跨径的桥梁
	刚架拱	属于具有水平推力的拱式结构，适宜用于 50m 以内跨径的桥梁

3．桥梁上部构造的施工方法（表 3-5-3）

表 3-5-3

类别	施工方法	使用情况
预制安装	自行式吊车安装	跨径在 30m 以内的板梁、现场运输条件较好的工程可采用此方法，尤其在城市桥梁中应用较广
	跨墩龙门架安装	桥梁预制场可设置在桥头引道或桥下、且桥位为地形平坦的旱地、桥墩高度不大、桥梁宽度适宜时可选择跨墩龙门架安装法，此方法在一般高架桥或较长的引桥中应用广泛，其优点是可将场地龙门架和架桥机合并为一套设备、安装施工高效快捷
	架桥机安装法	架桥机可分为单导梁、双导梁、斜拉式和悬吊式等，其特点是不受桥跨、墩高、桥宽、桥下地形、预制场地等因素的制约，尤其在山岭地区优越性较大
现浇	支架现浇	施工方法基本相同，主要适用于旱地上的钢筋混凝土及预应力混凝土中小跨径简支梁或连续梁桥的施工
	逐孔现浇	
	移动模架逐孔现浇	
	造桥机现浇	适用于现浇工程规模较大的工程（如桥长超过 500m 以上的现浇工程）或地基基础处理费用过高、有少量地面水等情况
	悬臂悬浇	挂篮悬浇，适用于大跨径的预应力混凝土悬臂梁桥、连续梁桥、T 型刚构、连续刚构等结构

各类桥型可选择的主要施工方法(表3-5-4)

表3-5-4

桥型 施工方法	简支梁桥	悬臂梁桥T型刚构	连续梁桥	刚架梁	拱桥	桥组合体系桥	斜拉桥	悬索桥
现浇施工	✓	✓	✓	✓	✓	✓	✓	
预制安装	✓	✓		✓	✓	✓	✓	✓
悬臂施工		✓	✓	✓	✓		✓	✓
转体施工		✓		✓	✓		✓	
顶推施工			✓		✓		✓	
逐孔施工		✓	✓	✓	✓			
横移施工	✓	✓	✓			✓	✓	
提升与浮运施工	✓	✓	✓			✓		

4. 桥梁下部构造

桥梁下部构造主要由墩台身、墩台盖梁、耳背墙、拱座、索塔等构件组成,总体概括为墩台身。从施工方法的选择来看,墩台身的施工方法根据结构形式的不同而各异,对结构形式较简单、高度不大的墩台身,通常采用传统的方法,立模一次或几次现浇即可完成,但对高墩、索塔等则有较多的施工方法可供选择,以下主要从工程概预算的角度做简单阐述。

1)对于高度小于40m的空心墩及一般轻型墩台、圆柱式、方柱式墩台、框架式、埋置式桥台及Y型墩薄壁墩,直接根据不同的结构形式套用概预算定额计算即可,无需计算其它辅助工程数量。

2)墩台帽一般是指重力式墩台的墩台帽,对于圆柱式、方柱式墩台、框架式、埋置式桥台及Y型墩薄壁墩所配置的帽梁一般应按盖梁计算。

3)对于高度大于40m的空心墩应划分为40m以下及40m以上两个部分计算,40m以上部分应计算墩顶提升架,实际工作中可不计算墩高增加系数,但要计算塔吊、电梯的安装及使用费,电梯租金约每月12 000~16 000元、塔吊租金以基本高度40~50m起算,基本租金约每月16 000~23 000元,然后每增高1m租金增加100元,也可按相关补充定额计算。混凝土应套用索塔定额计算,混凝土的运输一般采用泵送,当高度大于120m后,一般要采用二级泵输送,计算混凝土工程造价时也应计算增加系数。

4)对于高度大于80m的索塔可参考上述计算方法,另外,还应计算横梁支架,横梁支架一般采用钢管桩或钢管桩混凝土作为支撑,再配万能杆件、桁架梁、型钢等,横梁支架总重量可根据索塔结构尺寸及地形地质条件计算。

5)对于设有劲性骨架的空心墩或索塔,劲性骨架应单列计算。

6)当水中桥墩需要考虑防撞时(如通航等级较高的柔性桥梁等),防撞方案应由设计提出,编制工程造价时不应漏算防撞费用。

5. 涵洞

涵洞是公路路基通过洼地或跨越水沟(渠)时设置的,或为把汇集在路基上方的水流宣泄到下方而设置的横穿路基的小型地面排水结构物。应注意不同结构类型涵洞的不同特点。

三、重点难点分析与例题解析

（一） 了解内容

重点一　了解桥涵的形成和分类

【例题1】 桥涵工程按桥长和跨径大小划分为(　　)类。

A 三　　B 四　　C 五　　D 六

答　　案: C

解题思路: 主要是以桥涵的长度和跨径的大小作为划分依据,分为特大桥、大桥、中桥、小桥和涵洞五类。

【例题2】 设支座的桥涵的计算跨径指的是(　　)的水平距离。

A 相邻两个支座中心之间　　B 相邻两墩台身顶内缘之间

C 上下部结构相交处内缘间　　D 上下部结构相交面中心之间

答　　案: A

解题思路: 对于计算跨径设支座的桥涵指桥跨结构在相邻两个支座中心之间的水平距离,不设支座的桥涵(如拱桥、刚构桥、箱涵)指上下部结构相交面中心间的水平距离。对于净跨径,设支座的桥涵为相邻两墩台身顶内缘之间的水平距离,不设支座的桥涵为上下部结构相交处内缘间的水平距离。对于标准跨径,梁式桥、板式桥涵以两个桥(涵)墩中线之间的距离或桥(涵)墩中线与台背前缘之间的距离为准;拱式桥涵、箱涵、圆管涵则以净跨径为准。

重点二　了解涵洞的基本内容

【例题1】 涵洞由以下哪几部分组成?

A 洞身　　B 洞口建筑　　C 基础　　D 附属工程

答　　案: ABCD

解题思路: 见《公路工程技术》中第五章第六节相关内容。

（二） 熟悉内容

重点一　熟悉预应力混凝土标号要求

【例题1】 预应力混凝土空心板一般采用 C(　　)混凝土。

A 25　　B 30　　C 40　　D 50

答　　案: C

解题思路: 钢筋混凝土空心板的跨径为 10 ~ 13m,其板厚为 40 ~ 80cm,一般采用 C25 混凝土。预应力混凝土空心板的跨径范围在 10 ~ 20m 之间,厚度为 50 ~ 100cm,一般采用 C40 混凝土。

【例题2】 索塔一般都是用 C(　　)混凝土做成。

A 25　　B 30　　C 40　　D 50

答　　案：C

解题思路：见《公路工程技术》中第五章相关内容。

重点二　熟悉各种基础施工工艺

【例题1】 钻孔灌注桩护筒的埋设应保证钻孔内的水位(　　)地下水位和施工水位。

A 高出　　B 低于　　C 等于　　D 无相应关系

答　　案：A

解题思路：护筒具有保护孔口地面，防止地表水流入钻孔内，固定桩位和引导钻进方向，并保证钻孔内的水位高出地下水位和施工水位，从而增加静水压力，以维护孔壁，防止坍塌等作用。

【例题2】 为了保证桩基质量，打桩顺序一般采用(　　)。

A 从一侧向另一侧

B 从外向内

C 当桩基设计标高不同时，宜先浅后深

D 从内向外

答　　案：D

解题思路：见《公路工程技术》中第五章第五节相关内容。

重点三　熟悉桥梁上下部构造的结构类型

【例题1】 适用于梁板桥的重力式桥台由(　　)组成。

A 台身、台帽、侧墙或八字墙、台背排水

B 台身、盖梁、耳背墙

C 台身、拱座、侧墙或八字墙、台背排水

D 台身、盖梁、耳背墙、锥坡

答　　案：A

解题思路：见《公路工程技术》中第五章第四节相关内容

【例题2】 拱式桥与梁板式桥的主要区别有(　　)。

A 外型上的差异

B 受力不同，拱的弯矩与同跨径的梁板桥的弯矩相比要小得多

C 拱桥的承重结构拱圈可采用抗拉性能较差的天然石料和混凝土修建

D 拱桥自重较大，水平推力较大，相应其墩、台和基础的圬工数量较大

答　　案：ABCD

解题思路：见《公路工程技术》中第五章第二节相关内容

重点四　熟悉水泥混凝土试配及计算

【例题1】 $1m^3$水泥砂浆，试配用水泥松散体积为$0.33m^3$，其堆密度为1 200kg/m^3，搅拌损耗为3%，则$1m^3$水泥砂浆需水泥(　　)。

A 369kg　　B 384.5kg　　C 407.9kg　　D 423.7kg

答　　案：C

解题思路：每立方米水泥砂浆需水泥可用下式计算：

水泥用量 = 松散体积 × 堆密度 ×（1 + 搅拌损耗系数）

重点五　熟悉上部结构的施工工艺

【例题 1】　公路桥梁上部构造安装设备中，缆索吊装设备主要适用于（　　）上部构造工程。

A 桁架梁　　B 连续梁　　C 刚架拱　　D 箱形拱

答　　案：CD

解题思路：缆索吊装施工方法主要用于拱桥的施工。

重点六　熟悉钻孔灌注桩钻孔机具的种类、规格和性能

【例题 1】　钻孔灌注桩施工，孔深达到 70m 时，宜选用（　　）造孔。

A 冲击锥　　B 冲击钻机　　C 回旋钻机　　D 潜水钻机

答　　案：CD

解题思路：回旋钻机与潜水钻机是一种电动钻孔机械，有正反循环两种类型。是采用减压钻进成孔的。这种钻机的钻孔速度快，与冲击钻机同等孔径、深度相比，要快三倍多。而且孔深可达 100m 以上，费用也比较省，总体经济效益是比较好的。

四、复习题精选

（一）单项选择题

1.《公路工程技术标准》（JTG B01—2003）规定，标准设计或新建桥涵，当跨径在（　　）m 以下时，应尽量采用标准跨径。

A 30　　B 40　　C 50　　D 60

2. 按照《公路工程技术标准》（JTG B01—2003）的分类标准，特大桥指多孔跨径总长 L 为（　　）。

A $L \geqslant 500$m　　B $L > 500$m　　C $L \geqslant 1\ 000$m　　D $L > 1\ 000$m

3. 按照《公路工程技术标准》（JTGB01—2003）的分类标准，特大桥指单孔跨径长度 L_0 为（　　）。

A $L_0 \geqslant 500$m　　B $L_0 > 500$m　　C $L_0 \geqslant 100$m　　D $L_0 > 150$m

4. 按照《公路工程技术标准》（JTG B01—2003）的分类标准，小桥指多孔跨径总长 L 为（　　）。

A 8m $< L <$ 30m　　B 8m $\leqslant L \leqslant$ 30m　　C 5m $< L <$ 20m　　D 5m $\leqslant L \leqslant$ 20m

5. 按照《公路工程技术标准》（JTG B01—2003）的分类标准，涵洞指单孔跨径长度 L_0 为（　　）。

A $L_0 \leqslant 5$m　　B $L_0 < 5$m　　C $L_0 \leqslant 8$m　　D $L_0 < 8$m

6. 拱式桥的主要承重结构是（　　）

A 拱圈或拱肋　　B 拱脚　　C 拱墩　　D 拱上建筑

7. 高速公路桥涵设计的汽车荷载等级应符合(　　)。

A 公路—I 级　　B 公路—II 级

C 汽车—超 20 级　　D 汽车—20 级

8. 下列(　　)施工中,应设置拌和船进行水上、水下混凝土施工。

A 多孔跨径总长 >1 000m 的特大桥

B 多孔跨径总长 >500m 的特大桥

C 在通航江、河上修建的大型混凝土桥梁

D 中桥、大桥、特大桥

9. 桥梁结构中横梁的作用是(　　)。

A 提高整体承载能力　　B 承受恒载和活载

C 加强横向联结　　D 提高抗弯强度

10. 预应力连续梁可以做成等跨和不等跨、等截面和变截面的结构形式,对于大跨径的连续梁桥其截面形式都采用(　　)截面。

A T 形　　B I 形　　C 板形　　D 箱形

11. 因连续梁过长会增大温度变化的附加影响,故一般一联很少超过(　　)孔。

A 三孔　　B 五孔　　C 七孔　　D 十孔

12. 不等跨不等高的大跨度预应力混凝土连续梁,是(　　)悬臂施工法最常用的桥梁结构形式。

A 悬臂施工法　　B 转体施工　　C 顶推法　　D 满堂支架法

13. 下列陈述正确的是(　　)。

A 最大弯矩发生在剪力为零的截面处　　B 最大剪力发生在支座处

C 最大弯矩发生在剪力变化处截面　　D 最大剪力发生在弯矩最大处

14. 下列(　　)上部构造的预制构件不属于需要设置大型预制构件底座的范围。

A T 形梁　　B I 形梁　　C 矩形板　　D 箱形梁

15. 四孔一联的连续梁桥,其每联应设置的支座为(　　)。

A 一个活动支座,其他为固定支座　　B 二个固定支座,三个活动支座

C 一个固定支座,其他为活动支座　　D 二个活动支座,三个固定支座

16. 轻型桥台适用于(　　)上部构造。

A 拱式桥梁　　B 梁板式桥梁

C 小跨径梁板式桥梁　　D 中小跨径梁板式桥梁

17. 埋置式桥台适用于(　　)的桥梁。

A 上部构造自重较大或河中有漂浮物　　B 地质条件较好

C 路堤较高(6 ~8m)时　　D 中小跨径梁板式桥梁

18. 在公路桥梁建设中,重力式桥墩适用于(　　)的桥梁。

A 荷载较大或河流中漂浮物较多　　B 荷载较小

C 桥墩较高　　D 基础较差

19. 在公路桥梁建设中,(　　)在弯桥中得到广泛应用,尤其有利于立交桥的墩位设置,占地范围小、桥下空间视野开阔。

A 独柱墩　　B 双柱墩　　C 三柱墩　　D 空心墩

20. 钢管混凝土材料应用于以(　　)为主的构件中，较之钢结构和混凝土结构有着极大的优越性。

A 受弯　　B 受压　　C 受剪　　D 受拉

21. 钻孔灌注桩水下混凝土每立方米的水泥用量，一般宜不小于(　　)。

A 300kg　　B 350kg　　C 400kg　　D 450kg

22. (　　)是扩大基础施工的主要工序。

A 浇注混凝土　　B 砌筑圬工　　C 坑壁支护　　D 开挖基坑

23. 扩大基础施工的难易程度主要与(　　)的难易有关。

A 浇注混凝土　　B 地下水处理　　C 坑壁支护　　D 砌筑圬工

24. 定额中所指的钻孔长度应为(　　)。

A 设计长度　　B 理论长度　　C 实际长度　　D 入土长度

25. 护筒内径一般比桩径大(　　)cm。

A 5 ~ 10cm　　B 10 ~ 20cm　　C 20 ~ 30cm　　D 30 ~ 40cm

26. 钻孔灌注桩基础中的摩擦桩，如无冲刷时，其入土深度不得小于(　　)(若有冲刷时，其入土深度应自局部冲刷线算起)。

A 4m　　B 5m　　C 8m　　D 10m

27. 钻孔灌注桩柱桩基础，须嵌入基岩的有效深度一般不得小于(　　)(不包括风化岩)。

A 30cm　　B 50cm　　C 100cm　　D 150cm

28. 钻孔灌注桩灌注混凝土的标高，应(　　)。

A 高出桩顶设计标高 0.5 ~ 1.0m　　B 同桩顶设计标高

C 低于桩顶设计标高 0.2m　　D 同护筒顶端

29. 钻孔灌注桩基础中的柱桩，其钢筋骨架应布置到(　　)。

A 桩顶 3 ~ 5m　　B 桩顶开始至桩长 50%

C 桩顶开始至桩长 75%　　D 嵌岩中

30. 在预制桩打桩工程中，下面打桩顺序不正确的有(　　)。

A 从周边向中间打设　　B 逐排打设

C 自中部向边缘打设　　D 分段打设

31. 在进行桥涵基础设计时，应尽量选择承载力大的土层或岩层作构造物的地基，这样可以(　　)。

A 降低造价　　B 施工方便　　C 增加强度　　D 减少沉降

32. 公路桥梁当地基的持力层埋深在 5.0m 以内时，一般选用(　　)。

A 石砌或混凝土圬工天然基础　　B 钢筋混凝土方桩基础

C 钢筋混凝土灌注桩基础　　D 重力式沉井基础

33. 公路桥梁当地基承载力不足，而各土层的摩阻力和桩尖土的承载力能够承受由桩传来的上部荷载时，则选用(　　)。

A 石砌圬工天然基础　　B 混凝土圬工天然基础

C 桩基础　　D 沉井基础

34. 公路桥梁当上部荷载特别大,地基承载力又不足,复盖层虽不太深但明挖基坑困难、费用较多时,桥梁的基础一般可选用(　　)。

A 钢筋混凝土方桩基础　　B 天然基础

C 钢筋混凝土灌注桩基础　　D 沉井基础

35. 以下哪种桥台不属于轻型桥台?

A 八字形桥台　　B 一字墙桥台

C 耳墙式桥台　　D 后倾式埋置式桥台

36. 每立方米 1:3水泥砂浆,净干砂松散体积为 0.96m^3,其堆密度为 1 500kg/m^3,若天然含水率为3%,含石率为6%,搅拌损耗为2%,则 1m^3 水泥砂浆需天然砂(　　)。

A 1 483.2kg　　B 1 572.2kg　　C 1 603.6kg　　D 1 626.4kg

37. 每立方米 1:3水泥砂浆,净干砂松散体积为 0.96m^3,密度为2 600kg/m^3,堆密度为 1 500kg/m^3,若天然含水率为 3%,则 1m^3 水泥砂浆需天然砂(　　)。

A 2 570.9kg　　B 1 872kg　　C 1 483.2kg　　D 1 440kg

38. 在混凝土强度不变的前提下,混凝土的坍落度与水泥用量的关系是(　　)。

A 坍落度越大,水泥用量越少　　B 坍落度越大,水泥用量越多

C 坍落度越小,水泥用量越多　　D 坍落度与水泥用量无关

39. 涵洞完成后,应在涵洞砌体砂浆或混凝土强度达到设计标号的(　　)时,方可回填土。

A 70%　　B 60%　　C 50%　　D 80%

40. 沉井所采用的混凝土强度等级不应低于(　　)。

A C15　　B C20　　C C25　　D C10

(二)多项选择题

1. 公路桥梁常用的基础类型有(　　)。

A 钢筋混凝土管柱基础　　B 天然基础

C 钢筋混凝土灌注桩基础　　D 沉井基础

2. 对于湿处挖基应考虑排水问题,较常用的方法有(　　)。

A 集水坑排水法　　B 人工排水法

C 沙井排水法　　D 井点排水法

3. 浮式沉井在施工之前,应根据建设条件和实际情况与要求,选配好下列(　　)等沉井施工准备工作。

A 固定船只和沉井用的锚碇　　B 定位船、导向船

C 排水、灌水设备　　D 混凝土拌和船

4. 桥梁承台有带桩基的与不带桩基的两种形式,但不管何种形式,其施工方法都是一样的,可分为(　　)

A 直接开挖法　　B 沉井或沉箱法

C 围护开挖法　　D 套箱法

5. 钢套箱的适用范围有(　　)

A 岸边墩台　B 浅水基础　C 深水基础　D 高桩承台

6. 桥涵主要由(　　)组成。

A 上部构造　B 基础　C 下部构造　D 调治构造物

7. 下列关于桥梁净空的说法正确的是(　　)。

A 我国公路桥面行车道净宽为车道数乘以车道宽度

B 计入所设置的加(减)速车道,紧急停车道、爬坡车道、慢车道或错车道的宽度

C 桥上的净空高度是,高速公路、一级公路和二级公路应为6m,三、四级公路应为5m

D 桥下净空,即设计洪水位至上部结构最下缘之间的净空高度

8. 设计荷载中,基本可变荷载(活载)包括(　　)

A 汽车荷载　B 温度影响　C 人群荷载　D 地震力

9. 悬索桥的主要施工方法有(　　)

A 悬臂施工法　B 转体施工法　C 顶推法　D 预制安装法

10. 拱桥中常用的拱架,有哪几种?

A 土牛拱　B 石拱架　C 木拱架　D 钢拱架

11. 预应力斜拉桥,按其索塔、斜拉索和主梁三者的不同结合方法,可分为哪些体系?

A 悬浮体系　B 刚构体系　C 塔梁固结　D 支承体系

12. 公路桥梁按上部结构行车道的位置分有(　　)。

A 上承式桥　B 下承式桥　C 中承式桥　D 浮桥

13. 公路桥梁工程中的人行道系,一般包括(　　)。

A 人行道板　B 缘石或安全带　C 水、电、通信管道　D 栏杆、扶手

14. 沥青混合料桥面铺装由(　　)组成。

A 粘结层　B 防水层　C 沥青面层　D 封层

15. 拱式桥上部构造有实腹式和空腹式两种。其区别之处主要是空腹式拱桥的工程内容,尚应包括下列(　　)工程细目。

A 侧墙、拱上填料　B 横墙或立柱

C 采用拱肋和拱波的主拱圈　D 腹拱

16. 箱梁上部构造由下列(　　)组成,其横截面是一个封闭箱。

A 横隔梁　B 底板　C 腹板(梁肋)　D 顶板

17. 预制安装钢筋混凝土板桥常用(　　)安装。

A 起重机　B 扒杆　C 跨墩门架　D 单导梁

18. 预制安装预应力混凝土板桥常用(　　)安装。

A 起重机　B 扒杆　C 跨墩门架　D 单导梁

19. 简支梁桥常用的施工方法主要有(　　)。

A 现浇施工　B 预制安装施工　C 悬臂施工　D 顶推施工

20. 连续梁桥常用的施工方法主要有(　　)。

A 现浇施工　B 预制安装　C 悬臂施工　D 顶推施工

21. 装配式T形梁桥常用(　　)安装。

A 起重机　B 扒杆　C 跨墩门架　D 导梁

22. 在公路桥梁建设中,采用钢筋混凝土悬臂式墩、台帽的主要目的,是在下列(　　)中,为了减少墩、台身和基础的圬工数量,降低工程造价,而常采用的一种结构形式。

A 一些桥面较宽的桥梁　　B 墩、台身较高的桥梁

C 跨径较大的桥梁　　D 造型美观需要的桥梁

23. 公路工程桥梁中索塔是(　　)的主要支承结构。

A 预应力刚构桥　　B 悬索桥

C 预应力连续梁桥　　D 斜拉桥

24. 预应力斜拉桥拉索在立面上的设置形式有(　　)。

A 辐射形　　B 竖琴形　　C 扇形　　D 混合形

25. 公路桥梁常用的基础类型有(　　)。

A 钢筋混凝土管柱基础　　B 天然基础

C 钢筋混凝土灌注桩基础　　D 沉井基础

26. 浮式沉井在施工之前,应根据建设条件和实际情况与要求,选配好下列(　　)等沉井施工准备工作。

A 固定船只和沉井用的锚碇　　B 定位船、导向船

C 排水、灌水设备　　D 混凝土拌和船

27. 下列(　　)属于深水钻孔灌注桩工程的辅助工程。

A 围堰、筑岛　　B 灌注桩工作平台

C 埋设护筒　　D 泥浆循环系统

28. 空心墩的构造尺寸,应符合下列要求(　　)。

A 墩身的最小壁厚,对于混凝土不宜小于40cm,钢筋混凝土不宜小于35cm

B 墩身内应设置纵、横隔板,以加强墩的局部稳定

C 墩顶实体部分及以下,应设置带门的进人洞和相应检查设施

D 墩身周围应适当设置通风孔或泄水孔,孔的直径不宜小于20cm

29. 扩大基础的埋深应符合下列要求(　　)。

A 小桥基础,在无冲刷处,除岩石地基外,应在地面或河床底以下至少埋入深度1m;如有冲刷,基底埋深应在局部冲刷线以下不少于1m

B 大、中桥基础在有冲刷处,其基底埋置深度应按规范规定的局部冲刷线以下的安全值选定,一般为1~4m

C 墩台基础的顶面不宜高于最低水位,若地面高于最低水位但不受冲刷时,则不宜高于地面

D 墩台基础设置在岩石上时,不需清除风化层

30. 目前我国在中等跨径的公路桥梁建设中,应用最多的是(　　)。

A 重力式的U形桥台　　B 轻型桥台

C 柱式桥墩　　D 薄壁式桥台

(三)判断题(正确者打✓,错误者打×)

1. 悬臂梁的锚固跨也应在一侧设置固定支座,另一侧设置活动支座。

2. 拱桥常用的桥台为实体式的。

3. 梁式桥标准跨径是指以两个桥墩中线之间的距离或桥墩中线与台背前缘之间的距离。

4. 单孔跨径5m的钢筋混凝土盖板式结构,属于涵洞范围。

5. 拱圈或拱肋是主要受力构件,属于受弯构件。

6. 圆管涵和箱涵,不论其管径或跨径的大小、孔数的多少,均称为涵洞。

7. 高速公路和一级公路中的特大桥则以100年内一遇的最大洪水位作为设计洪水位。

8. 矢跨比是指拱顶下缘至起拱线之间的垂直距离与标准跨径之比。

9. 拱式桥的计算跨径指相邻两拱脚截面重心点之间的距离。

10. 河岸处钻孔灌注桩均应按水中桩计量。

11. 在同一桩基中,不可以同时采用摩擦桩和柱桩。

12. 当地基的持力层埋深在5.0m以内时,一般选用天然地基上的浅基础,即石砌或混凝土圬工。

13. 跨径20m以上的简支T形梁时,常将梁与梁之间的翼缘板做得宽一点。

14. 三铰拱属于静定结构。温度变化,材料收缩,墩台沉陷等原因,不会在拱内产生附加内力。所以,在软土等不良地基上宜采用三铰拱。

15. 扇形斜拉索比辐射形斜拉索发挥较好的工作效率。

五、复习题答案与讲评

(一)单项选择题

1. C　2. D　3. D　4. B　5. B　6. A　7. A　8. C　9. C

10. D　除了中等跨径的梁桥采用T形或工形截面外,对大跨径的连续梁桥和采用顶推法或悬臂法施工的连续梁桥,都采用箱形截面,因为它能满足顶推法和悬臂法施工工艺的要求,又便于设置预应力筋。

11. B　12. A　13. B　14. C　15. C

16. C　轻型墩、台,是相对于重力式墩、台而言的,其主要特点是力求体积轻巧,自重较小,它借助结构物的整体刚度和材料的强度来承受外力,从而可大量节省圬工材料,减轻地基的负担,为在软土地基上修建桥梁开辟了经济可行的途径。但它只适宜用于跨径不大于13m的梁(板)式上部构造。

17. C　18. A　19. A　20. B　21. B　22. D　23. B　24. D

25. C　护筒内径一般比桩径大20~30cm、大孔径钻孔桩则至少比桩径大40cm,小孔径钻孔桩的护筒壁厚约4~6mm,大孔径钻孔桩的护筒壁厚约12~14mm;护筒的长度则必须根据施工组织计算,顶面高程不小于施工水位1.5~2.0m,底面高程应穿过透水层(黏性土的入土深度至少2m、砂性土的入土深度至少3m)。

26. A　27. B　28. A　29. D　30. A　31. A　32. A　33. C　34. D

35. D　轻型桥台按照翼墙的不同形式,有八字形轻型桥台、一字墙轻型桥台和耳墙式轻型桥台三种。

36. C　37. C　38. B　39. A　40. A

(二)多项选择题

1. BCD　2. AD　3. ABCD　4. ABCD　5. ABCD　6. ABCD　7. ABD

8. AC 《公路桥涵设计通用规范》将其归纳成三类,永久荷载,如结构自重、预加应力、土的自重和侧压力等;可变荷载,(分基本可变荷载(活载))即汽车、人群等,其他可变荷载,即风力和温度影响力等;偶然荷载,如地震力等。

9. AD　　10. ACD　　11. ABCD　　12. ABC　　13. ABD

14. ABC　　15. BCD　　16. BCD　　17. AB　　18. ABD

19. AB 简支梁的主要施工方法有现浇施工、预制安装、横移施工、提升与浮运施工。

20. ABCD　　21. CD　　22. AB　　23. BD　　24. ABC

25. BCD　　26. ABCD　　27. ABCD　　28. BCD

29. ABC 墩台基础设置在岩石上时,应清除风化层。

30. AC

(三)判断题

1. ✓　　2. ✓　　3. ✓

4. × 涵洞的单孔跨径小于5m。

5. × 拱圈或拱肋是主要受力构件,属于受压构件。

6. ✓

7. × 高速公路和一级公路中的特大桥则以300年内一遇的最大洪水位作为设计洪水位。

8. ✓

9. × 不设支座的桥涵(如拱桥、刚构桥、箱涵)指上下部结构相交面中心间的水平距离。

10. ✓

11. × 在同一桩基中,可以同时采用摩擦桩和柱桩。

12. ✓

13. 在修建跨径20m以上的简支T形梁时,常将梁与梁之间的翼缘板做得窄一点,即预留有一定宽度的纵向现浇接缝混凝土,这样,既减轻了主梁的安装重量,又能加强面板连接的整体性,从而形成刚性固结。

14. ✓　　15. ×

第六章 其他工程

一、考试大纲要求

了解在路基、路面、隧道、桥涵四项工程之外,所构成公路建设工程总体的各项有关工程。按照公路基本建设工程概算、预算项目划分的规定,这些工程有交叉工程、沿线设施、路用房屋、临时工程及辅助工程等;掌握列入公路建设项目设备购置费中的养护机械设备,高速公路的监控、通讯、收费系统设备的名称、规格和配置。

二、知识点提要

1. 交叉工程(表3-6-1)

表 3-6-1

类别		主要内容
平面交叉	公路与公路平面交叉	有加铺转角式、分道转弯式、加宽路口式和环形交叉等四种,交叉口形式的选择应根据交通量大小、主要车流方向,以及交叉口处的地形情况,合理确定
	公路与铁路平面交叉	应根据公路与铁路的使用性质及其交通情况,地形条件综合考虑,合理确定
	公路与乡村道路平面交叉	交叉口的数量,应根据公路等级有所限制。
立体交叉	公路与公路立体交叉	立体交叉的设置主要取决于相交公路的等级、交通性质和自然条件,以及公路的管理方式等,有分离式和互通式两种不同的立体交叉形式
	公路与铁路立体交叉	公路与铁路立体交叉时,应尽量采用正交
	公路与乡村道路立体交叉	公路与乡村道立体交叉有下穿和上跨两种形式,前者常称为通道,有盖板涵、拱涵、箱涵、板桥等不同结构形式,后者则称为人行天桥,有梁板式和拱式等结构,在条件适宜时,也可采用平时无水或流量很小的桥涵作为立体交叉
公路与管线交叉	管线是指电讯线路、电力线路、电缆、管道、渠道等设施,这些设施均要求不得侵入公路限界,也不得防碍公路的交通安全,并不得损害公路的构造物和设施	

2. 沿线设施(表 3-6-2)

表 3-6-2

类别	形式	主要内容
管理养护设施	收费站	实际上只有高等级公路才需要设置这些设施,但也并不是每条高等级公路都应全部具备,而是按公路的标准、使用性质、交通量等因素而定,其中尤其是交通量的大小是其设计内容的主要依据
	管理站	
	通讯系统	
	监控系统	
	供电系统	
服务设施	服务区	主要包括停车场、加油站、维修站、餐厅、客房与小卖部、免费休息区、公共厕所、绿化用地、加(减)速车道、配电室、锅炉房、供排水等设施
	停车区	主要包括停车场、小卖部、免费休息区、公共厕所、绿化用地、加(减)速车道等设施
安全设施	护栏	作用一是起警示作用,二是防止失控车辆越出路外或穿越中央分隔带闯入对面行车道
	隔离设施	目的在于防止人、畜进入或穿越公路,防止非法侵占公路用地
	防眩设施	防止夜间行车不受对向车辆前照行灯眩目而设置在中央分隔带内的一种构造物
	视线诱导设施	视线诱导设施按功能可分为:轮廓标,分流、合流诱导标,指示性或警告性线形诱导标三类
	路面标线	按功能可分为指示标线、禁止标线和警告标线三类,这些标线可归纳为连续实线、间断线和箭头指示三种形式,其颜色一般采用白色或黄色
	公路标志	公路标志有主要标志和辅助标志两大类。主要标志按其作用,可分为如下四种:指示标志,指路标志,警告标志和禁令标志;辅助标志,是附设在指标、警告和禁令标志牌的下面,起辅助说明作用的标志,不单独设立;其形状为矩形,颜色为白底、黑边框和黑字;可分为:表示车辆种类,表示时间,表示区域或距离,表示禁令、警告理由等四种
环境保护	修建必要的防护工程,排水设施,防噪设施;做好绿化和美化工作	公路对环境的影响,主要反映在两个阶段中,即公路施工阶段和营运阶段

3. 临时工程(表 3-6-3)

表 3-6-3

类别	主要内容	
小型临时设施	生产和生活用的临时建筑物、构筑物和其他临时设施等	以费率的形式计入现场经费内
大型临时工程	临时轨道铺设	一般根据预制构件的单件重量确定,所以,应根据预制场的条件和采用的安装方法,提出设计需要量,列入工程造价内
	便道	如果是常年使用的便道,为保证晴雨畅通,还应加铺路面,同时,应根据使用期的长短,计入养护维修所需的费用,若只要求晴通雨不通,或一次性的使用便道,如只供大型施工机械进场用的便道,或运输任务不大的便道,则可修建为单车道并不铺设路面
	便桥	若达不到通行汽车的标准,则不能列入便桥项目内计入工程造价,是属于现场经费中的临时设施费范围的内容
大型临时工程	临时电力和电讯线路	至于变电站或自发电的厂房至施工现场各个作业用电点的线路,是一种低压线路,属于现场经费中的临时设施费的范围内容,就不得计入临时电力线路内,作为编制工程造价的依据,电讯线路一般是按从当地附近的电信局连接到工地各施工点的线路长度作为编制工程造价的依据
	临时码头	有重力式石砌码头和装配式浮箱码头的两种结构形式,一般应结合当地的实际情况在经济合理的原则下选定

4. 辅助工程

辅助工程,是相对于主体工程而言的,它有具体的服务工程对象,但在施工过程中只起辅助性的作用。而不构成主体工程的实体,通常是将其费用综合在相应的使用对象的工程造价内,故除个别外,一般都不单独反映这些辅助工程的内容,亦不得作为计量支付的依据(见表 3-6-4)。

表 3-6-4

类别	主要内容
平整场地	平整场地面积的大小,应根据拌和路面混合料和预制大型混凝土构件的任务大小和采用拌和设备的类型确定,一般应考虑各种材料的堆放、安放拌和设备、大型预制构件的底座、半成品堆放、场内各种道路,以及警卫、施工人员用房等所需的面积,并通过必要的分析计算确定,以费率的形式计入现场经费内
大型拌和站	在设置拌和站时,要解决的首要问题就是如何选定其型号,一般应根据施工任务量,在保证总工期要求的前提下,尽可能做到满负荷的施工生产而留有必要的余地科学合理的选定拌和设备的型号
混凝土蒸气养生设施	蒸气养生室的建筑面积,应根据单件预制构件的大小和每次需要预制的根数来确定,一般是按两梁之间的间距 0.8m,并按梁长每端各加 1.5m,宽度每边各加 1.0m 来考虑确定;由于这种养生方法,虽可缩短养生期,加快施工进度,但因增加费用较多,故在公路建筑工程中,要慎重计划和计算
大型预制构件底座	各种底座的计量单位以面积计,按工程定额中规定的计算公式执行

续上表

类别		主要内容
栈桥式码头		实际上也是属于临时工程的性质，由于它有具体的服务工程对象，故在桥梁工程定额中单独列为一个定额子目，而没有将其归类临时码头内。在实际工作时，应根据当地的水文地质情况，提出施工设计图表资料作为施工依据
张拉台座		张拉、冷拉台座的设置，应根据施工工期要求与当地客观实际情况进行选定
船上混凝土搅拌台		在编制工程造价时要另行计算搅拌台的安装拆除和在船上拌和混凝土的相应费用
泥浆循环系统		包括泥浆池和沉渣池，是进行深水钻孔灌注桩施工的一项专用设施
施工电梯		一般采用型钢制成的升降架，与预埋在混凝土基座内的地脚螺栓相连接，并用缆风索加固。实际上它起着类似一般桥涵工程中的脚手架的作用
装配式混凝土桥梁的上部构造安装工具设备	扒杆	采用扒杆安装预制的构件时，一般施工总是成对的配置
	导梁	单导梁只限用于20m及以下跨径的桥梁。双导梁则适用于25m及以上的桥梁的安装工作
	跨墩门架	适用于跨径30m及以下的，桥墩高度不大于13m的无常流水的干涸而又平坦的河床的梁板式桥梁的安装，常采用万能杆件等钢构件组拼而成
	悬臂吊机	利用万能杆件等钢构件组拼而成，一般都是将悬臂吊机安设在大桥墩上，除T构外，应将零号块与桥墩进行临时固结
	缆索吊装设备	造价比较高，是不经济的，而且公路工程预算定额中的缆索设备是按照钢筋混凝土拱式桥梁的要求来制定的，故不得将其作为梁式桥的安装工具
	起重机械	常用的起重机械有履带式和汽车式两种，一般适用于单件混凝土预制构件重量较轻，而地形条件又可能时，如矩形板、空心板等桥梁的安装工作，绳索、拴吊用具、滑车、链滑车、锚碇等配套件，根据建设工程的历史资料，采取综合的方法，已摊入相应的吊装工具设备的工程定额内，故在编制工程造价时，就不得另行计算其费用
大型预制场吊移工具设备		对预制场的设置，构件的运输方法，吊移工具设备的选择等，应根据当地和建设工程的实际情况，通过必要的技术经济比较，合理确定。大型预制场常用的方法是设置龙门架和铺设轨道。在设备条件可能的情况下，也可采用起重机或扒杆装卸配合大吨位的汽车进行运输；一般的和小型的混凝土预制构件的场内运输可采用手推车、A形小车等；预制混凝土构件的场外运输，常采用载重汽车和平板拖车，一般适宜运输重量在25t以内的构件，并可根据构件的大小，分别采用人工、手摇卷扬机、龙门架和起重机等不同起吊方法配合装卸车作业
现浇混凝土梁桥上部构造支架		有满堂式和桁构式木支架、满堂式轻型钢支架、钢木混合支架、万能杆件和装配式公路钢桥桁节（贝雷桁架）拼装支架、墩台自承式支架、模板车式支架等多种不同的结构形式；公路工程预算定额中，只有上述前三种支架的定额资料；在编制施工图预算时，当采用其他支架结构时，则应编制补充定额作为编制依据
石砌拱桥的拱盔支架		拱盔是指拱桥的起拱线以上部分，在拱圈砌筑过程中起支承拱圈圬工作用的一种设施，有满堂式和桁架式木拱盔，钢拱架等不同结构形式；各种形式的拱盔定额，都已将底模综合在内，同时，也跟前述的支架一样是按照最大可能周转使用的次数制定的；故当实际达不到规定的周转使用次数时，在编制施工图预算时，可以将定额中的材料消耗量进行换算

三、重点难点分析与例题解析

(一) 了解内容

重点一 临时设施

【例题1】 ( )指在进行大型混凝构件的预制时,铺设在预制场内的轨道,预制场至桥头和桥面上应铺设的轨道,以及供龙门架行走的轨道。

A 临时轨道 B 便道 C 便桥 D 临时码头

答 案:A

解题思路:临时轨道设施是专供大型混凝土预制构件的出坑、运输、堆放和运至桥上安装之用。

重点二 辅助设施

【例题1】 一个大型预制场地中,其工程细目除进行填挖土、石方和找平外,尚应考虑下列( )工程,并增列费用。

A 进行碾压,使场地具有足够的强度

B 根据工程需要和场地地质情况,铺筑厚度不小于15cm的碎(砾)石路面及垫层

C 设置用刺铁丝做成的围墙

D 修建需要的临时房屋

答 案:AB

解题思路:场地修建时,除要进行填挖土石方和找平之外,还应进行碾压,使之具有足够的强度。同时,对场地范围由材料运进和半成品运出的道路等地段应铺筑不小于15cm厚的碎砾石路面,其铺筑面积一般可按平整场地中实际地质和车辆情况进行计算。

(二) 熟悉内容

重点一 交叉工程

【例题1】 公路建设中的平面交叉是指( )而言。

A 公路与公路、公路与铁路、公路与乡村道路、公路与管线平面交叉四种情况

B 公路与公路、公路与铁路、公路与乡村道路平面交叉三种情况

C 公路与公路、公路与铁路平面交叉二种情况

D 公路与公路平面交叉一种情况

答 案:B

解题思路:见《公路工程技术》中第六章第一节相关内容

【例题2】 ( )与其他各级公路交叉,应采用立体交叉。

A 高速公路 B 一级公路 C 二级公路 D 三级公路

答　　案：A

解题思路：高速公路与其他各级公路相交，除在控制出入的地点设置互通式立体交叉外，均应设置分离式立体交叉。

重点二　沿线设施

【例题 1】 各级公路在(　　)地段均应设置护栏。

A 桥头引道　　B 陡坡路段　　C 填方路段　　D 挖方路段

答　　案：AB

解题思路：当半径较小的弯道，行驶条件较差，以及危险陡坡路段，为防止车辆越出路外，考虑设置路侧混凝土护栏。桥头引道应设置护栏。

【例题 2】 路面标线是以规定的线条、箭头、文字、突起路标或其他导向装置，划设于路面上，用以管制和引导交通的设施。(　　)是告示道路交通的遵行、禁止、限制等特殊规定，车辆驾驶员及行人需严格遵守的标线。

A 指示标线　　B 禁止标线　　C 警告标线　　D 限制标线

答　　案：B

解题思路：路面标线按功能可分为指示标线、禁止标线和警告标线三类。指示标线是指示车行道、行驶方向、路面边缘、人行道等设施的标线。禁止标线是告示道路交通的遵行、禁止、限制等特殊规定，车辆驾驶员及行人需严格遵守的标线。警告标线是促使车辆驾驶员及行人了解道路上的特殊情况，提高警觉，准备防范应变措施的标线。

四、复习题精选

(一) 单项选择题

1. (　　)互通式立体交叉适用于两条相交公路都是等级高的主要干线公路。

A 苜蓿叶型　　B 菱型　　C 喇叭型　　D 环形

2. 公路工程中交通工程等沿线设施的施工程序，一般应在(　　)。

A 路基、路面、桥涵等工程完成之后进行

B 路基、路面、桥涵等工程未完成之前进行

C 路基、路面、桥涵等工程开工之后即可进行

D 路基工程完成之后即可进行

3. 适用于交通量不大、车速不高、转弯车辆较少的平面交叉形式是(　　)。

A 加铺转角式　　B 分道转弯式　　C 加宽路口式　　D 环形

4. 以下(　　)是不正确的。

A 凡跨越铁路、高速公路和一级公路上的跨线桥的两侧均应置金属网或钢板网

B 混凝土护栏、波形钢板护栏、缆索护栏、桥梁护栏四种护栏主要是用作高速公路和一级公路的安全设施

C 高速公路和一级公路，都要设置中间带

D 分流、合流诱导标设置在分离式立体交叉的进、出口匝道附近

5. 以下(　　)是不正确的。

A 管理站只是在每高速公路或一级公路上才单独设立

B 一般都须在控制的出、入口,设置收费站,对车辆收取通行费

C 监控系统的重点是匝道的控制和对偶发事故的反映

D 供电系统一般都是利用工业电源,不需要建立变电站和单独的供电系统

6. 高速公路路面标线中以连续实线表示的是(　　)。

A 行车道中线　　B 路缘线　　C 车道分界线　　D 禁止超车线

7. 在左右转弯、人行横道等处应设置(　　)。

A 警告标志　　B 禁令标志　　C 指示标志　　D 指路标志

8. 以下哪一项不属于大型临时工程?

A 临时轨道　　B 便道　　C 便桥　　D 临时房屋

9. 大型预制场一般选择(　　)作为吊移工具设备。

A 卷扬机　　B 载重汽车　　C 龙门架　　D A 形小车

10. 下列(　　)不属于公路建设项目的管理养护设施。

A 监控、通信中心　　B 紧急电话

C 养护工区　　D 服务区

11. 下列(　　)属于公路建设项目的安全设施。

A 监控、通信中心　　B 紧急电话

C 道路标志、标线、护栏　　D 停车场

12. 以下(　　)是不正确的。

A 辅助工程通常是将其费用综合在相应的使用对象的工程造价内,一般都不单独反映这些辅助工程的内容,亦不得作为计量支付的依据

B 小型临时设施以费率的形式计入现场经费内

C 平整场地的费用以费率的形式计入现场经费内

D 大型预制构件底座的费用以费率的形式计入现场经费内

(二)多项选择题

1. 公路与铁路立体交叉在(　　)情况下应采用分离式立体交叉设施。

A 高速公路和一、二级公路与铁路交叉

B 具有重要意义的或交通繁重的公路与铁路交叉

C 一般公路挖方较深或填方较高,与平交比较,工程造价增加不多,而又能提高公路通过能力处

D 当地形困难,采用平交不能保证必要的视距和行车安全处

2. 以下说法(　　)是正确的。

A 路线交叉的设置,应首先保证等级高的主要交通流方向公路的平、纵线形的舒顺、平缓

B 设置平面交叉的路段应设置标志

C 冲突点是指合流点和分流点

D 交叉范围内应具有良好的排水条件,使地面水能及时排泄,当立体交叉无法采用管道进行自然排水时,应设置泵站排水

3. 防眩设施是指防止夜间行车不受对向车辆前照行灯眩目而设置在中央分隔带内的一种构造物。当遇到有(　　)等路段时,宜设置防眩设施。

A 不设超高的弯道

B 长直线路段或地形起伏变化较大的路段

C 虽夜间交通量不大但大型车混入率较高的路段

D 设置竖曲线时对驾驶员行车视距有严重影响的路段

4. 空心板装配式混凝土桥上部构造可选择(　　)安装工具设备。

A 导梁　　B 起重机　　C 木扒杆　　D 悬臂吊机

5. 跨越高速公路、一级公路的跨线桥上必须设置(　　)。

A 中央分隔带　　B 标志牌　　C 防撞护栏　　D 防护网

6. 以下(　　)属于安全设施。

A 护栏　　B 视线诱导设施

C 路面标线　　D 公路标志

7. (　　)应设置齐全的交通标线。

A 高速公路　　B 一级公路　　C 二级公路　　D 三级公路

8. 下列(　　)属于公路建设项目的管理养护设施。

A 监控、通信中心　　B 紧急电话

C 养护工区　　D 服务区

9. 下列(　　)属于公路建设项目的服务设施。

A 加油站及公共汽车停靠站　　B 收费站

C 养护工区　　D 服务区

10. 视线诱导设施按功能可分为(　　)

A 分流、合流诱导标　　B 路面标线

C 轮廓标　　D 警告性线形诱导标

11. 指示标线是指示车行道、行驶方向、路面边缘、人行道等设施的标线。(　　)属于指示标线。

A 车道分界线　　B 路缘线

C 距离确认线　　D 轮廓标

12. 公路工程中的平整场地是指下列(　　)必须修建的场地。

A 大型混凝土预制构件的预制场

B 路基清除场地后的平整

C 沥青混合料及厂拌稳定土拌和站

D 水泥混凝土拌和站

13. 以下说法(　　)是正确的。

A 起重机械在编制工程造价时,需另行计算其费用

B 现浇混凝土梁桥上部构造支架的定额直接取用公路工程预算定额

C 公路工程预算定额中的缆索设备是按照钢筋混凝土拱式桥梁的要求来制定的,故不得将其作为梁式桥的安装工具

D 在公路建筑工程中,要慎重计划和计算混凝土蒸气养护措施,因其费用较高

14. 公路对环境的影响,主要反映在两个阶段中,即公路施工阶段和营运阶段。以下行之有效的环境保护措施有(　　)。

A 修建必要的防护工程和排水设施来解决水土流失问题

B 在工厂区附近的路段,则宜植耐酸或耐废气的树种

C 对树种的选择在可能条件下,做到使速生树种与慢长树种相结合

D 在医院、学校,以及居民稠密区,应修建必要的防噪设施

(三)判断题(正确者打✓,错误者打×)

1. 公路与公路、铁路、乡村道路的交叉,以其交叉口的道路所处的空间位置和形式,可分为平面交叉和立体交叉两大类。

2. 高速、一级、二级公路与乡村道路交叉的数量,应予控制,在乡村道路密集地区,当交叉点过密影响行车安全时,应合并交叉点。

3. 对于公路工程,应该用立体交叉代替路网中的平面交叉。

4. 高速公路可以实行大部分立体交叉,少部分平面交叉。

5. 平面交叉的间距应尽量地大,以提高通行能力,保证行车安全。

6. 交叉路口交会的公路条数除特殊情况外,一般不得多于四条。

7. 在大车道(乡村道路)密集的农村地区,当交叉点过密而影响交通安全时,在方便人们生产、生活的原则下,可以适当合并交叉点减少交叉路口。

8. 冲突点的数量会随着公路交会条数的增加而急剧增加。

9. 分道转弯式交叉适用于交通量较大,转弯车辆较多的交叉路口。

10. 各级公路的高路堤、桥头引道、极限最小半径、陡坡等地段均应设置护栏。

11. 监控系统的控制和监视的重点是匝道的控制和对偶发事故的反映。

12. 混凝土护栏,是一种以一定的截面形状的混凝土块相连接而成的墙式结构,适用范围广泛,可用于各种公路。

13. 根据目前我国公路管理模式,管理站分为三级,即管理中心、管理分中心和管理所。

14. 在修建高速公路和一级公路时,一般路线都比较长,大都建立了专门的养护设施。

15. 公路标志有指路标志和警告标志两大类。

16. 公路上应设置必要的警告、禁令、指示及指路等交通标志。

17. 轮廓标是用以指示道路改变方向或警告驾驶员改变行驶方向的一种设施。

18. 高速公路、一级公路和二级公路的沿线两侧均应设置隔离栅。

19. 钢筋混凝土和预应力混凝土T形梁、I形梁、箱形梁等桥梁上部构造,当采用构件预制时,必须设置专门的底座。

20. 编制设计概算时,应计入平整场地的费用。

21. 防眩设施是指防止夜间行车不受对向车辆前照行灯的眩目而设置在中央分隔带内的一种构造物。

22. 在公路基本建设工程中,需要设置的大型拌和站有:厂拌稳定土、沥青混合料和水泥混凝土拌和站三种。

五、复习题答案与讲评

(一)单项选择题

1. A　2. A　3. A

4. D　分流、合流诱导标设置在互通式立体交叉的进、出口匝道附近。

5. D

6. B　高速公路、一级公路应在行车道外侧边缘或在路缘带内侧划边缘线,采用白色连续实线。车道分界线,用白色虚线表示。行车道中心线应采用黄色双实线。

7. C　8. D　9. C　10. C　11. D　12. D

(二)多项选择题

1. ABCD

2. ABD　冲突点是指交叉点、合流点和分流点。

3. BCD　4. BC　5. CD　6. ABCD

7. ABC　高速公路、一级公路和二级公路应设置齐全的路面标线,运输繁忙的三级公路以及在急弯、陡坡、视距不良等路段,应设置分道行驶的行车道中心线。

8. ABC　9. AD　10. ACD

11. ABC　轮廓标是以指示道路线形轮廓为主要目标的一种视线诱导设施。

12. ACD

13. CD　起重机械在编制工程造价时,不需另行计算其费用。现浇混凝土梁桥上部构造支架的定额不一定直接取用公路工程预算定额,要视支架种类而定。

14. ABCD

(三)判断题

1. ✓　2. ✓　3. ×

4. ×　高速公路必须实行全封闭、全立交。

5. ✓　6. ✓　7. ✓　8. ✓

9. ×　加宽路口式交叉(又称为漏斗式交叉)。它适用于交通量较大,转弯车辆较多的交叉路口,是采用增辟减速车道和加速车道,以及增辟附加车道的方法来改善交叉路口的交通状况的一种交叉形式。分道转弯式交叉。它适用于交通量不大,转弯车辆较多,车速较高的交叉路口,是采用设置分车岛、划分车道等技术措施使交通分道行驶。

10. ✓　11. ✓

12. ×　一般只用于高速公路和一级公路。

13. ✓　14. ✓

15. ×　公路标志有主要标志和辅助标志两大类。主要标志按其作用,可分为如下四种:指示标志,指路标志,警告标志和禁令标志。

16. ✓

17. ×　轮廓标是以指示道路线形轮廓为主要目标的一种视线诱导设施。通常都是全线连续的,设置在高速公路和一级公路的主线,以及互通式立体交叉、服务区、停车场等的进出匝道或连接道前进方向左、右两侧的道路边缘。

18. × 高速和一级公路进行隔离封闭的人工构造物的统称为隔离栅。

19. ✓　20. ×　21. ✓　22. ✓

第七章　公路工程施工组织

一、考试大纲要求

掌握施工组织设计的原理和方法以及不同施工方案对工程造价的影响。掌握施工网络计划技术。熟悉公路施工组织设计的编制与优化，施工方案的技术经济比选。了解施工组织设计的概念与作用、分类和内容、编制原则、依据和程序。

二、知识点提要

1. 公路工程施工组织设计的概念和主要任务（表 3-7-1）

表 3-7-1

项目	主　要　内　容
概念	指对拟建工程项目提出科学的实施计划，从工程项目实际出发，确定合理的施工组织及施工方案，科学安排施工进度计划与施工平面图及施工现场的规划，并作为编制工程造价和指导施工的依据
核心任务	研究公路建设在施工过程中的诸要素的合理组织，即如何认真贯彻国家现行技术经济政策和法令，根据公路工程施工的特点，将人力、资金、材料、机械、施工方法等各种因素进行科学地、合理地安排，使之在一定的时间和空间内得以实现有组织、有计划、有秩序地施工，使其工期短、质量好、成本低，迅速发挥投资效益

2. 施工组织设计的分类（表 3-7-2）

表 3-7-2

分类依据	主　要　内　容	
根据公路工程施工组织设计阶段的不同	投标前编制的施工组织设计（简称标前设计）	在投标书编制前，经营管理层为了中标取得经济效益用于投标与签约阶段的规划性的施工组织设计
	签订工程承包合同后编制的施工组织设计（简称标后设计）	在签约后开工前，项目管理层为了提高施工效率和效益用于施工准备至验收阶段的作业性的施工组织设计
按施工组织设计的工程对象的不同	施工组织总设计	以整个建设项目或群体工程为对象编制的，是整个建设项目或群体工程施工准备和施工的全局性、指导性文件
	单项（或单位）工程施工组织设计	单项（或单位）工程施工组织设计是施工组织总设计的具体化，以单项（或单位）工程为对象编制，用以指导单项（或单位）工程准备和施工全过程；它还是施工单位编制月旬作业计划的基础性文件
	分部工程施工组织设计	

3. 施工组织设计的编制原则

1）严格遵守工期定额和合同规定的工程竣工及交付使用期限。

2）合理安排施工程序与顺序。在安排施工程序时，通常应考虑以下几点：

①要及时完成有关的施工准备工作，为正式施工创造良好条件。

②正式施工前应先进行平整场地，铺设管网，修筑道路等全场性工程及可供施工使用的永久性建筑物，然后再进行各个工程项目的施工。

③对于单个构筑物的施工顺序，既要考虑空间顺序，也要考虑工种之间的顺序。

3）用流水作业法和网络计划法安排施工进度计划。

4）恰当地安排冬、雨季的施工项目。

5）采用先进合理而又可行的施工方法，贯彻执行技术规范和操作规程，确保工程质量和安全施工，降低工程成本。

6）尽量利用正式工程、原有或就近的已有设施，以减少各种临时设施；尽量利用当地资源，合理安排运输、装卸与存储作业，减少物资运输量，避免二次搬运；精心进行施工场地规划布置，节约施工临时用地，不占或少占农田。

7）实施目标管理。

8）与施工项目管理相结合。

4. 编制程序（表 3-7-3）

表 3-7-3

项目	编制程序
标前设计	学习招标文件→进行调查研究→编制施工方案并选用主要施工机械→编制施工进度计划、确定开工日期、竣工日期、分期分批开工与竣工日期、总工期→绘制施工平面图→确定标价及钢材、水泥等主要材料用量→设计保证质量和工期的技术组织措施→提出合同谈判方案，包括谈判组织、目标、准备和策略等
标后设计	进行调查研究，获得编制依据→确定施工部署→拟定施工方案→编制施工进度计划→编制各种资源需要量计划及运输计划→编制供水、供热、供电计划→编制施工准备工作计划→设计施工平面图→计算技术经济指标

5. 公路施工组织的具体任务

1）确定开工前必须完成的各项准备工作；

2）计算工程数量、合理部署施工力量，确定劳动力、机械台班、各种材料、构件等的需要量和供应方案；

3）确定施工方案，选择施工机具；

4）安排施工顺序，编制施工进度计划；

5）确定工地上的设备停放场、料场、仓库、办公室、预制场地等的平面布置；

6）制定确保工程质量及完全生产的有效技术措施。

6. 公路工程项目的施工过程组织原理

按照现行的公路工程设计概预算文件编制办法，将公路工程划分为路基、路面、桥涵、交叉工程、隧道、其他工程及沿线设施六个分项工程。

公路工程项目的施工过程组织的主要内容包括：时间组织、资源组织和空间组织。时间组织又是施工组织的核心。时间组织主要考虑实施施工的作业顺序和施工组织的作业方式。公路施工组织的作业方式一般可分为：

1）顺序作业。按工艺流程和施工程序（步骤），按先后顺序进行施工操作。

2）平行作业。线型工程的作业面很大，根据工程或技术的需要，可划分为几段（或几个点），分别同时按程序施工。

3)流水作业。是比较先进的一种作业方法,它是以施工专业化为基础,将不同工程对象的同一施工工序交给专业施工队(组)执行,各专业队(组)在统一计划安排下,依次在各个作业面上完成指定的操作。前一操作结束后转移至另一作业面,执行同样操作,后一操作则由其他专业队继续执行。各专业队按大致相同的时间(流水节拍)和速度(流水速度),协调而紧凑地相继完成全部施工任务。

顺序作业法、平行作业法、流水作业法在生产过程中不仅可以单独运用,而且可以根据具体条件,将三种基本作业方式加以综合运用,从而出现平行流水作业法、平行顺序作业法以及立体交叉平行流水作业法。这些施工过程时间组织的综合形式,一般均能取得较明显的经济效果。

7. 流水施工的原理

1)主要参数:

(1)工艺参数:是指一组流水中施工过程的个数。

(2)时间参数:

①流水节拍是指某个专业队(或作业班组)在一个施工段上的施工作业持续时间,以 t 表示。

$$t = Q/C \cdot R = P/R$$

式中:Q——某施工段的工作量($i = 1, 2, 3, \cdots, k$);

C——每一工日(或台班)的计划产量(产量定额);

R——施工人数(或机械台数);

P——某施工段所需要的劳动量(或机械台班量)。

②流水步距是指两个相邻的施工队(组)先后进入流水作业的最小时间间隔,以符号 K 表示。计算时应考虑每个专业队连续施工的需要和技术间歇的需要,并且流水步距的长度应保证每个施工段的施工作业程序不乱。

③工期是指从第一个专业队投入流水作业开始,到最后一个专业队完成最后一个施工过程的最后一段工作退出流水作业为止的整个延续时间。

(3)空间参数:是指单体工程划分的施工段或群体工程划分的施工区的个数,施工区、段可称为流水段。

2)流水施工的组织分类(见表 3-7-4)

表 3-7-4

类别		主要内容
有节奏流水	全等节拍流水	各施工过程的流水节拍 t 与相邻施工过程之间的流水步距 B 完全相等的流水施工,即 $t = B =$ 常数 $T = (n-1)B + m \cdot t = (m + n-1)t$
	成倍节拍流水	各施工过程的流水节拍彼此不相等,但有互成倍数的常数关系 $T = (m + \Sigma b-1)K$,式中 K 是各流水节拍的最大公约数。施工队数目 b 按下式计算:$b = t \div K$
	分别流水	各施工过程的流水节拍各自保持不变($t =$ 常数),但不存在最大公约数,流水步距 K 也是一个变数的流水作业。
无节奏流水		在组织流水施工时,t 不等于常数,B 不等于常数,t 不等于 B,也非整数倍。可采用"相邻队组每段作业时间累加,数列错位相减取大差"的计算方法。

8. 资源组织计划包括:劳动力需要量计划,主要材料计划,主要施工机具、设备计划,临时

工程计划,技术组织措施计划。

9. 施工平面图设计是施工过程空间组织的具体成果,亦即根据施工过程空间组织的原则,对施工过程所需的工艺路线、施工设备、原材料堆放、动力供应、场内运输、半成品生产、仓库、料场、生活设施等进行空间的特别是平面的科学规划与设计,并以平面图的形式加以表达。这项工作就叫做施工平面图设计。

10. 编制施工进度计划的依据

1)工程的全部施工图纸及有关水文、地质、气象和其他技术经济资料;

2)上级或合同规定的开工、竣工日期;

3)主要工程的施工方案;

4)劳动定额和机械使用定额;

5)劳动力、机械设备供应情况。

11. 施工进度图通常是以图表表示的,主要形式有:横道图法、垂直图法和网络图法等三种(参见表3-7-5)。

表3-7-5

主要形式	表示方法
横道图	由两大部分组成,左面部分是以分部分项工程为主要内容的表格,包括了相应的工程量、定额和劳动量等计算依据;右面部分是指示图表,它是由左面表格中的有关数据经计算得到的。指示图表用横向线条形象地表示出分部分项工程的施工进度,线的长短表示施工期限;线的位置表示施工过程;线上的数字表示劳动力数量;线的不同符号表示作业队或施工段别,表示出各施工阶段的工期和总工期,并综合反映了各分部分项工程相互间的关系
垂直图	以纵坐标表示施工日期,以横坐标表示里程或工程位置,而各分部分项工程的施工进度则相应地以不同的斜线表示;工程量在图表上方相应地表示,施工组织平面示意图可在图表的下方相应地表示,资源平衡可在图表右侧以曲线表示
网络计划图	以加注工作持续时间的箭线和带有编号的节点组成的网状流程图,用以表示施工进度计划。其基本原理是:首先根据工作间的相互关系及其工作先后顺序流程绘制工程项目施工进度计划网络图;其次通过计算找出计划中的关键工作及关键线路;最后通过不断调整、改善网络计划,选择最优的方案付诸实施

12. 网络图

分为双代号网络图和单代号网络图。

(1)双代号网络图

组成双代号网络图基本模型的三大要素是箭线(工作)、节点及箭头。

绘制双代号网络图时,需进行节点编号,其目的是赋予每道工序一个代号,以便对网络图进行计算。节点的编号代表工序的名称,编号的要求是:由小到大、从左至右,箭头的号码大于箭尾的号码,不允许重号,但可不必连续编号,以便增减新的节点。节点编号习惯方法在满足节点编号规则的前提下,可按以下方法进行节点编号:

①水平编号法:从网络图起点开始,由左到右按箭线顺序编号。

②垂直编号法:从网络图起点开始自左到右逐列编号,每列编号根据编号规则要求自上向下、或自下向上,或先上下后中间,或者先中间后上下进行。

③删除箭线法:先给网络图起点编号,再在图上划去该节点引出的全部箭线,并对图中剩

下的没有箭线进入的节点依次编号，直到全部节点编完号为止。

关键线路：网络图所有线路中总持续时间最长的线路为关键线路。

关键工作：关键线路上任何工作因为影响总工期故称为关键工作，反过来关键工作连成的线路称为关键线路。

非关键线路上的工序有一定的机动时间，称为时差。

虚箭线用于解决工作间逻辑关系的连接，解决工作关系的逻辑断路问题。当两项或两项以上的工作同时开始和同时结束时，必须引入虚箭线，以免造成混乱。

绘制双代号网络图必须遵循以下基本规则：

①一张网络图只允许一个起始节点和一个终点节点。

②一对节点之间只允许一条箭线。

③网络计划图中不允许出现闭合回路。

④网络计划图中不允许出现线段、双向箭头，并应避免使用反向箭线。

⑤网络计划图的布局应合理，尽量避免箭线交叉。

绘制网络计划图的方法：

①前进法：从网络图起点开始顺箭线方向逐节生长法绘图，直到各条线路均达到网络图的终点为止。一般当工作关系表中列出本工作与紧后工作的关系时，可方便地采用前进法绘网络图。

②后退法：从网络图终点节点开始逆箭线方向逐节后退，直到各条线路均退回到网络图的起点为止。一般当工作关系表中列出本工作与紧前工作关系时，使用后退法较为方便。

③先粗后细法：在工程进度计划实际网络图绘制中，可先粗略划分工程项目，然后逐步细纫分，先绘制分项或分部工程的子网络图，再拼成单位工程或单项工程总网络图。

时间参数分类，见表 3-7-6。

表 3-7-6

时间参数	主　要　算　法	
控制性时间参数	工作的最早可能开始时间(ES)	指一项工作在其紧前工作都结束后，可以开始工作的最早时间。很显然工作(i，j)的最早可能开始时间就等于箭尾节点(i)的最早可能实现时间
	工作的最早可能完成时间(EF)	
	节点的最早可能实现时间(ET)	以计划起始节点的时间 $ET_{(1)}=0$ 为起点，沿着各条线路达到每一个节点的时刻，它表示该节点紧前工作的已经全部完成，其后的紧后工作最早可能开始的时间
	工作的最迟必须开始时间(LS)	即为工作最迟结束时间减去该工作的持续时间
	工作的最迟必须完成时间(LF)	指一项工作在不影响工程按总工期结束的条件下，最迟必须结束的时间，它必须在紧后工作开始之前完成，从工作终节点逆箭线计算，工作(i,j)最迟必须结束时间应等于节点 j 的最迟必须实现时间
	节点的最迟必须实现时间(LT)	在计划工期确定的情况下，从网络计划图结束节点开始，逆向推算即得各节点的最迟实现时间

续上表

时间参数	主　要　算　法	
协调性时间参数	工作的总时差(TF)	是指在不影响任何一个紧后工作的最迟开始时间的条件下,工作(i,j)所拥有的最大机动时间。具体地说,它是在保证本工作以最迟完成时间完工的前提下,允许该工作推迟其最早开始时间或延长其持续时间的幅度
	工作的局部时差(或称工作的自由时差)(FF)	是指在不影响其紧后工作的最早可能开始时间的条件下,工作(i,j)所具有的机动时间。具体地说,它是在不影响紧后工作按最早开始时间开工的前提下,允许该工作推迟最早开始时间或延长其持续时间的幅度

节点时间参数的计算步骤总结如下:

①起点节点的最早可能实现时间 $ET_{(1)}=0$,沿箭线方向逐个节点地计算各节点的最早可能实现时间 $ET_{(j)}$,箭头节点最早可能实现时间等于箭尾节点最早可能实现时间与其工作持续时间之和,且在内向箭线处分别进行加法计算并从中取最大值,继续计算直到终点(n)为止。

②当无规定工期时,终点节点(n)的最早可能实现时间等于计划的总工期,即 $T=ET_{(n)}$,也等于该节点(n)的最迟必须实现时间,也就是 $LT_{(n)}=ET_{(n)}$。

③节点的最迟必须实现时间,应按箭线逆方向逐个节点地算到网络图的起点,箭尾节点的最迟必须实现时间等于箭头节点的最迟必须实现时间与其工作持续时间之差,且在外向箭线处分别进行减法计算并从中取最小值。

工作时间参数的计算步骤总结如下:

①工作参数的计算以控制性参数——节点参数为依据,在节点参数的图例中,起点到终点的节点参数符合从小到大排列的规律,因此最左边的为 ET_i,最右边的为 LT_j,称[ET_i,LT_j]为工作(i,j)的时间边界。

②工作的最早可能时间就是在图例中向左看齐,让开始时间对准起点的 ET_i(左边界),则最早完成时间为在左边界上加一个持续时间 $t_{(i,j)}$。

③工作的最迟时间就是在图例中向右看齐,让结束时间对准起点的 ET_i(右边界),则最迟开始时间为在右边界上减去一个持续时间 $t_{(i,j)}$。

时差的计算步骤总结如下:

①掌握计算工作参数的左右时间边界,找到节点参数从小到大排列的规律,分清左边最小,右边最大。

②总时差的计算是用"最右边减去最左边再减去时间"或者"最大值减去最小值再减去时间"即可求出总时差数值大小。即工作的总时差等于箭头节点最迟时间减去箭尾节点最早时间再减去其工作的持续时间。

③局部时差的计算是用"两节点上左边时间相减再减去时间"或者"左边相减再减时间"的方法即可求出局部时差的数值大小。工作的局部时差等于箭头节点最早时间减去箭尾节点最早时间再减去其工作的持续时间。

(2)单代号网络计划图

一个节点表示一项具体的工作过程。

箭线表示工作之间的相互关系。单代号网络计划图中不用虚箭线,箭线的箭头方向表示着工作的前进方向。同时逻辑关系越是复杂,表示直接联系的箭线就越多,因此就可以出现箭线交叉的情况。

方向表示物流,代表路线的方向。

单代号网络计划图的绘图规则:

①单代号网络图必须正确表述已定的逻辑关系。

②单代号网络图中严禁出现循环回路。

③单代号网络图中严禁出现双向箭线或无箭头的连线。

④单代号网络图中严禁出现没有箭尾节点的箭线和没有箭头节点的箭线。

⑤绘制网络图时,箭线不宜交叉。当交叉不可避免时,可采用过桥法或指向法绘制(具体方法同双代号网络图)。

⑥单代号网络图中,只能有一个起点节点和一个终点节点。

绘制单代号网络计划图的方法,也可采用前进法、后退法和先粗后细法。

单代号网络图的工作时间参数计算内容和时间参数的含义及其计算目的、方法与双代号网络图相同。

(3)时标网络图:双代号网络图可绘成时标图。箭线的长短表示时间的长短。

13. 网络计划方案的优化:根据施工既定的条件,分别进行时间优化、资源优化及费用优化。

三、重点难点分析与例题解析

(一) 熟悉内容

重点一 熟悉公路施工组织设计的编制与优化

【例题1】 根据公路工程施工组织设计阶段和编制对象的不同,公路工程施工组织设计可分为( )。

A 施工组织规划设计　　B 施工组织总设计

C 单位工程施工组织设计　　D 分部工程施工组织设计

答　案: ABCD

解题思路: 见《公路工程技术》中第七章第二节相关内容

(二) 掌握内容

重点二 掌握施工组织设计的原理和方法以及不同施工方案对工程造价的影响

【例题1】 将建设工程分段或分项目,分别组织施工队同时进行施工的施工组织方法,称为( )。

A 顺序作业法　　B 平行作业法　　C 流水作业法　　D 网络计划法

答　案: B

解题思路: 线型工程的作业面很大,根据工程或技术的需要,可划分为几段(或几个点),

分别同时按程序施工。

重点三　掌握不同施工方案对工程造价的影响

【例题1】 以下哪种施工组织方法耗费的劳动力最多?

A 顺序作业法　　B 平行作业法

C 流水作业法　　D 顺序平行作业法

答　　案: D

解题思路: 顺序平行作业法的实质是用增加施工力量的方法来达到缩短工期的目的。它使顺序作业法和平行作业法之缺点更加突出,故仅适用于突击性施工情况。

重点四　掌握流水施工技术的原理

【例题1】 在流水作业参数中,属于空间参数的是(　　)。

A 施工段数目　　B 工作面　　C 工序数　　D 流水节拍

答　　案: AB

解题思路: 空间参数是指单体工程划分的施工段或群体工程划分的施工区的个数,施工区、段可称为流水段。

重点五　掌握施工网络计划技术

【例题1】 网络计划中,关键线路的判定依据为(　　)。

A 总工期最短　　B 总时差最小

C 自由时差最小　　D 自始至终无虚箭线

答　　案: B

解题思路: 关键线路上所有工作的总时差均为零;关键线路上所有节点的两个时间参数均相等。

四、复习题精选

(一)单项选择题

1.(　　)是以整个建设项目或群体工程为对象编制的,是整个建设项目或群体工程施工准备和施工的全局性、指导性文件。

A 施工组织规划设计　　B 施工组织总设计

C 单位工程施工组织设计　　D 分部工程施工组织设计

2. 对施工方案及期限、施工进度及工料机计划进行概略性安排的是指(　　)。

A 施工组织规划设计　　B 施工组织总设计

C 单位工程施工组织设计　　D 分部工程施工组织设计

3.(　　)是在投标书编制前,经营管理层为了中标取得经济效益用于投标与签约阶段的规划性的施工组织设计。

A 施工组织规划设计　　B 施工组织总设计

C 标前设计　　D 标后设计

4. 公路工程项目的施工过程组织的核心是(　　)。

A 资源组织　　B 时间组织　　C 空间组织　　D 资金组织

5. 单位工程施工组织设计的核心内容是(　　)。

A 准备工作计划　　B 施工方案　　C 施工平面布置图　　D 进度计划

6. 施工组织总体设计是以(　　)为对象编制的。

A 单位工程　　B 分部工程

C 分项工程　　D 整个建设项目或群体工程

7. 单位工程施工组织设计的三大要素内容是(　　)。

A 施工准备、施工方案、施工进度计划

B 工程概况、施工方案、施工进度计划

C 施工方案、施工进度计划、施工平面布置图

D 施工方案、施工总进度计划、施工总平面图

8. 在编制施工总进度计划时,其工期应控制在(　　)之内。

A 合同工期　　B 定额工期　　C 计算工期　　D 规定工期

9. (　　)是比较先进的一种作业方法,它是以施工专业化为基础,将不同工程对象的同一施工工序交给专业施工队(组)执行,各专业队(组)在统一计划安排下,依次在各个作业面上完成指定的操作。

A 顺序作业法　　B 平行作业法　　C 流水作业法　　D 顺序平行作业法

10. 多层结构型的路面工程,按工艺流程和施工程序(步骤),即路槽、底基层、基层、连结层、面层和路肩的顺序进行施工操作,属于(　　)。

A 顺序作业法　　B 平行作业法　　C 流水作业法　　D 顺序平行作业法

11. 从工程实际出发,绘制施工网络图,分析各个施工过程(或工序)在网络图中的地位,找出关键工序和关键线路,按照一定的目标不断调整网络图,最后得出最优的施工进度方案,这种施工组织方法称为(　　)。

A 顺序作业法　　B 平行作业法　　C 流水作业法　　D 网络计划法

12. 流水作业法是(　　)相结合的一种搭接施工方法。

A 顺序作业法、平行作业法和网络计划法

B 顺序作业法和平行作业法

C 顺序作业法和网络计划法

D 平行作业法和网络计划法

13. 流水施工中,流水节拍是指(　　)。

A 两相邻的工作队进入流水作业的最小时间间隔

B 某个专业队在一个施工段上的施工作业时间

C 某个专业队在各个施工段上的作业时间之和

D 某个专业队在施工段上的技术间歇时间

14. 在施工组织设计的流水作业法中,流水步距属于流水作业组织的(　　)。

A 空间参数　　B 工艺参数　　C 时间参数　　D 技术参数

15. 两个相邻施工队进入流水作业的时间间隔称为(　　)。

A 流水节拍　　B 流水步距　　C 技术间歇　　D 组织间歇

16. (　　)是指各施工过程的流水节拍各自保持不变(t = 常数),但不存在最大公约数,流水步距 K 也是一个变数的流水作业。

A 全等节拍流水　B 无节奏流水　　C 成倍节拍流水　　D 分别流水

17. "相邻队组每段作业时间累加,数列错位相减取大差"的计算方法一般用于(　　)。

A 全等节拍流水　B 无节奏流水　　C 成倍节拍流水　　D 分别流水

18. 某施工段中的工程量为 200,安排施工队人数为 25 人,每人每天完成 0.8,则该队在该施工段中的流水节拍是(　　)。

A 12 天　　B 10 天　　C 8 天　　D 6 天

19. 某工程划分为 4 个流水段,组织 2 个施工队进行等节奏流水施工,流水节拍为 4 天,其工期是(　　)。

A 18 天　　B 20 天　　C 22 天　　D 24 天

20. 在网络计划中关键工作的(　　)最小。

A 自用时差　　B 总时差　　C 持续时间　　D 时间间隔

21. 网络图中的虚箭线表示(　　)。

A 时间消耗　　B 资源消耗　　C 时间间隔　　D 工作逻辑关系

22. (　　)表示该节点紧前工作的已经全部完成,其后的紧后工作最早可能开始的时间。

A 工作的最早可能开始时间　　B 工作的最早可能结束时间

C 节点的最早可能开始时间　　D 工作的最迟可能开始时间

23. 在单代号网络图中,箭杆表示(　　)。

A 工序之间的逻辑关系　　B 工序

C 工序进行方向　　D 工序持续时间

24. 某工作有两项紧前工作 A、B,其持续时间是 $A=3$、$B=5$,其最早开始时间是 $A=5$、$B=6$,则本工作的最早开始时间是(　　)。

A 11　　B 8　　C 9　　D 5

25. 以下(　　)不正确。

A 单代号网络图中严禁出现循环回路

B 单代号网络图中严禁出现双向箭线或无箭头的连线

C 绘制单代号网络图时,箭线不宜交叉

D 单代号网络图中,可以有不只一个起点节点和一个终点节点

26. 以下哪(　　)不正确。

A 流水作业的效益具体表现在施工连续、进度加快、工期缩短

B 公路工程施工组织应尽可能采用流水作业法

C 任何一种流水施工的组织形式,仅仅是一种组织管理手段,其最终目的是要实现企业目标——质量好、工期短、成本低、效益高和安全施工

D 道路工程的综合施工组织,大都属于无节奏流水

27. 垂直图的缺点不包括(　　)

A 反映不出某项工作提前(或推迟)完成对整个计划的影响程度

B 反映不出工程的分布情况和施工日期

C 计划安排的优劣程度很难评价

D 不能使用电子计算机,因而绘制和修改进度图的工作量很大

(二)多项选择题

1. 施工组织设计的编制原则有(　　)。

A 合理安排施工程序与顺序

B 严格遵守工期定额和合同规定的工程竣工及交付使用期限

C 采用先进合理而又可行的施工方法

D 用流水作业法和网络计划法安排施工进度计划

2. 对于施工难度大或者施工技术复杂的工程项目,在施工阶段需编制(　　)施工组织设计。

A 施工组织规划设计　　B 施工组织总设计

C 单项(或单位)工程施工组织设计　　D 主要分部工程施工组织设计

3. 下列(　　)是施工组织总设计的内容。

A 工程概况及准备工作计划　　B 施工方案及总进度计划

C 施工部署及施工平面布置图　　D 各种需要量计划及技术经济分析

4. 标后设计的编制工作包括(　　)。

A 确定开工日期、竣工日期、总工期　　B 进行调查研究,获得编制依据

C 拟定施工方案　　D 编制各种资源需要量计划及运输计划

5. 单位工程施工组织设计的技术经济指标包括(　　)。

A 单位劳动力消耗　　B 总工期

C 单位造价　　D 成本降低率

6. 公路工程施工方案的基本内容主要包括(　　)。

A 施工方法的选择　　B 施工程序

C 施工机械的选择　　D 技术组织措施

7. 施工技术组织措施包括(　　)。

A 保证质量及安全的措施　　B 材料供应的措施

C 冬、雨季施工及防止污染的措施　　D 降低成本的措施

8. 施工过程的组织原则包括(　　)

A 连续性　　B 均衡性　　C 协调性　　D 经济性

9. 网络计划的优点是(　　)。

A 全面反映工序间的相互制约关系　　B 可上机优化

C 可通过参数计算确定关键线路抓重点　　D 可直观清晰地反映每日进度

10. 网络计划中工作的总时差等于(　　)。

A 工作的最迟开始时间与最早开始时间之差

B 紧后工作的最早开始时间与本工作的最早完成时间之差

C 工作的最迟完成时间与最早完成时间之差

D 紧后工作的最迟开始时间与本工作的最迟完成时间之差

11. 施工进度图通常是以图表表示的,主要形式有:

A 横道图法　　B 时标网络图法　　C 垂直图法　　D 网络图法

12. 虚箭线的作用有(　　)。

A 在不同工程项目之间工作有联系时应用

B 两项或两项以上的工作同时开始和同时结束时,必须引入虚箭线

C 用于解决工作关系的逻辑断路问题

D 用于解决工作间逻辑关系的连接

13. 绘制双代号网络图的基本规则包括(　　)

A 一张网络图允许多个起始节点和多个终点节点

B 一对节点之间允许多条箭线

C 网络计划图中不允许出现闭合回路

D 网络计划图的布局应合理,尽量避免箭线交叉

14. 网络图的绘制方法包括(　　)

A 前进法　　B 先细后粗法　　C 后退法　　D 先粗后细法

15. 以下说法正确的是(　　)

A 工作的总时差等于箭头节点最迟时间减去箭尾节点最早时间再减去其工作的持续时间

B 工作的自由时差等于箭头节点最迟时间减去箭尾节点最早时间再减去其工作的持续时间

C 工作的总时差等于箭头节点最早时间减去箭尾节点最早时间再减去其工作的持续时间

D 工作的局部时差等于箭头节点最早时间减去箭尾节点最早时间再减去其工作的持续时间

16. 以下关于关键线路的说法正确的是(　　)

A 关键线路在网络计划中只有一条

B 非关键工作如果将总时差全部用完,就会转化为关键工作

C 关键线路上各工作的总时差均为零

D 只有全部由关键工作组成的线路才能成为关键线路

(三)判断题(正确者打✓,错误者打×)

1. 施工组织设计是指导工程投标、签订承包合同、施工准备和施工全过程的全局性的技术经济文件。

2. 单项(或单位)工程施工组织设计是施工组织总设计的具体化,是施工单位编制月旬作业计划的基础性文件。

3. 对于单个构筑物的施工顺序,既要考虑空间顺序,也要考虑工种之间的顺序。

4. 工艺参数是指单体工程划分的施工段或群体工程划分的施工区的个数。

5. 标后设计是在签约后开工前,经营管理层为了提高施工效率和效益用于施工准备至验收阶段的作业性的施工组织设计。

6. 流水节拍是指某个专业队(或作业班组)在一个施工段上的施工作业持续时间。

7. 流水作业的线型工程的作业面很大，根据工程或技术的需要，可划分为几段（或几个点），分别同时按程序施工。

8. 工期是指从第一个专业队投入流水作业开始，到最后一个专业队完成最后一个施工过程的最后一段工作退出流水作业为止的整个延续时间。

9. 施工组织设计又是施工方案、修正施工方案、施工组织计划和实施性施工组织设计等施工组织文件的统称，由施工单位编制。

10. 在无特殊顺序要求的条件下，应以总工期最短作为组织施工段顺序的依据。

11. 垂直图是由两大部分组成，左面部分是以分部分项工程为主要内容的表格，包括了相应的工程量、定额和劳动量等计算依据；右面部分是指示图表。

12. 总工期是与网络图终点节点相联系的各道工序的最早完成时间的最大值。

13. 工序的总时差为零，而其自由时差不一定为零。

14. 工作的最迟必须结束时间应从终节点逆箭线方向向起始节点逐项进行计算。

15. 最迟必须开始时间，它等于工作(i,j)的箭头节点(j)的最迟必须实现时间$LT_{(j)}$或其最迟必须结束时间$LF_{(i,j)}$减去工作(i,j)的持续时间$t_{(i,j)}$。

五、复习题答案与讲评

（一）单项选择题

1. B　2. A　3. C

4. B　公路工程项目的施工过程组织的主要内容包括：时间组织、资源组织和空间组织。时间组织又是施工组织的核心。

5. B　6. D　7. C　8. A　9. C　10. A　11. D　12. B　13. B

14. C　时间参数包括：流水步距、流水节拍和工期。

15. B　16. B　17. B　18. B　19. B　20. B　21. D　22. A　23. A

24. A　时间 A = 3 + 5 = 8，B = 5 + 6 = 11，取较大者，故选 A。

25. D

26. D　道路工程的综合施工组织，大都属于分别流水。

27. B　垂直图的优点是消除了横道图的不足之处，工程项目的相互关系、施工的紧凑程度和施工速度都十分清楚，工程的分布情况和施工日期一目了然，从图中可以直接找出任何一天各施工队的施工地点和应完成的工程数量。

（二）多项选择题

1. ABCD

2. CD　对于施工难度大或者施工技术复杂的工程项目，在编制单项（或单位）工程施工组织设计之后，还应编制主要分部工程的施工组织设计。

3. ABCD

4. BCD　标后设计的编制程序为：进行调查研究，获得编制依据→确定施工部署→拟定施工方案→编制施工进度计划→编制各种资源需要量计划及运输计划→编制供水、供热、供电计划→编制施工准备工作计划→设计施工平面图→计算技术经济指标。

确定开工日期、竣工日期、分期分批开工与竣工日期、总工期属于标前设计的工作。

5. ABCD　6. ABCD　7. ACD　8. ABCD　9. ABC　10. AC

11. ABCD　12. ABCD

13. CD　一张网络图只允许一个起始节点和一个终点节点。一对节点之间只允许一条箭线。

14. ACD　15. AD　16. BCD

(三)判断题

1. √　2. √　3. √

4. ×　空间参数是指单体工程划分的施工段或群体工程划分的施工区的个数。

5. ×　标后设计是在签约后开工前,项目管理层为了提高施工效率和效益用于施工准备至验收阶段的作业性的施工组织设计。

6. √

7. ×　平行作业的线型工程的作业面很大,根据工程或技术的需要,可划分为几段(或几个点),分别同时按程序施工。

8. √

9. ×　施工方案、修正施工方案和施工组织计划由勘测设计单位负责编制。

10. √

11. ×　横道图是由两大部分组成,左面部分是以分部分项工程为主要内容的表格,包括了相应的工程量、定额和劳动量等计算依据;右面部分是指示图表。

12. √

13. ×　工序的总时差大于等于自由时差。工序的总时差为零,其自由时差一定为零。

14. √　15. √

参考文献

[1] 尹贻林主编. 工程造价管理相关知识. 北京:中国计划出版社,2000 年.

[2] 龚维丽主编. 工程造价的确定与控制. 北京:中国计划出版社,2000 年.

[3] 中国建设监理协会编写. 建设工程合同管理. 北京知识产权出版社,2003 年.

[4] 中国建设监理协会编写. 建设工程监理概论. 北京:知识产权出版社,2003 年.

[5] 关柯王、宝仁主编. 建筑工程经济与企业管理. 北京:中国建筑工业出版社,1987 年.

[6] 朱志杰主编. 建筑工程概算与基础知识. 北京:中国建筑工业出版社,1981 年.

[7] 交通部公路规划设计院编. 公路建设项目可行性研究指南. 长春:吉林科学技术出版社,1991 年.

[8] 沈其明等主编. 公路工程概预算手册. 北京:人民交通出版社,2004 年.

[9] 中华人民共和国交通部. 公路工程预算定额. 北京:人民交通出版社,1992 年.

[10] 中华人民共和国交通部. 公路工程概算定额. 北京:人民交通出版社,1992 年.

[11] 中华人民共和国交通部. 公路基本建设工程投资估算编制办法. 北京:人民交通出版社,1996 年.

[12] 沈其明,刘燕主编. 公路工程造价编制与管理. 北京:人民交通出版社,2002 年.

[13] 杨子敏主编. 公路工程造价编制指南. 北京:人民交通出版社,1999 年.

[14] 邢凤岐主编. 公路工程投资估算与概、预算编制示例. 北京:人民交通出版社,1998 年.

[15] 中华人民共和国交通部. 交通部关于完善公路基本建设工程概算预算编制办法有关内容的通知. 2005 年.

[16] 中华人民共和国交通部. 交通基本建设项目竣工决算报告编制办法. 2000 年.

[17] 徐莉,陆菊春主编. 技术经济学. 北京:暨南大学出版社,2003 年.

[18] 袁剑波等主编. 公路经济学教程. 北京:人民交通出版社,2002 年.

[19] 徐帮学主编. 公路工程项目可行性研究与经济评价手册(下卷). 长春:吉林摄影出版社,2002 年.

[20] 注册咨询工程师(投资)考试教材编写委员会. 项目决策分析与评价. 北京:中国计划出版社,2003 年.

[21] 张三力编著. 项目后评价. 北京:清华大学出版社,1998 年.

[22] 中华人民共和国交通部. 公路建设项目后评价报告编制办法,1996 年.

[23] 中华人民共和国交通部. 公路工程技术标准(JTG B001—2003). 北京:人民交通出版社,2004.

[24] 中华人民共和国交通部. 公路路基设计规范(JTG 030—2004). 北京:人民交通出版社,2005.

[25] 中华人民共和国交通部. 公路路基施工技术规范(JTG F10—2006). 北京:人民交通出版社,1996.

[26] 中华人民共和国交通部. 公路排水设计规范(JTJ 018—97). 北京:人民交通出版社,

1998.
[27] 中华人民共和国交通部. 公路沥青路面设计规范(JTG D50—2006). 北京:人民交通出版社,1997.
[28] 中华人民共和国交通部. 公路沥青路面施工技术规范(JTG F40—2004). 北京:人民交通出版社,2005.
[29] 中华人民共和国交通部. 公路水泥混凝土路面设计规范(JTG D40—2002). 北京:人民交通出版社,2003.
[30] 中华人民共和国交通部. 公路路面基层施工技术规范(JTJ 034—2000). 北京:人民交通出版社,2000.
[31] 胡长顺、黄辉华编. 高等级公路路基路面施工技术. 北京:人民交通出版社,1994.
[32] 丛培经主编. 建设工程技术与计量(建筑工程部分). 北京:中国计划出版社,1997.
[33] 胡安邦主编. 桥梁施工及组织管理. 北京:人民交通出版社,1992.
[34] 廖正环主编. 道路施工组织与管理. 北京:人民交通出版社,1990.
[35] 吴之明编著. 现代工程建设的计划与管理. 北京:清华大学出版社,1987.
[36] 北京统筹法研究会编. 统筹法与施工计划管理. 北京:中国建筑工业出版社,1984.
[37] 黎谷等编著. 建筑施工组织与管理. 北京:中国人民大学出版社,1987.
[38] 路仲希编. 铁道工程施工组织设计. 北京:中国铁道出版社,1988.
[39] 邬晓光主编. 路桥施工组织与概预算. 西安:西北大学出版社,1995.
[40] 江景波等编. 网络计划技术. 北京:冶金工业出版社,1983.
[41] 张树升等编. 道路工程经济与管理. 北京:人民交通出版社,1991.
[42] 交通部工程建设监理总站(胡兆同编著). 工程进度监理. 北京:人民交通出版社,1993.
[43] 中华人民共和国交通部. 公路隧道设计规范(JTG D70—2004). 北京:人民交通出版社,2004.
[44] 中华人民共和国交通部. 公路桥涵设计通用规范(JTG D60—2004). 北京:人民交通出版社,2004.
[45] 中华人民共和国交通部. 公路桥涵施工技术规范(JTJ 041—2000). 北京:人民交通出版社,2000.
[46] 中华人民共和国交通部. 公路水泥混凝土路面施工技术规范(JTG F30—2003). 北京:人民交通出版社,2003.
[47] 于书翰、杜谟远编. 隧道施工. 北京:人民交通出版社,1999.
[48] 李宇峙主编. 公路工程概论. 武汉:华中理工大学出版社,1995.